建筑与市政工程施工现场专业人员职业标准培训教材

施工员质量员通用与基础知识
（设备方向）

建筑与市政工程施工现场专业人员职业标准培训教材编审委员会　编

主　编　王　铮

副主编　张思忠

黄河水利出版社

·郑州·

内容提要

本书从施工员质量员应该掌握的通用知识出发，分别介绍了力学，建筑构造与结构，电工学，计算机信息处理，建筑设备工程预算，施工测量等基础知识，并在此基础上，分别介绍了安装工程常用材料、附件及设备，建筑给排水系统，建筑电气工程，通风空调系统，火灾自动报警及消防联动控制系统，建筑智能化工程等建筑设备常见工程的通用知识。在基础讲解中，内容简明扼要、注重定性分析；在通用知识讲解中，主要介绍了各个系统的组成、工作原理、常见设备类型、工程施工图纸的识读等内容，应用性较强。

本书既可以作为设备安装工程施工员质量员考核的培训教材，也可以作为相关工程技术人员、管理人员的培训教材及参考用书。

图书在版编目(CIP)数据

施工员质量员通用与基础知识.设备方向/王铮主编；建筑与市政工程施工现场专业人员职业标准培训教材编审委员会编.—郑州：黄河水利出版社，2013.12

建筑与市政工程施工现场专业人员职业标准培训教材

ISBN 978-7-5509-0672-3

Ⅰ.①施… Ⅱ.①王… ②建… Ⅲ.①建筑工程-设备管理-职业教育-教材 Ⅳ.①TU7

中国版本图书馆 CIP 数据核字(2013)第 308185 号

策划编辑：余甫坤　电话：0371-66024993　E-mail：yfk7300@126.com

出 版 社：黄河水利出版社　网址：www.yrcp.com

地址：河南省郑州市顺河路黄委会综合楼 14 层　邮政编码：450003

发行单位：黄河水利出版社

发行部电话：0371-66026940、66020550、66028024、66022620(传真)

E-mail：hhslcbs@126.com

承印单位：虎彩印艺股份有限公司

开本：787 mm×1 092 mm　1/16

印张：17

字数：414 千字　印数：1— 3 000

版次：2013 年 12 月第 1 版　印次：2013 年 12 月第 1 次印刷

定价：43.00 元

建筑与市政工程施工现场专业人员职业标准培训教材
编审委员会

序

为了加强建筑工程施工现场专业人员队伍的建设，规范专业人员的职业能力评价方法，指导专业人员的使用与教育培训，提高其职业素质、专业知识和专业技能水平，住房和城乡建设部颁布了《建筑与市政工程施工现场专业人员职业标准》（JGJ/T 250—2011），并自2012年1月1日起颁布实施。我们根据《建筑与市政工程施工现场专业人员职业标准》（JGJ/T 250—2011）配套的考核评价大纲，组织建设类专业高等院校资深教授、一线教师，以及建筑施工企业的专家共同编写了《建筑与市政工程施工现场专业人员职业标准培训教材》，为2014年全面启动《建筑与市政工程施工现场专业人员职业标准》的贯彻实施工作奠定了一个坚实的基础。

本系列培训教材包括《建筑与市政工程施工现场专业人员职业标准》涉及的土建、装饰、市政、设备4个专业的施工员、质量员、安全员、材料员、资料员5个岗位的内容，教材内容覆盖了考核评价大纲中的各个知识点和能力点。我们在编写过程中始终紧扣《建筑与市政工程施工现场专业人员职业标准》（JGJ/T 250—2011）和考核评价大纲，坚持与施工现场专业人员的定位相结合、与现行的国家标准和行业标准相结合、与建设类职业院校的专业设置相结合、与当前建设行业关键岗位管理人员培训工作现状相结合，力求体现当前建筑与市政行业技术发展水平，注重科学性、针对性、实用性和创新性，避免内容偏深、偏难，理论知识以满足使用为度。对每个专业、岗位，根据其职业工作的需要，注意精选教学内容、优化知识结构，突出能力要求，对知识和技能经过归纳，编写了《通用与基础知识》和《岗位知识与专业技能》，其中施工员和质量员按专业分类，安全员、资料员和材料员为通用专业。本系列教材第一批编写完成19本，以后将根据住房和城乡建设部颁布的其他岗位职业标准和施工现场专业人员的工作需要进行补充完善。

本系列培训教材的使用对象为职业院校建设类相关专业的学生、相关岗位的在职人员和转入相关岗位的从业人员，既可作为建筑与市政工程现场施工人员的考试学习用书，也可供建筑与市政工程的从业人员自学使用，还可供建设类专业职业院校的相关专业师生参考。

本系列培训教材的编撰者大多为建设类专业高等院校、行业协会和施工企业的专家和教师，在此，谨向他们表示衷心的感谢。

在本系列培训教材的编写过程中，虽经反复推敲，仍难免有不妥甚至疏漏之处，恳请广大读者提出宝贵意见，以便再版时补充修改，使其在提升建筑与市政工程施工现场专业人员的素质和能力方面发挥更大的作用。

建筑与市政工程施工现场专业人员职业标准培训教材编审委员会

2013年9月

序

前　言

建筑业是国民经济的重要物质生产部门，它与整个国家经济的发展、人民生活的改善有着密切的关系。“十一五”时期，随着国民经济又好又快发展、产业结构调整步伐的加快及固定资产投资规模的快速扩张，建筑业保持了持续快速发展，在支撑经济发展、解决就业、改善人民居住条件等领域发挥了重要作用，已经发展成为国民经济的重要支柱产业之一。建筑业的快速发展导致安装工程技术人才的需求越来越大，同时，作为国家新的发展战略而大力推广的绿色建筑、建筑节能，使得建筑设备行业不断涌现各种新产品和新技术，例如地源热泵空调技术、太阳能利用技术、空调工程节能技术等，行业发展急需具有必需的理论知识和过硬的专业技术能力的安装工程施工技术人员。

本教材以安装工程所涉及的理论及知识为基础，以“应用”为宗旨构建内容体系。书中的基础知识部分从满足专业通用知识学习原则出发，着重于讲授基本概念和基本原理；专业通用知识部分则对常见安装工程的组成、工作原理、常见设备、常见类型及系统专业施工图纸的识读等进行了详实的介绍，内容简洁、实用性强。

本书共十二章，分为建筑工程基础知识和建筑设备通用知识两篇，建筑工程基础知识篇主要讲述安装工程所涉及的基础理论和知识，建筑设备通用知识则主要讲述安装工程的常见各系统的通用知识。本书由王铮担任主编，由张思忠担任副主编。其中，第一章第一、二节由徐向东编写，第一章第三节、第八章由魏思源编写，第二章第一节由吕世尊编写，第二章第二节由宋乔编写，第三、五、九章由任伟编写，第四章由韩应江编写，第六章由张文明编写，第七章由宋丽娟编写，第十章由王松编写，第十一章由王铮、张思忠编写，第十二章由张晓斌编写。

本书包含内容较多，涉及知识面较广，所以在编写过程中参阅了大量有关的书刊和资料，在此谨向这些书刊和资料的作者表示衷心的感谢。

由于编者水平有限，加之时间仓促，书中难免有疏漏之处，敬请广大读者批评指正。

编　者

2013 年 8 月

目　录

第二篇　建筑设备通用知识

第一篇　建筑工程基础知识

第一章　力学基础知识

【学习目标】 通过学习本章内容,使学生理解力的概念,掌握静力学基本定理,理解杆件的变形与受力形式,掌握材料力学基本理论。了解流体静压强的基本概念及特征,熟悉流体静压强的表示方法以及流体流动损失的形式,掌握流体静压强的计算方法及三种压强之间的换算关系。

建筑物中支承和传递荷载而起骨架作用的部分称为结构。结构是由构件按一定形式组成的,结构和构件受荷载作用将产生内力和变形,结构和构件本身具有一定的抵抗变形和破坏的能力,在施工和使用过程中应满足下列两个方面的基本要求:①结构和构件在荷载作用下不能破坏,同时也不能产生过大的形状改变,即保证结构安全正常使用;②结构和构件所用的材料应节约,降低工程造价,做到经济、节约。

第一节　静力学基础知识

一、力和力系的概念

(一)力的概念

力是我们在日常生活和工程实践中经常遇到的一个概念,人人都觉得它很熟悉,但真正理解并领会力的内涵,其实并不容易。所以,学习力学应从了解力的概念开始。

力是指物体间的相互机械作用。

应该从以下四个方面来把握这个定义的内涵:

(1)力存在于相互作用的物体之间。只有在两个物体之间产生的相互作用才是力学中所研究的力,如用绳子拉车子,绳子与车子之间的相互作用就是力学中要研究的力 $\boldsymbol{F}$,如图 1-1 所示。

(2)力是可以通过其表现形式被人们看到和观测到的。力的表现形式是:①力的运动效果;②力的变形效果。

(3)力产生的形式有直接接触和场的作用两种形式。物体间的相互作用怎样才会产生?

(4)要定量地确定一个力,也就是定量地确定一个力的效果,我们只要确定**力的大小、**

方向、作用点,**这称为力的三要素**,如图 1-2 所示。

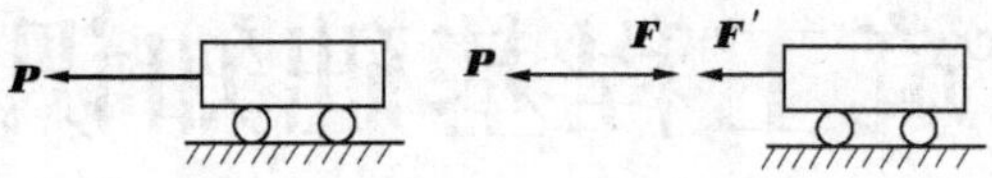

(a)　　(b)

图 1-1　力的图示

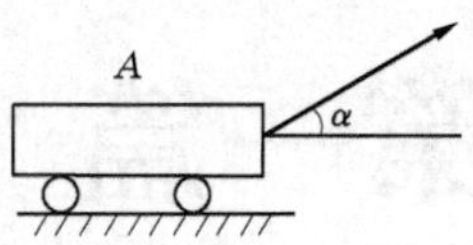

图 1-2　力的三要素

力的大小是衡量力作用效果强弱的物理量,通常用数值或代数量表示。有时也采用几何形式用比例长度表示力的大小。在国际单位制里,力的常用单位为牛(N)或千牛(kN),1 kN=1 000 N。

力的方向是确定物体运动方向的物理量。力的方向包含两个指标:一个指标是力的指向,也就是图 1-2 中 $\boldsymbol{P}$ 力的箭头。力的指向表示了这个力是拉力(箭头离开物体),还是压力(箭头指向物体)。另一个指标是力的方位,力的方位通常用力的作用线表示,定量地表示力的方位,往往是用力作用线与水平线间夹角 α。

力的作用点是指物体间接触点或物体的重心, 力的作用点是影响物体变形的特殊点。

思考与分析

试举生活中力的例子,加深对力的概念的理解。

(二)静力学公理

二力平衡公理

作用在同一物体上的两个力,使刚体平衡的必要和充分条件是:这两个力大小相等,方向相反,作用在同一直线上。

加减平衡力系公理

在受力刚体上加上或去掉任何一个平衡力系,并不改变原力系对刚体的作用效果。

作用力与反作用力公理

作用力与反作用力大小相等,方向相反,沿同一条直线分别作用在两个相互作用的物体上。

(三)力的合成与分解

力的平行四边形法则

作用在物体同一点的两个分力可以合成为一个合力,合力的作用点与分力的作用点在同一点上,合力的大小和方向由以两个分力为边构成的平行四边形的对角线所确定,即由分力 $\boldsymbol{F}_1$、$\boldsymbol{F}_2$ 为两个边构成的一个平行四边形,该平行四边形的对角线的大小就是合力 $\boldsymbol{F}$ 的大小,同时还可根据 $\boldsymbol{F}_1$、$\boldsymbol{F}_2$ 的指向确定出合力 $\boldsymbol{F}$ 的指向,如图 1-3 所示。

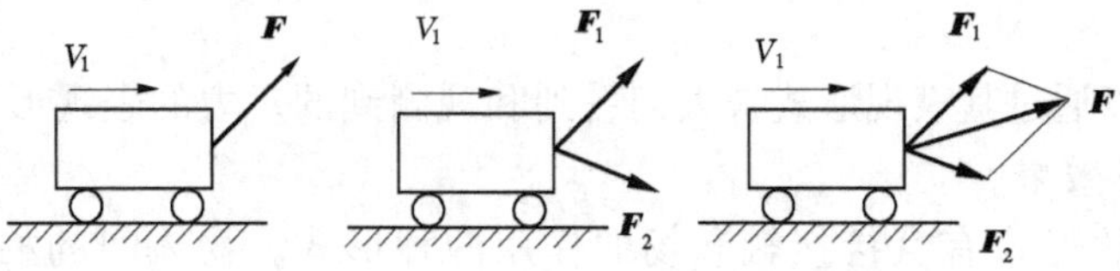

(a)　　(b)　　(c)

图 1-3　力的合成

力的投影

假设力 $\boldsymbol{F}$ 作用于 A 点(见图 1-4),在直角坐标系 yOx 平面内,从力矢量 $\boldsymbol{F}$ 的两端点 A 和 B 分别向 x 轴作垂线 Aa 和 Bb,将线段 ab 冠以相应的正负号,称为力 $\boldsymbol{F}$ 在 x 轴上的投影,以 F_x 表示。同理,自 A、B 两点分别作 y 轴的垂线即可得力 $\boldsymbol{F}$ 在 y 轴上的投影,以 F_y 表示。

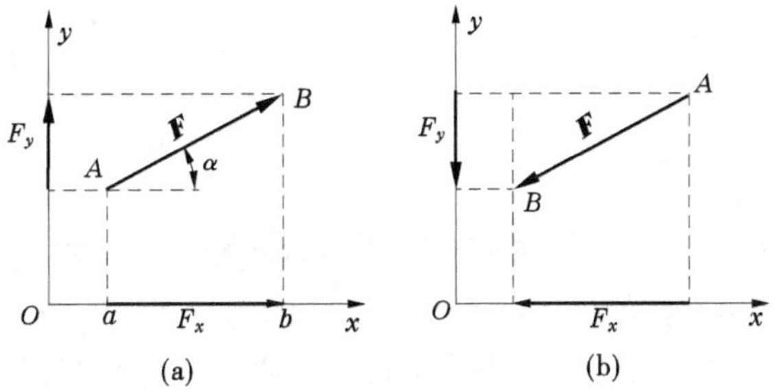

图 1-4

投影与力的大小和方向有关。假设力 $\boldsymbol{F}$ 与 x 坐标轴正方向间的夹角为 α,则由图 1-4 可知:

$$F_x = F\cos\alpha$$

$$F_y = F\sin\alpha$$

力在坐标轴上的投影是代数量,其正负号由 α 确定。F_x 和 F_y 正负号的简易判别法是:如力的投影从始端 a 到末端 b 的指向与坐标轴 x(或 y)的正向相同,则投影 F_x(或 F_y)为正,反之为负。

若已知力 $\boldsymbol{F}$ 在两坐标轴上的投影 F_x 和 F_y,则力的大小和方向余弦为

$$F = \sqrt{F_x^2 + F_y^2} \tag{1-1}$$

$$\left.\begin{aligned} \cos\alpha &= \frac{F_x}{F} \\ \sin\alpha &= \frac{F_y}{F} \end{aligned}\right\} \tag{1-2}$$

二、汇交力系的合成与平衡

(一)汇交力系的合成

汇交力系,力系中各个力作用线或其延长线汇交于一点,如图 1-5(a)所示,力系中各个力的作用线汇交于一点 O,故该力系是汇交力系。

力系是作用在一个物体上的多个(两个以上)力的总称。

根据力系中各个力作用线位置特点,力系分为:①平面力系,力系中各个力作用线位于同一平面内;②空间力系,力系中各个力作用线不在同一平面内。

根据力作用线间相互关系的特点,把力系分为:①共线力系,力系中各个力作用线均在一条直线上;②汇交力系,力系中各个力作用线或其延长线汇交于一点,如图 1-5(a)所示,力系中各个力的作用线汇交于一点 O,故该力系是汇交力系;③平面一般力系,力系中各个力作用线无特殊规律,如图 1-5(b)所示,力系中各个力的作用线无规律,故该力系是平面一般力系。

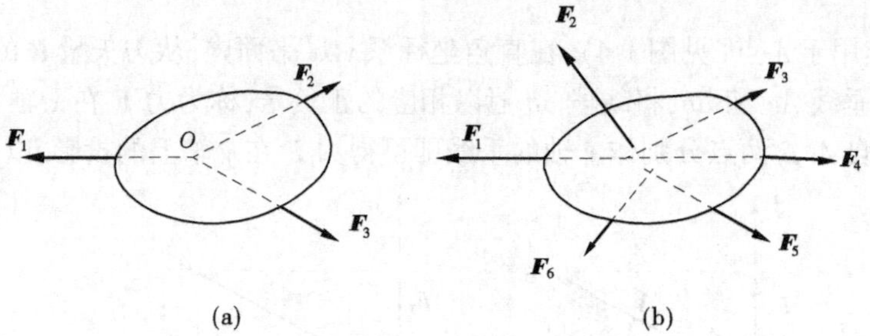

图 1-5　汇交力系和一般力系

对于作用在物体上的汇交力系,同样可用这样的投影方法来求他们合力的大小与方向。

如图 1-6 所示为作用在某物体上的汇交于 A 点的力系 $\boldsymbol{F}_1,\boldsymbol{F}_2,\boldsymbol{F}_3,\cdots,\boldsymbol{F}_n$,用力多边形法则得图 1-6(b)所示多边形。现在对此力多边形建立直角坐标系统,为方便计算,取力 F_1 方向为 x 坐标正方向(见图 1-6)。现从 $\boldsymbol{F}_1,\boldsymbol{F}_2,\boldsymbol{F}_3,\cdots,\boldsymbol{F}_n$ 各力端点分别向 x 轴作垂线,则各分力在 x 轴上的投影分别为 $F_{1x},F_{2x},F_{3x},\cdots,F_{nx}$。

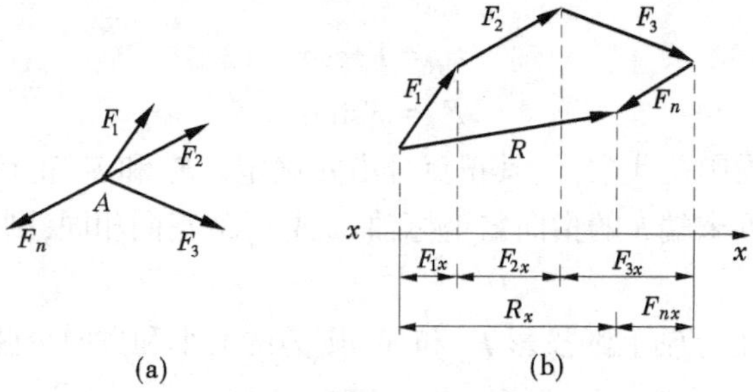

图 1-6　平面汇交力系在 x 轴上的投影

合力 $\boldsymbol{R}$ 在 x 轴上投影为:$R_x=F_{1x}+F_{2x}+F_{3x}+\cdots+F_{nx}$

同理可得合力 $\boldsymbol{R}$ 在 y 轴上投影为:$R_y=F_{1y}+F_{2y}+F_{3y}+\cdots+F_{ny}$

综上所述,平面汇交力系的合力在坐标轴上的投影可用下式简便地表示为

$$\left.\begin{aligned}R_x&=\sum F_{ix}\\R_y&=\sum F_{iy}\end{aligned}\right\}\tag{1-3}$$

由此可得,合力在坐标轴上的投影,等于各分力在该轴上投影的代数和,这就是合力投影定理。

当已知汇交力系各力在坐标轴上的投影 $F_{1x},F_{2x},F_{3x},\cdots,F_{nx}$ 与 $F_{1y},F_{2y},F_{3y},\cdots,F_{ny}$ 时,可用合力投影定理求解得合力 $\boldsymbol{R}$ 的大小与方向

$$\boldsymbol{R}=\sqrt{\left(\sum F_{ix}\right)^2+\left(\sum F_{iy}\right)^2}=\sqrt{R_x^2+R_y^2}\tag{1-4}$$

由 R_x、R_y 的正负号及其绝对值可求得合力 $\boldsymbol{R}$ 的方向。

(二)汇交力系的平衡

所谓物体的平衡,就是说物体的运动状态不变,它包括静止与匀速直线运动两种情况。在静力学中,这两种情况,都假定是相对于地球而说的。静力学研究物体平衡的普遍规律;或者说,研究物体平衡时作用于物体上的力所应满足的条件。

用力的多边形法则可将平面汇交力系合成为一个合力。显然,平面汇交力系平衡的充

分和必要条件是：该力系的合力等于零。用矢量公式表示，有

$$R = F_1 + F_2 + \cdots + F_n = \sum_{i=1}^{n} F_i = 0 \tag{1-5}$$

故刚体处于平衡状态的主要条件是合力在任意建立的直角坐标系统 x、y 轴上的投影为零。用方程式表示为

$$\left.\begin{aligned} R_x = \sum F_x = 0 \\ R_y = \sum F_y = 0 \end{aligned}\right\} \tag{1-6}$$

上面两个方程称为平面汇交力系的平衡方程，这两个方程互相独立，可以用它们联立求解两个未知力。

【例 1-1】 如图 1-7(a)所示，塔吊起重 $G = 10$ kN 的构件。已知钢丝绳与水平线成 $\alpha = 45°$ 的夹角，在构件匀速上升时，求钢丝绳 AC 和 BC 所受的拉力。

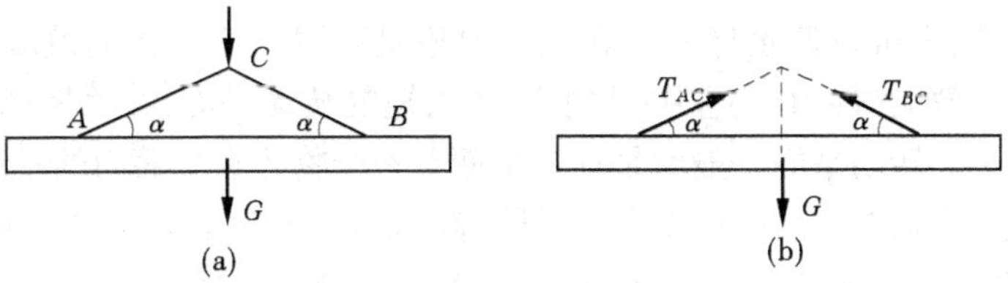

图 1-7

解：

(1)选取构件为研究对象。

(2)分析构件的受力情况，画出其受力图，如图 1-7(b)所示。根据三力平衡汇交定理，力 G、T_{AC} 和 T_{BC} 组成一个平面汇交力系。

(3)根据平面汇交力系平衡条件，G、T_{AC} 和 T_{BC} 三个力满足

$$\sum F_x = 0$$

$$\sum F_y = 0$$

$$T_{AC}\cos\alpha = T_{BC}\cos\alpha$$

$$T_{AC}\sin\alpha + T_{BC}\sin\alpha = G$$

(4)求未知量 T_{AC}、T_{BC}。

求得

$$T_{AC} = T_{BC} = \frac{G}{2\sin\alpha} = \frac{10}{2\sin 45°} = 7.07(\mathrm{kN})$$

由作用力和反作用力关系知，钢丝绳 AC 和 BC 所受的拉力也等于 7.07 kN，方向与图示中 T_{AC} 和 T_{BC} 的方向相反。

三、力矩和力偶的性质

在工程实际和日常生活中，为了使物体转动，一般要加上大小相等、方向相反且不共线的两个平行力。例如：汽车司机转动方向盘，两手加在盘上的力(见图 1-8(a))以及木工用丁字头螺丝钻孔，加在其上的力(见图 1-8(b))等。

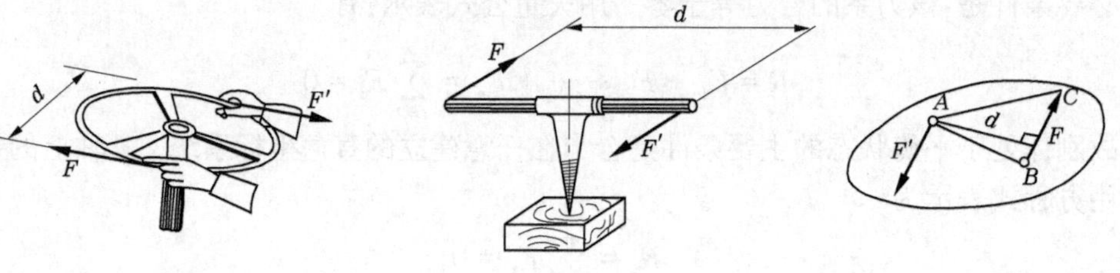

(a) (b) (c)

图 1-8 力偶

(一) 力矩

一个物体受力后,如果不考虑其变形效应,则物体必定会发生运动效应。如果力的作用线通过物体中心,将使物体在力的方向上产生水平移动,如图 1-9(a)所示;如果力的作用线不通过物体中心,物体将在产生向前移动的同时,还将产生转动,如图 1-9(b)所示。因此,力可以使物体移动,也可以使物体发生转动。力矩是描述一个力转动效应大小的物理量。描述一个力的转动效应(即力矩)主要是确定:①力矩的转动平面;②力矩的转动方向;③力矩转动能力的大小。转动平面一般就是计算平面。一个物体在平面内的转动方向只有两种(顺时针转动和逆时针转动),为了区分这两种转动方向,力学上规定顺时针转动的力矩为负号,逆时针转动的力矩为正号。实践证实,力 $\boldsymbol{F}$ 对物体产生的绕 O 点转动效应的大小与力 $\boldsymbol{F}$ 的大小成正比,与 O 点(转动中心)到力作用线的垂直距离(称为力臂)h 成正比,如图 1-10 所示。

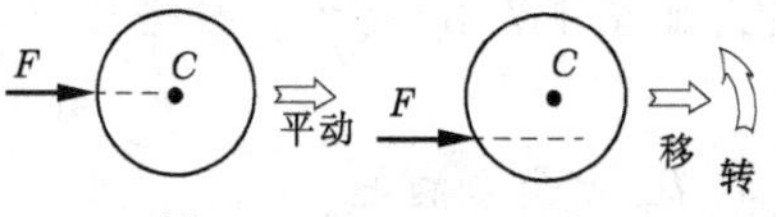

(a) (b)

图 1-9 物体的运动效应

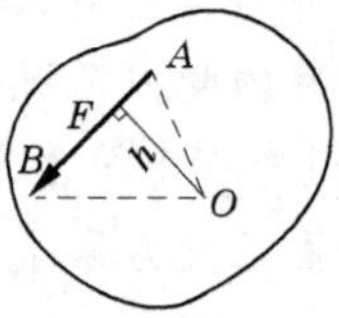

图 1-10 力臂与转动中心

综合上述概念,可用一个代数量来准确的描述一个力 $\boldsymbol{F}$ 对点 O 的力矩

$$M_o(\boldsymbol{F}) = \pm F \times h \tag{1-7}$$

式中 $M_o(\boldsymbol{F})$ ——力 $\boldsymbol{F}$ 对 O 点产生的力矩;

F——产生力矩的力;

h——力臂;

O——力矩的转动中心。

力臂是一条线段,该线段特点:①垂直于力作用线;②通过转动中心。

力矩转动方向用正、负号表示,力矩转动方向的判断方法:四个手指从转动中心出发,沿力臂及力的箭头指向转动的方向,即为该力矩的转动方向。

(二) 力偶的概念

力偶是指同一个平面内两个大小相等,方向相反,不作用在同一条直线上的两个力。力偶产生的运动效果是纯转动,与力矩产生的运动效果(同时发生移动和转动)是不一样的。

力偶产生转动效应由以下三个要素确定:①力偶作用平面;②力偶转动方向;③力偶矩的大小,称为力偶三要素。力偶作用平面就是计算平面;与力矩转动向一样,用正、负号来区别逆、顺时针转向;力偶矩是表示一个力偶转动效应大小的物理量,力偶矩的大小与产生力偶的力 $\boldsymbol{F}$ 及力偶臂 h 成正比。综合上述概念,可用一个代数量来准确地描述力偶的转动效应:

$$M = \pm F \times h \tag{1-8}$$

式中 M ——力偶矩;

F ——产生力偶的力;

h——力偶臂。

力偶方向的判别方法:右手四个手指沿力偶方向转动,大拇指方向为力偶方向。

思考与分析

司机驾驶汽车操纵方向盘时,其双手的作用力是否形成力偶,为什么?

力偶具有如下性质(这些性质体现了力偶与力矩的区别):

(1)力偶不能与一个力等效。这是因为力偶的运动效应与力矩的运动效应不相同。这条性质还可以表述为力偶无合力,或者说力偶在任何坐标轴上均无投影(投影为0)。

(2)只要保持力偶的转向和力偶的大小不变,则不会改变力偶的运动效应。在平面内表示力偶只要表示转向和力偶的大小即可。所以,图 1-11(a)、(b)两种表示方法是一致的。同理,同一平面内两个力偶如果它们的转向和大小相同,则此两个力偶为等效。

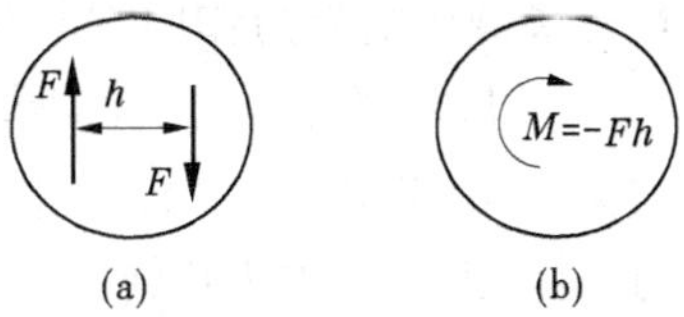

图 1-11　力偶

(3)力偶无转动中心。这条性质是力偶与力矩的主要区别之一。力矩产生的转动一定要绕固定点(转动中心)转动,同一个力对不同转动中心产生的力矩,因力臂变化其产生的力矩是不同的。力偶只表示使物体产生纯转动效应的大小,因力偶无转动中心,故力偶无转动中心如何变化的问题,不论以物体中任何一点为中心转动,其力偶效果均保持不变 。

(4)合力偶矩等于各分力偶的代数和。当一个物体受到力偶系 $m_1, m_2, \cdots, m_n$ 作用时,各个分力偶的作用最终可合成为一个合力偶矩 M,即多个力偶作用在同一个物体上,只会使物体产生一个转动效应,也就是合力偶的效应。合力偶与各分力偶的关系为

$$m = m_1 + m_2 + \cdots + m_n = \sum_{i=1}^{n} m_i \tag{1-9}$$

式中 m——力偶系的合力偶矩;

$m_1, m_2, \cdots, m_n$——力偶系中的第 1 个,第 2 个,…,第 n 个分力偶矩。

第二节　材料力学基础知识

一、杆件的变形与受力形式

根据前面的概念,我们知道,一根杆件受到力的作用,一定会产生力的效果,即杆件受力后会产生运动和变形,由于在建筑力学范围内,杆件都是平衡的,也就是说研究的杆件运动效应为零,所以我们可以肯定,平衡力系作用下的杆件虽然不会产生运动,但一定会产生变形。

在荷载作用下,承受荷载和传递荷载的建筑结构和构件会引起周围物体对它们的反作用;同时构件本身因受荷载作用而将产生变形,并且存在着发生破坏的可能性。但结构本身具有一定的抵抗变形和破坏的能力,即具有一定的承载能力,而构件的承载能力的大小是与构件的材料性质、截面的几何尺寸和形状、受力性质、工作条件和构造情况等有关。在结构设计中,当其他条件一定时,如果构件的截面设计得过小,当构件所受的荷载大于构件的承载能力时,则结构将不安全,它会因变形过大而影响正常工作,或因强度不够而受破坏。当构件的承载能力大于构件所受的荷载时,则要多用材料,造成浪费。

在工程实际中,杆件可能受到各种各样的外力作用,因此杆的变形也是多种多样的。但是这些变形总不外乎是以下四种基本变形中的一种,或者是它们中几种的组合。

(1)轴向拉伸或轴向压缩。在一对大小相等、方向相反、作用线与杆件轴线相重合的轴向外力作用下,使杆件在长度方向发生伸长变形的称为轴向拉伸(见图 1-12(a)),长度方向发生缩短变形的称为轴向压缩(见图 1-12(b))。

(2)剪切。在一对大小相等、方向相反、作用线相距很近的横向力作用下,杆件的主要变形是横截面沿外力作用方向发生错动(见图 1-12(c)),称为剪切变形。

(3)扭转。如图 1-12(d)所示,在一对大小相等、转向相反、作用平面与杆件轴线垂直的外力偶矩 M_e 作用下,直杆的相邻横截面将绕着轴线发生相对转动,而杆件轴线仍保持直线,这种变形形式称为扭转。

(4)弯曲。在一对方向相反,位于杆的纵向对称平面内的力偶作用下,杆件的轴线变为曲线,这种变形形式称为弯曲,如图 1-12(e)所示。

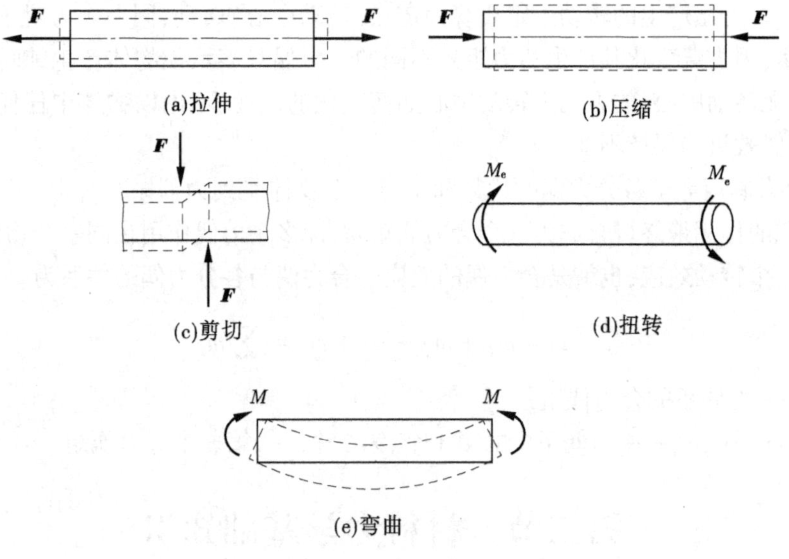

图 1-12　杆件变形的基本形式

二、应力状态分析

(一)应力的基本概念

在平面力系中,主要讨论平面杆件体系,即所有杆轴线在同一平面内。在平面杆件体系中,尽管外力作用形式不同,但是在杆件内部产生的应力种类和内力种类是固定的。杆件应力种类只有两种：一种是正应力 σ，一种是剪应力 τ。杆件的内力种类总共是四种，它们是截面法线方向内力——轴力 F_N，截面切线方向内力——剪力 F_S，在杆轴线和截面对称轴确定的平面内的力偶形式内力——弯矩 M，以及横截面内的力偶形式内力——扭矩 T。

杆件在轴向拉伸或压缩时，除引起内力和应力外，还会发生变形。

定义构件某截面上的内力在该截面上某一点处的集度为应力。

如图 1-13(a)所示，在某截面上 A 点处取一微小面积 ΔA，作用在微小面积 ΔA 上的内力为 ΔF，那么比值

$$P_m = \frac{\Delta F}{\Delta A}$$

称为 a 点在 ΔA 上的平均应力。当内力分布不均匀时，平均应力的值随 ΔA 的大小而变化，它不能确切的反映 a 点处的内力集度。只有当 ΔA 无限趋近于零时，平均应力的极限值才能准确地代表 a 点处的内力集度，即为 a 点的应力

$$p = \lim_{\Delta A \to 0} \frac{\Delta P}{\Delta A} = \frac{dP}{dA}$$

一般 a 点处的应力与截面既不垂直也不相切，通常将它分解为垂直于截面和相切于截面的两个分量，见图 1-13(b)。垂直于截面的应力分量称为正应力，用 σ 表示，相切于截面的应力分量称为切应力(又叫剪应力)，用 τ 表示。

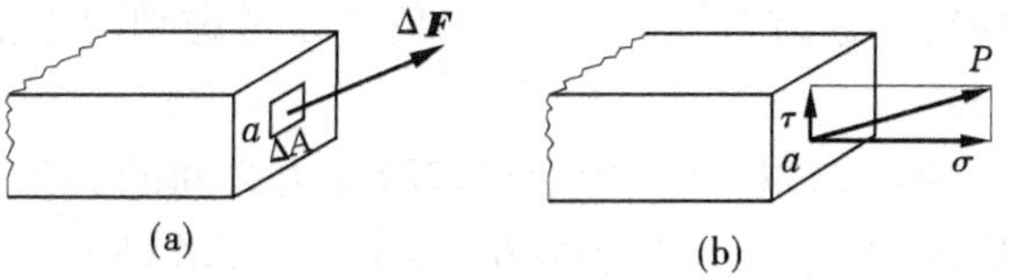

图 1-13

应力是矢量。应力的量纲是[F/L²]，其单位是 N/m^2，或写作 Pa，读作帕。

$$1\ Pa = 1\ N/m^2$$

工程实际中应力的数值较大，常用千帕(kPa)、兆帕(MPa)或吉帕(GPa)作单位。

$$1\ kPa = 1\times10^3\ Pa \qquad 1\ MPa = 1\times10^6\ Pa \qquad 1\ GPa = 1\times10^9\ Pa$$

(二)应变的基本概念

由试验得知，直杆在轴向拉力作用下，会发生轴向伸长和横向收缩；反之，在轴向压力作用下，会发生轴向缩短和横向增大。通常用拉(压)杆的纵向伸长(缩短)来描述和度量其变形。下面先结合拉杆的变形介绍有关的基本概念。

设拉杆的原长为 L，它受到一对拉力 $\boldsymbol{F}$ 的作用而伸长后，其长度增为 L_1，如图 1-14 所示。则杆的纵向伸长为

$$\Delta L = L_1 - L$$

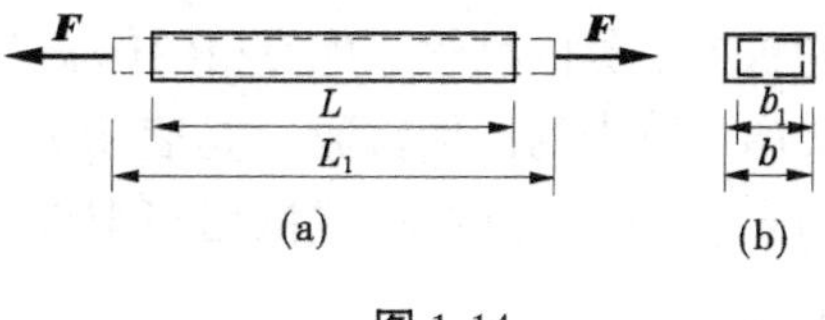

图 1-14

它反映杆的总变形量，同时，杆横向将发生缩短，如杆横向原尺寸为 b，变形后尺寸为 b_1，则杆的横向缩小为

$$\Delta b = b_1 - b \qquad \Delta b\ 为负值。$$

当杆受轴向压力作用时，杆纵向将发生缩短变形，ΔL 为负，横向将发生伸长变形，Δb 为

正。

(三)虎克定律

杆在拉伸(压缩)变形时,杆的纵向或横向变形 $\Delta L(\Delta b)$ 反映的是杆的总的变形量,而无法说明杆的变形程度。由于杆的各段变形是均匀的,所以反映杆的变形程度的量可采用每单位长度杆的纵向伸长,即

$$\varepsilon = \frac{\Delta L}{L}$$

称为轴向相对变形或称轴向线应变。轴向拉伸时 ΔL 和 ε 均为正值(轴向拉伸变形),而在轴向压缩时均为负值(轴向缩短变形)。

$$\varepsilon' = \frac{\Delta b}{b}$$

称为横向线应变。轴向拉伸时为负值,轴向压缩时为正值。

由试验知,当杆内正应力不超过材料的比例极限时,纵向线应变 ε 与横向线应变 ε' 成正比

$$\varepsilon' = -\mu\varepsilon \quad 或\ \mu = \left|\frac{\varepsilon'}{\varepsilon}\right|$$

比例常数 μ 是无量纲的量,称为泊松比或横向变形系数,它是反映材料弹性性质的一个常数,其数值随材料而异,可通过试验测定,式中负号是考虑到两应变的正负号恒相反。一般钢材的 μ 为 0.25~0.33。

现在来研究上述一些描述拉杆变形的量与其所受力之间的关系,这种关系与材料的性能有关。工程上常用低碳钢或合金材料制成拉(压)杆。试验证明,当杆内的应力不超过材料的比例极限(即正应力 σ 与线应变 ε 成正比的最高限度的应力)时,则杆的伸长(或缩短)ΔL 与轴力 N、杆长 L 成正比,而与杆横截面面积 A 成反比,即

$$\Delta L \propto \frac{NL}{A}$$

引进比例常数 E,则

$$\Delta L = \frac{NL}{EA} \tag{1-10}$$

式(1-10)就是轴向拉伸或压缩的轴向变形计算公式。

正应力与线应变存在以下关系:

$$\sigma = E\varepsilon \tag{1-11}$$

它首先由英国科学家虎克(R.Hooke)于 1678 年发现,通常称为虎克定律。

式(1-11)中的比例常数 E 是表示材料弹性的一个常数,称为**拉压弹性模量**,其数值随材料而异。EA 称为**抗拉(或抗压)刚度**,反映杆件抵抗变形的能力,其值越大,表示杆件越不易变形。

三、压杆稳定概念

受轴向压力作用的杆件在工程上称为**压杆**。如桁架中的受压上弦杆、厂房的柱子等。

实践表明,对承受轴向压力的细长杆,杆件内的应力在没有达到材料的许用应力时,就

可能在任意外界的扰动下发生突然弯曲甚至导致破坏,致使杆件或由之组成的结构丧失正常功能。杆件的破坏不是由于强度不够而引起的,这类问题就是压杆稳定性问题。因此,在设计杆件(特别是受压杆件)时,除进行强度计算外,还必须进行稳定性计算以满足其稳定条件。

轴向受压杆的承载能力是依据强度条件 $\sigma=\frac{F_N}{A}\leqslant[\sigma]$ 确定的。但在实际工程中发现,许多细长的受压杆件的破坏是在没有发生强度破坏条件下发生的。以一个简单的试验(见图 1-15)为例,取两根矩形截面的松木条,$A=30\ \text{mm}\times 5\ \text{mm}$,一杆长 20 mm,另一杆长 1 000 mm。若松木的强度极限 $\sigma_b=40$ MPa,按强度考虑,两杆的极限承载能力均应为 $F=\sigma_b\cdot A$,但是,我们给两杆缓缓施加压力时会发现,长杆在加到约 30 N 时,杆发生了弯曲,当力再增加时,弯曲迅速增大,杆随即折断。而短杆可受力到接近 6 000 N,且在破坏前一直保持着直线形状。显然,长杆的破坏不是强度不足引起的。

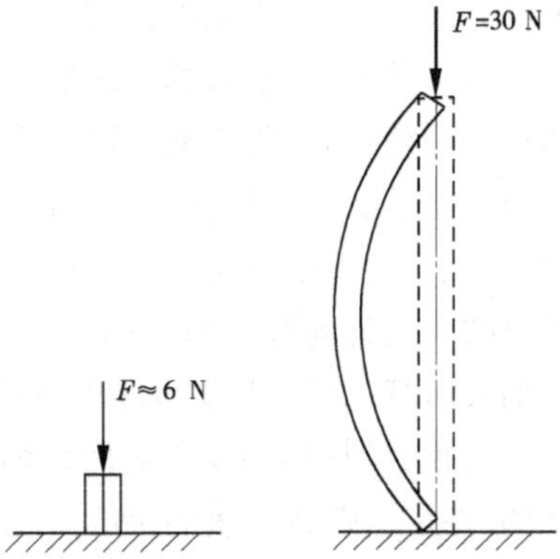

图 1-15　轴向受压构件

细长受压杆突然破坏,与强度问题完全不同,它是杆件丧失了保持直线形状的稳定而造成的,这类破坏称为丧失稳定。杆件招致丧失稳定破坏的压力比发生强度不足破坏的压力要小得多。因此,对细长压杆必须进行稳定性的计算。

一细长直杆如图 1-16 所示,在杆端施加一个逐渐增大的轴向压力 F。

(1)当压力 F 小于某一临界值 F_{cr} 时,压杆可始终保持直线形式的平衡,即在任意小的横向干扰力作用下,压杆发生了微小的弯曲变形而偏离其直线平衡位置,但当干扰力除去后,压杆将在直线平衡位置左右摆动,最终又回到原来的直线平衡位置(见图 1-16(a))。这表明,压杆原来的直线平衡状态是稳定的,称压杆此时处于**稳定平衡状态**。

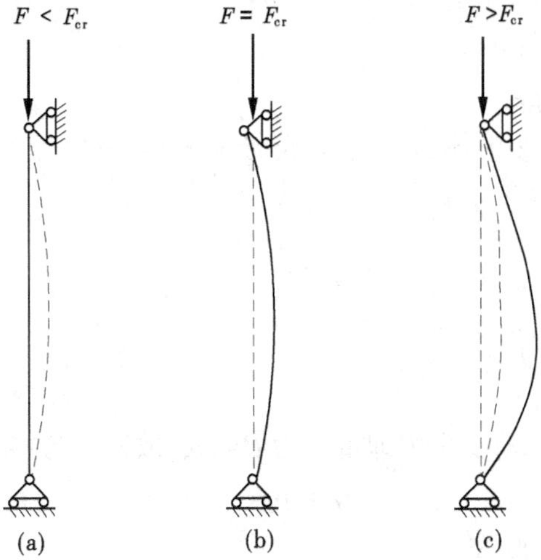

图 1-16　细长受压杆

(2)当压力 F 增加到临界值 $F=F_{cr}$ 时，压杆在横向力干扰下发生弯曲，但当除去干扰力后，杆就不能再恢复到原来的直线平衡位置，而保持为微弯状态下新的平衡(见图 1-16(b))，其原有的平衡就称为**随遇平衡**或**临界平衡**。

(3)若继续增大 F 值，使 $F>F_{cr}$，只要受到轻微的横向干扰，压杆就会屈曲，将横向干扰力去掉后，压杆不仅不能恢复到原来的直线状态，还将在弯曲的基础上继续弯曲，从而失去承载能力。因此，称原来的直线形状的平衡状态是非稳定平衡。压杆从稳定平衡状态转变为非稳定平衡状态，称为**丧失稳定性**，简称**失稳**。

通过上述分析可知，压杆能否保持稳定平衡，取决于压力 F 的大小。随着压力 F 的逐渐增大，压杆就会由稳定平衡状态过渡到非稳定平衡状态。压杆从稳定平衡过渡到非稳定平衡时的压力称为**临界力**，以 F_{cr} 表示。临界力是判别压杆是否会失稳的重要指标。

细长压杆的轴向压力达到临界值时，杆内应力往往不高，远低于强度极限(或屈服极限)，就是说，压杆因强度不足而破坏之前就会失稳而丧失工作能力。失稳造成的破坏是突然性的，往往会造成严重的事故。应该指出，不仅压杆会出现失稳现象，其他类型的构件，如梁、拱、薄壁筒、圆环等也存在稳定性问题。这些构件的稳定性问题比较复杂，这里不予讨论。

第三节　流体力学基础知识

一、流体的主要物理性质

(一)流体的密度和容重

单位体积流体的质量称为流体的密度，以符号 ρ 表示，单位是 kg/m³。对于匀质流体，其密度的定义为

$$\rho = \frac{M}{V}$$

式中　V——流体的体积，m³；

M——流体的质量，kg。

单位体积流体的重量称为流体的容重，以符号 γ 表示，单位是 N/m³，对于匀质流体，其容重的定义为

$$\gamma = \frac{G}{V}$$

式中　V——流体的体积，m³；

G——流体的重量，N。

流体处在地球引力场中，所受引力即重力为 $G=mg$，故密度与容重的关系为

$$\gamma = \rho g$$

(二)流体的压缩性和热胀性

压缩性是指流体在压力作用下，改变自身体积的特性。

热胀性是指由于温度的变化，流体改变自身体积的特性。

（三）流体的黏滞性

黏滞性是流体固有的，是有别于固体的主要物理性质。当流体相对于物体运动时，流体内部质点间或流层间因相对运动而产生的内摩擦力（切向力或剪切力）以反抗相对运动，从而产生了摩擦阻力。这种在流体内部产生内摩擦力以阻抗流体运动的性质就称为黏滞性。

（四）汽化压强

所有液体都会蒸发沸腾，将它们的分子释放到表面外的空间中。这样宏观上，在液体的自由表面就会存在一种向外扩张的压强（压力），即使液体沸腾或汽化的压强，这种压强称为汽化压强。因为液体在某一温度下的汽化压强与液体在该温度下的饱和蒸汽压强所具有的压强对应相等，所以液体的汽化压强又称为液体的饱和蒸汽压强。

在任意给定的温度下，如果液面的压力降低到低于饱和蒸汽压时，蒸发速率迅速增加，称为沸腾。因此，在给定温度下，饱和蒸汽压力又称为沸腾压力，在涉及液体的工程中非常重要。

液体在流动过程中，当液体与固体的接触面处于低压区，并低于汽化压强时，液体产生汽化，在固体表面产生很多气泡；若气泡随液体流动进入高压区，气泡中的气体便液化，这时，液化过程产生的液体将冲击固体表面。如这种运动是周期性的，将对固体表面造成疲劳并使其剥落，这种现象称为气蚀。气蚀是非常有害的，在工程应用时必须避免气蚀。

二、流体静力学基础

（一）流体静压强的基本方程

1.流体静压强的定义

处在静止状态下的流体，不仅对与之接触的固体边壁有压力作用，而且在流体内部，相邻的流体之间也有压力作用。这种压力称为流体的静压力，用符号 P 表示。静止作用在单位面积上的流体静压力称为流体的静压强。

2.流体静压强的特性

（1）流体静压强的方向必然垂直指向受压面，即与内法线方向一致。

（2）在静止或相对静止的流体中，任一点各方向上的流体静压强大小均相等。

3.流体静压强的基本方程

$$p = p_0 + \gamma h \tag{1-12}$$

式中 p_0——流体表面压强，Pa；

γ——流体的容重，N/m^3。

流体静力学基本方程式（1-12）还可以表示为另一种形式，如图 1-17 所示，设水箱的液面压强为 p_0，水中 1、2 点到任意选定基准面 0—0 的高度为 Z_1、Z_2，压强为 p_1、p_2，将式中的深度 h_1 和 h_2 分别用高度差 Z_0-Z_1 和 Z_0-Z_2 表示后得

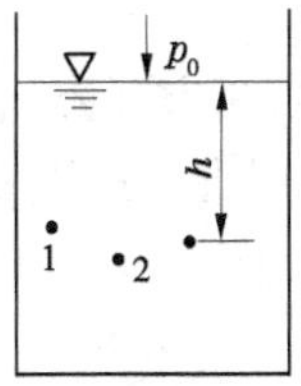

图 1-17 静止液体中的某点

$$p_1 = p_0 + \gamma\,(Z_0 - Z_1)$$

$$p_2 = p_0 + \gamma\,(Z_0 - Z_2)$$

上式除以容重 γ，并整理后得

$$Z_1 + p_1/\gamma = Z_0 + p_0/\gamma$$

$$Z_2 + p_2/\gamma = Z_0 + p_0/\gamma$$

两式联立得

$$Z_1 + p_1/\gamma = Z_2 + p_2/\gamma = Z_0 + p_0/\gamma$$

水中1、2点是任选的，故可将上述关系推广到整个流体，得出具有普遍意义的规律，即

$$Z + p/\gamma = C(\text{常数}) \tag{1-13}$$

这就是流体静力学基本方程的另一种形式，也是我们常用的液体静压强的分布规律的一种形式。它表示在同一种静止流体中，不论哪一点的 $Z+p/\gamma$ 总是一个常数。

根据流体静压强的基本方程式(1-12)和式(1-13)，可以得出以下结论：

(1)静止流体中任一点的压强是由液面压强 p_0 和该点在液面下的深度与容重的乘积 γh 两个部分组成。

(2)当液面压强 p_0 增大或减小时，流体内各点的流体静压强亦相应的增加或减少，即液面压强的增减将等值传递到流体内部其余各点。

(3)流体中的压强的大小是随流体深度逐渐增大的。当容重一定时，压强随水深按线性规律增加。

4.液体静压强基本方程的意义

方程式($Z+p/\gamma=C$)中，从物理学的角度来说，Z 项是单位重量液体质点相对于基准面的位置势能，p/γ 项是单位重量液体质点的压力势能，$Z+p/\gamma$ 项是单位重量液体的总势能，$Z+p/\gamma=C$ 表明在静止液体中，各液体质点单位重量的总势能均相等；从水力学的角度来说，Z 为该点的位置相对于基准面的高度，称位置水头，p/γ 是该点在压强作用下沿测压管所能上升的高度，称压强水头，$Z+p/\gamma$ 称测压管水头，它表示测压管液面相对于基准面的高度。如图1-17所示，($Z+p/\gamma=C$)表示同一容器中的静止液体中，所有各点的测压管水头均相等。因此，在同一容器的静止液体中，所有各点的测压管液面必然在同一水平面上，测压管水头中的压强必须采用相对压强表示。

(二)流体静压强的表示方法和度量单位

1.压强的表示方法

压强的大小，根据不同的计量基准可以分为绝对压强和相对压强。

(1)绝对压强：以没有气体存在的绝对真空状态作为零点起算的压强称为绝对压强，以 p' 表示。

(2)相对压强：以当地大气压 p_a 为零点起算的压强值称为相对压强，以符号 p 表示。

相对压强、绝对压强和当地大气压之间的关系为

$$p = p' - p_a$$

(3)真空压强：若流体某处的绝对压强小于大气压强，则该处处于真空状态，其真空程度一般用真空压强 p_v 表示。

$$p_v = p_a - p'$$

$$p_v = -p$$

2.压强的量度单位

(1)用单位面积上所受的压力来表示。国际单位制中压强的单位是 N/m^2，也可以用帕表示，符号为 Pa。较大的单位可用 kPa 或 MPa 来表示。

(2)用液柱高度来表示，常用的有水柱高度和汞柱高度，如 mH_2O、mmHg 和 mmH_2O。

压强的单位由单位面积上所受的压力换算成液柱高度 h 的关系式为

$$h = p/\gamma$$

式中　γ——液体的容重。

(3)用大气压的倍数来表示,其单位为标准大气压强和工程大气压强。国际上规定温度为 0 ℃、纬度 45°处海平面上的绝对压强为标准大气压,用符号 atm 表示,其值为 101. 325 kPa,即 1 atm = 101 325 Pa。而在工程上,为了计算方便,规定了工程大气压,以符号 at 表示,其值为 98.07 kPa,即 1 at = 98 070 Pa。

换算关系为

$$1\ \text{atm} = 101\ 325\ \text{Pa} = 10.33\ \text{mH}_2\text{O} = 760\ \text{mmHg}$$

$$1\ \text{at} = 98\ 070\ \text{Pa} = 10\ \text{mH}_2\text{O} = 736\ \text{mmHg}$$

三、流体流动阻力与水头损失

(一)沿程阻力和沿程水头损失

当束缚流体流动的固体边壁沿程不变,流动为均匀流时,流层与流层之间或质点之间只存在沿程不变的切应力,称为沿程阻力。沿程阻力做功引起的能量损失称为沿程能量损失。由于沿程损失沿管路长度均匀分布,因此沿程能量损失的大小与管路长度成正比。在管路中单位重量水流的沿程能量损失称为沿程水头损失,以 h_f 表示。圆管水头损失的计算公式为

$$h_f = \lambda \frac{l}{d} \frac{v^2}{2g}$$

式中　l——管长;

d——管径;

v——断面平均流速;

g——重力加速度;

λ——沿程摩阻系数。

(二)局部阻力和局部水头损失

在边界沿程急剧变化,流速分布发生变化的局部区段上,集中产生的流动阻力称为局部阻力。由局部阻力引起的水头损失称为局部水头损失。发生在管道入口、异径管、弯管、三通、阀门等各种管件处的水头损失,都是局部水头损失,以 h_j 表示。局部水头损失按下式计算:

$$h_j = \xi \frac{v^2}{2g}$$

式中　ξ——局部水头损失系数;

v——ξ 对应的断面平均流速。

(三)总水头损失

将整个计算管路中各管段的沿程和局部水头损失计算并相加,便可得到计算管路总水头损失 h_w。

$$h_w = \sum h_f + \sum h_j$$

式中　h_w——计算管路的总水头损失,m;

$\sum h_f$——各管段的沿程水头损失之和,m;

$\sum h_j$——各管段的局部水头损失之和,m。

小 结

本章主要介绍了静力学、材料力学和流体力学基础知识。通过本章的学习,要求学生能利用力学基本原理对现场的受力、平衡及杆件的变形等进行分析,掌握流体静压强的基本概念及特征,流体静压强的表示方法以及流体流动损失的形式。本章的教学目标是掌握流体静压强的计算方法及三种压强之间的换算关系。

第二章　建筑构造与结构

【学习目标】　通过学习本章内容，使学生了解民用建筑的基本构造与结构形式，熟悉不同建筑结构的特点，掌握民用建筑组成部分的建造方法和建筑工程设计的基本原理。

第一节　建筑构造基础知识

一、民用建筑墙体

墙体是组成建筑空间的竖向构件。它下接基础，中搁楼板，上连屋顶，对整个建筑的使用、造型、总重和造价影响极大。因而，墙体是建筑物的重要组成部分。

（一）墙体的类型和作用

1.墙体的类型

（1）外墙：建筑与外界接触的墙体。

（2）内墙：建筑内部的墙体。

（3）纵墙：建筑长轴方向的墙体，纵外墙亦称檐墙。

（4）横墙：与建筑长轴垂直方向的墙体，横外墙亦称山墙。

（5）承重墙：承受由梁、板、屋架传来的荷载的墙体。

（6）非承重墙：不承受荷载的墙体。

①自承重墙：支撑在梁、板上仅承受自重的墙体，如隔墙、隔断墙。

②框架墙：位于框架的梁、之间起分隔或围护作用的墙。

（7）实体墙：材料和砌筑方式为实心无孔洞的墙体，如普通砖墙、灰砂砖墙、毛石墙等。

（8）空心墙：材料或砌筑方式为空心的墙体，如空心砖墙、空斗墙等。

（9）叠砌式墙：用零散材料通过砌筑叠加而成的墙体，如砖墙、石墙等。

（10）预制装配式墙：将在工厂制作的大、中型墙体构件，用机械吊装拼合而成的墙体，如大板建筑、盒子建筑、大中型砌块建筑等。

（11）现浇整体式墙：现场支模和浇筑的墙体，如大模板建筑、滑板建筑等。

2.墙体的作用

在承重墙结构中，墙体承受由屋顶、楼板等构件传来的垂直荷载、风力和地震力，具有承重作用；墙体抵挡自然界风、沙、雨、雪的侵蚀，防止太阳辐射和噪声干扰，保温、隔热、隔声，具有围护作用以及分隔作用。

（二）墙的材料

按墙体所用的材料不同可分为土筑墙、石材墙、砖墙、砌块墙和混凝土墙等，砖墙是用砖和砂浆等胶结材料按一定方式组砌而成的。砖墙的主要材料有砖和砂浆。

（三）砖墙的尺寸

（1）砖墙的尺寸：普通规格为 240 mm×115 mm×53 mm 与灰缝 10 mm 组成了砖墙砌体

的尺寸基数。

(2)砖墙的厚度:砖墙的厚度是根据多方面因素决定的,要同时满足承载能力、稳定性、保温隔热、隔声和防火等要求,并且还要符合砌墙砖的规格尺寸。

(3)砖墙段长度:砖墙段长度以半砖加灰缝(115+10)mm 为递增系数,同样符合公式(115+10)n−10。

(4)洞口宽度:为避免非正常砍砖,墙上洞口宽也应符合砖的尺寸,而它的公式是(115+10)n+10,其系列尺寸为 135、260、510、635、760、885、1 010 mm 等。

(5)砖墙高度:按砖尺寸要求,砖墙的高度应为 53+10=63 mm 的整数倍。

(6)砖墙的微小尺寸:砖墙面凸出或凹进的微小尺寸,一般应与砖的规格相吻合。

(7)独立砖柱尺寸:独立砖柱的断面尺寸,应按砌墙砖的规格选定,并要求尽量减少砍砖和防止重缝。

(四)砖墙的组砌方式

砖墙的组砌方式是指砖在砌体中的排列方式。砖墙砌筑时应满足横平竖直、砂浆饱满、错缝搭接、避免通缝的基本要求,以保证墙体的强度和稳定性。在砖墙的组砌中,把砖的长向平行于墙面砌筑的砖叫顺转,把砖的长向垂直于墙面砌筑的砖叫丁砖。上下皮之间的水平灰缝称横缝,左右两块砖之间的垂直缝称竖缝。

(1)实心砖墙。实心砖墙的组砌方式有全顺式、一顺一丁式、多顺一丁式、两平一侧式、梅花丁式、三三一式等,如图 2-1 所示。

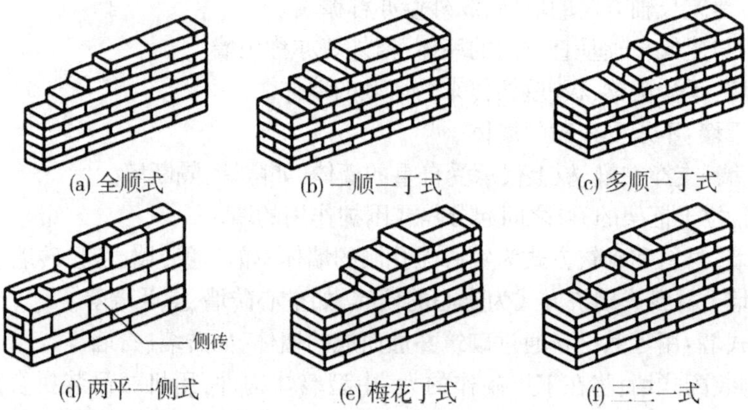

图 2-1 实心砖墙的组砌方式

(2)空斗墙。空斗墙是用普通砖侧砌或平砌与侧砌结合砌成。在空斗墙中,侧砌的砖称为斗砖,平砌的砖称为眠砖,空斗墙的砌法包括无眠空斗墙、一眠一斗墙和一眠三斗墙,如图 2-2 所示。

(3)复合墙。复合墙的做法有三种类型:一是在砖墙一侧附加保温材料,二是在砖墙中间填充保温材料,三是在砖墙中间留空气间层。

二、地下室构造

在建筑物底层下面的房间叫作地下室,在限定的占地面积中争取到的使用空间,可作安装设备、储藏存放、商场、餐厅、车库,以及战备防空等多种用途。

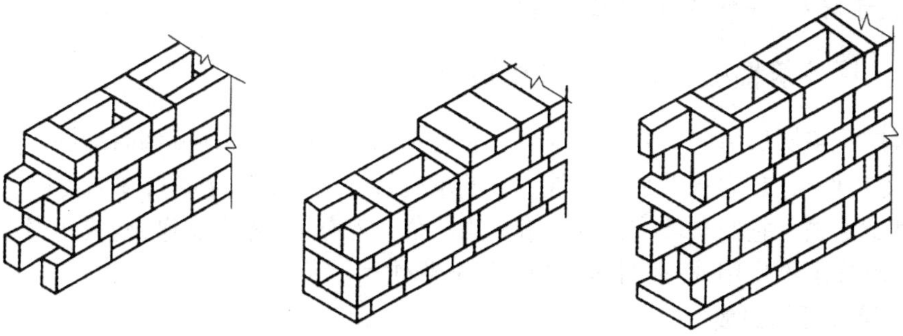

图 2-2　空心斗墙的砌法

(一)地下室的类型

按使用功能分,有普通地下室和防空地下室;按顶板标高分,有半地下室和全地下室;按结构材料分,有砖墙地下室和混凝土地下室。

(二)地下室的构成

地下室由墙体、底板、顶板、门窗、楼梯五大部分组成。

(1)墙体。地下室的外墙不仅承受垂直荷载,还承受土、地下水和土壤冻胀的侧压力。

(2)顶板。可用预制板、现浇板,或者预制板上做现浇层,如为防空地下室,必须采用现浇板并按有关规定决定板的厚度和混凝土强度等级。

(3)底板。底板处于最高地下水位之上时,可按一般地面工程做法,即垫层上现浇混凝土 60~80 mm 厚,再做面层;当底板处于地下水之中时,底板不仅承受地面垂直荷载,还要承受地下水的浮力荷载,因此应采用钢筋混凝土底板,并双层配筋。底板下垫层上还应设置防水层,以防止渗漏。

(4)门窗。普通地下室外窗当在室外地坪以下时,应置采光井和防护箅,防空地下室一般不允许设窗。

(5)楼梯。可与地面上房间结合设置,层高小或用作辅助房间的地下室,可设置单跑楼梯。

(三)地下室防潮与防水做法

地下室的外墙和底板都埋在地下,常年受到土中水分和地下水的侵蚀和挤压,如不采取有效的构造措施,轻则引起墙皮脱落,墙皮霉变,影响美观、使用和人体健康,重则降低建筑物的耐久性甚至破坏。

(1)地下室的防潮做法。地下室外墙的防潮做法:如为砖墙,需用水泥砂浆砌筑,并做到灰缝饱满避免空隙。

(2)地下室的防水构造做法。当设计最高地下水位高于地下室地面底板下标高时,必须采用水平的和垂直的防水处理做法,并将它们连贯起来。

现以卷材防水为例说明地下室防水的做法:

(1)外防水做法。先浇筑混凝土垫层,在垫层上粘贴卷材防水层,在防水层上抹 20~30 mm 厚水泥砂浆保护层,再在保护层上浇筑钢筋混凝土底板。

(2)内防水做法。是将防水层置于背水面,防水效果不如外防水效果好,但这种做法施工简单，便于修补，一般多用于修缮工程。

三、民用建筑楼板和室内地坪构造

楼板层是多层房屋的重要组成部分。它包括面层、承重层、顶棚和附加层。其中承重层由梁、板等构件组成，为水平承重构件。它们承受楼面荷载（含自重），并通过墙或柱把荷载传递到基础上去。它们与墙或柱等垂直承重构件相互依赖，相互支撑，构成房屋多层空间结构。楼板除起承重作用外，还对房屋起水平分割作用。

（一）楼板层的组成

楼板层主要由三部分组成：面层、承重层和顶棚。

面层：直接与人和设备接触，必须坚固耐磨，具有必要的热工、防水、隔声等性能及光滑平整等。

承重层（结构层）：由梁、拱、板等构件组成。它承受整个楼板层的荷载。要求具有足够的强度和刚度，以确保安全和正常使用。一般采用钢筋混凝土为承重层的材料。

顶棚：又称天花板，在承重层底部。根据不同建筑物的使用要求，有直接在楼板底面粉刷底顶棚和在楼板下部空间做吊顶的顶棚。顶棚必须表面平整、光洁、美观，有一定的光照反射作用，有利于改善室内的亮度。

人们根据使用的实际需要在楼板层里设置附加层。

（二）楼板的类型

根据使用的材料不同，楼板可分为以下类型。

（1）钢楼板：钢楼板耗钢量大，价格昂贵，应慎重采用。

（2）木楼板：构造简单，自重轻，吸热指数小，但耐久性和耐火性差，耗木材量大，除林区外，不宜采用。

（3）钢筋混凝土楼板：强度高，刚度大，耐久性和耐火性好，混凝土可塑性大，可浇筑各种尺寸和形状的构件，因而比较经济合理，被广泛采用。钢筋混凝土楼板根据施工方式可分为现浇捣制、预制安装以及现浇与预制结合三种。

（三）现浇钢筋混凝土楼板

现浇钢筋混凝土楼板是在现场支模板，绑轧钢筋，浇捣混凝土梁、板，经养护而成的。其优点是整体性好，抗震性强，能适应各种建筑平面构件形状的变化；其缺点是模板用量多，现场湿作业量大，工期长，且受施工季节影响大。现浇钢筋混凝土楼板分为板式、梁板式和无梁式几种，以板式和梁式为常用。

1.板式楼板

板内不设置梁，板直接搁置在墙上的板称为板式楼板。

板有单向板与双向板之分。当板的长边与短边之比大于2时，板基本上沿短边方向承受荷载，称为单向板。受力钢筋沿短边方向布置。它适宜于跨度不大于2.5 m的房间，板厚一般为60 mm。

当板的长边与短边的比值小于或等于2时，板在荷载作用下沿双向传递，在两个方向产生弯曲，称为双向板。在双向板中受力钢筋沿双向布置。板跨为3～4 m，板厚不小于70 mm。它较单向板刚度好，且可节约材料和充分发挥钢筋的受力作用。

板式楼板底面平整、美观、施工方便，适用于小跨度房间，如走廊、厕所和厨房等。

2.梁板式楼板

当房间的跨度较大时，弯矩增大，为了保证板的刚度又不增加板厚，以免增大配筋量从而使楼板更为经济合理，可以设置梁板作为板的支撑点，以便减小板跨。由板、梁组合而成的楼板称为梁板式楼板（又称肋形楼板）。根据梁的构造情况又可分为单梁式、复梁式和井格式楼板。

1）单梁式楼板

当房间的尺寸不大时，可以仅在一个方向设梁，梁可以直接在承重墙上，称为单梁式楼板。

2）复梁式楼板

当房间平面尺寸任何一向均大于6 m时，则应在两个方向设梁，甚至还应设柱。其中一向为主梁，另一向为次梁。次梁与主梁一般是垂直相交，板搁置在次梁上，次梁搁置在主梁上，主梁搁置在柱或墙上，称为复梁式楼板。

3）井格式楼板

接近止方形的房间，按双向布置高度相同的等截面梁，板为双向板，形成井格形的梁板结构，纵梁和横梁同时承担着由板传递下来的荷载，这种结构称为井梁楼板结构。

它的板跨一般为6~10 m，板厚为70~80 mm，井格边长一般在2.5 m之内。井梁式楼板结构有正井式和斜井式两种。梁与墙之间成正交梁系的为正井式，井格梁与墙之间斜向布置为斜井式。

井梁式楼板结构常用于跨度为10 m左右、长短边之比小于1.5的公共建筑的门厅或大厅。

3.无梁楼板

直接支撑在墙或柱上的楼板称为无梁楼板。柱网一般布置为正方形或矩形，柱距以6 m左右较为经济。当楼面荷载较大时，为提高楼面承载能力及其刚度，增大柱对板的承托面积和减小板跨，可在柱顶上加设柱帽和托板。无梁楼板的柱帽形式一般有三种。由于其板跨较大，板厚一般不小于120 mm。

无梁楼板的楼层净空较大，顶棚平整，采光通风和卫生条件较好，便于工业化施工，适用于活荷载较大的商店、仓库和展览馆等建筑中。

（四）装配式与装配整体式钢筋混凝土楼板

1.装配式楼板

装配式钢筋混凝土楼板采用承重构件在工厂预制、现场安装的方式施工。

优点：节约模板工料，减轻劳动强度，加快施工进度，便于组织工厂化、机械化生产，从而降低建筑造价。

缺点：整体性较差。

装配式钢筋混凝土楼板的类型很多，大致可分为实心板、空心板、槽形板三种。其中空心板应用最广。

1）装配式楼板构件

装配式楼板构件由楼板与支承楼板的梁组成，它们多为预应力构件。

预应力钢筋混凝土构件与普通钢筋混凝土构件相比较：

优点：构件的刚度好，变形小，抗裂性能、耐久性能好。高强度钢材与高强度混凝土得到有效应用,适合于大跨度构件生产。

缺点:能节约材料,一般预应力构件能节约混凝土 10%~30%、钢材 30%~50%。

2)装配式钢筋混凝土楼板构件节点的连接构造

(1)预制板的安装。

安装预制板时,为使板缝灌浆密实,要求板缝之间离开一定的缝隙,以便填入水泥砂浆或细石混凝土。

对于整体性要求高的建筑,可在板缝配筋或用短钢筋与预制板吊钩焊接。

由于房屋进深尺寸的不同,而预制板宽度在一个地区往往只生产 3~4 种规格,在具体布置房间楼板时,经常出现小于一块宽度的缝隙,可采取如下措施:当缝隙为 10~20 mm 时,应以细石混凝土灌缝;当缝隙小于 60 mm 时,应加设 2 Φ 8~10 钢筋用细石混凝土灌缝;当缝隙大于 60 mm,甚至大于 200 mm 时,应加设 3 Φ 10~12 钢筋或按设计计算配置钢筋骨架,然后用细石混凝土灌缝;当邻近墙体的距离不大于 120 mm 时,可采用挑砖做法,此法有利于打洞安装竖管,规范要求板缝不得小于 10 mm,以便有利于板间连接。

(2)板与墙、梁的连接构造。

预制板直接搁置在砖墙或梁上时,均应有足够的长度。支撑在梁上时其搁置长度不小于 80 mm;支撑在墙上时其搁置长度不应小于 110 mm,并在梁或墙上坐 M5 水泥砂浆,厚度为 20 mm,以保证连接效果。

为了增加建筑的整体刚度,还应用拉结筋将板加以锚固。一般在非震区拉结筋的间距≤4 000 mm,但是在地震区则应视设防的情况适当加密。

(3)梁与墙的连接构造。

当梁跨 $l<3\ 000$ mm 时,支承长度 $a\geqslant 250$ mm;当 3 000 mm $\leqslant l<4\ 800$ mm 时,$a\geqslant 370$ mm;当 4 800 mm $\leqslant l<6\ 000$ mm 时,应在墙体内加设梁垫;当 6 000 mm $\leqslant l<9\ 000$ mm 时,应在墙体内设置扶臂柱,并应在墙体内设置梁垫;当 $l\geqslant 9\ 000$ mm 时,不宜使用砖墙支承,而应改用钢筋混凝土柱支承。

2.装配整体式钢筋混凝土楼板

适宜用于有振动荷载或有地震设防要求的地区。

常见的装配整体式钢筋混凝土楼板为叠合式的构造做法。所谓叠合式楼板就是在预制楼板安装好后,再在上面浇注 30~50 mm 厚的钢筋混凝土面层,这样,既加强了楼板层的整体性能,又提高了楼板的强度。另一种做法是将预制板拉开 60~150 mm 距离,在两块板中间配置钢筋,再与钢筋混凝土面层同时浇注。

四、地面

地面是首层地面与楼层地面的通称。首层地面与楼层地面构造大同小异,后者也称楼面。

地面的基本构造层为基层、垫层和面层。为满足其他方面的要求,往往还增加相应的构造层。

1.基层

地面的基层是指填土夯实层。

2.垫层

垫层是指承受并均匀传递荷载给基层的构造层,分刚性垫层和柔性垫层两种。

刚性垫层是指有足够的整体刚度,受力后变形很小。常采用低强度素混凝土和碎砖三合土,厚度为 50~100 mm。

柔性垫层整体刚度很小,受力后易产生塑性变形。常用 50~100 mm 厚的砂垫层、80~100 mm 厚的碎砖灌浆层、50~70 mm 厚的石灰炉渣层或 100~150 mm 厚的灰土等。

3.面层

面层是指人们进行各种活动与其接触的地面表面层,它直接承受摩擦、洗刷等各种物理与化学作用。

面层可按使用材料和施工方法来分类。如按使用材料,面层可分为:塑料地面、木板地面、水泥制品面层等;按施工方法,面层可分为:整体面层、块料面层等。

(1)整体面层就是用水泥砂浆和水磨石等材料,直接铺在垫层上抹平、磨光而成。

(2)块料面层是把黏土砖、陶瓷面砖、预制水磨石和人造花岗岩等块料用砂浆与垫层结合、铺平而成。

(3)塑料地面是以高分子有机化学物为主要原料的有机合成材料制成的面层。

塑料地面具有容重小、耐磨、耐腐蚀、防火、隔声、弹性好、行走舒适、噪声小且可拼成各色图案、装饰效果好等优点,是一种被日益广泛使用的建筑材料。

(4)木板面层是用软木树材和硬木树材加工而成的木板面层或拼花木板面层。

施工方法有三种:实铺、空铺、粘贴。

对弹性有特殊要求的地面如体育馆、排练厅等应采用弹性木地板。

架空木地板面适宜于比较高级的房间。构造特点是在垫层上砌筑地垄墙,在地垄墙顶部设置沿椽木,在沿椽木上铺放木地板。为了防止木材受潮,在底部设置通风口(外加铁箅子)。地垄墙要适当开设通风洞。

4.其他附加结构层

常用的水泥地面做法见图 2-3。

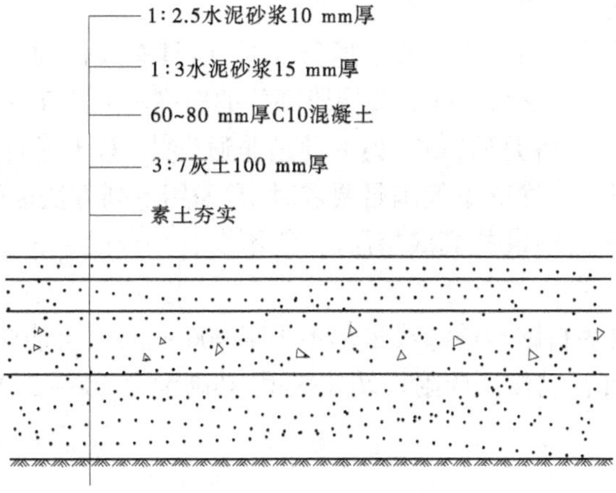

图 2-3　常用的水泥地面做法

五、民用建筑竖向交通设施构造

建筑的垂直交通设施,有楼梯、台阶、坡道、电梯与自动扶梯。这些设施还起着疏散和装点环境的作用。因而要求做到使用方便、结构可靠、防火安全、造型美观和施工方便。

(一)楼梯

1.楼梯的组成与识图

1)楼梯的组成

楼梯由楼梯段、楼层平台、中间平台、栏杆扶手组成。楼梯段是倾斜并带有踏步的构件,它连接楼层平台和中间平台 ,是楼梯的主要部分。

2)楼梯的识图

楼梯的平面图和楼层平面图一样,都是以该层楼面以上 1 000~1 200 mm 处于水平剖面向下剖视的投影图。楼梯的各层平面图只表示 1 次,上层平面图虽然也可能剖视到隔层的构件,但不再表示。

2.楼梯的材料类型

楼梯的材料有木制、型钢、钢筋混凝土等几种,其中钢筋混凝土楼梯又分现浇式和装配式两种。

3.楼梯的尺寸

1)楼梯的宽度

为使楼梯具有所要求的通行能力,必须保证楼梯和中间平台的宽度。楼梯段的宽度是指墙面至扶手中线的水平距离。中间平台的宽度是指墙面至转角扶手中心线的水平距离,其宽度应大于或等于梯段宽度。

2)踏步尺寸

踏步尺寸是指踏步宽度和踏步高度。踏步宽度应与成人的脚长相适应,踏步高度应结合踏步宽度符合成人步距,且高度不宜超过 210 mm,也不宜小于 140 mm。$g+2h=600\sim620$ mm。

3)楼梯的净空高度

楼梯的净空高度是指平台下或梯段下通行人时,应具有最低的高度要求。规范规定楼梯平台部位的净高不应小于 2 000 mm,楼梯段部位的净高不应小于 2 200 mm。

楼梯间有两种形式:一种是通行式,另一种是非通行式,对于通行式必须保证平台梁底面至地面满足净高要求。当净高不能满足要求时,常采用下列方法进行解决:①改用长短跑楼梯;②下沉地面;③综合法;④提高底层层高;⑤不设置平台梁。

4)栏杆的高度

室内楼梯扶手高度为自踏步前缘线量起不小于 900 mm,顶层楼梯平台的水平栏杆高度不小于 1 050 mm。幼儿活动场所应附设幼儿扶手,其高度为 500~600 mm。

(二)台阶与坡道

1.台阶

台阶由平台与踏步组成,是联系不同高度地踏步须。台阶分室外台阶和室内台阶。

台阶的坡度应较楼梯坡度小,一般踏步宽宜为 300~400 mm,踏步高宜为 100~150 mm,踏步宽与的关系仍按 $g+2h=600\sim620$ mm 求得。

室外台阶有普通式和架空式两种。架空式适用于寒冷地区的大型台阶。

2.坡道

相邻地面的高差较小或便于车辆行驶应设置坡道,其坡道不宜大于1/10,室内较短的坡道不宜大于1/8。坡道表面应作防滑处理,以保证行人和车辆的安全。具体材料做法见图2-4。

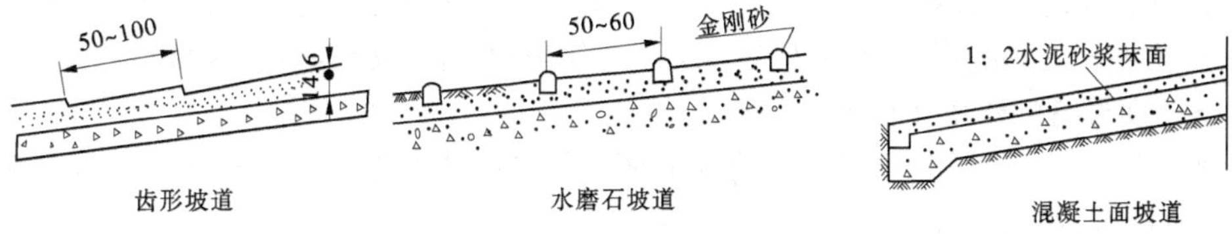

图2-4 具体材料做法

(三)电梯与自动扶梯

1.电梯

从使用功能方面分,电梯分客梯、病床梯、货梯、杂物梯和观赏梯。

电梯由井道、轿厢、机房、平衡重等几部分组成。

1)井道

井道是电梯运行的竖向通道,可用砖或钢筋混凝土制成,为了安装轿厢和平衡重的导轨,须在井道内壁预留孔洞或埋件,垂直间距一般不超过2 m。井道的顶部应设隔声层,底部应深入室内地坪。井道还应开设通风孔、排烟孔和检修孔。

2)轿厢

轿厢是垂直交通和运输的主要容器。轿厢要做到坚固、防火、通风、便于检修和疏散。轿厢门一般为推拉门,有一侧推拉和中分推拉两种。轿厢内应设置层数指示灯、运行控制器、排风扇、报警器或电话,顶部应有疏散孔。

3)机房

机房是电梯运行的动力设施,有顶层机房和底层机房两种,前者使用较广。

4)平衡重

平衡重是由铸铁块叠合而成的,用以平衡轿的自重和荷载、减少起重设备的功率消耗。

5)厅门

电梯厅的出入口称作厅门,厅门的外装修叫门套,用以突出其位置并设置指示灯和按钮。

6)导轨与支架

轿厢与平衡重的垂直运行,均须设置导轨,导轨与井道壁留有一定的距离,这个距离用支架予以调整。支架的竖向间距一般不大于2 m,可将铁件预埋在圈梁或混凝土块中。

2.自动扶梯

自动扶梯是一种连续运行的垂直交通设施,承载力较大,安全可靠,被广泛用于大量人流的建筑中。

自动扶梯是由机架、踏步板、扶手带和机房组成的。

自动扶梯的坡度比较平缓,一般采用30°,运行速度为0.5~0.7 m/s,宽度按输送能力有单人和双人两种,宽度有600 mm(单人)、800 mm(单人携物)、1 000 mm及1 200 mm(双人)

等几种。自动扶梯的栏板分为全透明型、透明型、半透明型、不透明型四种。

六、变形缝构造

墙体的变形缝是指伸缩缝、沉降缝和防震缝。沉降缝是从地基础、地面墙体直至屋顶的构造缝;而伸缩缝和防震缝则在地面上设置,基础不设置。在规范允许的情况下尽量少设或不设,应把各种变形缝尽量合并、代用。为了建筑美观,宜把变形缝设在隐蔽的角落。

(一)变形缝的作用和种类

为了避免由于气温变化或建筑地基沉降不匀或地震冲击引起的建筑开裂可分为伸缩缝、沉降缝和防震缝三种。

(二)伸缩缝

(1)伸缩缝的设置原理。根据材料特性和结构类型的胀缩指数而制定的分段允许范围就是温度区段,区段间的空隙就是伸缩缝宽度,两伸缩缝之间的允许距离,也就是温度区段的长度,就是允许的伸缩缝最大间距。

(2)伸缩缝之间的最大距离。伸缩缝允许的最大间距与屋面保温材料和建筑结构类型有直接关系,见表 2-1、表 2-2。

(3)伸缩缝的宽度。一般采用 20~30 mm 即可,为施工方便取 30 mm 为宜。

(4)伸缩缝设置的结构方案。设置伸缩缝时,必须从地面到屋顶垂直断开,但不能影响房屋的整体使用功能。

①单墙方案。伸缩缝两侧共用一道墙体,这种方案只加设一根梁,比较经济。

②双墙方案。伸缩缝两侧有各自的墙体,各温度区段组成完整的闭合墙体,对抗震有利,但造价较高,插入距较大,在震区不宜于采用。

表 2-1　伸缩缝允许的最大间距与屋面保温材料的关系

<table>
<tr><th>砌体类型</th><th colspan="2">屋顶或楼板层的类型</th><th>间距(m)</th></tr>
<tr><td rowspan="6">各种砌体</td><td rowspan="2">整体式或装配整体式钢筋混凝土结构</td><td>有保温层或隔热层的屋顶、楼板层</td><td>50</td></tr>
<tr><td>无保温层或隔热层的屋顶</td><td>40</td></tr>
<tr><td rowspan="2">装配式无檩体系钢筋混凝土结构</td><td>有保温层或隔热层的层顶</td><td>60</td></tr>
<tr><td>无保温层或隔热层的屋顶</td><td>50</td></tr>
<tr><td rowspan="2">装配式有檩体系钢筋混凝土结构</td><td>有保温层或隔热层的屋顶</td><td>75</td></tr>
<tr><td>无保温层或隔热层的屋顶</td><td>60</td></tr>
<tr><td>普通黏土,空心砖砌体</td><td colspan="2">黏土瓦或石棉水泥瓦屋顶或楼板层</td><td>100</td></tr>
<tr><td>石砌体</td><td colspan="2" rowspan="2">砖石屋顶或楼板层</td><td>80</td></tr>
<tr><td>硅酸盐、硅酸盐砌块和混凝土砌块砌体</td><td>75</td></tr>
</table>

注:1.层高大于 5 m 的混合结构单层房屋,其伸缩缝间距可按表中数值乘以 1.3,但当墙体采用硅酸盐砖、硅酸盐砌块和混凝土砌块时,不得大于 75 m。

2.温差较大且变化频繁地区和严寒地区不采暖的房屋及构筑物墙的伸缩缝最大间距,应按表中数值予以适当减少后采用。

表 2-2　伸缩缝允许的最大间距与建筑的结构类型的关系　（单位：m）

项次	结构类型		室内或土中	露天
1	排架结构	装配式	100	70
2	框架结构	装配式	75	50
		现浇式	55	35
3	剪力墙结构	装配式	65	40
		现浇式	45	30
4	挡土墙及地下室墙壁等类结构	装配式	40	30
		现浇式	30	20

注：1.如有充分依据或可靠措施，表中数值可以增加。

2.当屋面板上部无保温或隔热措施时，框架、剪力墙结构的伸缩缝间距，可按表中露天栏的数值选用，排架结构可适当按低于室内栏的数值选用。

3.排架结构的柱顶面（从基础底面算起）低于 8 m 时，宜适当减小伸缩缝间距。

4.外墙装配、内墙现浇的剪力墙结构，其伸缩缝最大间距按现浇式一栏的数值选用，滑模施工的剪力墙结构，宜适当减小伸缩缝间距，现浇墙体在施工中应采取措施减小混凝土收缩应力。

（三）沉降缝

地基的不均匀沉降，会造成建筑物某些薄弱部位发生竖向错动而开裂，沉降缝就是为了避免这种状态的产生而设置的缝隙。因此，凡属下列情况之一时应考虑设置沉降缝。

（1）同一建筑物两相邻部分的高差相差较大，荷载相差悬殊或结构形式不同时，沉降缝的设置见图 2-5（a）。

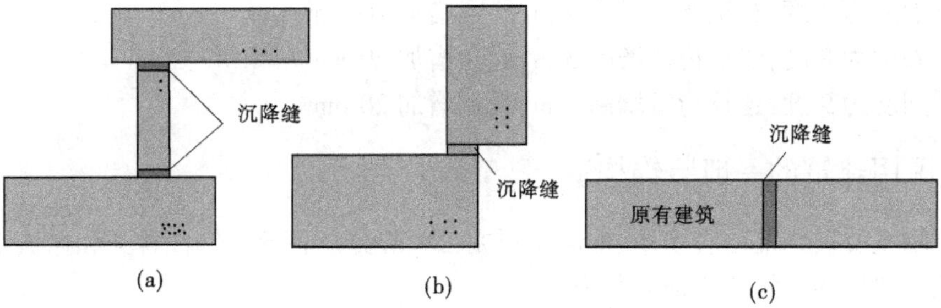

图 2-5　沉降缝的设置

（2）建筑物建造在不同地基上，且难以保证均匀沉降时。

（3）建筑物两相邻部分的基础形式不同，宽度和埋深相差悬殊时。

（4）建筑物形体比较复杂，连接部位又比较薄弱时，见图 2-5（b）。

沉降缝要求从基础到屋顶所有构件必须设缝分开，使沉降缝两侧建筑物成为独立的单元，各单元竖向能自由沉降。沉降缝宽度见表 2-3。

（四）防震缝

当建筑物体型较复杂或建筑物的结构刚度、高差以及重量相差悬殊时，应在结构变形敏感部位设缝，将建筑物分割成若干规整的结构单元；每个单元的体型规则、平面规整、结构体系单一，防止在地震波作用下相互挤压、拉伸，在对于多层砌体结构房屋，应优先采用横墙承重或纵墙承重的结构体系。房屋有下列情况之一时宜设防震缝：

表 2-3　沉降缝的宽度

地基情况	建筑物高度	沉降缝宽度(mm)
一般地基	h<5 m	30
	h=5~10 m	50
	h=10~15 m	70
软弱地基	2~3 层	50~80
	4~5 层	80~120
	5 层以上	>120
湿陷性黄土地基	—	≥30~70

注:沉降缝两侧结构单元层数不同时,由于高层部分的影响,低层结构的倾斜往往很大。因此,沉降缝的宽度应按高层部分的确定。

(1)建筑立面高差在 6 m 以上。

(2)建筑有错层,且楼板高差较大。

(3)建筑物相邻部分的结构刚度、质量相差悬殊。

防震缝应沿建筑物全高设置。一般情况下,防震缝基础可不分开,但与沉降缝合并设置时,基础也需分开。

防震缝的宽度根据建筑物高度和所在地区的地震烈度来确定。一般多层砌体建筑的缝宽 70~100 mm。对多层和高层钢筋混凝土结构建筑,高度在 15 m 及 15 m 以下时,缝度为 70 mm;当建筑物高度超过 15 m 时,按不同设防烈度增大缝宽。

地震烈度为 7 度,建筑物每增高 4 m,缝宽增加 20 mm。

地震烈度为 8 度,建筑物每增高 3 m,缝宽增加 20 mm。

地震烈度为 9 度,建筑物每增高 2 m,缝宽增加 20 mm。

七、民用建筑的一般装饰构造

建筑物主要装饰部位有墙面、地面及顶棚三大部分。各部分饰面种类和做法很多,下面主要介绍一般民用建筑普通饰面装修。

(一)楼地面装饰

楼地面按其材料和做法可分为三大类型,即整体地面、块料地面和木楼地面。

1.整体地面

1)水泥砂浆地面

适用范围:要求不高的房间或进行二次装饰的商品房的地面。

做法:单层做法只抹一层 20~25 mm 厚 1∶2或 1∶2.5 水泥砂浆;双层做法是增加一层 10~20 mm厚 1∶3水泥砂浆找平层,表面只抹 5~10 mm 厚 1∶2水泥砂浆。

2)水磨石地面

适用范围:用于居住建筑的浴室、厨房、厕所和公共建筑的门厅、走道及主要房间地面、墙裙等。

做法:刚性垫层或结构层上用 10~20 mm 厚的 1∶3水泥砂浆找平,用嵌条(玻璃、塑料或金属条，并用1∶1水泥砂浆固定）把地面分成若干小块，尺寸为1 000 mm左右，面铺10～15 mm厚1∶(1.5～2)的水泥白石子，待面层达到一定承载力后加水用磨石机磨光、打蜡即成。

2.块料地面

这类地面是借助胶结材料贴或铺砌在结构层上。胶结材料既能起胶结作用又起找平作用，也有先做找平层再做胶结层的。常用胶结材料有水泥砂浆、沥青玛瑞脂等，也有用细砂和细炉渣做胶结层的。块料地面种类很多，常用的有黏土砖、水泥砖、大理石、缸砖、陶瓷锦砖、陶瓷地砖等。

1）黏土砖和水泥制品块地面

适用范围：室外场地。

做法：干铺一层20～40 mm细砂或细炉渣，砂浆灌缝（城市人行）；或者12～20 mm厚1∶3水泥砂浆，1∶1水泥砂浆嵌缝。

2）缸砖、陶瓷锦砖和陶瓷地砖地面

适用范围：用水房间。

做法：（1）用15～20 mm厚1∶3的水泥砂浆找平。

（2）用5～8 mm厚1∶1的水泥砂浆或水泥胶（水泥∶108胶∶水＝1∶0.1∶0.2）粘贴。

（3）用素水泥浆擦缝。

注意：陶瓷锦砖在整张铺贴后，用滚筒压平，使水泥砂浆挤入缝隙，待水泥砂浆硬化后，用草酸或水洗去牛皮纸，然后用白水泥擦缝。

3.木楼地面

木楼地面按构造形式分有空铺式和实铺式两种；按材料分有实木地面和复合木地面两种，实木地面又分为普通木地板、硬木条形地板和硬木拼花地板等。

1）实铺式木楼地面

铺钉式做法：将木搁栅搁置在混凝土垫层或钢筋混凝土楼板上的水泥砂浆或细石混凝土找平层上，在搁栅上铺钉木地板。板材可采用双层或单层做法。

粘贴式做法：在找平层上用专用胶粘剂黏结木板材，板材多为实木，省去搁栅更加节约、方便和经济。

2）空铺式木楼地面

空铺式木楼地面是将支撑木地板的搁栅架空搁置在地垄墙或墙上挑砖上，使地板下面有足够的空间满足通风要求。空铺式木楼地面所用的板材多为复合板材。

（二）墙面装修构造

墙面装修是建筑装修中的重要内容，因其位置不同有外墙面装修和内墙面装修两大类型。又因其饰面材料和做法不同，外墙面装修可分为抹灰类、贴面类和涂料类；内墙面装修则分为抹灰类、涂料类、贴面类和裱糊类。

1.抹灰类墙面装修

它是用砂浆涂抹在房屋结构表面上的一种装修工程，为保证抹灰质量，施工时须分层操作。高级抹灰一般分三层，即底灰（层）、中灰（层）、面灰（层），适用于大型公共建筑物、纪念性建筑物、高级住宅、宾馆以及有特殊要求的建筑物。普通抹灰通常为二层，用于普通住宅、办公楼、学校等。

做法：常用石灰砂浆抹灰、水泥砂浆、混合砂浆抹灰、纸筋石灰浆抹灰、麻刀石灰浆抹灰，外墙面抹灰一般为20~25 mm厚，内墙抹灰一般为15~20 mm厚。

装饰要求高的面层材料的不同可分为：石渣类（水刷石、水磨石、干粘石、斩假石），水泥、石灰类（拉条灰、拉毛灰、洒毛灰、假面砖、仿石）和聚合物水泥砂浆（喷涂、滚涂、弹涂）等。

2.涂刷类墙面装修

做法：利用大白粉、油漆、乳胶漆及其他油性和水性涂料，在基层表面或抹灰饰面的面层采用刷涂、滚涂和喷涂的方式进行施工。

注意：涂刷类做法一般要求墙面基层应干燥，必须待涂料干燥后再进行下一道涂料的施工，否则容易出现开裂、皱皮等质量问题。

3.裱糊类墙面装修

将壁纸、玻璃纤维布、天然织物等，待基层打磨平整，用黏结剂把饰面材料粘牢的做法。施工时要注意接缝饰面材料的图案和纹理，并要保证基层不能潮湿。

（三）顶棚装修构造

顶棚同墙面、楼地面一样，是建筑物主要装修部位之一。

1.顶棚类型

1）直接顶棚

直接顶棚是在楼板板底或屋面板底直接喷刷、抹灰、贴面而成。

2）吊顶

采用悬吊方式支承于屋顶结构层或楼盖层的梁板之下的顶棚，称为吊顶。

作用：①美观；②做设备层；③隔声；④改变空间的视觉效果。

2.顶棚构造

1）直接式顶棚

直接式顶棚包括直接喷刷涂料顶棚和直接抹灰顶棚及直接贴面顶棚三种做法。

（1）直接喷刷涂料顶棚。

适用范围：要求不高或楼板地面平整的顶棚。

做法：在板底嵌缝后喷（刷）石灰浆或涂料二道。

（2）直接抹灰顶棚。

适用范围：底板不够平整或要求稍高的房间。

做法：可采用板底抹灰，如纸筋石灰浆顶棚、混合砂浆顶棚、水泥砂浆顶棚、麻刀石灰浆顶棚、石膏灰浆顶棚。

（3）直接粘贴顶棚。

适用范围：装修标准较高或有保温吸声要求的房间。

做法：直接粘贴装饰吸声板、石膏板、塑胶板等。

2）吊顶

吊顶按设置的位置不同分为屋架下吊顶和混凝土楼板下吊顶，结构层材料分有木骨架吊顶和金属骨架吊顶。

吊顶的结构一般由基层和面层两大部分组成。

（1）基层。

基层由吊筋、龙骨组成。吊顶龙骨分为主龙骨与次龙骨，主龙骨为吊顶的承重构件，次龙骨则是吊顶的基层。

吊筋或吊件固定方法：常用预埋件绑扎、预埋件焊接、射钉绑扎和射钉焊接。其断面大小视其材料品种、是否上人（吊顶承受人的荷载）和面层做法等因素而定。悬吊主龙骨的吊筋为 8～10 的钢筋，间距也是 1 m 左右。次龙骨间距视面层材料而定，一般为 300～500 mm。刚度大的面层不易翘曲变形，可允许扩大至 600 mm。

（2）面层。

吊顶面层多为板材面层，既可加快施工速度，又容易保证施工质量。吊顶面层板材的类型很多，一般可分为植物性板材（如胶合板、纤维板、木工板等）、矿物型板材（如石膏板、矿棉板等）、金属板材（如铝合金板、金属微孔吸声板等）等几种。

（3）吊顶面板与骨架之间连接方式。

吊顶面板与骨架之间连接方式有钉接、粘接、搁置、卡夹和吊挂等方式。

第二节　建筑结构基础知识

一、现浇钢筋混凝土楼盖的基础知识

（一）现浇钢筋混凝土楼盖的分类

1.按钢筋混凝土楼盖施工方法不同分类

按钢筋混凝土楼盖施工方法不同，现浇钢筋混凝土楼盖可分为现浇整体式楼盖、装配式楼盖和装配整体式楼盖三种类型。

1）现浇整体式楼盖

现浇整体式楼盖的全部构件均为现场浇筑，楼盖的整体性好、刚度大、抗震性强、防水性能好，但现浇楼盖施工时模板用量比较多，施工作业量大，工期较长。

2）装配式楼盖

装配式混凝土楼盖，楼板采用混凝土预制构件，便于工业化生产、机械化施工并节省模板，缩短工期，但这种楼盖由于整体性差、抗震性差、防水性较差，不便于开设孔洞，故对于高层建筑及有抗震设防要求的建筑以及使用上要求防水和开设孔洞的楼面，均不宜采用。

3）装配整体式楼盖

装配整体式混凝土楼盖兼有现浇整体式楼盖和装配式楼盖的特点，其整体性比装配式的好，又比现浇式的节省模板和支撑，施工速度较快。但是，这种楼盖要进行混凝土二次浇灌，有时还需增加焊接工作量。

2.按钢筋混凝土现浇楼盖受力特点和支承条件不同分类

按钢筋混凝土现浇楼盖受力特点和支承条件不同，现浇钢筋混凝土楼盖可分为单向板肋形楼盖、双向板肋形楼盖、井式楼盖、密肋楼盖和无梁楼盖。

1）单向板肋形楼盖

单向板肋形楼盖一般由板、次梁和主梁组成。板的四边可支承在次梁、主梁或砖墙上。当板的长边 l_2 与短边 l_1 之比较大时，板上的荷载主要沿短边方向传递，而沿长边方向传递的荷载效应可忽略不计。这种主要沿短边方向弯曲的板，称为单向板。其荷载传递路线为：板→次梁→主梁→柱或墙。单向板肋形楼盖广泛应用于多层厂房和公共建筑，如图 2-6（a）

所示。

2)双向板肋形楼盖

当板的长边 l_2 与短边 l_1 之比不大时,板上的荷载沿长边、短边两个方向传递,且板在两个方向的弯曲均不能忽略。这种板称为双向板。其荷载传递路线为:板→支承梁→柱或墙。双向板肋形楼盖多用于公共建筑和高层建筑,如图 2-6(b)所示。

混凝土板按下列原则进行计算:

两对边支承的板应按单向板计算;四边支承的板应按下列规定计算:当长边与短边长度之比不大于 2.0 时,应按双向板计算;当长边与短边长度之比大于 2.0,但小于 3.0 时,宜按双向板计算;当长边与短边长度之比不小于 3.0 时,宜按沿短边方向受力的单向板计算,并应沿长边方向布置构造钢筋。

3)井式楼盖

两个方向上梁的高度相等且一般为等间距布置,不分主次,共同承受板传递来的荷载。梁布置成井字形,梁格形状为方形、矩形或菱形,板为双向板。井式楼盖可少设或取消内柱,能跨越较大的空间,获得较美观的天花板,适用于方形或接近方形的中、小礼堂、餐厅以及公共建筑的门厅,如图 2-6(c)所示。

4)密肋楼盖

密肋楼盖由薄板和间距较小(0.5~1 m)的肋梁组成。板厚很小,梁高也较肋梁楼盖小,结构自重较轻,如图 2-6(d)所示。

5)无梁楼盖

在楼盖中不设梁,将板直接支承在柱上,是一种板柱结构。有时为了改善板的受力条件,在每层柱的上部设置柱帽。柱和柱帽的截面形状一般为矩形。无梁楼盖具有结构高度小、板底平整,采光、通风效果好等特点,适用于柱网尺寸不超过 6 m 的图书馆、冷冻库等建筑以及矩形水池的池顶和池底等结构,如图 2-6(e)所示。

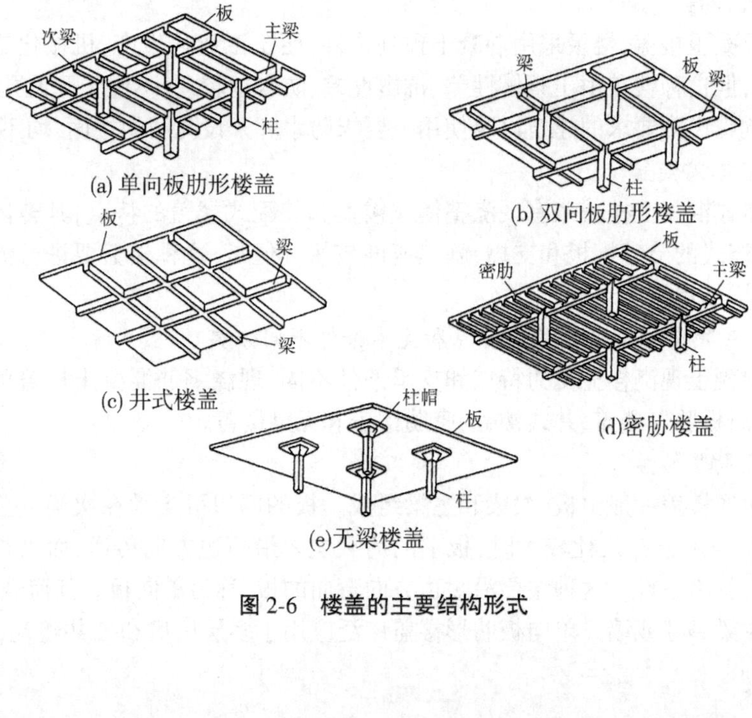

图 2-6　楼盖的主要结构形式

（二）现浇钢筋混凝土单向板肋形楼盖

1.现浇单向板肋形楼盖设计步骤

(1)结构布置。如确定柱网尺寸、梁格间距,并对梁板进行分类并编号,绘出结构布置草图等。

(2)结构计算。如确定板、次梁、主梁的计算简图、内力分析及组合、计算配筋并根据构造要求选择合理的钢筋等。

(3)按计算和构造要求绘制施工图。

2.构造要求

1)板的配筋构造要求

板中受力钢筋通常采用 HPB300 或 HRB400 级钢筋,跨度和受荷较大的板宜采用 HRB400 级钢筋。直径一般采用 8 mm、10 mm、12 mm、14 mm、16 mm。钢筋间距一般不小于 70 mm;当板厚 $h \leqslant 150$ mm 时,间距不应大于 200 mm;当 $h>150$ mm 时,间距不应大于 $1.5h$,且不宜大于 250 mm。伸入支座的下部纵向受力钢筋,其间距不应大于 250 mm,截面面积不小于跨中受力钢筋截面面积的 1/3。

连续板受力钢筋有弯起式和分离式两种。

(1)弯起式配筋:将一部分跨中正弯矩钢筋在适当的位置弯起,并伸过支座后作负弯矩钢筋使用,其整体性较好,且可节约钢材,但施工较复杂,目前已很少应用。

(2)分离式配筋:跨中正弯矩钢筋宜全部伸入支座锚固,而在支座处另配负弯矩钢筋,其范围应能覆盖负弯矩区域并满足锚固要求。分离式配筋由于施工方便,已成为工程中主要采用的配筋方式,如图 2-7 所示。

图 2-7　单向板配筋图

2)次梁的构造要求

当次梁承受均布荷载,跨度相差不超过 20%,并且均布恒荷载与活荷载设计值之比不大于 3 时,钢筋的弯起和截断也可按图 2-8 来布置。

3)主梁的构造要求

由于支座处板、次梁和主梁的钢筋重叠交错,且主梁负筋位于次梁和板的负筋之下。主梁钢筋构造可按框架梁的钢筋构造处理。

在次梁与主梁相交处,应在主梁受次梁传来的集中力处设置附加的横向钢筋(吊筋或箍筋)。附加横向钢筋宜优先采用附加箍筋。

附加箍筋应布置在长度为 $s=2h_1+3b$ 的范围内。第一道附加箍筋离次梁边 50 mm,如图 2-9 所示。

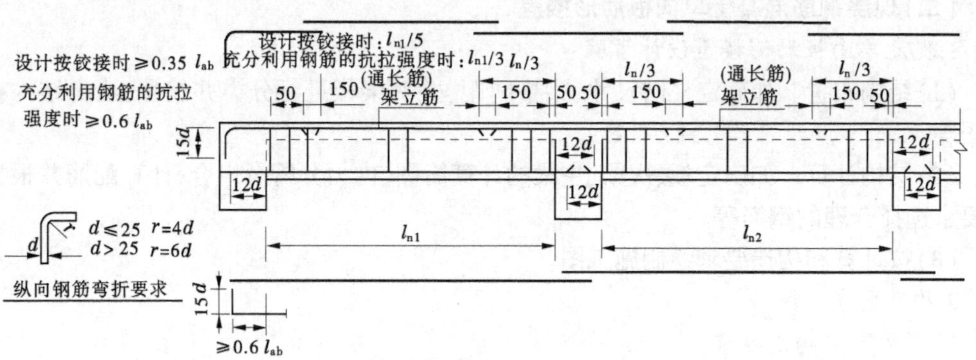

图 2-8　次梁配筋的构造要求

注：1.跨度值 l_n 为左跨 l_{n1} 和右跨 l_{n2} 中的较大值，其中 $i=1,2,3,\cdots$

2.当梁上部有通长钢筋时，连接位置宜位于跨中 $l_n/3$ 范围内；梁下部钢筋连接位置宜位于支座 $l_n/4$ 范围内；且在同一连接区段内钢筋接头面积百分率不宜大于50%。

3.当梁配有受扭纵向钢筋时，梁下部纵筋锚入支座的长度应为 l_a，在端支座直锚长度不足时可弯锚。当梁纵筋兼作温度应力筋时，梁下部钢筋锚入支座长度由设计确定。

4.纵筋在端支座应伸至主梁外侧、纵筋内侧后弯折，当直段长度不小于 l_a 时可不弯折。

5.l_{ab} 为纵向受力钢筋的基本锚固长度。

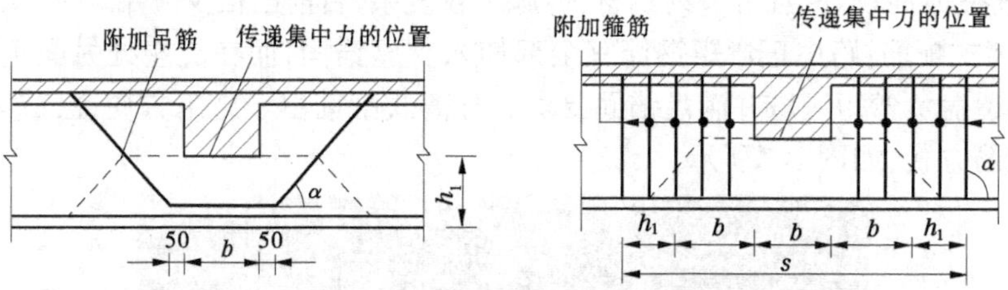

图 2-9　附加箍筋和吊筋的构造要求

(三)现浇钢筋混凝土双向板肋形楼盖

1.双向板的受力特点

双向板在均布荷载作用下，板的四角处有向上翘起的趋势，但因受到墙或梁的约束，在板角处会出现负弯矩。从理论上讲，双向板的受力钢筋应垂直于板的裂缝方向，即与板边倾斜，但这样做施工很不方便。试验表明，沿着平行于板边方向配置双向钢筋网，其承载力与前都相差不大，且施工方便。所以，双向板采用平行于板边方向的双向配筋。

2.双向板的构造要求

1)板的厚度

双向板的厚度一般取 $h=80\sim160$ mm。对于简支板，$h\geqslant l_0/40$；对于连续板，$h\geqslant l_0/45$，l_0 为板的较小计算跨度。

2)板的配筋

双向板的配筋与单向板相似，也有弯起式和分离式两种。为施工方便，目前在施工中多采用分离式配筋。

(四)现浇钢筋混凝土井式楼盖

现浇钢筋混凝土井式楼盖是从双向板演变而来的一种结构形式，双向的梁通常是等高且等间距布置，具有良好的空间整体性能，如图2-10所示。

图 2-10　井式楼盖

1.井式楼盖的组成

钢筋混凝土现浇井式楼盖是由交叉梁格和双向板组成的，两个方向上梁的截面高度通常相等，且一般为等间距布置，没有主梁与次梁之分，共同承受楼板传来的荷载，具有良好的空间整体性能。其荷载的传递路线为：板→两个方向上的梁→柱或墙。

2.井式楼盖的特点

井式楼盖因其不同于其他楼盖，具有以下特点：

(1)能获得较大的使用空间。梁的交叉点处不设柱，可以形成较大的使用空间，因此适用于展览馆、图书馆、候车室、多功能活动厅等要求室内大空间、少设柱或不设柱的建筑。

(2)外形美观。由于两个方向上的梁等高，且一般也等间距布置，楼盖底部是一个个整齐的方格，加上适当的艺术处理，外形十分美观。

(3)节省材料，造价较低。井式楼盖由于双向设梁，双向传力，且梁距较密，梁的截面高度较小，不但楼盖的厚度较薄，而且材料用量较省，与一般楼盖体系相比，可节约钢材和混凝土30%~40%。

3.井式楼盖的构造要求

井式楼盖的配筋和双向板肋形楼盖的配筋基本相同。

二、钢结构的基础知识

(一)钢结构的特点

钢结构具有以下特点：①施工速度快；②相对于混凝土结构自重轻，承载能力高；③基础造价较低；④抗震性能良好；⑤能够实现大空间；⑥可拆卸重复利用钢结构构件；⑦抗腐蚀性和耐火性较差；⑧造价高。

(二)钢结构的应用

钢结构可应用在以下结构中：①大跨结构；②工业厂房；③受动力荷载影响的结构；④多层和高层建筑；⑤高耸结构；⑥可拆卸的结构；⑦容器和其他构筑物；⑧轻型钢结构。

(三)钢结构的连接

钢结构连接的作用就是通过一定的方式将钢板或型钢组合成构件，或将若干个构件组合成整体结构，以保证其共同工作，常用方式是焊接、铆钉连接和螺栓连接，其中焊接和螺栓连接是目前用得较多的方式。

1.焊接连接

1)焊接连接的方法

焊接连接是目前钢结构主要的连接方法，一般常用的电焊有手工电弧焊、自动埋弧焊以及气体保护焊。

它的优点是：不削弱焊件截面，连接的刚性好，构造简单，便于制造，并且可以采用自动化操作。它的缺点是:会产生残余应力和残余变形,连接的塑性和韧性较差。

2)焊缝的形式

按被连接构件之间的相对位置,焊缝可分为平接(又称对接)、搭接、顶接(又称T形连接)和角接四种类型。

按焊缝的构造不同,焊缝可分为对接焊缝和角焊缝两种形式。

按受力方向,对接焊缝又可分为正对接缝(正缝)和斜对接缝(斜缝),角焊缝可分为正面角焊缝(端缝)和侧面角焊缝(侧缝)等基本形式,如图2-11所示。

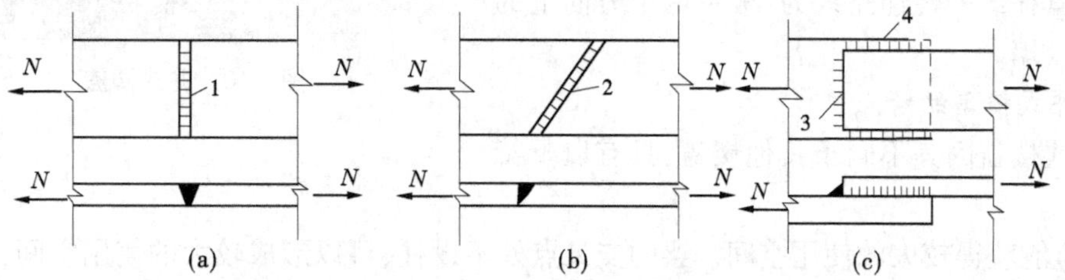

1—对接正焊缝;2—对接斜焊缝;3—正面角焊缝;4—侧面角焊缝

图2-11 对接焊缝与角焊缝

按照施焊位置的不同,焊缝可分为平焊、立焊、横焊和仰焊四种,如图2-12所示。

其中平焊施焊条件最好,质量易保证,因此质量最好;仰焊的施焊条件最差,质量不易保证,在设计和制造时应尽量避免采用。

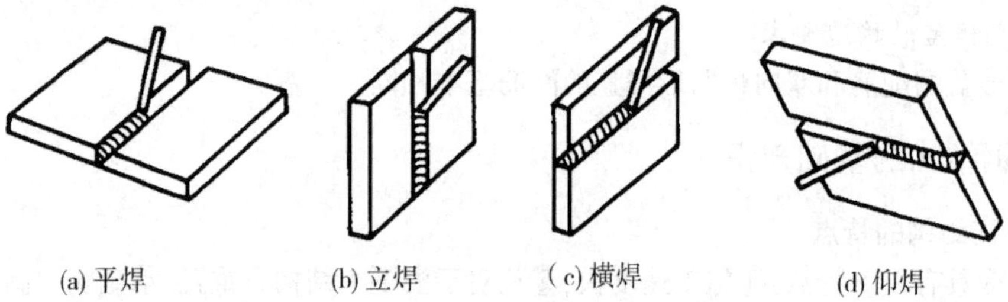

图2-12 焊缝施焊位置

3)焊接质量检查

焊缝按其检验方法和质量要求分三级。其中三级焊缝只要求对全部焊缝做外观检查;二级焊缝要求在外观检查的基础上再做无损检验,用超声波检验每条焊缝的20%长度,且不小于200 mm;一级焊缝要求在外观检查的基础上用超声波检验每条焊缝全部长度,以便揭示焊缝内部缺陷。

4)焊缝符号

焊缝符号用于表明焊缝形式、尺寸和辅助要求,由图形符号、辅助符号和引出线等部分组成。图2-13为单面焊缝的标注方法,图2-14为双面焊缝的标注方法。

5)焊缝的构造

(1)对接焊缝的构造要求。

对接焊缝的形式有I形缝、单边V形缝、双边V形缝(Y形缝)、U形缝、K形缝、X形缝等。

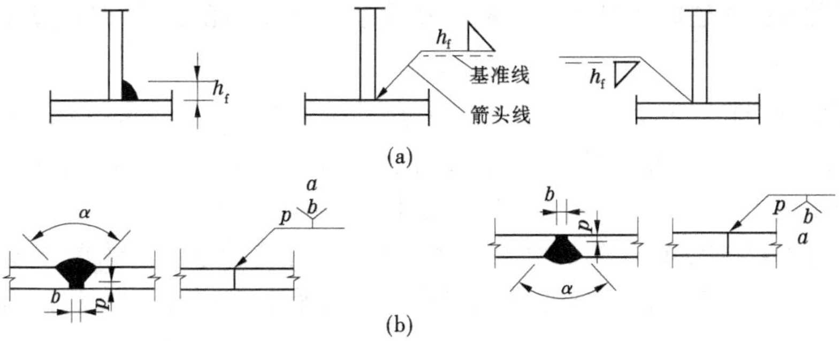

图 2-13　单面焊缝的标注方法

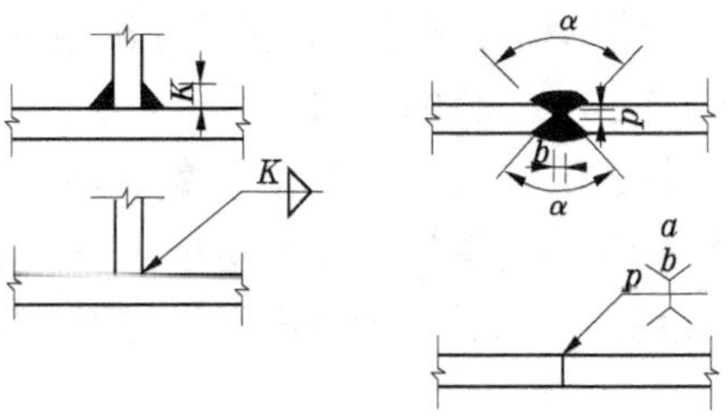

(a)　　(b)

图 2-14　双面焊缝的标注方法

当焊件厚度 t 很小时($t\leqslant 6$ mm)可采用直边缝。对于一般厚度($t=6\sim 20$ mm)的焊件，可以采用有斜剖口的单边 V 形焊缝或双边 V 形焊缝。对于较厚的焊件($t\geqslant 20$ mm)，则应采用 V 形缝、U 形缝、双边 V 形缝、双 Y 形缝。其中 V 形缝和 U 形缝为单边施焊，但在焊缝根部还需补焊。对于没有条件补焊时，要事先在根部加垫板，以保证焊透。

对接焊缝的优点是用料经济，传力平顺均匀，没有明显的应力集中，对于承受动力荷载的焊接结构，采用对接焊缝最为有利。但对接焊缝的焊件边缘需要进行剖口加工，焊件长度必须精确，施焊时焊件要保持一定的间隙。对接焊缝的起弧点和落弧点，常因不能熔透而出现凹形焊口，受力后易出现裂缝及应力集中。为消除焊口影响，焊接时可将焊缝的起点和终点延伸至引弧板上，焊后将引弧板切除，并用砂轮将表面磨平。除受动力荷载的结构外，一般不用引弧板，而是在计算时扣除焊缝两端各 $2t$ 长度(此处 t 为较薄焊件厚度)。

在钢板厚度或宽度有变化的焊接中，为了使构件传力均匀，应在板的一侧或两侧作成坡度不大于 1∶2.5(承受静力荷载者)或 1∶4(需要计算疲劳者)的斜坡，形成平缓的过渡。如板厚相差不大于 4 mm 时，可不作斜坡。

(2)角焊缝的构造要求。

角焊缝按其长度方向和作用力的相对位置可分为正面角焊缝(端缝)、侧面角焊缝(侧缝)、斜焊缝、围焊缝等几种。

角焊缝中垂直于作用力的焊缝称为正面角焊缝，简称端缝；端缝受到较大的剪力、弯矩和轴心力作用，而且在截面突变、力线密集的焊缝根部存在很大的应力集中现象，所以破坏常从根部开始。

平行于作用力的焊缝称为侧面角焊缝，简称侧缝；侧缝主要受剪力作用，破坏常发生在最小的受剪面上，即在有效厚度 $h_e=0.7h_f$ 所在的截面上，其破坏强度较低。

倾斜于作用力的焊缝称为斜缝。

角焊缝的连接构造如处理得不正确,将降低连接的承载能力。所以还应注意以下几个构造问题:

①角焊缝的焊脚尺寸 h_f 不宜太小,对于手工焊为 $h_f \geqslant 1.5\sqrt{t}$ mm,对于自动焊为 $h_f \geqslant 1.5\sqrt{t}-1$ mm,对于 T 形连接的单面角焊缝为 $h_f \geqslant 1.5\sqrt{t}+1$ mm,其中 t 为较厚焊件的厚度;当焊件厚度等于或小于 4 mm 时,则最小焊脚尺寸与焊件厚度相同。

②角焊缝的焊脚尺寸 h_f 亦不宜太大,最大焊脚尺寸应满足如下要求:焊缝不在板边缘时为 $h_f \leqslant 1.2\ t$,t 为较薄焊件的厚度(钢管结构除外);焊缝若在板件(厚度为 t)边缘,则最大焊件尺寸应符合下列要求:当 $t \leqslant 6$ mm 时,$h_f \leqslant t$;当 $t>6$ mm 时,$h_f \leqslant t-(1\sim2)$ mm。

③当两焊件的厚度相差较大,且采用等焊脚尺寸无法满足最大和最小焊脚尺寸的要求时,可采用不等焊脚尺寸,即与较厚焊件接触的焊脚尺寸满足 $h_f \geqslant 1.5\sqrt{t_{max}}$(mm),与较薄焊件接触的焊脚尺寸符合 $h_f \leqslant 1.2\ t_{min}$(mm)的要求。

④当角焊缝的端部在构件转角处时,宜连续作长度为 $2h_f$ 的绕角焊。

⑤在仅用正面焊缝的搭接连接中,搭接长度不得小于焊件较小厚度的 5 倍或 25 mm,以减小因焊件收缩而产生的残余应力,以及因传力而产生的附加应力。

2.螺栓连接

螺栓连接可分为普通螺栓连接和高强螺栓连接两种。普通螺栓通常采用 Q235 钢材制成,安装时用普通扳手拧紧;高强螺栓则用高强度钢材经热处理制成,用能控制扭矩或螺栓拉力的特制扳手拧紧到规定的预拉力值,把被连接件夹紧。

1)螺栓的排列

螺栓在构件上排列应简单、统一、整齐而紧凑,通常分为并列和错列两种形式,如图 2-15 所示。并列式比较简单整齐,所用连接板尺寸小,但由于螺栓孔的存在,对构件截面削弱较大。错列式可以减小螺栓孔对截面的削弱,但螺栓孔排列不如并列式紧凑,连接板尺寸较大。

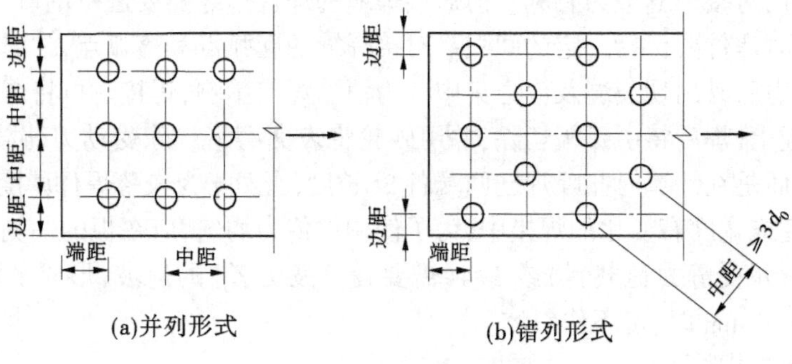

图 2-15 钢板上的螺栓(铆钉)排列

2)普通螺栓的工作性能

普通螺栓连接按受力情况可分为三类:螺栓承受剪力、螺栓承受拉力、螺栓承受拉力和剪力的共同作用。

受剪螺栓连接达到极限承载力时,螺栓连接破坏时可能出现五种破坏形式:①螺栓杆剪断;②孔壁挤压(或称承压)破坏;③钢板净截面被拉断;④钢板端部或孔与孔间的钢板被剪坏;⑤螺栓杆弯曲破坏。以上五种破坏形式的前三种通过相应的强度计算来防止,后两种可采取相应的构造措施来防止。

在受拉螺栓连接中，螺栓承受沿螺杆长度方向的拉力，螺栓受力的薄弱处是螺纹部分，破坏产生在螺纹部分。

3）高强度螺栓的工作性能

高强度螺栓采用强度高的钢材制作，所用材料一般有两种：一种是优质碳素钢，另一种是合金结构钢；性能等级有 8.8 级（35 号钢、45 号钢和 40B 钢）和 10.9 级（有 20MnTiB 钢和 36VB 钢）。级别划分的小数点前数字是螺栓热处理后的最低抗拉强度，小数点后数字是材料的屈强比。

高强度螺栓连接是依靠构件之间很高的摩擦力传递全部或部分内力的，故必须用特殊工具将螺帽旋得很紧，使被连接的构件之间产生预压力（螺栓杆产生预拉力）。同时，为了提高构件接触面的抗滑移系数，常需对连接范围内的构件表面进行粗糙处理。高强度螺栓连接虽然在材料、制作和安装等方面都有一些特殊要求，但由于它有强度高、工作可靠、不易松动等优点，故是一种广泛应用的连接形式。

高强度螺栓的预拉力是通过扭紧螺帽实现的，一般采用扭矩法和扭剪法。扭矩法是采用可直接显示扭矩的特制扳手，根据事先测定的扭矩和螺栓拉力之间的关系施加扭矩，使之达到预定预拉力。扭剪法是采用扭剪型高强度螺栓，该螺栓端部设有梅花头，拧紧螺帽时，靠拧断螺栓梅花头切口处截面来控制预拉力值。

（四）钢结构构件的主要受力性能

钢结构的基本构件是指组成钢结构建筑的各类受力构件，基本构件主要有钢梁、钢柱、钢桁架、钢支撑等。

按受力特点，钢结构构件可分为受弯构件、轴心受力构件（拉、压杆）等，这些基本受力构件组成了钢结构建筑。

1.轴心受力构件

轴心受力构件是指承受通过构件截面形心的轴向力作用的构件。轴心受力构件是钢结构的基本构件，广泛地应用于钢结构承重构件中，如钢屋架、网架、网壳、塔架等杆系结构的杆件，平台结构的支柱等。这类构件，在结点处往往做成铰接连接，结点的转动刚度在确定杆件计算长度时予以适当考虑，一般只承受结点荷载，杆件受轴心力作用。根据杆件承受的轴心力的性质可分为轴心受拉构件和轴心受压构件。

轴心受压柱由柱头、柱身和柱脚三部分组成。柱头支撑上部结构，柱脚则把荷载传给基础。轴心受力构件可分为实腹式和格构式两大类，如图 2-16 所示。

轴心受力构件常见的截面形式有三种：第一种是热轧型钢截面，如图 2-17（a）中的工字钢、H 型钢、槽钢、角钢、T 型钢、圆钢、圆管、方管等；第二种是冷弯薄壁型钢截面，如图 2-17（b）中冷弯角钢、槽钢和冷弯方管等；第三种是用型钢和钢板或钢板和钢板连接而成的组合截面，如图 2-17（c）所示的实腹式组合截面和图 2-17（d）所示的格构式组合截面等。

进行轴心受力构件设计时，轴心受拉构件应满足强度、刚度要求；轴心受压构件除应满足强度、刚度要求外，还应满足整体稳定和局部稳定要求。截面选型应满足用料经济、制作简单、便于连接、施工方便的原则。

2.受弯构件

受弯构件是钢结构的基本构件之一，在建筑结构中应用十分广泛，最常用的是实腹式受弯构件。常见的梁截面类型如图 2-18 所示。

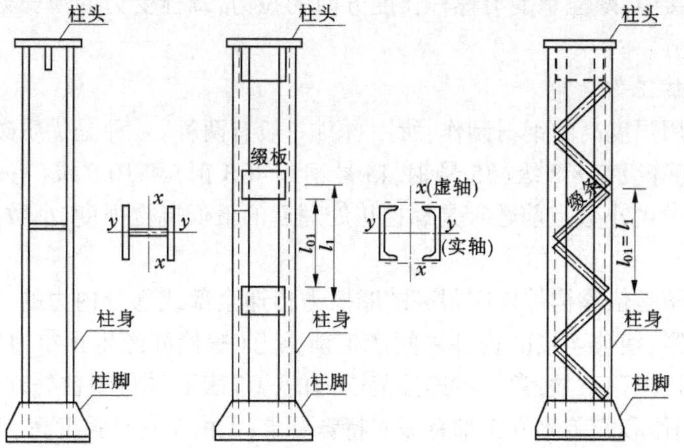

(a)实腹柱　(b)缀板式格构柱　(c)缀条式格构柱

图 2-16　柱的形式和组成

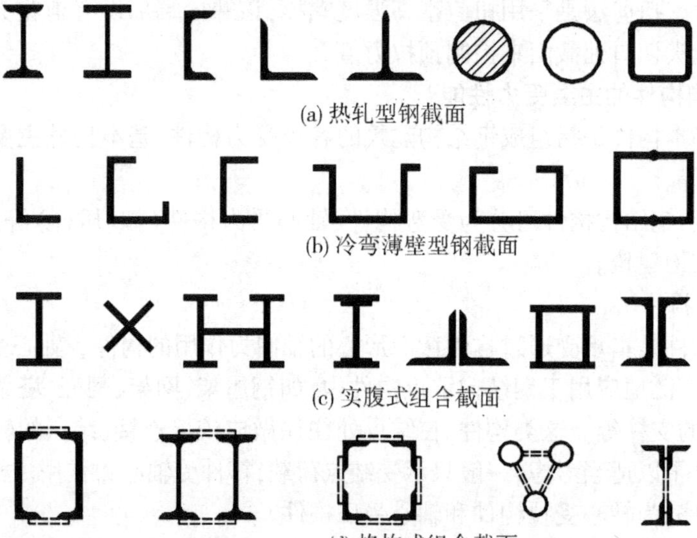

(a) 热轧型钢截面

(b) 冷弯薄壁型钢截面

(c) 实腹式组合截面

(d) 格构式组合截面

图 2-17　轴心受力构件的截面形式

钢梁按制作方法的不同可以分为型钢梁和组合梁两大类，型钢梁构造简单，制造省工，应优先采用。型钢梁有热轧工字钢、热轧 H 型钢和槽钢三种，其中以 H 型钢的翼缘内外边缘平行，与其他构件连接方便，应优先采用，选用窄翼缘型(HN 型)。

荷载较大或跨度较大时，由于轧制条件的限制，型钢的尺寸、规格不能满足梁承载力和刚度的要求，就必须采用组合梁。

当荷载和跨度较大时，型钢梁受到尺寸和规格的限制，常不能满足承载能力或刚度的要求，此时应考虑采用组合梁。组合梁一般采用三块钢板焊接而成的工字形截面(见图 2-18(g))，或由 T 型钢中间加板的焊接截面(见图 2-18(h))。当焊接组合梁翼缘需要很厚时，可采用两层翼缘板的截面(见图 2-18(i))。受动力荷载的梁如钢材质量不能满足焊接结构

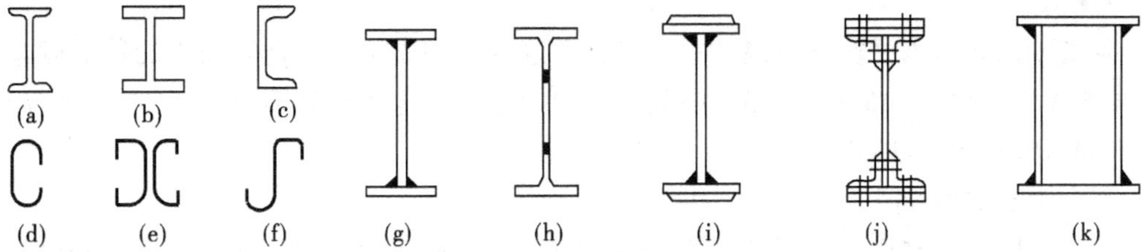

图 2-18　梁的截面类型

的要求时，可采用高强度螺栓或铆钉连接而成的工字形截面（见图 2-18(j)）。荷载很大而高度受到限制或梁的抗扭要求较高时，可采用箱形截面（见图 2-18(k)）。组合梁的截面组成比较灵活，可使材料在截面上的分布更为合理，节省钢材。

钢梁可以做成简支的或悬臂的静定梁，也可以做成两端均固定或多跨连续的超静定梁。简支梁不仅制造简单，安装方便，而且可以避免支座沉陷所产生的不利影响，故应用最为广泛。钢梁的类型和截面选取应保证安全使用，并尽可能符合用料节省、制造安装简便的要求，强度、刚度和稳定性要求是钢梁安全工作的基本条件。

三、砌体结构的基础知识

（一）砌体结构的特点和适用性

砌体结构是由块材和砂浆砌筑而成的墙、柱作为建筑物主要受力构件的结构形式。砌体结构包括砖结构、石结构和其他材料的砌块结构。

优点：可以就地取材，具有良好的耐火性和较好的耐久性，砌体砌筑时不需要模板和特殊的施工设备，砖墙和砌块墙体能够隔声、隔热和保温。

缺点：砌体的强度较低，材料用量多，自重大；砌体的砌筑工作繁重，施工进度缓慢；砌体的抗拉、抗弯及抗剪强度都很低，抗震性能较差；黏土砖需用黏土制造，在某些地区过多占用农田，影响农业生产。

（二）砌体材料

1.块材

1）砖

块材的强度大小将块材分为不同的强度等级，用 MU 表示，MU 后面的数字表示块材抗压强度的大小，单位为 N/mm^2。承重结构中，烧结普通砖、烧结多孔砖的强度等级分为五级：MU30、MU25、MU20、MU15 和 MU10；蒸压灰砂普通砖、蒸压粉煤灰普通砖的强度等级分为四级：MU25、MU20、MU15 和 MU10；混凝土普通砖、混凝土多孔砖的强度等级分为四级：MU30、MU25、MU20 和 MU15。

2）石材

天然石材按其加工后的外形规则程度分为料石和毛石两种。石材的强度等级分为七级：MU100、MU80、MU60、MU50、MU40、MU30 和 MU20。

3）砌块

砌块包括混凝土砌块、轻集料混凝土砌块。承重结构中，混凝土砌块、轻集料混凝土砌块的强度等级分为五级：MU20、MU15、MU10、MU7.5 和 MU5。自承重墙的轻集料混凝土砌块的强度等级分为四级：MU10、MU7.5、MU5 和 MU3.5。

2.砂浆

砌筑砂浆分为水泥砂浆、石灰砂浆、混合砂浆及专用砂浆。砖砌体采用的普通砂浆等级:M15、M10、M7.5、M5 和 M2.5。混凝土普通砖、多孔砖及砌块砌体专用的砂浆等级:Mb20、Mb15、Mb10、Mb7.5 和 Mb5。

(三)砌体的种类

砌体按照块体材料不同,砌体可分为砖砌体、石砌体和砌块砌体;按配置钢筋的砌体是否作为建筑物主要受力构件,砌体可分为无筋砌体和配筋砌体;按在结构中的作用,砌体分为承重砌体与非承重砌体等。

1.无筋砌体

无筋砌体是相对配筋砌体而言的,在砌体中不配置钢筋或仅配置少量构造钢筋的砌体,作为建筑物的主要受力构件,包括无筋砖砌体、无筋石砌体和无筋砌块砌体。

1)无筋砖砌体

由砖和砂浆砌筑而成的砌体称为无筋砖砌体。在房屋建筑中,砖砌体可用作内外墙、柱、基础等承重结构及围护墙和隔墙等非承重结构。墙体的厚度是根据强度和稳定性的要求确定的,对于房屋的外墙,还要考虑保温、隔热的要求。

2)无筋砌块砌体

由砌块和砂浆砌筑而成的砌体称为无筋砌块砌体,常用的砌块砌体有混凝土砌块砌体和轻集料混凝土砌块砌体。我国目前常用的砌块砌体主要是混凝土空心砌块砌体,砌块砌体可以减轻劳动强度,提高生产率。

3)无筋石砌体

由石材和砂浆或天然石材和混凝土砌筑而成的砌体称为无筋石砌体,常用的石砌体有料石砌体、毛石砌体和毛石混凝土砌体。石砌体主要用作受压构件,可用作一般民用房屋的承重墙、柱和基础。

2.配筋砌体

为了提高砌体的强度、减小构件截面尺寸、增加砌体结构(或构件)的整体性,可在砌体内不同部位以不同方式配置钢筋或浇筑钢筋混凝土,这种砌体称为配筋砌体。配筋砌体分为网状配筋砖砌体、组合砖砌体、构造柱组合墙、配筋砌块砌体。

(四)砌体的力学性能

砌体结构的力学性能以受压为主。轴心受拉、弯曲、剪切等力学性能相对较差。

影响砌体抗压强度的因素:块材和砂浆的强度;块材的尺寸、形状;砂浆的性能;砌筑质量。

(五)砌体结构房屋的承重布置方案

根据荷载的传递方式和墙体的布置方案不同,砌体结构房屋结构的承重方案可分为三种。

1.纵墙承重方案

这种承重方案房屋的楼、屋面荷载由梁(屋架)传至纵墙,或直接由板传给纵墙,再经纵墙传至基础。纵墙为主要承重墙,开洞受到限制。这种体系的房屋,房间布置灵活,不受横隔墙的限制,但其横向刚度较差,不宜用于多层建筑物。

2.横墙承重方案

这种承重方案房屋的楼、屋面荷载直接传给横墙,由横墙传给基础。横墙为主要承重墙,房屋的横向刚度较大,有利于抵抗水平荷载和地震作用。纵墙为非承重墙,可以开设较大的洞口。

3.纵、横墙混合承重方案

这种承重方案房屋的楼、屋面荷载可以传给横墙,也可以传给纵墙,纵墙、横墙均为承重墙。这种承重方案房间布置灵活、应用广泛,其横向刚度介于上述两种承重方案之间。

(六)砌体结构的构造措施

1.砌体房屋的一般构造要求

1)材料的最低强度等级

砌体材料的强度等级与房屋的耐久性有关。五层及五层以上房屋的下部承重墙,以及受振动或层高大于6 m的墙、柱所用材料的最低强度等级,应符合下列要求:砖采用MU15,砌块采用MU10,石材采用MU30,砂浆采用M5或Mb5。

2)墙、柱的最小截面尺寸

墙、柱的截面尺寸过小,不仅稳定性差而且局部缺陷影响承载力。对承重的独立砖柱截面尺寸不应小于240 mm×370 mm,毛石墙的厚度不宜小于350 mm,毛料石柱较小边长不宜小于400 mm。

3)房屋整体性的构造要求

(1)预制钢筋混凝土板的支承长度,在墙上不应小于100 mm;在钢筋混凝土圈梁上不应小于80 mm。在抗震设防地区,板端应有伸出钢筋相互有效连接,并用混凝土浇筑成板带,其板支承长度不应小于60 mm,板带宽应不小于80 mm,混凝土强度不应低于C20。

(2)当梁跨度大于或等于下列数值时:240 mm厚的砖墙为6 m;180 mm厚的砖墙为4. 8 m;砌块、料石墙为4.8 m,其支承处宜加设壁柱或采取其他加强措施。

(3)支承在墙、柱上的吊车梁、屋架及跨度大于或等于下列数值的预制梁:砖砌体为9 m;砌块和料石砌体为7.2 m,其端部应采用锚固件与墙、柱上的垫块锚固。

(4)跨度大于6 m的屋架和跨度大于下列数值的梁:砖砌体为4.8 m;砌块和料石砌体为4.2 m;毛石砌体为3.9 m,应在支承处砌体上设置混凝土或钢筋混凝土垫块;当墙中设有圈梁时,垫块与圈梁宜浇成整体。

(5)墙体转角处和纵横墙交接处宜沿竖向每隔400~500 mm设拉结钢筋,其数量为每120 mm墙厚不少于1 Φ 6或焊接钢筋网片,埋入长度从墙的转角或交接处算起,对实心砖墙每边不小于500 mm,对多孔砖墙和砌块墙不小于700 mm。

(6)填充墙、隔墙应分别采取措施与周边主体结构构件可靠连接,连接构造和嵌缝材料应能满足传力、变形、耐久和防护要求。

(7)山墙处的壁柱或构造柱应至山墙顶部,屋面构件应与山墙可靠拉结。

2.砌体房屋的抗震构造措施

1)构造柱的设置

各类多层砖砌体房屋,应按下列要求设置现浇钢筋混凝土构造柱:

(1)构造柱设置部位,一般情况下应符合表2-4的要求。

表 2-4　各层砖房构造柱设置要求

<table>
<tr><th colspan="4">房屋层数</th><th colspan="2" rowspan="2">设置部位</th></tr>
<tr><th>6 度</th><th>7 度</th><th>8 度</th><th>9 度</th></tr>
<tr><td>四、五</td><td>三、四</td><td>二、三</td><td></td><td rowspan="3">楼、电梯间四角，楼梯斜梯段上下端对应的墙体处；外墙四角和对应转角；错层部位横墙与外纵墙交接处；大房间内外墙交接处；较大洞口两侧</td><td>隔 12 m 或单元横墙及楼梯对侧内墙与外纵墙交接处；
楼梯间对应的另一侧内横墙与外纵墙交接处</td></tr>
<tr><td>六</td><td>五</td><td>四</td><td>二</td><td>隔开间横墙（轴线）与外墙交接处；
山墙与内纵墙交接处</td></tr>
<tr><td>七</td><td>≥六</td><td>≥五</td><td>≥三</td><td>内墙（轴线）与外墙交接处；
内墙的局部较小墙垛处；
内纵墙与横墙（轴线）交接处</td></tr>
</table>

（2）构造柱的截面尺寸及配筋。

构造柱最小截面可采用 180 mm×240 mm（当墙厚 190 mm 时为 180 mm×190 mm），纵向钢筋宜采用 4 Φ 12，箍筋间距不宜大于 250 mm，且在柱上下端宜适当加密；6、7 度时超过六层，8 度时超过五层和 9 度时，构造柱纵向钢筋宜采用 4 Φ 14，箍筋间距不应大于 200 mm；房屋四角的构造柱可适当加大截面及配筋。

（3）构造柱的连接。

①构造柱与墙连接处应砌成马牙槎，沿墙高每隔 500 mm 设 2 Φ 6 水平钢筋和Φ 4 分布短筋平面内点焊组成的拉结网片或Φ 4 点焊钢筋网片，每边伸入墙内不宜小于 1 m。6、7 度时底部 1/3 楼层，8 度时底部 1/2 楼层，9 度时全部楼层，上述拉结钢筋网片应沿墙体水平通长布置。

②构造柱与圈梁连接处，构造柱的纵筋应在圈梁纵筋内侧穿过，保证构造柱纵筋上下贯通。

③构造柱可不单独设置基础，但应伸入室外地面下 500 mm，或与埋深小于 500 mm 的基础圈梁相连，或直接伸入基础。

2）圈梁的设置

在砌体结构房屋中，把在墙体内沿水平方向连续设置并呈封闭状的钢筋混凝土梁称为圈梁。位于房屋檐口处的圈梁常称为檐口圈梁，位于±0.000 m 以下基础顶面标高处设置的圈梁常称为基础圈梁，又叫地圈梁。

设置钢筋混凝土圈梁可以加强墙体的连接，提高楼（屋）盖刚度，抵抗地基不均匀沉降，限制墙体裂缝开展，增强房屋的整体性，从而提高房屋的抗震能力。

（1）圈梁的设置部位。

①装配式钢筋混凝土楼（屋）盖的砖房，横墙承重时应按表 2-5 的要求设置圈梁；纵墙承重时每层均应设置圈梁，且抗震横墙上的圈梁间距应比表内要求适当加密。

②现浇或装配整体式钢筋混凝土楼、屋盖与墙体有可靠连接的房屋，应允许不另设圈梁，但楼板沿墙体周边应加强配筋并应与相应的构造柱钢筋可靠连接。

表 2-5　多层砖砌体房屋现浇钢筋混凝土圈梁设置要求

墙类	烈度		
	6、7 度	8 度	9 度
外墙和内纵墙	屋盖处及每层楼盖处	屋盖处及每层楼盖处	屋盖处及每层楼盖处
内横墙	屋盖处及每层楼盖处；屋盖处间距不应大于 4.5 m；楼盖处间距不应大于 7.2 m；构造柱对应部位	屋盖处及每层楼盖处；各层所有横墙，且间距不应大于 4.5 m；构造柱对应部位	屋盖处及每层楼盖处；各层所有横墙

(2)圈梁的截面尺寸及配筋。

钢筋混凝土圈梁的宽度宜与墙厚相同，当墙厚 $h \geqslant 240$ mm 时，圈梁宽度不宜小于 $2h/3$，圈梁的截面高度不应小于 120 mm，配筋应符合表 2-6 的要求。但在软弱黏性土层、液化土、新近填土或严重不均匀土层上的基础圈梁，截面高度不应小于 180 mm，配筋不应少于 4 Φ 12。

表 2-6　多层砖砌体房屋圈梁配筋要求

配筋	烈度		
	6、7 度	8 度	9 度
最小纵筋	4 Φ 10	4 Φ 12	4 Φ 14
箍筋最大间距(mm)	250	200	150

(3)圈梁的构造要求。

①圈梁宜连续地设在同一水平位置上，并形成封闭状；当圈梁被门窗洞口截断时，应在洞口上部增设相同截面的附加圈梁。附加圈梁与圈梁的搭接长度不应小于两者间垂直距离的 2 倍，且不得小于 1 m。

圈梁宜与预制板设在同一标高处或紧靠板底。在要求的间距内无横墙时，应利用梁或板缝中配筋替代圈梁。

②纵横墙交接处的圈梁应有可靠的连接。

③钢筋混凝土圈梁的宽度宜与墙厚相同，当墙厚 $h \geqslant 240$ mm 时，其宽度不宜小于 $2h/3$。圈梁截面高度不宜小于 120 mm。纵向钢筋不应小于 4 Φ 10，绑扎接头的搭接长度按受拉钢筋考虑，箍筋间距不应大于 300 mm。

④圈梁兼作过梁时，过梁部分的钢筋应按计算用量配置。

3)楼、屋盖的构造要求

(1)现浇钢筋混凝土楼板或屋面板伸进纵、横墙内的长度，均不应小于 120 mm。

(2)装配式钢筋混凝土楼板或屋面板，当圈梁未设在板的同一标高时，板端伸进外墙的长度不应小于 120 mm，伸进内墙的长度不应小于 100 mm 或采用硬架支模连接，在梁上不应小于 80 mm 或采用硬架支模连接。

(3)当板的跨度大于 4.8 m 并与外墙平行时，靠外墙的预制板侧边应与墙或圈梁拉结。

(4)房屋端部大房间的楼盖，6 度时房屋的屋盖，7～9 度时房屋的屋盖和 9 度时房屋的楼、屋盖,当圈梁设在板底时,钢筋混凝土预制板应相互拉结,并应与梁、墙或圈梁拉结。

(5)6、7 度时长度大于 7.2 m 的大房间,以及 8、9 度时外墙转角及内外墙交接处,应沿墙高每隔 500 mm 配置 2 Φ 6 的通长拉结钢筋和Φ 4 分布短筋平面内点焊组成的拉结网片或Φ 4 点焊拉结网片。

(七)砌体结构中的其他构件

1.过梁

过梁的种类分为以下三种。

1)钢筋砖过梁

钢筋砖过梁是指在砖过梁中的砖缝内配置钢筋、砂浆不低于 M5 的平砌过梁。其底面砂浆处的钢筋,直径不应小于 5 mm,间距不宜大于 120 mm,钢筋伸入支座砌体内的长度不宜小于 240 mm,砂浆层的厚度不宜小于 30 mm,其跨度不宜大于 1.5 m。

2)砖砌平拱过梁

砖砌平拱过梁的砂浆强度等级不宜低于 M5(Mb5、Ms5),跨度不宜大于 1.2 m,用竖砖砌筑部分的高度不应小于 240 mm。

3)钢筋混凝土过梁

对有较大振动荷载或可能产生不均匀沉降的房屋,或当门窗宽度较大时,应采用钢筋混凝土过梁。其截面高度一般不小于 180 mm,截面宽度与墙体厚度相同,端部支承长度不应小于 240 mm。

2.挑梁

挑梁是指从主体结构延伸出来,一端主体端部没有支承的水平受力构件。挑梁是一种悬挑构件,其破坏形态有挑梁倾覆破坏、挑梁下砌体局部受压破坏、挑梁本身弯曲破坏或剪切破坏三种。

挑梁埋入墙体内的长度与挑出长度之比宜大于 1.2;当挑梁上无砌体时,与之比宜大于 2。

小　结

本章主要介绍了民用建筑的基本构造与建筑结构基础知识。本章的教学目标是使学生具备在满足使用要求的基础上,具备根据建筑、结构和施工的需要,选择合理的构造方案或设计构造方案的能力。

第三章　电工学基础知识

【学习目标】 通过学习本章内容，使学生了解交流电路组成的基本物理量，正弦交流电的三要素，熟悉典型的单相交流电路和三相交流电路的组成和负载的连接方式，掌握交流电路的功率因数的含义和进行无功补偿的方法及意义。了解常见变压器和电动机的分类及构造，了解变压器和电动机的工作原理。掌握变压器和电动机的额定值及其含义。

第一节　电路组成和基本物理量

一、交流电路组成元件

电阻元件、电感元件、电容元件都是组成电路模型的理想元件。所谓理想，就是突出其主要性质，而忽略其次要因素。电阻元件具有消耗电能的电阻性，电感元件突出其电感性，电容元件突出其电容性。其中，电阻元件是耗能元件，后两者是储能元件。

(一)电阻元件

如图 3-1 所示电阻元件，根据欧姆定律得出

$$i = \frac{u}{R} \text{或} u = iR \tag{3-1}$$

即电阻元件上的电压与通过的电流呈线性的关系。

(二)电感元件

如图 3-2 所示电感示意图，当导体作切割磁力线的运动时，导体中会产生感应电动势，在连通的电路中会产生感应电流。

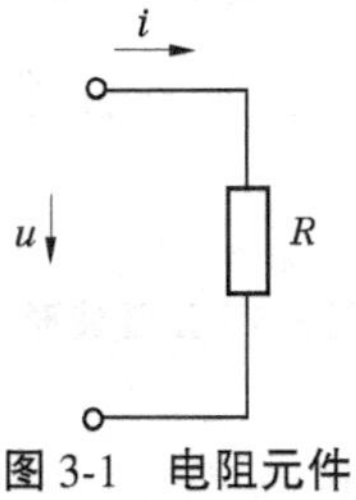

图 3-1　电阻元件

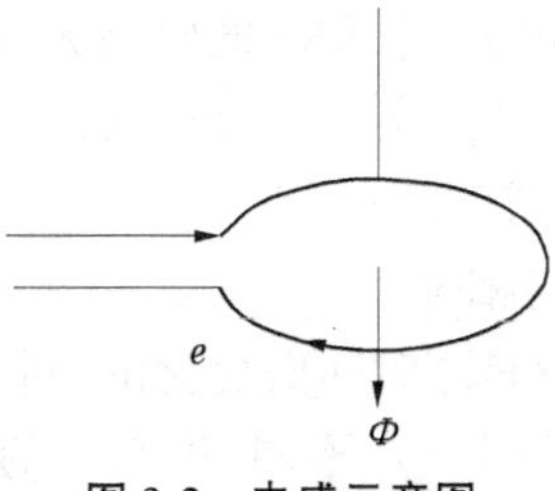

图 3-2　电感示意图

通常，磁通量是由通过线圈的电流产生的，当线圈中没有铁磁材料时，Φ 与 i 有正比的关系。当电感元件中电流增大时，磁场能量增大；在此过程中，电感元件从电源取用能量，并转换为磁能。当电流减小时，磁场能量减小，磁能转换为电能，即电感元件向电源释放能量。

(三)电容元件

图 3-3 为一电容器。电容器极板上所储集的电量与其上电压成正比，即当电容元件上电压增高时，电场能量增大，在此过程中电容元件从电源充电；当电压降低时，电场能量减小，即电容元件向电源放电。

二、正弦交流电的三要素

所谓正弦交流电路，是指电压和电流均按正弦规律变化的电路。生产和生活中所用的交流电，一般是指由电网供应的正弦交流电。

正弦电压和电流等物理量，常统称为正弦量，如图 3-4 所示正弦量的特征表现在变化的快慢、大小及初始值三个方面，而它们分别由频率（或周期）、幅值（或有效值）和初相位来确定，所谓频率、幅值和初相位就称为确定正弦量的三要素。

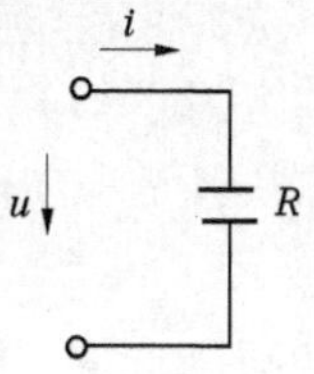

图 3-3　电容元件

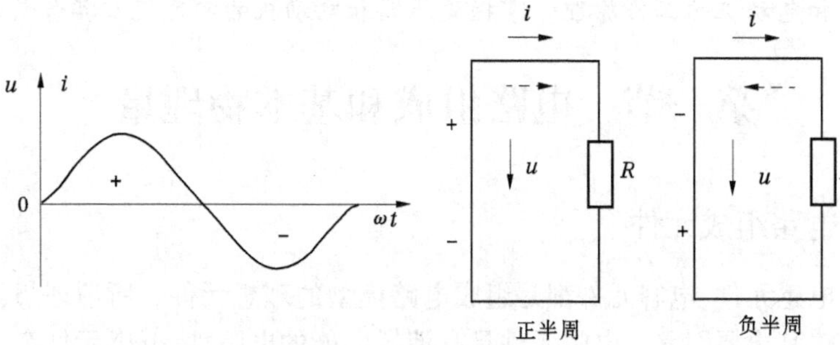

图 3-4　正弦电压和电流

（一）周期与频率

正弦量变化一次所需的时间称为周期 T。每秒变化的次数称为频率 f，它的单位是赫兹（Hz）。频率与周期之间具有倒数关系，即

$$f=\frac{1}{T} \text{ 或 } T=\frac{1}{f} \tag{3-2}$$

（二）幅值与有效值

正弦量在任一瞬时的值称为瞬时值，用小写字母表示，如 i、u 及 e 分别表示电流、电压及电动势的瞬时值。瞬时值中最大的称为幅值，如 I_m、U_m 及 E_m 分别表示电流、电压及电动势的幅值，如图 3-5 所示。

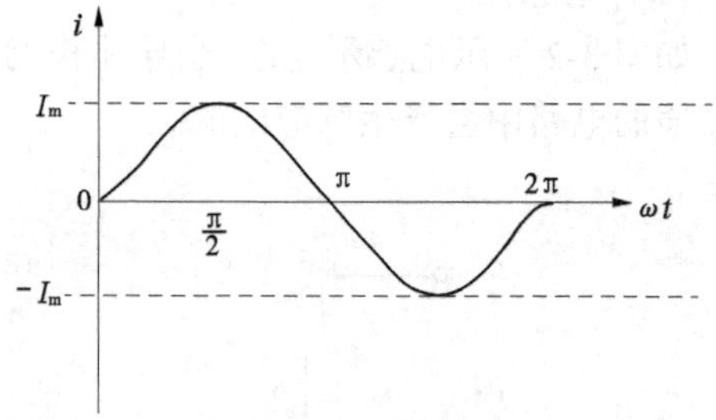

图 3-5　正弦波形

（三）初相位

正弦量是随时间而变化的，对于一个正弦量所取的计时起点不同，正弦量的初始值（当 $t=0$ 时的值）也就不同，到达幅值或某一特征值的时间也就不同。

由以上可见，正弦量可以用旋转的有向线段来表示。有向线段表示正弦量即是正弦量的向量表示法。

第二节　单相交流电路

分析各种正弦交流电路，目的就是要确定电路中电压与电流之间的关系（包括大小和相位），并讨论电路中能量转换和功率问题。

分析各种交流电路时,首先从最简单的单一参数(电阻、电感、电容)元件的电路入手,分析其电压与电流之间的关系,因为其他电路都是由一些单一参数元件组合而成的。这里首先分析电阻元件的正弦交流电路,白炽灯照明电路就是这种电路的典型代表。

一、电阻元件交流电路

图 3-6(a)是一个线性电阻元件的交流电路。电压和电流的正方向如图 3-6(b)、(c)所示,两者关系由欧姆定律确定,即 $u=iR$。

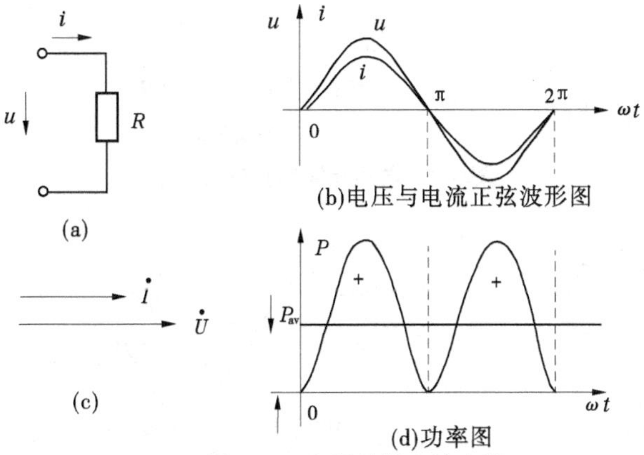

图 3-6　电阻元件交流电路

在电阻元件电路中,电压与电流的幅值(或有效值)的比值就是电阻 R 。电阻元件从电源取用能量后转换成了热能,这是一种不可逆的能量转换过程。我们通常这样计算电能:$W=PT$,P_{av}是一个周期内电路消耗电能的平均功率,即瞬时功率的平均值,称为平均功率。在电阻元件电路中,平均功率为

$$P_{av}=\frac{U^2}{R} \tag{3-3}$$

瞬时功率与平均功率 P_{av} 如图 3-6(d)所示。

二、电感元件交流电路

如图 3-7 所示,我们分析线性电感线圈与正弦电源连接的电路。假设这个线圈只有电感 L,而电阻 R 可以忽略不计。

电感元件电路的平均功率为零,即电感元件的交流电路中没有能量消耗,只有电源与电感元件间的能量互换。这种能量互换的规模我们用无功功率 Q 来衡量,我们规定无功功率等于瞬时功率 P_L 的幅值,即

$$Q=UI=I^2X_L \tag{3-4}$$

无功功率的单位是乏(var)或千乏(kvar)。

三、电容元件交流电路

这一节我们分析一下线性电容元件与正弦电源连接的电路,如图 3-8(a)所示。

电容元件电路的平均功率也为零,即电容元件的交流电路中没有能量消耗,只有电源与电容元件间的能量交换。这种能量互换的规模我们用无功功率 Q 来衡量,我们规定无功功

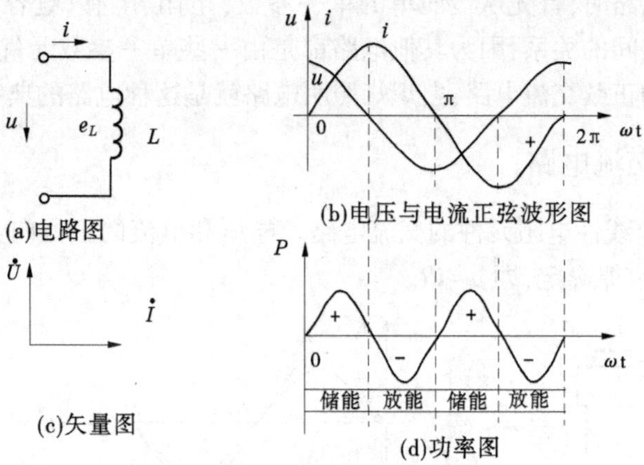

图 3-7　电感元件交流电路

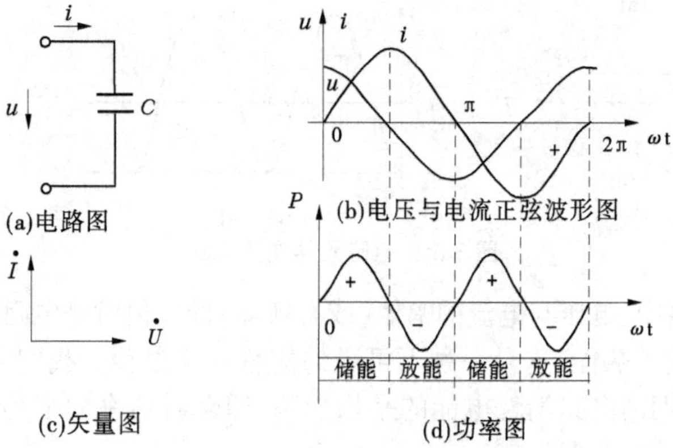

图 3-8　电容元件交流电路

率等于瞬时功率 P_C 的幅值。则电容元件的无功功率为

$$Q = UI = I^2X_C \tag{3-5}$$

四、RLC 混合电路及功率因数

电阻、电感与电容元件串联的交流电路如图 3-9（a）所示，电路中的各元件通过同一电流，电流与电压的正方向在图中已经标出。

这种电路中电压与电流的有效值（或幅值）之比为$\sqrt{R^2+(X_L-X_C)^2}$，它的单位也是欧姆，具有对电流起阻碍作用的性质，我们称它为电路的阻抗，用$|Z|$表示，即

$$|Z| = \sqrt{R^2 + (X_L - X_C)^2} = \sqrt{R^2 + (\omega L - \frac{1}{\omega C})^2} \tag{3-6}$$

可见$|Z|$、R、X_L-X_C 三者之间的关系也可用直角三角形（称为阻抗三角形）来表示，如图 3-10 所示。

由 R、L、C 混合电路中负载取用的功率与电路（负载）的参数有关。电路所具有的参数不同，电压与电流之间的相位差 φ 也就不同，在同样的电压 U 和电流 I 下，电路的有功功率和无功功率也就不同。电工学中将 $P=U_RI=I^2R=UI\cos\varphi$ 中的 $\cos\varphi$ 称为功率因数。

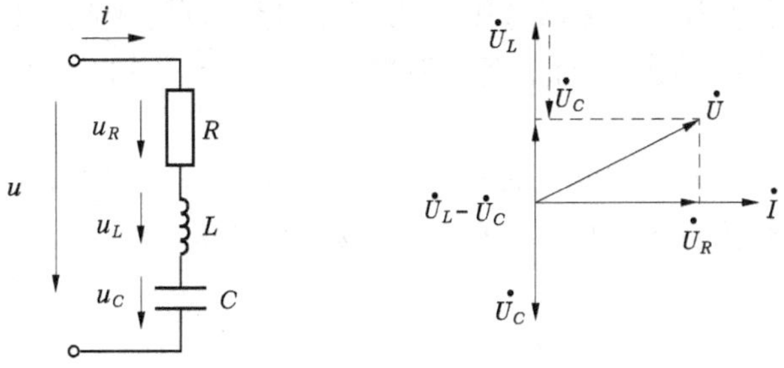

(a)电路图　　(b)向量图

图 3-9　电阻、电感与电容串联的交流电路

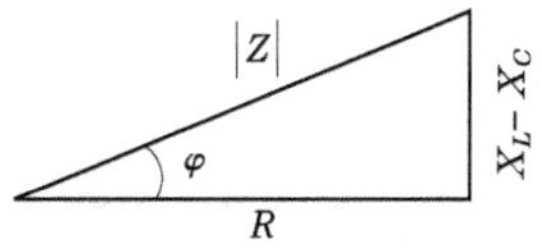

图 3-10　阻抗三角形

并联电容器以后，总电压 U 和线路电流 I 之间的相位差 φ 变小了，即 $\cos\varphi$ 变大了，线路电流也减小了，功率损耗也降低了。

第三节　三相交流电路

在生产、生活中，三相电路应用广泛，发电机和输配电一般都采用三相电源。因此，有必要介绍一些三相电路的基本知识，本节着重介绍三相交流发电机和负载在三相电路中的连接使用问题。

一、三相电压

通常用到的发电机三相绕组的接法如图 3-11(a)所示，即将三个末端连在一起，这一连接点称为中点或零点，用 N 表示。这种连接方法称为星形连接。从中点引出的导线称为中线，从始端 A、B、C 引出的三根导线 L_1、L_2、L_3 称为相线或端线，俗称火线。

$$U_L=\sqrt{3}\,U_P \tag{3-7}$$

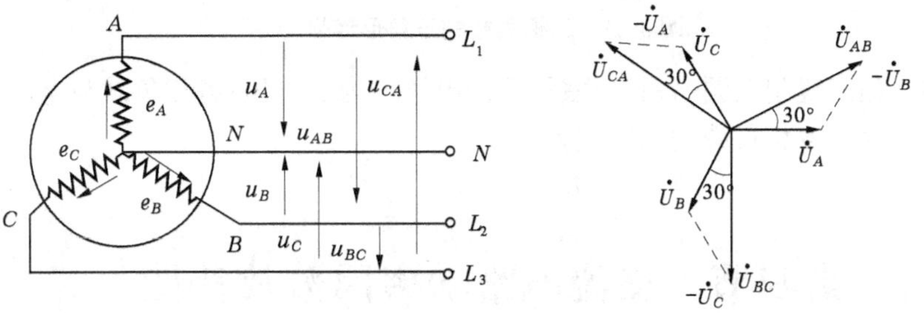

(a)发电机三相绕组的接法　　(b)发电机三相绕组电压的向量图

图 3-11　发电机的星形连接及其电压向量图

通常在低压配电系统中相电压为 220 V，线电压为 380 V。

二、三相负载的连接方法

生活中使用的各种电器根据其特点可分为单相负载和三相负载两大类。照明灯、电扇、电烙铁和单相电动机等都属于单相负载。三相交流电动机、三相电炉等三相用电器属于三相负载。三相负载的阻抗相同(幅值相等,阻抗角相等)则称为三相对称负载,否则均称为不对称负载。三相负载有 Y 形和三角形两种连接方法,各有其特点,适用于不同的场合。

(一)三相对称负载的 Y 形连接

该电路的基本连接方法如图 3-12(a)所示,三相交流电源(变压器输出或交流发电机输出)有三根火线接头 A、B、C,一根中性线接头 N。对于三相对称负载,只需接三根火线,中性线悬空得到图 3-12 (b)。

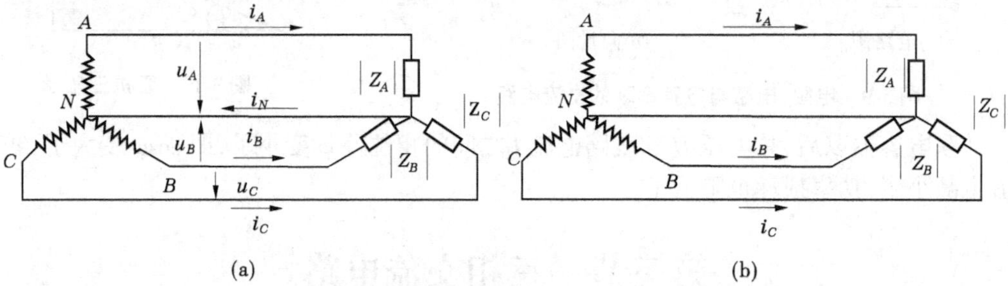

图 3-12　对称负载的 Y 连接

(二)三相负载的三角形连接

当用电设备的额定电压为电源线电压时,负载电路应按三角形连接。该电路没有零线,连接的电路如图 3-13 所示。

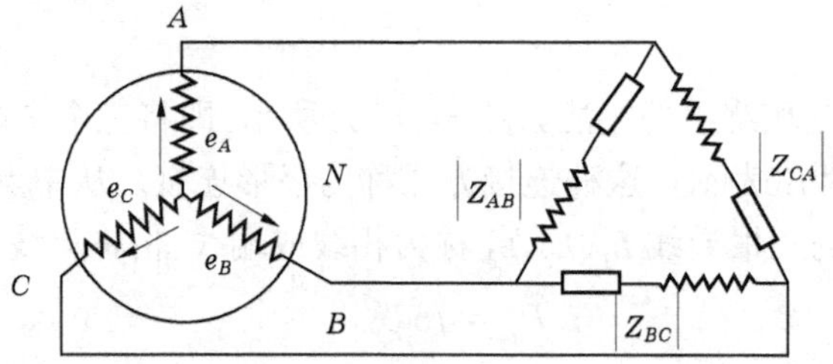

图 3-13　三相负载的三角形连接

只能配接三相三线制电源,各相负载承受的电压均为线电压;各相负载与电源之间独自构成回路,互不干扰,各相负载的相电流为

$$I_P = U_P / |Z| = U_L / |Z| \tag{3-8}$$

第四节　交流电路功率因数及补偿

一、无功功率与功率因数的概念

接在电网中的大多数用电设备是利用电磁感应实现能量转换和传递的,如发电机、变压器、电动机等,就是通过磁场来完成机械能与电能之间的转换的。以异步电动机为例,电动机从电网吸收的大部分电功率转换成了机械功率从转轴上输出给了机械设备,这部分功率就是有功功率;而电动机还要从电网吸收另外一部分电功率,用来建立交变磁场,这部分功率不是被消耗,而是在电网与电动机之间不断地进行交换(吸收与释放),这就是无功功率。

电动机等感性负载所需无功是由电源提供的，负载电流的相位是滞后于电压的，如图 3-14(a)所示，相位差 φ 角称为功率因数角，这类负载称为感性负载，感性负载从电源吸收的无功功率称为感性无功或滞后无功。

电容器是容性负载，其端电流是超前于端电压的，如图 3-14(b)所示。感性负载需要从电源吸收的无功功率电容器正好可以提供，也就是电容器能发出感性无功，可以作为无功电源向感性负载提供无功功率。一般将发出感性无功的元件称为无功电源，将吸收感性无功的元件称为无功负载。既可发感性无功又可吸收感性无功的元件(如无功静止补偿装置)称为无功调节装置。

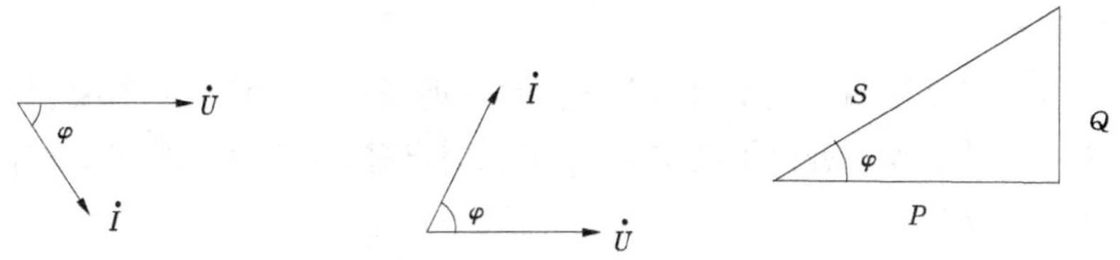

(a)电流与电压相位关系(滞后)　(b)电流与电压相位关系(超前)　(c)功率三角形

图 3-14　有功功率、无功功率和视在功率的关系

通常我们用符号 P 表示有功功率，用符号 Q 表示无功功率，总功率称为视在功率，用符号 S 表示，三相电气元件 S、P、Q 三者之间的关系如图 3-14(c)所示，即：

$$S = \sqrt{P^2 + Q^2} = \sqrt{3}UI \tag{3-9}$$

$$P = \sqrt{S^2 - Q^2} = \sqrt{3}UI\cos\varphi \tag{3-10}$$

$$Q = \sqrt{S^2 - P^2} = \sqrt{3}UI\sin\varphi \tag{3-11}$$

式中　S——三相视在功率，kVA；

P——三相有功功率，kW；

Q——三相无功功率，kvar；

U——线电压，kV；

I——线电流，A；

$\cos\varphi$——功率因数。

针对电网中的某个元件来说，其发出、传递或吸收的总功率中，有功功率所占的比重通常用功率因数来表示，即

$$\cos\varphi = \frac{P}{S} \tag{3-12}$$

负载的功率因数表达了在负载从电网吸收的总功率中有功功率所占的比重。当有功功率一定时，无功功率越大，则视在功率也越大，供电线路和变压器的容量也就越大，供电电流也就越大，损耗也就越大。

没有装设人工补偿装置时的功率因数称为自然功率因数。合理选取设备和改善设备运行工况，可以有效地提高自然功率因数。

功率因数应达到下列规定数值：高压供电的工业用户和高压供电装有带负荷调整电压装置的电力用户功率因数为 0.90 及以上，其他 100 kVA(kW)及以上电力用户和大、中型电

力排灌站功率因数为0.85及以上,农业用电功率因数为0.80及以上。凡功率因数未达到上述规定的新用户,供电局可拒绝送电。

二、无功补偿

(一)需要无功补偿的原因

在正常情况下,用电设备不但要从电源取得有功功率,同时还需要从电源取得无功功率。如果电网中的无功功率供不应求,用电设备就没有足够的无功功率来建立正常的电磁场,这些用电设备就不能维持在额定情况下工作,用电设备的端电压就要下降,从而影响用电设备的正常运行。

但是从发电机和高压输电线供给的无功功率远远满足不了负荷的需要,所以在电网中要设置一些无功补偿装置来补充无功功率,以保证用户对无功功率的需要,这样用电设备才能在额定电压下工作。

无功补偿是把具有容性功率负荷的装置与感性功率负荷并联接在同一电路,能量在两种负荷之间相互交换。这样,感性负荷所需要的无功功率可由容性负荷输出的无功功率补偿。

(二)无功补偿的一般方法

无功补偿通常采用的方法主要有三种:低压个别补偿、低压集中补偿、高压集中补偿。下面简单介绍这三种补偿方式的适用范围及优缺点。

1.低压个别补偿

低压个别补偿就是根据个别用电设备对无功的需要量将单台或多台低压电容器组分散地与用电设备并接,它与用电设备共用一套断路器,通过控制、保护装置与电机同时投切。随机补偿适用于补偿个别大容量且连续运行(如大中型异步电动机)的无功消耗,以补励磁无功为主。低压个别补偿的优点是:用电设备运行时,无功补偿投入;用电设备停运时,补偿设备也退出,因此不会造成无功倒送。低压个别补偿具有投资少、占位小、安装容易、配置方便灵活、维护简单、事故率低等优点。

2.低压集中补偿

低压集中补偿是指将低压电容器通过低压开关接在配电变压器低压母线侧,以无功补偿投切装置作为控制保护装置,根据低压母线上的无功负荷而直接控制电容器的投切。电容器的投切是整组进行的,做不到平滑的调节。低压补偿的优点:接线简单、运行维护工作量小,使无功就地平衡,从而提高配变利用率,降低网损,具有较高的经济性,是目前无功补偿中常用的手段之一。

3.高压集中补偿

高压集中补偿是指将并联电容器组直接装在变电所的6~10 kV高压母线上的补偿方式,适用于用户远离变电所或在供电线路的末端,用户本身又有一定的高压负荷时,可以减少对电力系统无功的消耗并可以起到一定的补偿作用;补偿装置根据负荷的大小自动投切,从而合理地提高了用户的功率因数,避免功率因数降低导致电费的增加。同时便于运行维护,补偿效益高。

第五节　变压器和三相交流异步电动机基本结构和工作原理

一、变压器基本概念

(一)变压器的分类

(1)按用途分:电力变压器、专用电源变压器、调压变压器、测量变压器、隔离变压器。

(2)按结构分:双绕组变压器、三绕组变压器、多绕组变压器、自耦变压器。

(3)按相数分:单相变压器、三相变压器和多相变压器。

(二)变压器的构造

基本构造:由铁芯和绕组构成。

铁芯是变压器的磁路通道,是用磁导率较高且相互绝缘的硅钢片制成的,以便减少涡流和磁滞损耗。按其构造形式可分为芯式和壳式两种,如图 3-15(a)、(b)所示。

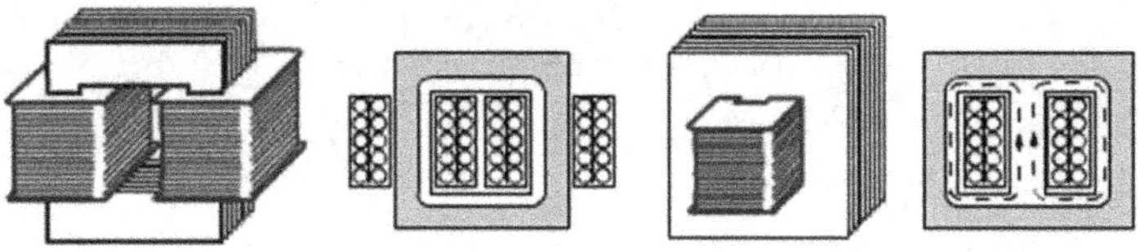

(a) 芯式变压器　　(b) 壳式变压器

图 3-15　心式和壳式变压器

线圈是变压器的电路部分,是用漆色线、沙包线或丝包线绕成。其中和电源相连的线圈叫原线圈(初级绕组),和负载相连的线圈叫副线圈(次级绕组)。

(三)额定值及使用注意事项

1.额定值

(1)额定容量——变压器二次绕组输出的最大视在功率。其大小为副边额定电流的乘积,一般以千伏安表示。

(2)原边额定电压——接到变压器一次绕组上的最大正常工作电压。

(3)二次绕组额定电压——当变压器的一次绕组接上额定电压时,二次绕组接上额定负载时的输出电压。

2.使用注意事项

(1)分清一次绕组、二次绕组,按额定电压正确安装,防止损坏绝缘或过载。

(2)防止变压器绕组短路,烧毁变压器。

(3)工作温度不能过高,电力变压器要有良好的绝缘。

二、变压器的工作原理

变压器是按电磁感应原理工作的,原线圈接在交流电源上,在铁芯中产生交变磁通,从而在原、副线圈产生感应电动势。

(一)变压器的空载运行和变压比

如图 3-16 所示,设原线圈匝数为 N_1,端电压为 U_1;副线圈匝数为 N_2,端电压为 U_2。则

原、副线圈(一次、二次绕组)电压之比等于匝数比,即

$$\frac{U_1}{U_2}=\frac{N_1}{N_2}=n \tag{3-13}$$

式中　n——变压器的变压比或变比。

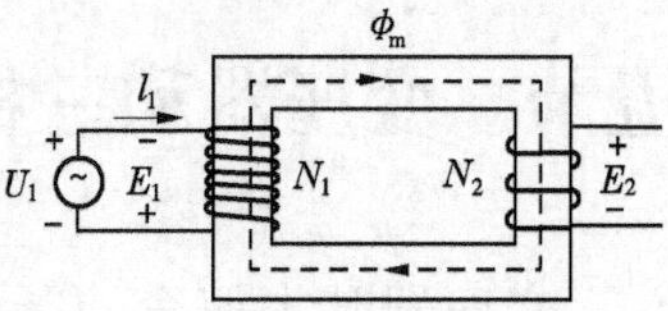

图 3-16　变压器空载运行原理图

注意:式(3-13)在推导过程中,忽略了变压器原、副线圈的内阻,所以式(3-13)为理想变压器的电压变换关系。

(二)变压器的负载运行和变流比

在图 3-16 的副线圈端加上负载$|Z_2|$,流过负载的电流为I_2,分析理想变压器原线圈、副线圈的电流关系。

将变压器视为理想变压器,其内部不消耗功率,输入变压器的功率全部消耗在负载上,即

$$U_1I_1=U_2I_2$$

将上式变形代入式(3-14),可得理想变压器电流变换关系

$$\frac{I_1}{I_2}=\frac{U_2}{U_1}=\frac{N_2}{N_1}=\frac{1}{n} \tag{3-14}$$

三、几种常用变压器

(一)自耦变压器

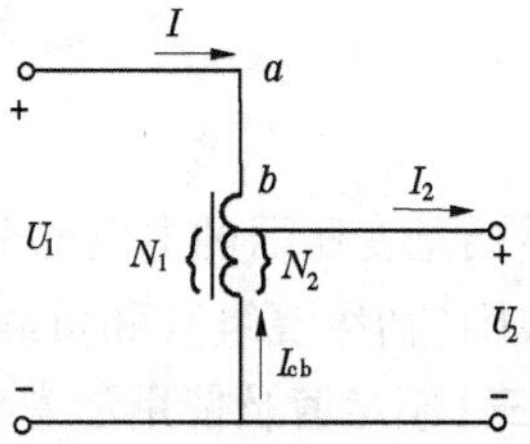

图 3-17　自耦变压器符号及原理图

自耦变压器原、副线圈共用一部分绕组,它们之间不仅有磁耦合,还有电的关系,如图 3-17 所示。

原、副线圈电压之比和电流之比的关系为

$$\frac{U_1}{U_2}=\frac{I_2}{I_1}\approx\frac{N_1}{N_2}=n$$

注意:

(1)自耦变压器在使用时,一定要注意正确接线,否则易于发生触电事故。

(2)接通电压前,要将手柄转到零位。接通电源后,渐渐转动手柄,调节出所需要的电压。

(二)互感器

互感器是一种专供测量仪表,控制设备和保护设备中高电压或大电流时使用的变压器,可分为电压互感器和电流互感器两种。

1.电压互感器

使用时,电压互感器的高压绕组跨接在需要测量的供电线路上,低压绕组则与电压表相连,如图 3-18 所示。

可见,高压线路的电压 U_1 等于所测量电压 U_2 和变压比 n 的乘积,即 $U_1=nU_2$

注意:

(1)次级绕组不能短路,防止烧坏次级绕组。

(2)铁芯和次级绕组一端必须可靠的接地,防止高压绕组绝缘被破坏时而造成设备的破坏和人身伤亡。

2.电流互感器

使用时,电流互感器的初级绕组与待测电流的负载相串连,次级绕组则与电流表串联成

闭合回路,如图 3-19 所示。

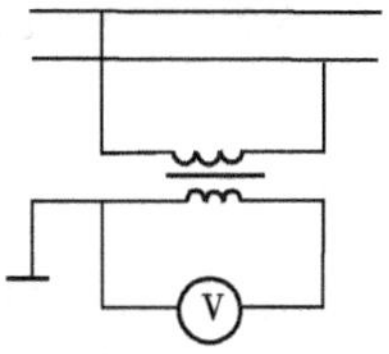

图 3-18　电压互感器

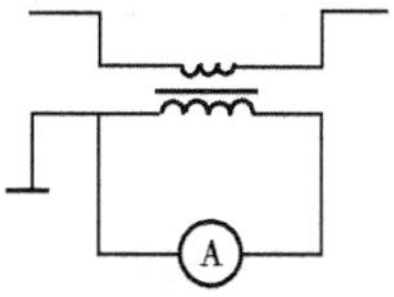

图 3-19　电流互感器

通过负载的电流就等于所测电流和变压比倒数的乘积。

注意:

(1)绝对不能让电流互感器的次级开路,否则易造成危险。

(2)铁芯和次级绕组一端均应可靠接地。

常用的钳形电流表也是一种电流互感器。它是由一个电流表接成闭合回路的次级绕组和一个铁芯构成,其铁芯可开、可合。测量时,把待测电流的一根导线放入钳口中,电流表上可直接读出被测电流的大小,如图 3-20 所示。

(三)三相变压器

三相变压器就是三个相同的单相变压器的组合,如图 3-21 所示。三相变压器用于供电系统中。根据三相电源和负载的不同,三相变压器初级和次级线圈可接成星形或三角形。

图 3-20

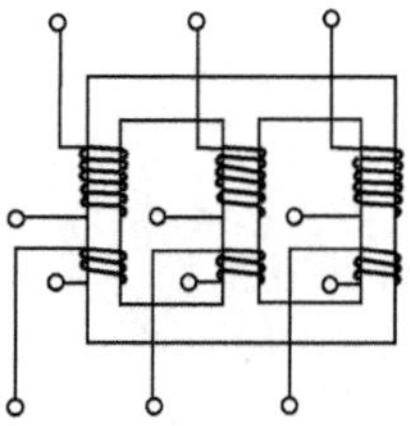

图 3-21　三相变压器

(四)变压器铭牌数据

在变压器外壳上均有一块铭牌,要安全正确地使用变压器,必须掌握铭牌各个数据的含义。

1.型号

用以表明变压器的主要结构、冷却方式、电压和容量等级等。

如 SJL-560/10 中:S 表示三相,单相变压器用 D 表示;J 表示油浸自冷式冷却方式,风冷式用 F 表示;L 表示装有避雷装置;560 表示容量为 560 kV · A;10 表示高压绕组额定电压为 10 kV。

2.额定电压

变压器空载时的电压,三相变压器指线电压。

3.额定电流

变压器正常运行时允许通过的最大电流,三相变压器指线电流。

4.额定容量

额定容量指变压器的额定输出视在功率 S。在单相变压器中，$S=U_2I_2$；在三相变压器中，$S=\sqrt{3}U_2I_2$。

5.温升

温升是指变压器某些部分与周围环境的温差，变压器所允许的温升由材料的绝缘等级来定。变压器运行时，要注意其温升，确保安全运行。

四、三相异步电动机机构与工作原理

实现电能与机械能相互转换的电工设备总称为电机。在生产上主要用的是交流电动机，特别是三相异步电动机，因为它具有结构简单、坚固耐用、运行可靠、价格低廉、维护方便等优点。它被广泛地用来驱动各种金属切削机床、起重机、锻压机、传送带、铸造机械、功率不大的通风机及水泵等。

（一）三相异步电动机的构造

三相异步电动机的两个基本组成部分为定子（固定部分）和转子（旋转部分）。此外还有端盖、风扇等附属部分，如图 3-22 所示。

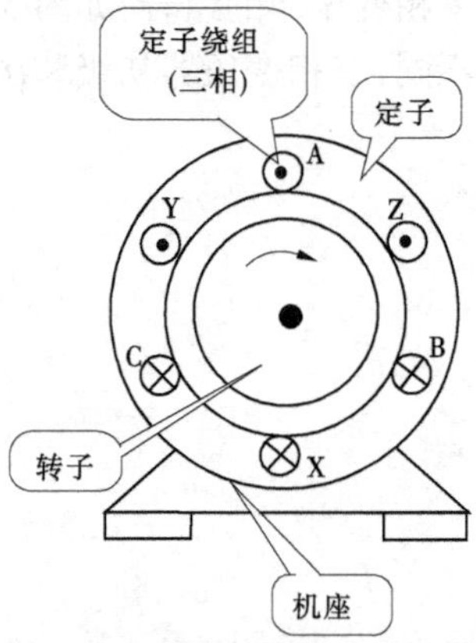

图 3-22　三相电动机的结构示意图

1.定子

三相异步电动机的定子由三部分组成，如表 3-1 所示。

表 3-1　三相异步电动机的定子组成部分

定子	定子铁芯	由厚度为 0.5 mm 的、相互绝缘的硅钢片叠成，硅钢片内圆上有均匀分布的槽，其作用是嵌放定子三相绕组 AX、BY、CZ
	定子绕组	三组用漆包线绕制好的，对称地嵌入定子铁芯槽内的相同的线圈，这三相绕组可接成星形或三角形
	机座	机座用铸铁或铸钢制成，其作用是固定铁芯和绕组

2.转子

三相异步电动机的转子由三部分组成，如表 3-2 所示。

鼠笼式异步电动机由于构造简单，价格低廉，工作可靠，使用方便，成为了生产上应用得最广泛的一种电动机。

为了保证转子能够自由旋转，在定子与转子之间必须留有一定的空气隙，中小型电动机的空气隙为 0.2~1.0 mm。

表 3-2　三相异步电动机的转子组成部分

转子	转子铁芯	由厚度为 0.5 mm 的、相互绝缘的硅钢片叠成，硅钢片外圆上有均匀分布的槽，其作用是嵌放转子三相绕组
	转子绕组	转子绕组有两种形式： 鼠笼式——鼠笼式异步电动机； 绕线式——绕线式异步电动机
	转轴	转轴上加机械负载

（二）三相异步电动机的转动原理

1.产生

图 3-23 表示最简单的三相定子绕组 *AX*、*BY*、*CZ*，它们在空间按互差 120°的规律对称排列，并接成星形与三相电源 U、V、W 相联，则三相定子绕组便通过三相对称电流，随着电流在定子绕组中通过，在三相定子绕组中就会产生旋转磁场。

当定子绕组中的电流变化一个周期时，合成磁场也按电流的相序方向在空间旋转一周。随着定子绕组中的三相电流不断地作周期性变化，产生的合成磁场也不断地旋转，因此称为旋转磁场。

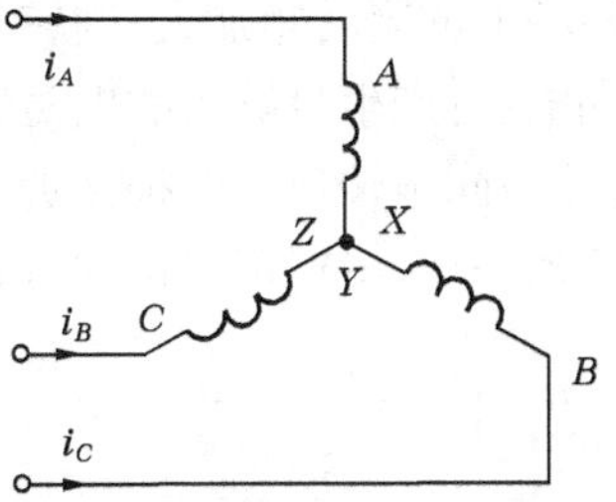

图 3-23　三相异步电动机定子接线

2.旋转磁场的方向

旋转磁场的方向是由三相绕组中电流相序决定的，若想改变旋转磁场的方向，只要改变通入定子绕组的电流相序，即将三根电源线中的任意两根对调即可。这时，转子的旋转方向也跟着改变。

3.三相异步电动机的极数（磁极对数 p）

三相异步电动机的极数就是旋转磁场的极数。旋转磁场的极数和三相绕组的安排有关。

当每相绕组只有一个线圈，绕组的始端之间相差 120°空间角时，产生的旋转磁场具有一对极，即 $p=1$。

当每相绕组为两个线圈串联，绕组的始端之间相差 60°空间角时，产生的旋转磁场具有两对极，即 $p=2$。

4.三相异步电动机的转速 n_0

三相异步电动机旋转磁场的转速 n_0 与电动机磁极对数 p 有关，它们的关系是

$$n_0=\frac{60f_1}{p} \tag{3-15}$$

由式(3-15)可知，旋转磁场的转速 n_0 取决于电流频率 f_1 和磁场的极数 p，对某一异步电动机而言，f_1 和 p 通常是一定的，所以磁场转速 n_0 是个常数。

在我国，工频 $f_1=50$ Hz，因此对应于不同极对数 p 的旋转磁场转速 n_0，见表 3-3。

表 3-3　旋转磁场转速 n_0

p	1	2	3	4	5	6
n_0	3 000	1 500	1 000	750	600	500

5.转差率 s

电动机转子转动方向与磁场旋转的方向相同，但转子的转速 n 不可能达到与旋转磁场的转速 n_0 相等，否则转子与旋转磁场之间就没有相对运动，因而磁力线就不切割转子导体，转子电动势、转子电流以及转矩也就都不存在。也就是说，旋转磁场与转子之间存在转速差，因此我们把这种电动机称为异步电动机，又因为这种电动机的转动原理是建立在电磁感应基础上的，故又称为感应电动机。

旋转磁场的转速 n_0 常称为同步转速。

转差率 s 是用来表示转子转速 n 与磁场转速 n_0 相差的程度的物理量，即

$$s=\frac{n_0-n}{n_0}=\frac{\Delta n}{n_0} \tag{3-16}$$

转差率是异步电动机的一个重要的物理量。

当旋转磁场以同步转速 n_0 开始旋转时，转子则因机械惯性尚未转动，转子的瞬间转速 $n=0$，这时转差率 $s=1$。转子转动起来之后，$n>0$，(n_0-n) 差值减小，电动机的转差率 $s<1$。如果转轴上的阻转矩加大，则转子转速 n 降低，即异步程度加大，才能产生足够大的感应电动势和电流，产生足够大的电磁转矩，这时的转差率 s 增大，反之，s 减小。异步电动机运行时，转速与同步转速一般很接近，转差率很小，在额定工作状态下为 0.015~0.06。

根据式(3-16)，可以得到电动机的转速常用公式

$$n=(1-s)n_0 \tag{3-17}$$

小　结

本章主要介绍了组成交流电路的基本元件：电阻、电感和电容，分析各种正弦交流电路的组成及其功率、电流、电压之间的关系，重点介绍了在生产生活中，应用广泛的三相电路，论述了三相负载有 Y 形和三角形两种连接方法，各有其特点，适用于不同的场合。重点叙述了用电设备从电源取得有功功率的同时还需要从电源取得无功功率，供电系统需要进行无功补偿，无功补偿通常采用的方法主要有三种：低压个别补偿、低压集中补偿、高压集中补偿。介绍了变压器的工作原理和常用变压器的分类，重点学习变压器的额定容量，原副变电压和使用注意事项。介绍了三相异步电动机定子和转子的组成及其三相定子绕组中产生旋转磁场的原理，重点学习三相异步电动机的极数、转速计算公式、转差率等一些重要的物理量。

第四章　计算机信息处理基础知识

【学习目标】 通过本章的学习，使学生熟悉 Office、AtuoCAD 和常用专业资料整理软件的特点和应用方法。

第一节　Office 办公软件应用基础知识

Microsoft Office 是微软公司开发的一套基于 Windows 操作系统的办公软件套装。常用组件有 Word、Excel、Access、PowerPoint、FrontPage 等，目前最新版本为 Office 2013。但常用的还是 Office 2003、Office 2007 和 Office 2010 三个版本，其中 Office 2003 是系列软件的基础，我们将以 Office 2003 为代表，简单介绍 Microsoft Office 办公软件套装中 Word、Excel 和 PowerPoint 的应用知识，其他版本的应用大同小异，可根据工作需要学习。

一、Word 的应用知识

Word 2003 是 Microsoft Office 2003 系列软件的一个组成部分，是重要的文字处理和排版工具。其主要作用是处理日常的办公文档、排版、处理数据、建立表格等。

（一）Word 的启动

当用户安装完 Office 2003 后，Word 2003 也将自动安装到系统中，此时，就可以启动 Word 2003 创建新文档了。常用的启动方法有三种：常规启动、通过创建新文档启动和通过现有文档启动，常规启动是最常用的启动方法。

常规启动是操作系统中应用程序最常用的启动方法。鼠标左键依次单击【开始】【程序】【Microsoft Office】→【Microsoft office Word 2003】，即可启动，如图 4-1 所示。

图 4-1　常规启动 Word 2003

（二）Word 2003 的退出

完成文档的编辑操作后，需要退出 Word 2003，有如下两种方法：

（1）利用“文件”菜单命令：在菜单栏“文件”菜单中单击“退出”命令。

(2)利用【标题栏】命令:在【标题栏】右上角有三个控制按钮,单击其中的"关闭"就可退出 Word 2003 软件,如图 4-2 所示。

图 4-2　标题栏的退出命令

(三) Word 2003 的工作窗口

Word 2003 的工作窗口主要包含 5 个区域:标题栏、菜单栏、工具栏、文档编辑区和状态栏,如图 4-3 所示。

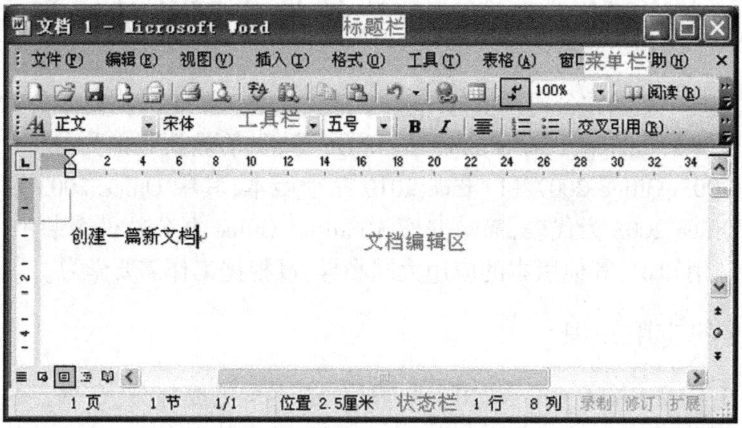

图 4-3　Word 2003 工作窗口

(四) Word 2003 的文本输入与编辑

1.输入与编辑

调用自己习惯的中文输入法,并调整好输入法指示器上各个按钮的状态,还要注意状态栏上【插入】和【改写】状态。在文本编辑时要注意一般是"先选定文本再执行操作",即"先选择后执行"。

2.文档格式

文本录入时,可以先单击工具栏中的"字体"按钮设置字体,如"宋体";再单击工具栏中的"字号"设置字号大小,如设置为"五号"字,这样,字体、字号的设置就完成了。如果对已经录入的文字做格式设置,要先选中文本再进行设置。

3.设置段落格式

段落格式是文档格式的另一类,与文字格式针对文本进行设置不同,主要有对齐方式、缩进方式、行间距等。段落格式菜单中【缩进和间距】、【换行与分页】选项卡的内容如图 4-4 所示。

(五) 制作文档中的表格

在 Word 文档中建立表格主要有三种方法:

(1)方法一:在"常用"工具栏单击"插入表格"命令,会弹出表格备选框,通过鼠标的移动单击,即可选中建立表格的行或列;如果表格备选框中的行数或列数不足,可以通过键盘方向键的"↓"和"→"键进行扩充。

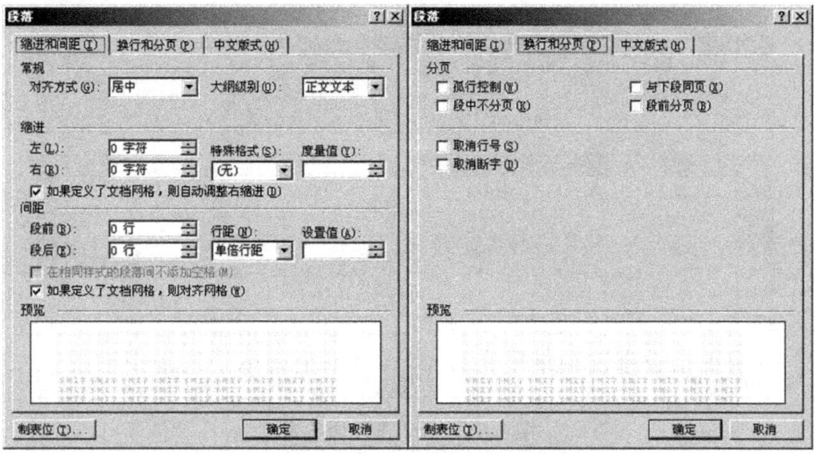

图 4-4　段落格式中的【缩进和间距】与【换行与分页】

(2)方法二:在菜单栏中单击“表格”菜单,再单击“绘制表格”命令,光标在编辑区中呈铅笔状,这时,就可以手工绘制表格了。

(3)方法三:在菜单栏中单击“表格”菜单,再单击“插入”命令→“表格”命令→“插入表格”对话框,选择需要的列数和行数,再单击确定命令执行。

二、Excel 的应用知识

Excel 2003 是 Microsoft Office 2003 系列软件的一个重要的表格处理工具。

(一)新建 Excel 工作簿

依次单击【开始】→【程序】→【Microsoft Office】→【Microsoft Office Excel 2003】,打开 Excel 2003,如图 4-5 所示。标题栏等与 Word 类似,下面有三个工作表标签,默认打开的是“Sheet 1”工作表。中间区域是表格工作区,由单元格构成,黑色框是编辑框,用于录入编辑单元格内容,被框着的单元格为当前单元格。

(二)选择单元格

选择单元格是其他所有操作的基础,在 Excel 中选择单元格主要有三种方式:选择一个单元格、选择单元格区域、选择分离的单元格或区域。

用鼠标在指定的单元格单击即可选中一个当前单元格,以黑色粗框表示。在 Excel 中录入数据时,与在 Word 中录入数据基本相同,但录入是以单元格为单位的,即先选择一个单元格,再录入数据,完毕后再操作下一个单元格。单击单元格区域的左上角,拖动鼠标至选定区域的右下角,即可选择区域,如图 4-6 所示。选择一个单元格区域后,在另外的区域,按住 Ctrl 键,拖动鼠标选择下一个单元格区域,即可选择不连续的单元格区域。

(三)录入数据

如在 Sheet 1 中输入住户用电的相关数据,其操作如图 4-7 所示。

录入数据时有下列情况需要注意。

1.文本数据的输入

Excel 2003 对字符串中包含字符的默认为文本类型,对于纯数字(0~9)的默认为数值类型,对于不参与计算的数字串,如身份证号等应该采用文本类型输入,输入时要在数字前加英文状态下的单引号。

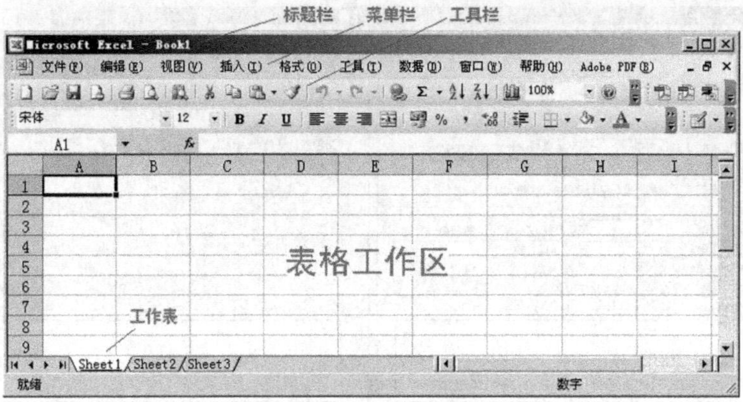

图 4-5 Excel 工作簿界面

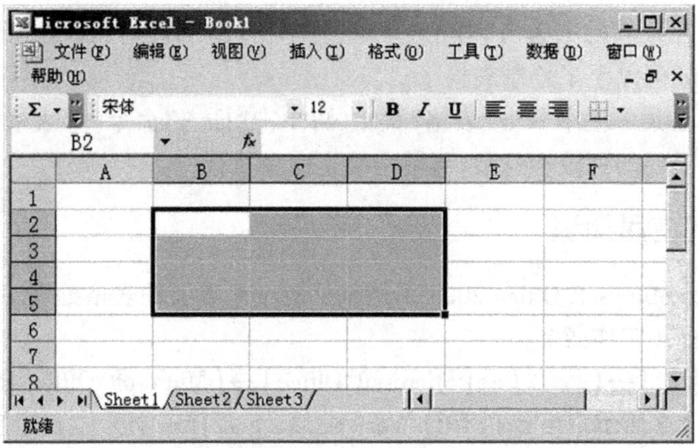

图 4-6 选择单元格区域

	A	B	C	D	E	F	G
1	房屋水电管理系统						
2	门牌号	户主	房费	电费			
3				上月表底	本月表底	用电量	电费
4	0101	刘建军	221	229	334		
5	0102	王涛	123	123	342		
6	0103	李利	213	122	455		
7							

图 4-7 住户用电管理系统

2.数值数据的输入

输入正数,直接录入数值,Excel 自动按数值型处理;输入负数,在前面加“-”号;输入分数,先输入 0 及一个空格,然后输入分数,如表示 1/3,应该输入“01/3”,否则会被认为是日期 1 月 3 日。

3. 日期时间型数据的输入

Excel 中内置了一些日期格式，当输入的数据格式与这些格式相对应时，将自动识别，常见的格式有"MM/DD/YY"、"DD-MM-YY"等。

（四）设置单元格格式

单元格格式的设置包括单元格数据类型的设置、单元格的合并、行高和列宽的调整以及边框和底纹的设置等。其中单元格的合并是经常用到的。

合并单元格时，拖动鼠标选中要合并的连续单元格，右键依次选中【设置单元格格式】→【对齐】→【合并单元格】，单击【确定】即完成合并。

（五）重命名工作表

新建 Excel 工作簿时，默认的工作表名为"Sheet1"，要将工作表"Sheet1"的名称改名，一共需要两步：

（1）右键单击工作表名称"Sheet 1"，选择【重命名】。

（2）输入新的工作表名称。

三、PowerPoint 2003 的应用知识

PowerPoint 简称 PPT，是 Microsoft Office 2003 系列软件之一——演示文稿软件，PowerPoint 可以应用于商业演示、工作汇报、学术报告、产品发布、课件制作等场合。

（一）启动 PowerPoint

单击【开始】菜单，依次选择【程序/所有程序】→【Microsoft Office】→【Microsoft Office PowerPoint 2003】就可以启动 PowerPoint，如图 4-8 所示。其基本启动和退出操作方式与 Word 相似。

图 4-8　PowerPoint 界面

(二)创建演示文稿

创建演示文稿的方法主要有三种:依据版式创建演示文稿、依据设计模板创建演示文稿、使用本机上模板创建演示文稿,其中依据版式创建演示文稿是基本的创建方法。依次单击【文件】→【新建】,选择右侧新建演示文稿工具中的【空演示文稿】,如图 4-9 所示。

点选【空演示文稿】后出现幻灯片版式选择工具,选择图 4-10 所示的版式,创建如图 4-11所示版式的演示文稿。

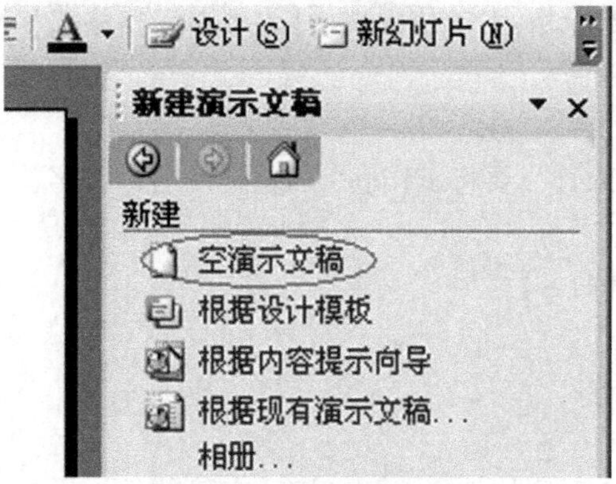

图 4-9 创建空演示文稿

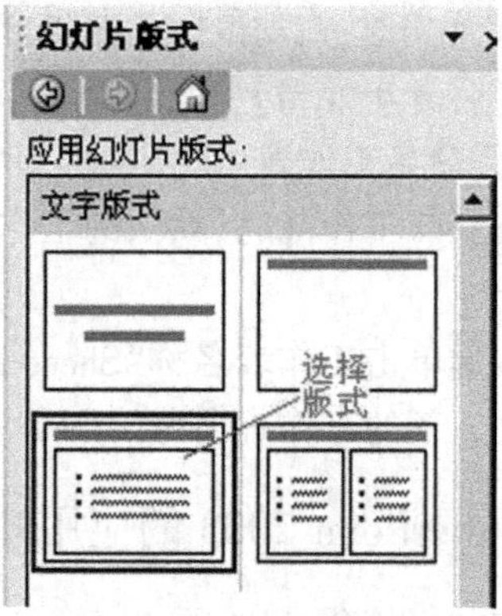

图 4-10 选择幻灯片版式

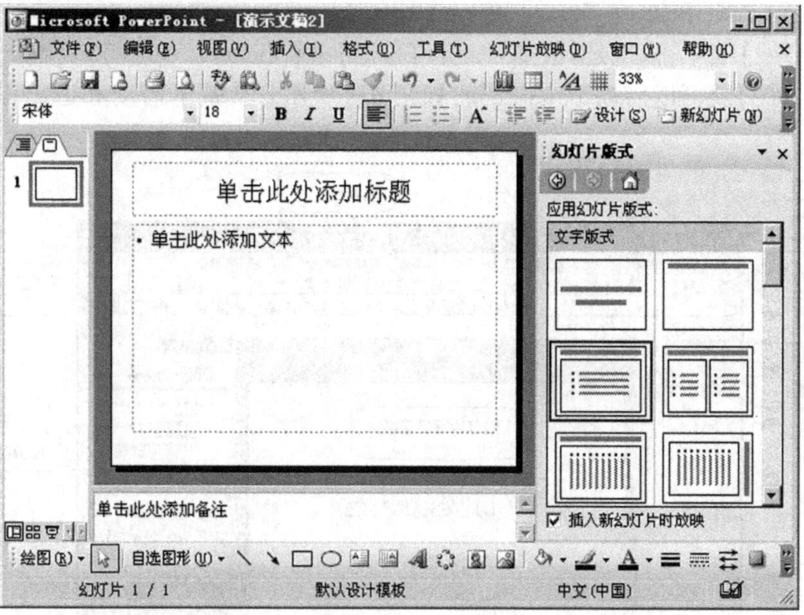

图 4-11 创建指定版式的空演示文稿

空演示文稿创建后,就可以在空白处输入文字、插入图片、视频和音乐等媒体了。

第二节 AutoCAD 绘图软件应用基础知识

AutoCAD(中文翻译为;欧特克)绘图软件包是美国 Autodesk 公司于 1982 年首次推出的用于微机的计算机辅助设计与绘图的通用软件包。由于该软件具有简单易学、功能齐全、应用广泛、兼容性和二次开发性强等很多优点，所以很受广大设计人员的欢迎。

一、AutoCAD 的版本

Autodesk 公司于 1982 年推出 AutoCAD 1.0 至今，历时 30 年，共推出了 23 个版本，最新的版本是 AutoCAD 2013。比较著名的版本有 AutoCAD R12、AutoCAD R14、AutoCAD 2000、AutoCAD 2002、AutoCAD 2004、AutoCAD 2006、AutoCAD 2007、AutoCAD 2008、AutoCAD 2009 和 AutoCAD 2010 等。目前，常用版本有 AutoCAD 2004、AutoCAD 2007、AutoCAD 2010 等，也有人习惯使用 AutoCAD 2000 和 AutoCAD 2002 的。建筑行业的建筑信息模型化软件 Revit 就是在 AutoCAD 的基础上开发的。

二、AutoCAD 2010 的运行环境

AutoCAD 2010 软件有 32 位和 64 位两个版本，安装运行的版本必须和电脑操作系统一致。

（一）32 位配置要求

Microsoft Windows XP Professional 或 Home 版本（SP2 或更高），支持 SSE2 技术的英特尔奔腾 4 或 AMD Athlon 双核处理器（1.6 GHz 或更高主频），2 GB 内存，1 GB 用于安装的可用磁盘空间，1 024×768VGA 真彩色显示器，Microsoft Internet Explorer 7.0 或更高版本，下载或者使用 DVD 或 CD 安装。

（二）64 位配置要求

Windows XP Professional x64 版本（SP2 或更高）或 Windows Vista（SP1 或更高），包括 Enterprise、Business、Ultimate 或 Home Premium 版本（Windows Vista 各版本区别），支持 SSE2 技术的 AMD Athlon 64 位处理器、支持 SSE2 技术的 AMD Opteron 处理器、支持 SSE2 技术和英特尔 EM64T 的英特尔至强处理器，或支持 SSE2 技术和英特尔 EM64T 的英特尔奔腾 4 处理器，2 GB 内存，1.5 GB 用于安装的可用磁盘空间，1 024×768VGA 真彩色显示器，Internet Explorer 7.0 或更高，下载或者使用 DVD 或 CD 安装。

（三）3D 建模的其他要求（适用于所有配置）

英特尔奔腾 4 处理器或 AMD Athlon 处理器（3 GHz 或更高主频），英特尔或 AMD 双核处理器（2 GHz 或更高主频），2 GB 或更大内存，1 280×1 024 32 位彩色视频显示适配器（真彩色），工作站级显卡（具有 128 MB 或更大内存、支持 Microsoft Direct 3D）。

三、AutoCAD 2010 的主要特点

（1）具有完善的图形绘制功能。

（2）具有强大的图形编辑功能。

（3）可以采用多种方式进行二次开发或用户定制。

（4）可以进行多种图形格式的转换，具有较强的数据交换能力。

（5）支持多种硬件设备。

（6）支持多种操作平台。

（7）具有通用性、易用性。

四、AutoCAD 在建筑设计中的应用

作为通用绘图软件的 AutoCAD 虽然不是建筑设计专业软件，但其强大的图形功能和日趋向标准化发展的进程，已逐步影响着建筑设计人员的工作方法和设计理念。作为学习建筑 CAD 应用技术软件的基础，AutoCAD 在建筑设计中的应用主要体现在以下几个方面：

(1)运用 AutoCAD 强大的绘图、编辑、自动标注等功能可以完成各阶段图纸的绘制、管理、打印输出、存档和信息共享等工作。

(2)运用 AutoCAD 强大的三维模型创建和编辑功能，以真正的空间概念进行设计，从而能够全面真实地反映建筑物的立体形象。

(3)二次开发适用于建筑设计的专业程序和专业软件。

(4)运用 AutoCAD 的外部扩展接口技术，与外部程序和数据库相连接，可以解决诸如建筑物理、经济等方面的数据处理和研究，为建筑设计的合理性、经济性提供可优化参照的有效数据。

第三节　常见资料管理软件简介

目前，资料管理软件很多，除普通办公软件外，各企业还开发了针对各省甚至主要城市的工程资料管理软件，如北京筑业软件公司开发的筑业各省建筑工程资料管理软件、北京筑龙建业科技有限公司开发的筑龙各省建设工程资料管理软件以及桂林天博网络科技有限公司开发的针对各省的天师建筑资料管理云平台等，这些软件的功能大同小异。

筑业河南省建筑工程资料管理软件的功能和主要特点如下。

一、软件功能简介

(1)填表范例。将已填写的资料保存为示例资料，以示例资料为模板生成新资料。

(2)自动计算。所有包含计算的表格，用户只需输入基础数据，软件自动计算。

(3)智能评定。自动根据国家标准或企业标准要求评定检验批质量等级，对不合格点自动标记△或○。

(4)验收资料数据自动生成。检验批数据自动生成分项工程评定表数据，分项工程数据自动生成分部工程数据，由分部工程、观感评定等表格自动生成单位工程质量评定表数据。

(5)企业标准编制。用户可以修改检验批资料国家标准数据，形成企业标准，软件自动根据企业标准进行评定。

(6)强大的编辑功能。可以方便地修改表格文字字体、字号、间距，插入图片，恢复撤销等功能。

(7)安全检查表自动评分。软件根据国家标准自动对安全检查表进行评分统计。

(8)提供图形编辑器。可灵活绘制建设行业常用图形，可导入其他图形编辑工具绘制的图片资料。

(9)批量打印。打印当天的资料，打印某一时间段的资料，可以根据需要预设不同资料的打印份数。

(10)导入、导出。实现移动办公,可以将数据从一台电脑导出到另一台电脑,不同专业资料管理人员填写的资料,可以导入同一个工程,实现了网络版的功能。

(11)编辑扩充表格。允许用户通过编辑工具修改原表的任何内容、任何设置;可以方便地增加软件中没有的表格,并进行智能化设置,您完全可以在本平台下开发出一套新的资料管理系统。

二、软件包含内容

(1)河南省施工现场质量保证资料全套表格,含监理资料。

(2)河南验收资料软件,河南省《建筑工程施工质量验收系列标准实用手册》(河南省质监总站监制)全部配套表格。

(3)郑州现场资料软件,《郑州市建筑工程施工验收及技术资料编制指南》(郑州市质监站监制)全套表格,含监理资料。

(4)郑州验收资料软件,《郑州市建设工程质量验收系列规范相关表格文本及填表说明》(郑州市质监站监制)全套表格。

(5)郑州重点工程资料,《郑州市重点建设工程资料(内部参考)》(郑州市重点建设工程质量监督中心监制)全部配套表格,包含现场质量保证资料、质量验收资料、监理资料。

(6)河南安全资料软件,最新河南省建筑安全资料全部配套表。

(7)河南市政资料软件,最新河南省市政基础设施工程全部配套表。

(8)河南装饰资料软件,中装协向全国推荐的《高级建筑装饰工程质量验收标准》、《家庭居室装饰工程质量验收标准》全部配套表格。

(9)河南消防工程资料,包含河南省消防工程施工和安装检验评定全套表格。

(10)智能建筑资料软件,《智能建筑工程质量验收规范》(GB 50339—2003)全部配套表格。

(11)详尽的参考资料,建筑安装工程技术、安全交底范例200多份,建筑、安装工程施工组织设计精选模板50多份,全面细致的施工工艺标准,建筑通病防治等大量数据,提供建筑工程常用技术规范、安全规范电子版。

三、主要特点

(1)软件界面友好,层次分明。

(2)资料全面,易于操作。

(3)自动计算与处理,使用方便。

(4)可联网使用,便于异地使用。

(5)文字格式一般为Word格式,表格一般为Excel格式,便于掌握。

小　结

本章中主要介绍了Word、Excel、PowerPoint常用办公软件的基本使用方法;专业图纸绘制软件AutoCAD的使用方法和筑业资料整理软件的使用方法。通过本章的学习,要求学生能正确使用上述软件进行文档处理、施工图绘制和工程资料整理。

第五章 建筑设备工程预算基础知识

【学习目标】 通过学习本章内容，使学生了解工程造价费用的构成，预算定额的种类、作用，了解安装工程预算定额基价的确定，掌握安装工程计价的计算程序。重点学习了《建设工程工程量清单计价规范》(GB 50500—2008)的内容和计算程序。掌握安装工程施工图预算单编制步骤和方法。

第一节 工程计价基础知识

一、工程造价费用的构成

在定额计价方式下，安装工程费由直接费、间接费、利润和税金组成，如图 5-1 所示。

1.直接工程费

直接工程费是指施工过程中消耗的构成工程实体的各项费用，包括人工费、材料费、施工机械使用费。

1)人工费

人工费是指为支付直接从事安装工程施工的生产工人的有关费用，包括基本工资、工资性补贴、生产工人辅助工资、职工福利费、生产工人劳动保护费。

2)材料费

材料费是指施工过程中耗用的，构成工程实体的主要材料、辅助材料、构配件(半成品)、零件的费用，以及材料、构配件的检验试验费用，包括材料原价(或供应价格)、材料运杂费、运输损耗费、采购及保管费、检验试验费。

3)施工机械使用费

施工机械使用费是指施工过程中施工机械作业所发生的机械使用费用，包括折旧费、大修理费、经常修理费、安拆费及场外运费、机上人工费、燃料动力费、养路费及车船使用税。

2.措施项目费

措施项目费是指为完成工程项目施工，发生于该工程施工前和施工全过程中的安全、技术、生活等方面的非工程实体项目所需的费用，包括环境保护费，文明施工费，临时设施费，夜间施工增加费，二次搬运费，大型机械设备进出场及安拆费，脚手架搭拆费，已完工程及设备保护费，施工排水、降水费，冬、雨季施工增加费，现场组装平台费，设备、管道施工安全与防冻和焊接保护措施费，压力容器和高压管道的检验费，焦炉施工大棚费，焦炉烘炉和热态工程费，管道安装后的充气保护措施费，隧道内施工用的通风、供水、供气、供电、照明及通信设施费，格架式抱杆费，总承包服务费。

3.企业管理费

企业管理费是指施工现场和企业组织施工生产管理和经营管理所需费用，包括管理人员工资、办公费、差旅交通费、固定资产使用费、工具用具使用费、劳动保险费、工会经费、职

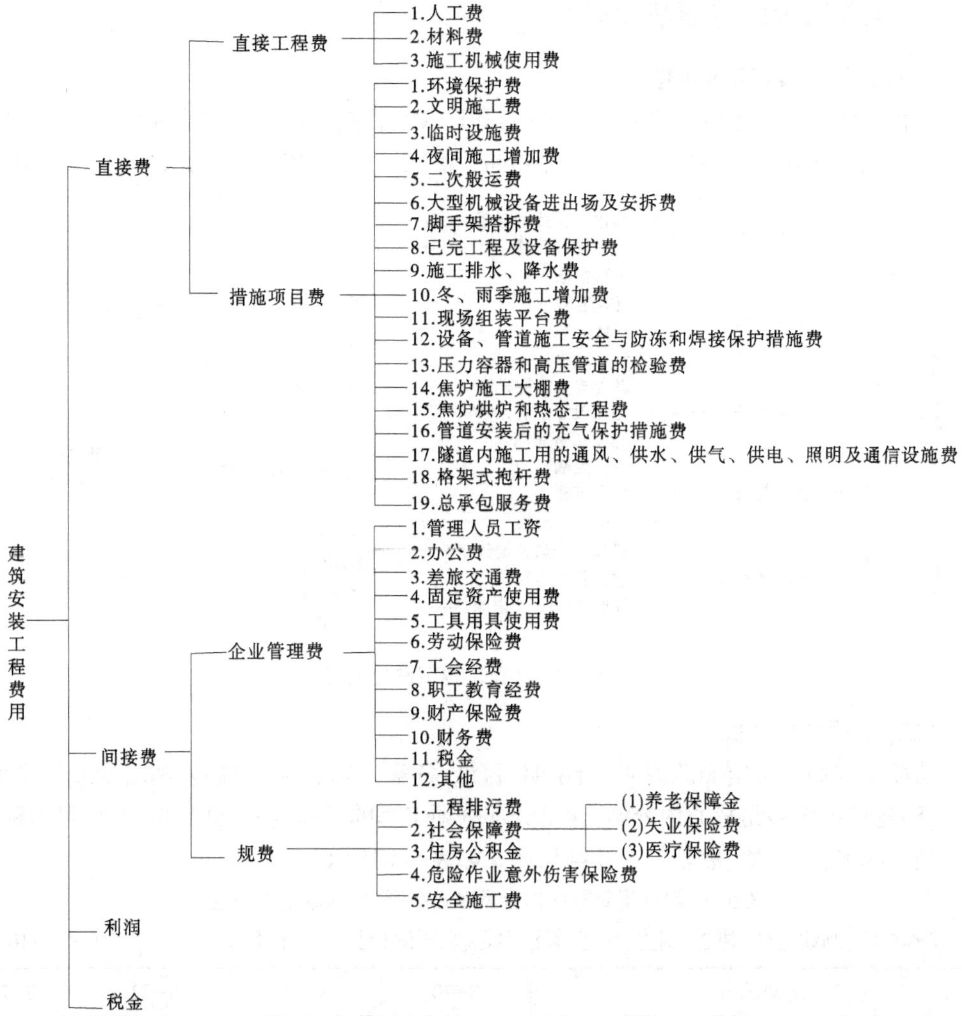

图 5-1　安装工程定额计价的费用项目构成

工教育经费、财产保险费、财务费、税金(指企业按规定缴纳的房产税、车船使用税、土地使用税、印花税等)、其他。

4.规费

规费是指国务院或省人民政府规定的,且允许列入工程成本的费用,包括工程排污费、社会保障费(包括养老保障金、失业保险费、医疗保险费)、住房公积金、危险作业意外伤害保险费、安全施工费。

5.利润

利润是指施工企业完成所承包工程应获得的收入。

6.税金

税金是指国家税法规定的应计入建筑工程造价内的营业税、城市维护建设税及教育费附加。

二、工程造价的定额基础知识

(一)工程预算定额的种类

工程定额使用的定额种类繁多,其内容和形式是根据生产建设的需要而制定的。因此,不同的定额及其在使用中的作用也不尽相同,现将各种定额作如下分类,如图 5-2 所示。

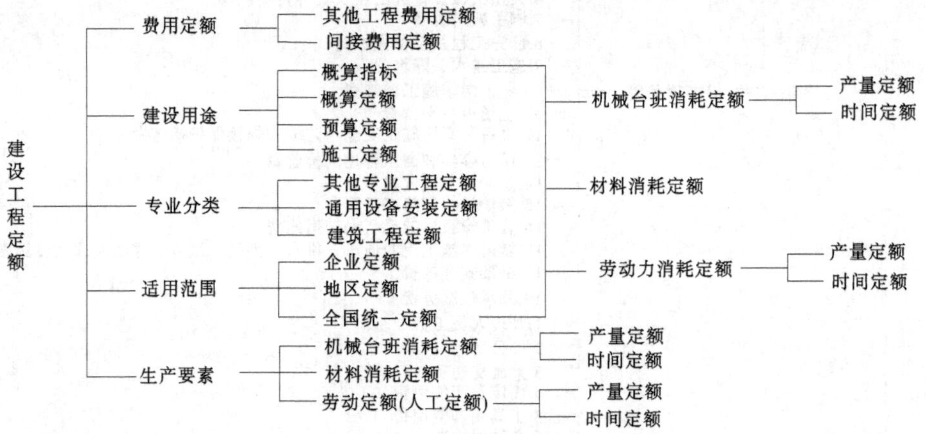

图 5-2　建设工程定额分类图

(二)定额结构形式

消耗量定额是由定额总说明、册说明、目录、各章(节)说明,定额表和附录或附注组成,其中,消耗量定额表是核心内容,它包括分部分项工程的工作内容、计量单位、项目名称及其各类消耗的名称、规格、数量等。其结构形式如表 5-1 所示。

表 5-1　消耗量定额的内容及形式举例(地板辐射采暖管道)

工作内容:画线定位、切管、调直、煨弯、管道固定、水压试验及冲洗计量。　　(单位:10 m)

定额编号			8-70	8-71	8-72	8-73
项目			管外径(mm)(以内)			
			16	20	25	32
名称		单位	数量			
人工	综合工日	工日	0.211	0.295	0.352	0.370
材料	管材	m	(10.150)	(10.150)	(10.150)	(10.150)
	塑料卡钉 20 以内	个	18.000	15.000	13.000	12.000
	塑料卡钉 32 以内	个	0.100	0.100	0.120	0.150
	锯条各种规格	根	0.060	0.060	0.110	0.170
	水	1 113	0.800	0.800	1.000	1.200
	电	kWh	10.000	10.000	10.000	10.000
	其他材料费占辅材费	%				

消耗量定额与全统定额相比,结构形式上的区别就是消耗量定额表中未列定额基价、人工费、材料费、机械费,对于用量很少,对基价影响很小的零星材料,全统定额合并为其他材

料费，计入材料费内，而消耗量定额采用其他材料费占辅材费百分比的方式计入定额内，其他均相同。

（三）定额的作用

消耗量定额是指完成合格的规定计量单位分部分项安装工程所需要的人工、材料、施工机械台班的消耗量标准。它的作用有以下几个方面：

（1）在本省安装工程计价活动中，统一安装工程内容的项目划分、项目名称、计量单位和计算消耗量的依据。

（2）根据住房和城乡建设部第107号令《建筑工程施工发包与承包计价管理办法》，应作为招标工程编制标底价的依据。

（3）编制概算定额（指标）、投资估算指标以及测算工程造价指数的依据。

（4）编制施工图预算和投标报价的基础，也在制定企业定额时参考。

（四）安装工程预算定额未计价材料

1.未计价材料

安装工程是按照一定的方法和设计图纸的规定，把设备放置并固定在一定地方的工作，或是将材料、零件经过加工并安置、装配而形成有价值功能的产品的一种工作。在计算安装所需费用时，设备安装只能计算安装费，其购置费另行计算，而材料经过现场加工并安装成产品时，不但计算安装费，还要计算其消耗的材料价值。在定额制定中，将消耗的辅助或次要材料价值，计入定额基价中，称为计价材料；而将构成工程实体的主要材料，因全国各地价格差异较大，如果主材也进入统一基价，势必增加材料价差调整难度。所以，在价目表中，只规定了它的名称、规格、品种和消耗数量，定额基价中，未计算它的价值，其价值由定额执行地区，按照当地材料单价进行计算，然后进入工程造价，故称为未计价材料。

另外，安装工程某些项目可以用不同品种、不同规格和型号的材料加工制作安装后达到设计目的和要求，这时定额不可能一一列全，所以也需要将其作为未计价材料。

安装工程将工程所需材料、零件、配件、部件经过加工、安置与装配成合格产品，其所消耗的活劳动用货币表现即为人工费。安装工程造价费用的计算基础是人工费，而不是工程直接费。因此，材料费不影响工程造价中费用的计算。所以，按上述原则处理未计价材料是完全可行的，能比较真实地反映各地区工程实际造价，也是合理的、科学的，符合市场需要的。

2.未计价材料数量的计算

某项未计价材料数量的计算公式为

某项未计价材料数量＝工程量×某项未计价材料定额消耗量

（五）安装工程定额计价的计算程序

安装工程定额计价的计算程序说明（见表5-2）。

表5-2 定额计价的费用计算程序

序号	费用项目	计算公式	说明
1	定额直接费：1）定额人工费	综合单价分析	
2	2）定额材料费	综合单价分析	
3	3）定额机械费	综合单价分析	

续表 5-2

序号	费用项目	计算公式	说明
4	定额直接费小计	[1]+[2]+[3]	
5	综合工日	综合单价分析	
6	措施费:1)技术措施费	综合单价分析	
7	2)安全文明措施费	[5]×34 元/工日	不可竞争费
8	3)二次搬运费	[5]×费率	
9	4)夜间施工措施费	[5]×费率	
10	5)冬、雨季施工措施费	[5]×费率	
11	6)其他		
12	措施费小计	Σ[6]~[11]	
13	调整:1)人工费差价		按合同约定
14	2)材料费差价		
15	3)机械费差价		
16	4)其他		
17	调整小计	Σ[13]~[16]	
18	直接费小计	[4]+[12]+[17]	
19	间接费:1)企业管理费	综合单价分析	综合单价内
20	2)规费:①工程排污费		按实际发生额计算
21	②工程定额测定费	[5]×0.27	不可竞争费
22	③社会保障费	[5]×7.48	不可竞争费
23	④住房公积金	[5]×1.70	不可竞争费
24	⑤意外伤害保险	[5]×0.60	不可竞争费
25	间接费小计	Σ[19]~[24]	
26	工程成本	[18]+[25]	
27	利润	综合单价分析	
28	其他费用:1)总承包服务费	业主分包专业造价×费率	按实际发生额计算
29	2)优质优价奖励费		按合同约定
30	3)检测费		按实际发生额计算
31	4)其他		
32	其他费用小计	Σ[28]~[31]	
33	税前造价合计	[26]+[27]+[32]	
34	税金	[33]×税率	
35	工程造价总计	[33]+[34]	

(1)建设招标工程编制标底时,应使用由本省统一发布的信息价。其余工程计价活动,人工、材料、机械台班单价均可由发、承包双方根据工程实际、建筑市场状况及自身情况自主确定或执行双方约定单价。

(2)计价程序中机械台班包括施工机械台班和仪器仪表台班。

(3)费率表中的费率计算基础,除规费和税金外,均以人工费为计算基础,该人工费是指按本省价目表中人工单价计算的人工费。

(4)参照定额规定计取的措施费是指安装工程消耗量定额中列有相应子目或规定有计算方法的措施费用。例如,施工现场临时组装平台、格架式金属抱杆、球罐焊接防护棚、脚手架搭拆系数等(其中有些措施费要结合施工组织设计或技术方案计算)。

(5)参照省发布费率计取的措施费是指本省建设行政主管部门根据建筑市场状况和多数企业经营管理情况、技术水平等测算发布的参考费率的措施项目费。其中环境保护费、文明施工费、临时设施费在费用计算程序表中单独列出,未列出的措施费在表中以"其他措施费"表示,包括夜间施工增加费、冬雨季施工增加费、二次搬运费、已完工程及设备保护费、总承包服务费等。

(6)按施工组织设计(方案)计取的措施费是指承包人(投标人)按经批准或双方确认的施工组织设计(方案)计算的措施项目费用。例如,大型机械进出场及安拆;设备、管道施工安全、防冻和焊接保护措施以及按拟建工程实际需要采取的其他措施性项目费用等。

(7)企业投标报价时,计算程序中除规费和税金外的费率,均可按照费用项目组成及计算方法自主确定,但"安全文明措施费"的费率按本省住房和城乡建设厅的规定,不得低于省颁布费率的90%,其为不可竞争费。

三、工程量清单计价基础知识

(一)安装工程清单计价的费用项目构成

1.安装工程清单计价的费用项目构成

在清单计价方式下,安装工程费用由分部分项工程费、措施项目费、其他项目费、规费和税金组成,如图5-3所示。

图5-1所示的定额计价模式费用的命名、组成是按"常规"进行编制的,不能完全适应工程量清单计价的需要。工程量清单计价办法的费用,是按GB 50500—2008规定,在上述定额计价费用组成的基础上,经调整重新组合而成的。它打破了以往习惯的称谓法,把工程费用组成改为由分部分项工程费、措施项目费、其他项目费、规费和税金5部分组成。这种划分的优点为:①完全与GB 50500—2008相吻合,又不违背住房和城乡建设部、财政部建标[2003]206号"关于印发建筑安装工程费用项目组成的通知"的精神;②把实体消耗所需费用、非实体消耗所需费用、招标人特殊要求所需费用分别列出,清晰、简单,更能突出非实体消耗的竞争性;③分部分项工程费、措施项目费、其他项目费均实行"综合单价"计价,体现了与国际惯例做法的一致性;④考虑了我国实际情况,将规费、税金单独列出。

从图5-3可以看出,二者包含内容并无实质差异,《建筑安装工程费用项目组成》(建标[2003]206号)主要表述的是建筑安装工程费用项目的组成,而《建设工程工程量清单计价规范》(GB 50500—2008)中建筑安装工程造价要求的是建筑安装工程在工程交易和工程实施阶段工程造价的组价要求,包括索赔等,内容更全面、更具体。二者在计算建筑安装工程造价的角度上存在差异,应用时要注意。

2.综合单价的组成

综合单价是指完成一个计量单位的分部分项工程量清单项目或措施清单项目所需要的

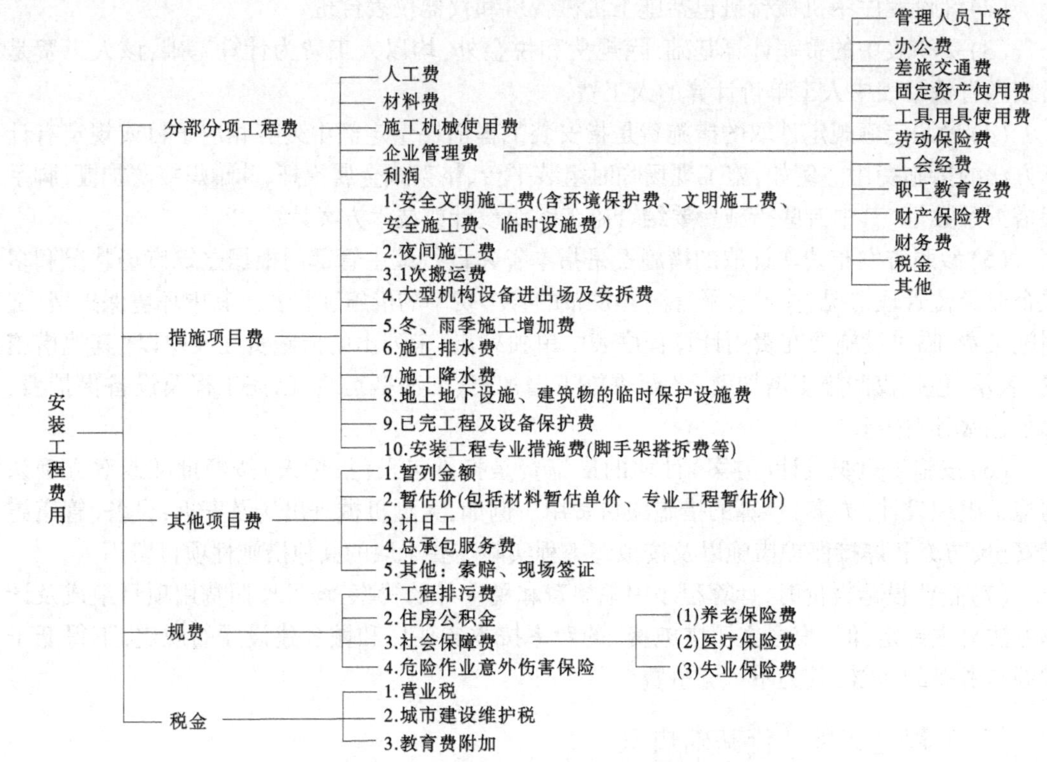

图 5-3　安装工程清单计价的费用项目构成

人工费、材料费、施工机械使用费和企业管理费与利润，以及一定范围内的风险费用。

该定义并不是真正意义上的全包括的综合单价，而是一种狭义上的综合单价，规费和税金等不可竞争的费用并不包括在项目单价中。国际上所谓的综合单价，一般是指全包括的综合单价，在我国建筑市场存在过度竞争的情况下，GB 50500—2008 规定保障税金和规费等为不可竞争的费用的做法很有必要。这一定义，与国家发展和改革委员会、财政部、住房和城乡建设部等 9 部委联合颁布的第 56 号令中的综合单价的定义是一致的。

3.暂列金额

暂列金额是招标人在工程量清单中暂定并包括在合同价款中的一笔款项。用于施工合同签订时尚未确定或者不可预见的所需材料、设备、服务的采购，施工中可能发生的工程变更、合同约定调整因素出现时的工程价款调整以及发生的索赔、现场签证确认等的费用。

4.暂估价

暂估价是招标人在工程量清单中提供的用于支付必然发生但暂时不能确定价格的材料的单价以及专业工程的金额。

5.计日工

计日工是在施工过程中，完成发包人提出的施工图纸以外的零星项目或工作，按合同约定的综合单价计价。

6.总承包服务费

总承包服务费是在工程建设的施工阶段实施施工总承包时，当招标人在法律、法规允许的范围内对工程进行分包和自行采购供应部分材料设备时，要求总承包人提供相关服务以及对施工现场进行协调和统一管理、对竣工资料进行统一汇总整理等所需要的费用。

(二)工程量清单计价的计算程序

工程量清单计价的费用计算程序见表5-3，单位工程造价计算程序见表5-4。

表5-3　工程量清单计价的费用计算程序

序号	费用名称	计算式
1	分项直接工程费	1.1+1.2+1.3+1.4
1.1	人工费	定额基价人工费
1.2	材料费	定额基价材料费
1.3	机械费	定额基价机械费
1.4	未计价材料费	
2	企业管理费	1×费率
3	利润	1×费率
4	人材机价差	4.1+4.2+4.3
4.1	人工费价差	
4.2	材料费价差	
4.3	机械费价差	
5	风险因素	一般风险费用
6	综合单价	1+2+3+4+5

表5-4　单位工程造价计算程序

序号	费用名称	计算式	金额(元)
1	分部分项工程量清单合价		
2	措施项目清单合价	2.1+2.2	
2.1	技术措施费		
2.2	组织措施费		
3	其他项目清单合价		
4	规费	(1+2.1)中的定额基价直接工程费×费率 或(1+2.1)中的定额基价人工费×费率	
5	安全文明施工专项费	按文件规定计算	
6	工程定额测定费	(1+2+3+4+5)×费率	
7	税金	(1+2+3+4+5+6)×税率	
8	合价	1+2+3+4+5+6+7	

第二节　安装工程施工图预算的编制

一、安装工程施工图预算的编制依据

(一)施工图纸和说明书

经过由建设单位、设计单位、监理单位和施工单位等共同会审过的施工图纸和会审记录以及设计说明书,是计算分部分项工程量、编制施工图预算的依据。给水排水工程、供暖工程、燃气工程、通风空调工程、电气工程和市政工程施工图纸一般包括平面布置图、系统图和施工详图。各单位工程图纸上均应标明:施工内容与要求、管道和设备及器具等的布置位置、管材类别及规格、管道敷设方式、设备类型及规格、器具类型及规格、安装要求及尺寸等。由此,可准确计算各分部分项工程量。同时还应具备与其配套的土建施工图和有关标准图。

安装工程施工图纸上不能直接表达的内容,一般都要通过设计说明书进一步阐明,如设计依据、质量标准、施工方法、材料要求等内容。因此,设计说明书是施工图纸的补充,也是施工图纸的重要组成部分。施工图纸和设计说明书都直接影响着工程量计算的准确性、定额项目的选套和单价的高低。因此,在编制施工图预算时,图纸和设计说明书应结合起来考虑。

(二)预算定额

国家颁发的现行的《全国统一安装工程预算定额》以及各地方主管部门颁发的现行的《安装工程消耗量定额》和《安装工程价目表》,还有编制说明和定额解释等,这些都是编制安装工程施工图预算的依据。

在编制施工图预算时,首先应根据相应预算定额规定的工程量计算规则、项目划分、施工方法和计量单位分别计算出分项工程量,然后选套相应定额项目基价,作为计算工程成本、利润、税金等费用的依据。

(三)材料预算价格

材料预算价格是进行定额换算和工程结算等方面工程的依据。材料、设备及器具在安装工程造价中占较大比重(占70%左右)。因此,准确确定和选用材料预算价格,对提高施工图预算编制质量和降低工程预算造价有着重要经济意义。

(四)各种费用取费标准

各地方主管部门制定颁发的现行的《建筑安装工程费用定额》是编制施工图预算、确定单位工程造价的依据。在确定建筑产品价格时,应根据工程类别和施工企业级别及纳税人地点的不同等准确无误地选择相应的取费标准,以保证建筑产品价格的客观性和科学性。

(五)施工组织设计

安装工程施工组织设计是组织施工的技术、经济和组织的综合性文件。它所确定的各分部分项工程的施工方法、施工机械和施工平面布置图等内容,是计算工程量、选套定额项目、确定其他直接费和间接费不可缺少的依据。因此,在编制施工图预算前,必须熟悉相应单位工程施工组织设计及其合理性。但是必须指出,施工组织设计应经有关部门批准后,方可作为编制施工图预算的依据。

(六)有关手册资料

建设工程所在地区主管部门颁布的有关编制施工图预算的文件及材料手册、预算手册等资料是编制施工图预算的依据。地区主管部门颁布的有关文件中明确规定了费用项目划分范围、内容和费率增减幅度以及人工、材料和机械价格差调整系数等经济政策。在材料、预算等手册中可查出各种材料、设备、器具、管件等的类型、规格,主要材料损耗率和计算规则等内容。

(七)合同或协议

施工单位与建设单位签订的工程施工合同或协议是编制施工图预算的依据。合同中规定的有关施工图预算的条款,在编制施工图预算时应予以充分考虑,如工程承包形式、材料供应方式、材料价差结算、结算方式等内容。

二、安装工程施工图预算的编制步骤和方法

(一)熟悉施工图纸

为了准确、快速地编制施工图预算,在编制安装工程等单位工程施工图预算之前,必须全面熟悉施工图纸,了解设计意图和工程全貌。熟悉图纸过程,也是对施工图纸的再审查过程。检查施工图、标准图等是否齐全,如有短缺,应当补齐;对设计中的错误、遗漏可提交设计单位改正、补充;对于不清楚之处,可通过技术交底解决。这样,才能避免预算编制工作的重算和漏算。熟悉图纸一般可按如下顺序进行。

1.阅读设计说明书

设计说明书中阐明了设计意图、施工要求、管道保温材料和方法,管道连接方法和材料等内容。

2.熟悉图形符号

安装工程的工程施工图中管道、管件、附件、灯具、设备和器具等,都是按规定的图形符号表示的。所以,在熟悉施工图纸时,了解图形符号所代表的内容,对识图是必要的和有用的。

3.熟悉工艺流程

给排水、供暖、燃气和通风空调工程、电气施工图是按照一定工艺流程顺序绘制的,如读建筑给水系统图时,可按引入管—水表节点—水平干管—立管—支管—用水器具的顺序进行。因此,了解工艺流程(或系统组成对熟悉施工图纸是十分必要的。

4.阅读施工图纸

在熟悉施工图纸时,应将施工平面图、系统图和施工详图结合起来看。从而搞清管道与管道、管道与管件、管道与设备(或器具)之间的关系。有的内容在平面图或系统图上看不出来时,可在施工详图中搞清。如卫生间管道及卫生器具安装尺寸,通常不标注在平面图和系统图上,在计算工程量时,可在施工详图中找出相应的尺寸。

(二)熟悉合同或协议

熟悉和了解建设单位和施工单位签订的工程合同或协议内容和有关规定是很必要的。因为有些内容在施工图和设计说明书中是反映不出来的,如工程材料供应方式、包干方式、结算方式、工期及相应奖罚措施等内容,都是在合同或协议中写明的。

(三)熟悉施工组织设计

施工单位根据安装工程的工程特点、施工现场情况、自身施工条件和能力(技术、装备等)编制的施工组织设计,对施工起着组织、指导作用。编制施工图预算时,应考虑施工组织设计对工程费用的影响因素。

(四)工程量计算

工程量是编制施工图预算的主要数据,是一项细致、烦琐、量大的工作。工程量计算的准确与否,直接影响施工图预算的编制质量好坏、工程造价的高低、投资大小等,工程量计算也影响到施工企业的生产经营计划的编制。因此,工程量计算要严格按照预算定额规定和工程量计算规则进行。工程量计算时,通常采用表格形式,表格形式如表5-5所示。安装工程单位工程预算工程量计算方法,详见以后各章节。

表5-5 工程量计算书

工程名称: 年 月 日 共 页 第 页

序号	分部分项工程名称	单位	数量	计算式	备注

(五)汇总工程量、编制预算书

工程量计算完毕后按预算的定额的规定和要求,顺序汇总分项工程,整理填入预(结)算书。工程预(结)算书形式如表5-6所示。

表5-6 安装工程预(结)算书

工程名称: 年 月 日 共 页 第 页

定额编号	分项工程名称	单位	数量	单价(元)				合价(元)			
				主材	基价	其中工资	其中机械	主材	合计	其中工资	其中机械

为制订材料计划,组织材料供应,应编制主要材料明细表,其格式如表5-7所示。

表 5-7　主要材料明细表

工程名称：　　　　　　　　　　　　　　　　　　　　　　　　　　　　年　月　日

序号	材料名称	规格	单位	数量	备注

(六)套预算单价

在套预算单价前首先要读懂预算定额总说明及各章、节(或分部分项)说明。定额中包括哪些内容,哪些工程量可以换算等,在说明中都有注明。规则中规定:各型灯具的引导线,除注明外,均已综合考虑在定额内执行时不得换算。对于既不能套用,又不能换算的则需编制补充定额。补充定额的编制要合理,并须经当地定额管理部门批准。

套预算单价时,所列分项工程的名称、规格、计量单位必须与预算定额所列内容完全一致,且所列项目要按预算定额的分部分项(或章、节)顺序排列。

(七)计算单位工程预算造价

计算出各分项工程预算价值后,再将其汇总成单位工程预算价值,即定额直接费。首先以定额直接费中的人工费为计算基础,根据《建筑安装工程费用定额》中规定的各项费率,计算出工程费总额,即单位工程预算造价。

(八)编写施工图预算编制说明

编写施工图预算编制说明的内容主要是对所采用的施工图、预算定额、价目表、费用定额以及在编制施工图预算中存在的问题和处理结果等加以说明。

小　结

本章主要介绍了安装工程定额计价的费用项目在定额计价和清单计价方式下安装工程费用的组成,介绍了不同的定额及其在使用中的作用和分类,分别叙述了人工消耗量的确定,材料消耗量的确定,机械台班消耗量的确定,进而确定人工工资单价,材料预算单价,施工机械台班单价。重点学习安装工程施工图预算的编制中用到的施工图纸和说明书、预算定额、材料预算价格、各种费用取费标准、施工组织设计、有关手册资料、合同或协议的具体内容。在安装工程施工图预算的编制步骤和方法中阐述了熟悉施工图纸、熟悉合同或协议、熟悉施工组织设计、工程量计算、汇总工程量、编制预算书、套预算单价、计算单位工程预算造价、编写施工图预算编制说明的工程造价的计算步骤。

第六章　施工测量基础知识

【学习目标】　通过本章内容的学习,使学生掌握常用测量仪器设备的作用、使用方法。

第一节　常用测量仪器设备简介

一、水准仪简介

水准测量使用的仪器为水准仪,按仪器精度分,有 DS05、DS1、DS3、DS10 四种型号的仪器。D、S 分别为“大地测量”和“水准仪”的汉语拼音第一个字母;数字 05、1、3、10 表示该仪器的精度。如 DS3 型水准仪,表示使用该型号仪器进行水准测量每千米往、返测高差精度可达±3 mm。常用水准仪系列及精度见表 6-1。

表 6-1　常用水准仪系列及精度

水准仪系列型号	DS05	DS1	DS3	DS10
每千米往返测高差中数的中误差	≤0. 5 mm	≤1 mm	≤3 mm	≤10 mm

(一) DS3 型水准仪

DS3 水准仪是土木工程测量中常用的仪器。图 6-1 是我国生产的 DS3 型水准仪。

DS3 型微倾式水准仪主要由望远镜、水准器和基座三部分组成。

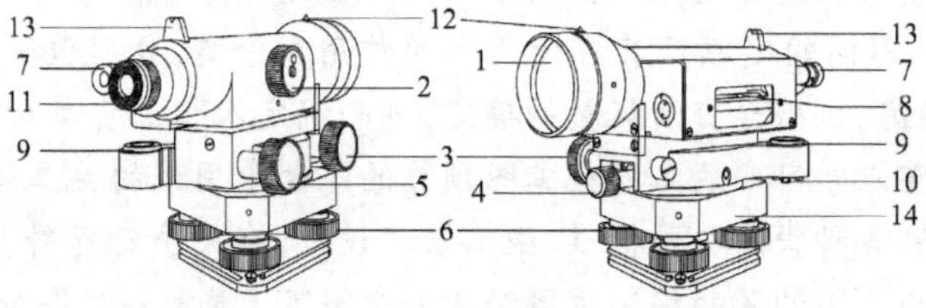

1—物镜;2—物镜对光螺旋;3—微动螺旋;4—制动螺旋;5—微倾螺旋;6—脚螺旋;7—符合水准器;8—水准管;9—圆水准器;10—圆水准器校正螺旋;11—目镜;12—准星;13—照门;14—基座

图 6-1　DS3 型水准仪

1. 望远镜

望远镜的作用是能使我们看清不同距离的目标,并提供一条照准目标的视线。

图 6-2 是 DS3 型水准仪望远镜的构造图,主要由物镜、镜筒、调焦透镜、十字丝分划板、目镜等部件构成。物镜、调焦透镜和目镜多采用复合透镜组。物镜固定在物镜筒前端,调焦透镜通过调焦螺旋可沿光轴在镜筒内前后移动。十字丝分划板是安装在物镜与目镜之间的一块平板玻璃,上面刻有两条相互垂直的细线,称为十字丝。中间横的一条称为中丝(或横

丝)。与中丝平行的上、下两短丝称为视距丝,用来测距离。十字丝分划板通过压环安装在分划板座上,套入物镜筒后再通过校正螺钉与镜筒固连。

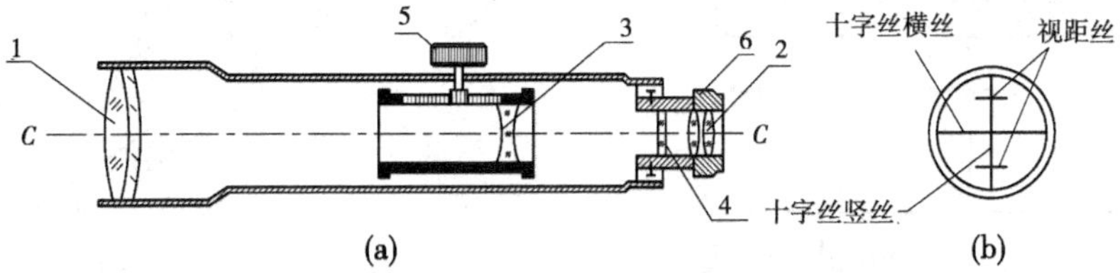

1—物镜;2—目镜;3—对光凹透镜;4—十字丝分划板;5—物镜对光

图 6-2　望远镜构造

物镜光心与十字丝中丝交点的连线称为视准轴(见图 6-2 中的 $C—C$),是水准测量中用来读数的视线。

物镜和目镜采用多块透镜组合而成,调焦透镜由单块透镜或多块透镜组合而成。调节物镜对光螺旋即可带动调焦透镜在望远镜筒内前后移动,从而将不同距离的目标都能清晰地成像在十字丝平面上。由于物镜调焦螺旋调焦不完善,可能使目标形成的实像与十字丝分划板平面不完全重合,此时形成视差。通过目镜所看到的目标影像的视角与未通过望远镜直接观察目标的视角之比,称为望远镜的放大率。DS3 型水准仪望远镜放大率为 28 倍。

2.水准器

水准器是水准仪上的重要部件,它是利用液体受重力作用后使气泡居为最高处的特性,指示水准器的水准轴位于水平或竖直位置的一种装置,从而使水准仪获得一条水平视线。水准器分管水准器和圆水准器两种。

1)管水准器

管水准器是由玻璃管制成的,又称“水准管”,其纵向内壁研磨成具有一定半径的圆弧(圆弧半径一般为 7~20 m),内装酒精和乙醚的混合液,加热密封冷却后形成一个小长气泡,因气泡较轻,故处于管内最高处。

水准管顶面刻有 2 mm 间隔的分划线,分划线的中点 O 称为水准管零点,通过零点 O 的圆弧切线 LL 为水准管轴,如图 6-3(a)所示。当水准管的气泡中点与零点重合时,称为气泡居中,表示水准管轴水平。若保持视准轴与水准管轴平行,则当气泡居中时,视准轴也应位于水平位置。通常根据水准管气泡两端距水准管两端刻划的格数相等的方法来判断水准管气泡是否精确居中,如图 6-3(b)所示。DS3 型水准仪水准管的分划值一般为 20″/2 mm,表明气泡移动一格(2 mm),水准管轴倾斜 20″。

为了提高水准管气泡居中精度,DS3 型水准仪的水准管上方安装有一组符合棱镜,如图 6-4所示。通过符合棱镜的反射作用,把水准管气泡两端的影像反映在望远镜旁的水准管气泡观察窗内,当气泡两端的两个半像符合成一个圆弧时,就表示水准管气泡居中;若两个半像错开,则表示水准管气泡不居中,此时可转动位于目镜下方的微倾螺旋,使气泡两端的半像严密吻合(即居中),达到仪器的精确置平。这种配有符合棱镜的水准器,称为符合水准器。它不仅便于观察,同时可以使气泡居中精度提高一倍。

2)圆水准器

圆水准器是一个圆柱形的玻璃盒子,如图 6-5 所示。圆水准器顶面的内壁磨成圆球面,

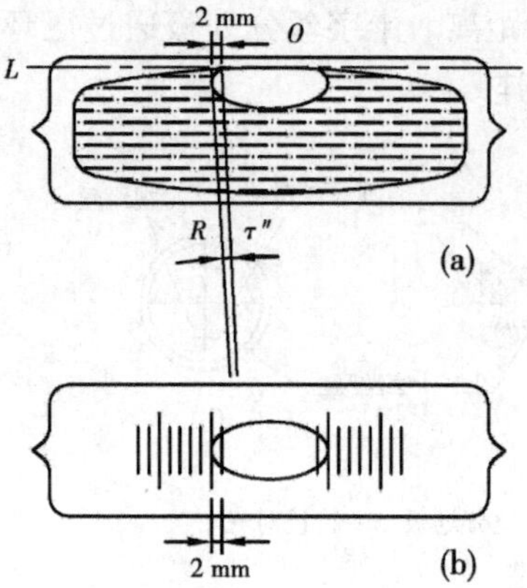

图 6-3　水准管

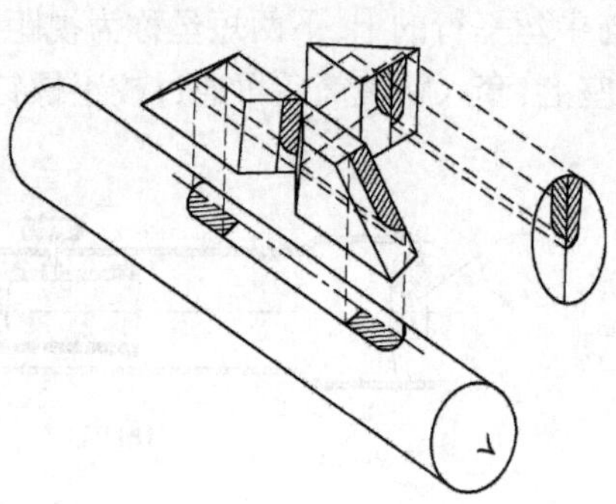

图 6-4　符合棱镜

顶面中央刻有一个小圆圈，其圆心 O 称为圆水准器的零点，过零点 O 的法线 $L'L'$ 称为圆水准器轴。由于它与仪器的旋转轴（竖轴）平行，所以当圆气泡居中时，圆水准器轴处于竖直（铅垂）位置，表示水准仪的竖轴也大致处于竖直位置了。DS3 水准仪圆水准器分划值一般为 8′~10′，由于分划值较大，则灵敏度较低，只能用于水准仪的粗略整平，为仪器精确置平创造条件。

3.基座

基座主要由轴座、脚螺旋和连接板构成。仪器上部通过竖轴插入轴座内，由基座托承。整个仪器用连接螺旋与三脚架连接。

（二）精密水准仪

测量中将 DS05 型（如威特 N3，蔡司 Ni004）和 DS1 型（如蔡司 Ni007、国产 DS1）水准仪作为精密水准仪，并配有相应的精密水准尺。精密水准仪用于国家一、二等水准测量，大型工程建筑物施工及变形测量以及地下建筑测量、城镇与建（构）筑物沉降观测等。

精密水准仪的构造与 DS3 水准仪基本相同。其主要区别是装有光学测微器。此外，精密水准仪较 DS3 水准仪有更好的光学和结构性能，如望远镜孔径大于 40 mm，放大率达 40 倍，符合水准管分划值为（6″~10″）/2 mm，同时具有仪器结构坚固，水准管轴与视准轴关系稳定等特点，如图 6-6 所示为某型号精密水准仪。

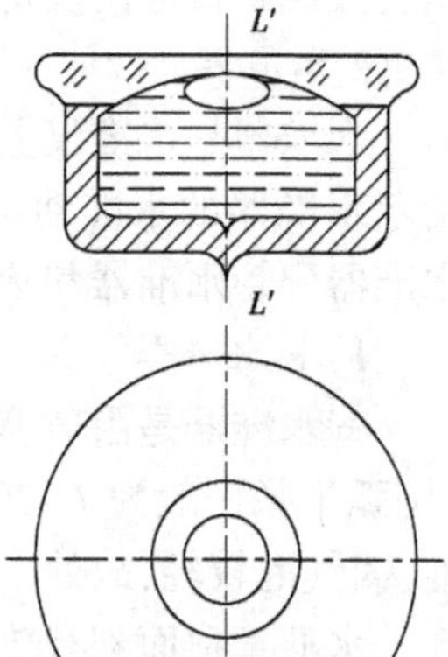

图 6-5　圆水准器

光学测微器是在水准仪物镜前装有一可转动的平行玻璃板，其转动的轴线与视准轴垂直相交，平行玻璃板与测微分划尺之间用带有齿条的传动杆连接。当旋转测微螺旋时，传动杆推动平行玻璃板绕其轴前后倾斜，视线通过平行玻璃板产生平行移动，移动的数值由测微分划尺读数反映出来。测微分划尺有 100 个分格，与水准尺上的分划值相对应，若水准尺上的分划值为 1 cm，则测微分划尺能直接读到 0.1 mm，估读到 0.01 mm。

转动测微螺旋可使水平视线在 10 mm 范围内作平行移动，测微器分划值为 0.1 mm，共有 100 个分划格。作业时，也是先转动微倾螺旋使符合气泡居中，再转动测微螺旋用楔形丝

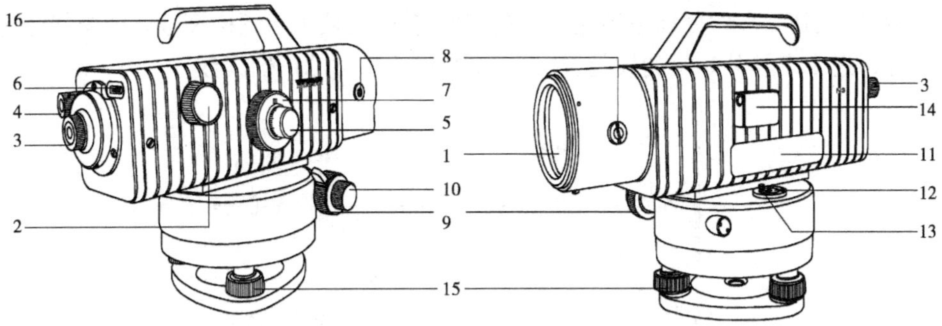

1—物镜;2—物镜对光螺旋;3—目镜;4—测微器与管水准器气泡观察窗;5—微倾螺旋; 6—微倾螺旋行程指示器; 7—平行玻璃板测位螺旋;8—平行玻璃板旋转轴;9—制动螺旋; 10— 微动螺旋;11—管水准器照明窗口; 12—圆水准器;13— 圆水准器校正螺旋;14—圆水准器观察装置;15—脚螺旋;16—手柄

图 6-6 DS05 型精密水准仪

精确夹准水准尺上某一整分划(如基本分划),读取水准尺上读数,再在测微器上读出尾数值,如图 6-7 所示。

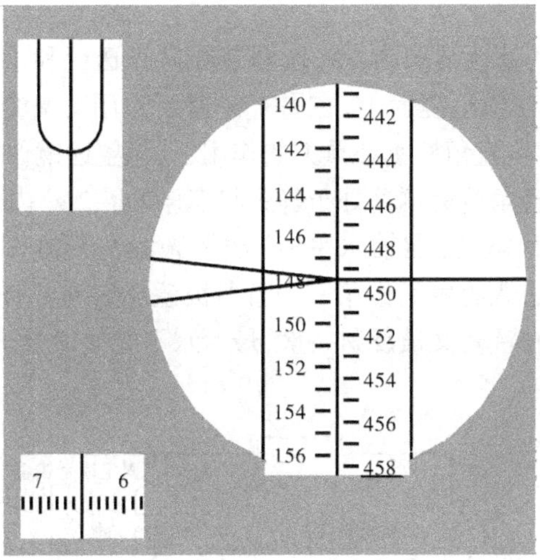

图 6-7 N3 水准仪目镜及测微器显微镜视场

精密水准仪应与精密水准尺配合使用。精密水准尺是在木质或金属尺身槽内置一因瓦合金带,在带上标有分划线,数字注在周边木尺或金属尺上,尺上两排分划彼此错开,分划宽度 10 mm 和 5 mm 两种。精密水准尺比一般水准尺准确,同时应注意与所使用的精密水准仪配套。

(三)自动安平水准仪

自动安平水准仪是用设置在望远镜内的自动补偿器代替水准管,观测时,只需将水准仪上的圆水准器气泡居中,便可通过中丝读到水平视线在水准尺上的读数。由于仪器不用调节水准管气泡居中,从而简化了操作,提高了观测速度。

自动安平水准仪原理如图 6-8 所示。当视准轴水平时,设在水准尺上的正确读数为 a,因为没有管水准器和微倾螺旋,依据圆水准器将仪器粗平后,视准轴相对于水平面将有微小

的倾斜角 α。如果没有补偿器,此时在水准尺上的读数设为 a';当在物镜和目镜之间设置有补偿器后,进入到十字丝分划板的光线将全部偏转 β 角,使来自正确读数 a 的光线经过补偿器后正好通过十字丝分划板的横丝,从而读出视线水平时的正确读数。

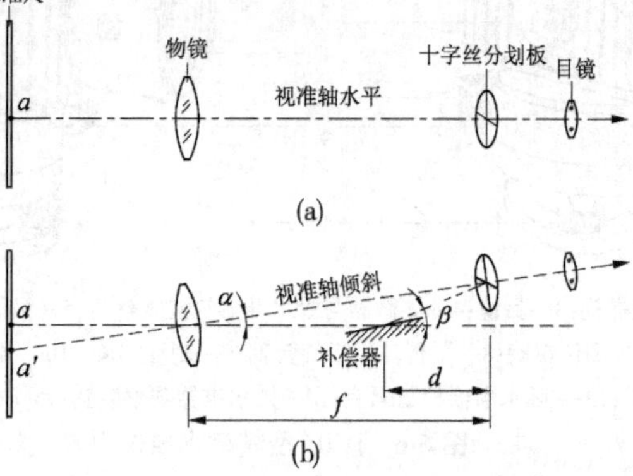

图 6-8　自动安平水准仪原理

补偿器的结构形式较多,我国生产的 DSZ3 型自动安平水准仪采用悬吊棱镜组借助重力作用达到补偿。

图 6-9 为该仪器的补偿结构图。补偿器装在对光透镜和十字丝分划板之间,其结构是将一个屋脊棱镜固定在望远镜筒上,在屋脊棱镜下方用交叉金属丝悬吊着两块直角棱镜。当望远镜有微小倾斜时,直角棱镜在重力的作用下,与望远镜作相反的偏转。空气阻尼器的作用是使悬吊的两块直角棱镜迅速处于静止状态(在 1~2 s)内。

当仪器处于水平状态、视准轴水平时,水平光线与视准轴重合,不发生任何偏转,如图 6-9所示,水平光线进入物镜后经第一个直角棱镜反射到屋脊棱镜,在屋脊棱镜内作三次反射,到达另一个直角棱镜,又被反射一次,最后水平光线通过十字丝交点 Z,这时可读到视线水平时的读数 a_0。

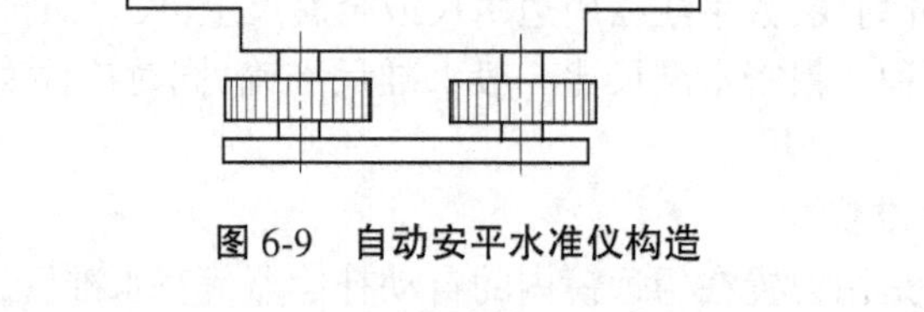

图 6-9　自动安平水准仪构造

二、经纬仪的简介

经纬仪主要用于水平角和竖直角的测量,按不同测角精度又分成多种等级,如 DJ1、DJ2、DJ6、DJ10 等。“D”和“J”为“大地测量”和“经纬仪”的汉语拼音第一个字母,后面的数字代表该仪器测量精度,如 DJ6 表示一测回方向观测中误差不超过±6″。

(一) DJ6 型光学经纬仪构造

DJ6 型光学经纬仪主要由基座、照准部、度盘三部分组成,不同厂家生产的 DJ6 型光学经纬仪,其外型和各螺旋的形状,位置不尽相同,但其功能,作用却基本一致,如图 6-10 所示。

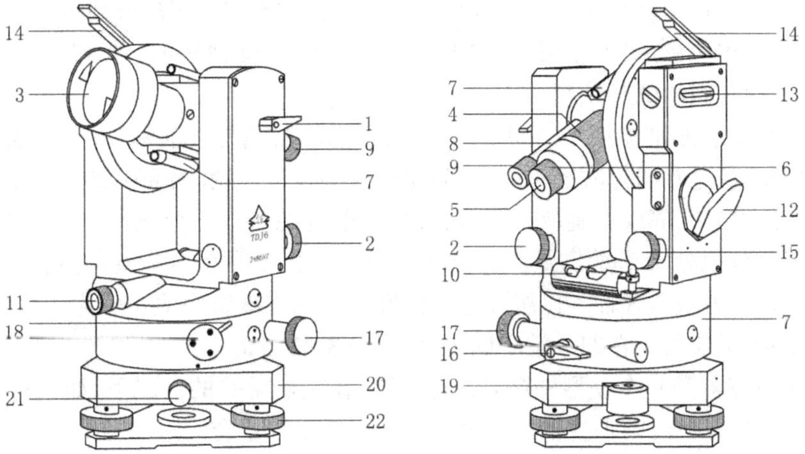

1—望远镜制动螺旋;2—望远镜微动螺旋;3—物镜;4—物镜调焦螺旋;5—目镜;
6—目镜调焦螺旋;7—光学瞄准器;8—度盘读数显微镜;9—度盘读数显微镜调焦螺旋;
10—照准部管水准器;11—光学对点器;12—度盘照明反光镜;13—竖盘指标管水准器;
14—竖盘指标管水准器反射镜;15 竖盘指标管水准器微动螺旋;16—水平方向制动螺旋;
17—水平方向微动螺旋;18—水平度盘变换螺旋与保护卡;19 基座圆水准器;20—基座;
21—轴套固定螺旋;22—脚螺旋

图 6-10　DJ6 光学经纬仪

1.基座

基座由轴座、脚螺旋、底板、三角压板、圆水准气泡组成。在经纬仪基座上还有一轴座固定螺旋,拧紧轴座固定螺旋,可将照准部固定在基座上;旋松轴座固定螺旋,可将照准部从基座中拔出。平时应注意将轴座固定螺旋拧紧,以防出现仪器脱落被摔的事件发生。基座用于支承整个仪器,利用中心螺旋使经纬仪照准部紧固在三脚架上,脚螺旋用于经纬仪的对中与整平。

2.水平度盘

光学经纬仪水平度盘是由光学玻璃刻制而成的。度盘全圆周刻划 0°~360°等角距分划线,水平度盘顺时针注记。水平度盘安装在水平度盘轴套外围,水平度盘不与照准部旋转轴接触,水平度盘平面与竖轴正交,且竖轴经过水平度盘圆心。

光学经纬仪水平度盘装有度盘变换手轮,一种是采用水平度盘位置变换手轮,或称转盘手轮。使用时,将手轮推压进去,转动手轮,水平度盘跟着转动。另一种结构是复测装置。水平度盘与照准部的关系依靠复测装置控制。

3.照准部

照准部是指经纬仪上部的可转动部分,主要包括望远镜、管水准器、光学对点器、照准部旋转轴、横轴、U 形支架、光学读数装置及水平和竖直制动和微动装置等。

(1)望远镜用于瞄准目标,其与水准仪上的望远镜一样,也是由物镜、调焦透镜十字丝分划板和目镜组成。望远镜与竖直度盘固连,安装在U形支架上,望远镜的视准轴应与横轴正交,望远镜连同竖直度盘可绕横轴在竖直面内转动。横轴应通过竖直度盘的圆心。望远镜的纵向转动,由竖直制动和微动螺旋控制。竖直度盘指标水准器调节由竖直度盘指标水准器微动螺旋控制。望远镜调节分为目镜对光:使十字丝分划板清晰;物镜对光:使目标像落在十字丝分划板上;消除视差:视差是因为目标成像不在十字丝分划板上。

(2)照准部的旋转轴称为竖轴,竖轴插入基座内的竖轴轴套内。照准部在水平方向的旋转由水平制动和微动螺旋控制。

(3)照准部的管水准器用于经纬仪的精平,管水准器轴与竖轴垂直,与横轴平行。管水准器是用内表面经过专门打磨的圆弧形玻璃管(曲率半径一般为80~200 m),内部填充了冰点低、流动性强的乙醇或乙醚液体,在制成封口前内腔形成一个气泡。当气泡居中时,仪器水平,垂直轴也就处于铅垂位置。水准管内表面中心O称为水准管零点,过O点与圆弧相切的切线LL称为水准管轴。J_6级经纬仪照准部上的水准管格值一般为30″/2 mm。圆水准器用于粗略整平仪器。它的灵敏度低,其格值为8″/2 mm。

(4)光学对点器是一个小型外对光式望远镜,在仪器整平的情况下,如果对点器分划板中心与测站点中心重合,则垂直轴位与过测站中心铅垂线重合。

(二)电子经纬仪

随着电子技术、计算机技术、光电技术、自动控制等现代科学技术的发展,1968年电子经纬仪问世。电子经纬仪与光电测距仪、计算机、自动绘图仪相结合,使地面测量工作实现了自动化和内外业一体化,这是测绘工作的一次历史性变化。

电子经纬仪与光学经纬仪相比较,主要差别在读数系统,其他如照准、对中、整平等装置是相同的。

1.电子经纬仪的读数系统

电子经纬仪的读数系统是通过角-码变换器,将角位移量变为二进制码,再通过一定的电路,将其译成度、分、秒,而用数字形式显示出来。

目前常用的角-码变换方法有编码度盘、光栅度盘及动态测角系统等,有的也将编码度盘和光栅度盘结合使用。现以光栅度盘为例,说明角-码变换的原理。

光栅度盘又分透射式和反射式两种。透射式光栅是在玻璃圆盘上刻有相等间隔的透光与不透光的辐射条纹。反射式光栅则是在金属圆盘上刻有相等间隔的反光与不反光的条纹。用得较多的是透射式光栅。

它有互相重叠、间隔相等的两个光栅,一个是全圆分度的动光栅,可以和照准部一起转动,相当于光学经纬仪的度盘;一个是只有圆弧上一段分划的固定光栅,它相当于指标,称为指示光栅。在指示光栅的下部装有光源,上部装有光电管。在测角时,动光栅和指示光栅产生相对移动。如果指示光栅的透光部分与动光栅的不透光部分重合,则光源发出的光不能通过,光电管接收不到光信号,因而电压为零;如果两者的透光部分重合,则透过的光最强,因而光电管所产生的电压最高。这样,在照准部转动的过程中,就产生连续的正弦信号,再经过电路对信号的整形,则变为矩形脉冲信号。如果一周刻有21 600个分划,则一个脉冲信号即代表角度的1′。这样,根据转动照准部时所得脉冲的计数,即可求得角值。为了求得不同转动方向的角值,还要通过一定的电子线路来决定是加脉冲还是减脉冲。只依靠脉冲计数,其精度是有限的,还要通过一定的方法进行加密,以求得更高的精度。目前,最高精度的电子经纬仪可显示到0.1″,测角精度可达0.5″。

2.电子经纬仪的特点

由于电子经纬仪是电子计数,通过置于机内的微型计算机,可以自动控制工作程序和计算,并可自动进行数据传输和存储,因而它具有以下特点:

(1)读数在屏幕上自动显示,角度计量单位(360°六十进制、360°十进制、400 g、6 400 密位)可自动换算。

(2)竖盘指标差及竖轴的倾斜误差可自动修正。

(3)有与测距仪和电子手簿连接的接口。与测距仪连接可构成组合式全站仪,与电子手簿连接,可将观测结果自动记录,没有读数和记录的人为错误,配合适当的接口可将电子手簿记录的数据输入计算机,以进行数据处理和绘图。

(4)可根据指令对仪器的竖盘指标差及轴系关系进行自动检测。

(5)如果电池用完或操作错误,可自动显示错误信息。

(6)可单次测量,也可跟踪动态目标连续测量,但跟踪测量的精度较低。

(7)有的仪器可预置工作时间,到规定时间,则自动停机。

(8)根据指令,可选择不同的最小角度单位。

(9)可自动计算盘左、盘右的平均值及标准偏差。

(10)有的仪器内置驱动马达及 CCD 系统,可自动搜寻目标。

根据仪器生产的时间及档次的高低,某种仪器可能具备上述的全部或部分特点。随着科学技术的发展,其功能还在不断扩展。

三、全站仪的简介

全站仪,即全站型电子速测仪(Electronic Total Station),是一种集光、机、电为一体的高技术测量仪器,是集水平角、垂直角、距离(斜距、平距)、高差测量功能于一体的测绘仪器系统,几乎可以完成所有常规测量仪器的工作,广泛用于地上大型建筑和地下隧道施工等精密工程测量或变形监测领域,如图 6-11 所示。经历了数十年的发展,随着技术的不断发展进步和生产中提出的更高要求,全站仪已发展到了全新的阶段。

(一)全站仪的发展

1.经典型全站仪

经典型全站仪也称为常规全站仪,它具备全站仪电子测角、电子测距和数据自动记录等基本功能,有的还可以运行厂家或用户自主开发的机载测量程序。其经典代表为徕卡公司的 TC 系列全站仪。

2.机动型全站仪

在经典全站仪的基础上安装轴系步进电机,可自动驱动全站仪照准部和望远镜的旋转。在计算机的在线控制下,机动型系列全站仪可按计算机给定的方向值自动照准目标,并可实现自动正、倒镜测量。徕卡 TCM 系列全站仪就是典型的机动型全站仪。

3.无合作目标型全站仪

无合作目标型全站仪是指在无反射棱镜的条件下,可对一般的目标直接测距的全站仪。因此,对不便安置反射棱镜的目标进行测量,无合作目标型全站仪具有明显优势,如徕卡

TCR 系列全站仪,无合作目标距离测程可达 200 m,可广泛用于地籍测量、房产测量和施工测量等。

4.智能型全站仪

在机动化全站仪的基础上,仪器安装自动目标识别与照准的新功能,因此在自动化的进程中,全站仪进一步克服了需要人工照准目标的重大缺陷,实现了全站仪的智能化。在相关软件的控制下,智能型全站仪在无人干预的条件下可自动完成多个目标的识别、照准与测量。因此,智能型全站仪又称为"测量机器人",典型的代表有徕卡的 TCA 型全站仪等。

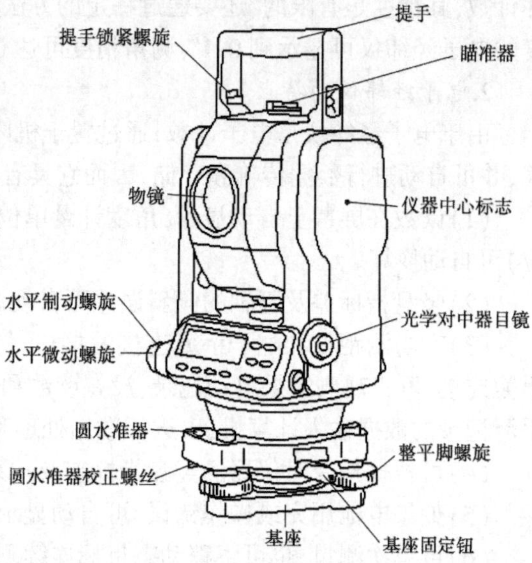

图 6-11　全站仪构造图

(二)全站仪的使用

全站仪主要由电子经纬仪、光电测距仪和微处理机组成。

1.水平角测量

(1)按角度测量键,使全站仪处于角度测量模式,照准第一个目标 A。

(2)设置 A 方向的水平度盘读数为 0°00′00″。

(3)照准第二个目标 B,此时显示的水平度盘读数即为两方向间的水平夹角。

2.距离测量

(1)设置棱镜常数。测距前须将棱镜常数输入仪器中,仪器会自动对所测距离进行改正。

(2)设置大气改正值或气温、气压值。光在大气中的传播速度会随大气的温度和气压而变化,15 ℃和 760 mmHg 是仪器设置的一个标准值,此时的大气改正值为 0×10^{-6}。实测时,可输入温度和气压值,全站仪会自动计算大气改正值(也可直接输入大气改正值),并对测距结果进行改正。

(3)量仪器高、棱镜高并输入全站仪。

(4)照准目标棱镜中心,按测距键,距离测量开始,测距完成时显示斜距、平距、高差。全站仪的测距模式有精测模式、跟踪模式、粗测模式三种。精测模式是最常用的测距模式,测量时间约 2.5 s,最小显示单位 1 mm;跟踪模式,常用于跟踪移动目标或放样时连续测距,最小显示一般为 1 cm,每次测距时间约 0.3 s;粗测模式,测量时间约 0.7 s,最小显示单位 1 cm或 1 mm。在距离测量或坐标测量时,可按测距模式(MODE)键选择不同的测距模式。应注意,有些型号的全站仪在距离测量时不能设定仪器高和棱镜高,显示的高差值是全站仪横轴中心与棱镜中心的高差。

3.坐标测量

(1)设定测站点坐标。

(2)设置后视点,后视定向。当设定后视点的坐标时,全站仪会自动计算后视方向的方位角,并设定后视方向的水平度盘读数为其方位角。

(3)设置棱镜常数。

(4)设置大气改正值或气温、气压值。

(5)量仪器高、棱镜高并输入全站仪。

(6)照准目标棱镜,按坐标测量键,全站仪开始测距并计算显示测点的三维坐标。

全站仪的种类很多,各种仪器的使用方式由自身的程序设计而定。不同型号的全站仪的使用方法大体上是相同的,但也有一些差别。学习使用全站仪,需要认真阅读使用说明书,熟悉键盘以及操作指令,才能正确用好仪器。

四、测距仪的简介

电磁波测距(Electro-magnetic Distance Measuring,简称 EDM)是用电磁波(光波或微波)作为载波,传输测距信号,以测量两点间距离的一种方法。与传统的钢尺量距和视距测量相比,EDM 具有测程长、精度高、作业快、工作强度低、几乎不受地形限制等优点。

电磁波测距仪按其所采用的载波可分为:用微波段的无线电波作为载波的微波测距仪(Microwave EDM Instrument),用激光作为载波的激光测距仪(Laser EDM Instrument),用红外光作为载波的红外测距仪(Infrared EDM Instrument)。后两者又统称为光电测距仪。微波和激光测距仪多属于长程测距,测程可达 60 km,一般用于大地测量,而红外测距仪属于中、短程测距仪(测程为 15 km 以下),一般用于小地区控制测量、地形测量、地籍测量和工程测量等。

光电测距是一种物理测距的方法,它通过测定光波在两点间传播的时间计算距离,按此原理制作的以光波为载波的测距仪叫光电测距仪。按测定传播时间的方式不同,测距仪分为相位式测距仪和脉冲式测距仪;按测程大小可分为远程、中程和短程测距仪三种,如表 6-2所示。目前工程测量中使用较多的是相位式短程光电测距仪。

电磁波测距是利用电磁波(微波、光波)作载波,在测线上传输测距信号,测量两点间距离的方法。若电磁波在测线两端往返传播的时间为 t,则两点间距离为

$$D = \frac{1}{2}ct \tag{6-1}$$

式中 c——电磁波在大气中的传播速度。

表 6-2 光电测距仪的种类

仪器种类	短程光电测距仪器	中程光电测距仪器	远程光电测距仪器
测距	<3 km	3~15 km	>15 km
精度	$\pm(5\ \text{mm}+5\times10^{-6}\times D)$	$\pm(5\ \text{mm}+2\times10^{-6}\times D)$	$\pm(5\ \text{mm}+1\times10^{-6}\times D)$
光源	红外光源 (GaAs 发光二极管)	1. GaAs 发光二极管 2. 激光管	
测距原理	相位式	相位式	相位式

(一)脉冲法测距

用红外测距仪测定 A、B 两点间的距离 D,在待测定一端安置测距仪,另一端安放反光

镜,见图 6-12。当测距仪发出光脉冲,经反光镜反射,回到测距仪。若能测定光在距离 D 上往返传播时间,即测定反射光脉冲与接收光脉冲的时间差 Δt,则测距公式如下:

$$D = \frac{c_0}{2n_g}\Delta t \tag{6-2}$$

式中 c_0——光在真空中的传播速度;

n_g——光在大气中的传输折射率。

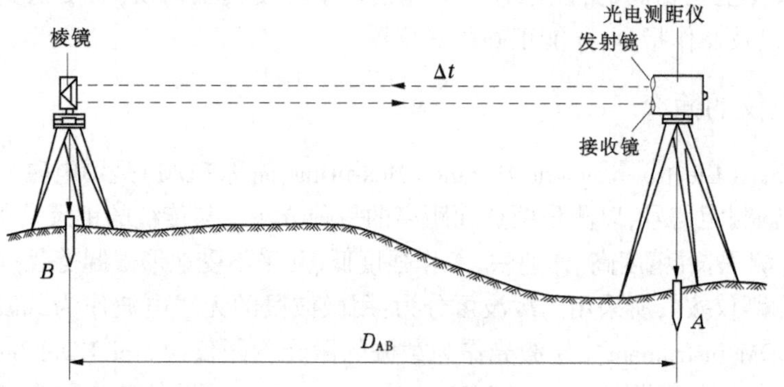

图 6-12 脉冲法测距

此公式为脉冲法测距公式。这种方法测定距离的精度取决于时间 Δt 的量测精度。如要达到±1 cm 的测距精度,时间量测精度应达到 6.7×10^{-11} s,这对电子元件性能要求很高,难以达到。所以,一般脉冲法测距常用于激光雷达、微波雷达等远距离测距上,其测距精度为 0.5~1 m。

(二)相位法测距

在工程中使用的红外测距仪,都是采用相位法测距原理。它是将测量时间变成光在测线中传播的载波相位差。通过测定相位差来测定距离,称为相位法测距。

红外测距仪采用 GaAs(砷化镓)发光二极管作光源,其波长为 6 700~9 300 Å(1 Å=10^{-10} m)。由于 GaAs 发光管耗电省、体积小、寿命长,抗震性能强,能连续发光并能直接调制等特点,目前工程用的基本上以红外测距仪为主。

在 GaAs 发光二极管上注入一定的恒定电流,它发生的红外光,其光强恒定不变,如图 6-13(a)所示。若改变注入电流的大小,GaAs 发光管发射光强也随之变化。若对发光管注入交变电流,便使发光管发射的光强随着注入电流的大小发生变化,见图 6-13(b),这种光称为调制光。

测距仪在 A 站发射的调制光在待测距离上传播,被 B 点反光镜反射后又回到 A 点,被测距仪接收器接收,所经过的时间为 t。为便于说明,将反光镜 B 反射后回到 A 点的光波沿测线方向展开,则调制光往返经过了 $2D$ 的路程,如图 6-14 所示。

设调制光的角频率为 ω,则调制光在测线上传播时的相位延迟角 φ 为

$$\varphi = \omega\Delta t = 2\pi f\Delta t \tag{6-3}$$

$$\Delta t = \frac{\varphi}{2\pi f} \tag{6-4}$$

将 Δt 代入式(6-2),得:

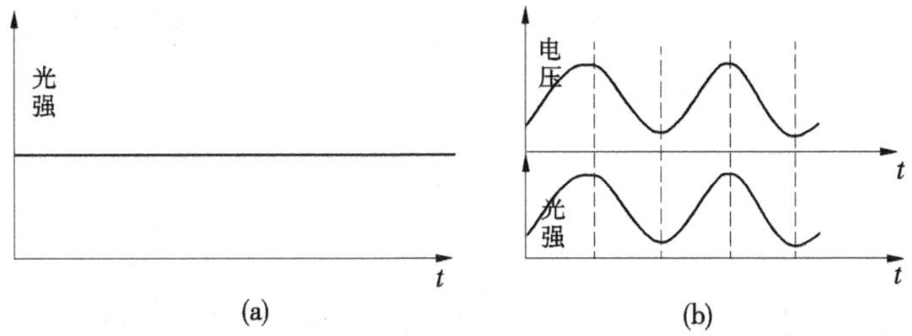

图 6-13　调制光

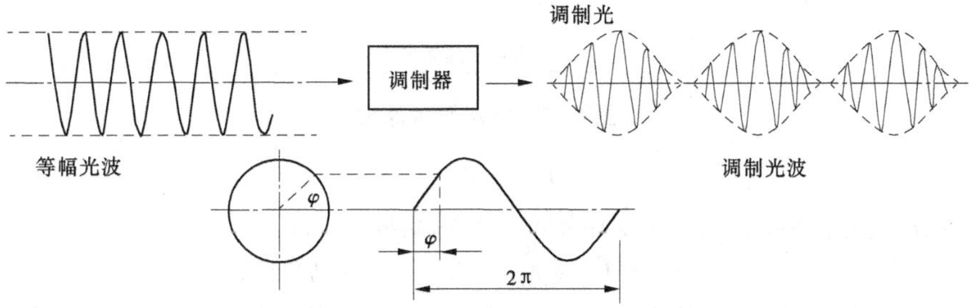

图 6-14　光的调制

$$D = \frac{c_0}{2n_g f}\frac{\varphi}{2\pi} \tag{6-5}$$

第二节　水准、距离、角度的测量方法和要点

一、水准测量的方法和要点

(一)水准测量的方法

1.水准测量的原理

水准测量是高程测量中精度最高和最常用的一种方法,被广泛应用于高程控制测量和工程施工测量中。水准测量是利用水准仪提供的水平视线,借助水准尺读数来测定地面点之间的高差,从而由已知点的高程推算出待测点的高程。

如图 6-15 所示,欲测定 A、B 两点间的高差 h_{AB},可在 A、B 两点分别竖立水准尺,在 A、B 之间安置水准仪。利用水准仪提供的水平视线,分别读取 A 点水准尺上的读数 a 和 B 点水准尺上的读数 b,则 A、B 两点高差为

$$h_{AB} = a - b \tag{6-6}$$

水准测量方向是由已知高程点开始向待测点方向行进的。在图 6-18 中,A 为已知高程点,B 为待测点,则 A 尺上的读数 a 称为后视读数,B 尺上的读数 b 称为前视读数。由此可见,两点之间的高差一定是后视读数减前视读数。如果 $a>b$,测高差 h_{AB} 为正,表示 B 点比 A 点高;如果 $a<b$,则高差 h_{AB} 为负,表示 B 点比 A 点低。

在计算高差 h_{AB} 时,一定要注意 h_{AB} 下标 AB 的写法:h_{AB} 表示 A 点至 B 点的高差,h_{BA} 则表示 B 点至 A 点的高差,两个高差应该是绝对值相同而符号相反,即

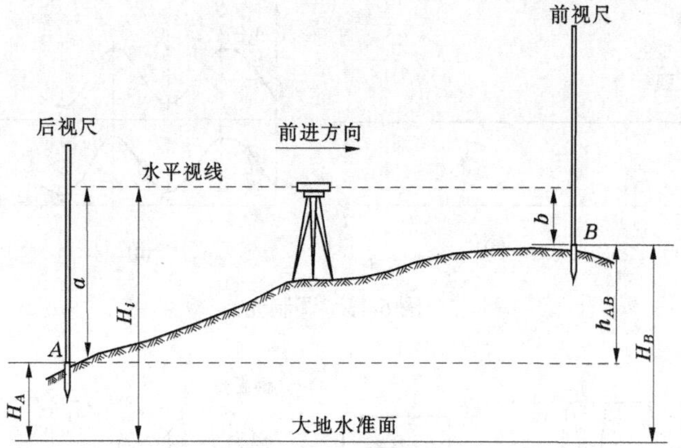

图 6-15　水准测量原理

$$h_{AB} = -h_{BA} \tag{6-7}$$

测得 A、B 两点间的高差 h_{AB}后，则未知点 B 的高程 H_B 为

$$H_B = H_A + h_{AB} = H_A + (a - b) \tag{6-8}$$

由图 6-15 可以看出，B 点高程也可以通过水准仪的视线高程 H_i（也称为仪器高程）来计算，视线高程 H_i 等于 A 点的高程加 A 点水准尺上的后视读数 a，即

$$H_i = H_A + a \tag{6-9}$$

则

$$H_B = (H_A + a) - b = H_i - b \tag{6-10}$$

一般情况下，用式（6-8）计算未知点 B 的高程 H_B，称为高差法（或叫中间水准法）。当安置一次水准仪需要同时求出若干个未知点的高程时，则用式（6-10）计算较为方便，这种方法称为视线高程法。此法是在每一个测站上测定一个视线高程作为该测站的常数，分别减去各待测点上的前视读数，即可求得各未知点的高程，这在土建工程施工中经常用到。

2.水准仪的操作

水准仪的操作包括安置仪器、粗略整平、瞄准水准尺、精确整平和读数等步骤。

1）安置仪器

在测站上安置三脚架，调节架脚使高度适中，目估使架头大致水平，检查脚架伸缩螺旋是否拧紧。然后用连接螺旋把水准仪安置在三脚架头上，应用手扶住仪器，以防仪器从架头滑落。

2）粗略整平（粗平）

粗平即初步整平仪器，通过调节三个脚螺旋使圆水准器气泡居中，从而使仪器的竖轴大致铅垂。具体做法是：如图 6-16（a）所示，外围三个圆圈为脚螺旋，中间为圆水准器，虚线圆圈代表气泡所在位置，首先用双手按箭头所指方向转动脚螺旋 1、2，使圆气泡移到这两个脚螺旋连线方向的中间，然后按图 6-16（b）中箭头所指方向，用左手转动脚螺旋 3，使圆气泡居中（即位于黑圆圈中央）。在整平的过程中，气泡移动的方向与左手大拇指转动脚螺旋时的移动方向一致。

3）瞄准水准尺

先将望远镜对着明亮背景，转动目镜调焦螺旋使十字丝成像清晰。再松开制动螺旋，转

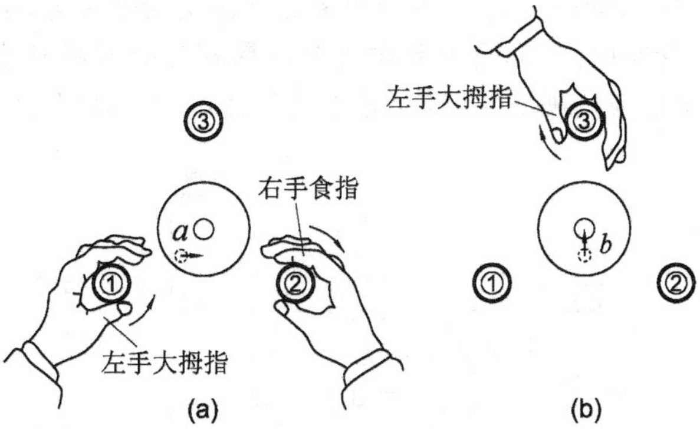

图 6-16　圆水准气泡整平

动望远镜,用望远镜筒上部的准星和照门大致对准水准尺后,拧紧制动螺旋。然后从望远镜内观察目标,调节物镜调焦螺旋,使水准尺成像清晰。最后用微动螺旋转动望远镜,使十字丝竖丝对准水准尺的中间稍偏一点,以便读数。瞄准时应注意消除视差。

产生视差的原因是目标通过物镜所成的像没有与十字丝平面重合。视差的存在将影响观测结果的准确性,应予消除。消除视差的方法是仔细地反复进行目镜和物镜调焦。

4)精确整平(精平)

精确整平是调节微倾螺旋,使目镜左边观察窗内的符合水准器的气泡两个半边影像完全吻合,这时视准轴处于精确水平位置。由于气泡移动有一个惯性,所以转动微倾螺旋的速度不能太快。只有符合气泡两端影像完全吻合而又稳定不动后气泡才居中。

5)读数

符合水准器气泡居中后,即可读取十字丝中丝截在水准尺上的读数。直接读出米、分米和厘米,估读出毫米(见图 6-17)。读数时应从小数向大数读。观测者应先估读水准尺上毫米数(小于一格的估值),然后读出米、分米及厘米值,一般应读出四位数。读数应迅速、果断、准确,读数后应立即重新检视符合水准气泡是否仍旧居中,如仍居中,则读数有效,否则应重新使符合水准气泡居中后再读数。

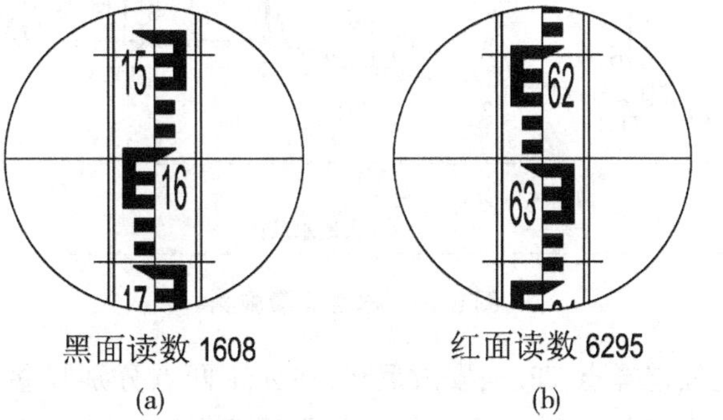

图 6-17　水准尺读数

3.水准点与水准路线

用水准测量方法测定的高程控制点称为水准点(Bench Make. 记为 BM.)。水准点的位置应选在土质坚实、便于长期保存和使用方便的地方。水准点按其精度分为不同的等级。

国家水准点分为四个等级,即一、二、三、四等水准点,按国家规范要求埋设永久性标石标志。地面水准点按一定规格埋设,在标石顶部设置有不易腐蚀的材料制成的半球状标志(见图 6-18(a)),墙上水准点应按规格要求设置在永久性建筑物的墙脚上(见图 6-18(b))。

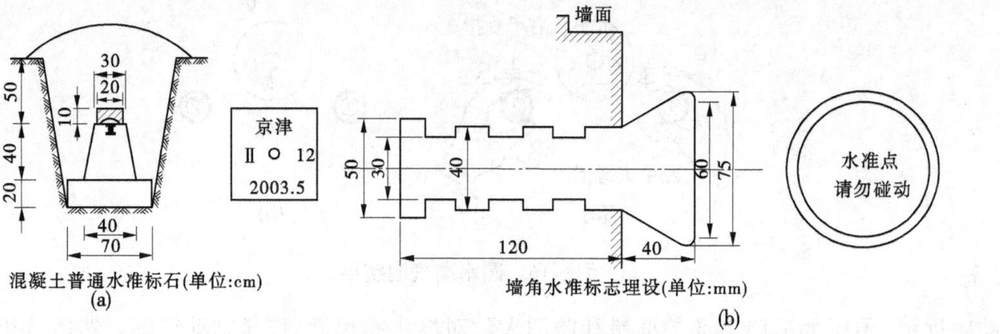

图 6-18　二、三等水准点标石埋设图

地形测量中的图根水准点和一些施工测量使用的水准点,常采用临时性标志,可用木桩或道钉打入地面,也可在地面上突出的坚硬岩石或房屋四周水泥面、台阶等处用油漆作出标志。

水准测量是按一定的路线进行的。将若干个水准点按施测前进的方向连接起来,称为水准路线。水准路线有附合路线、闭合路线和支水准路线(往返路线)。

4.水准测量实施

当已知水准点与待测高程点的距离较远或两点间高差很大、安置一次仪器无法测到两点高差时,就需要把两点间分成若干测站,连续安置仪器测出每站的高差,然后依次推算高差和高程。

如图 6-19 所示,水准点 BM. A 的高程为 158. 365 m,现拟测定 B 点高程,施测步骤如下:

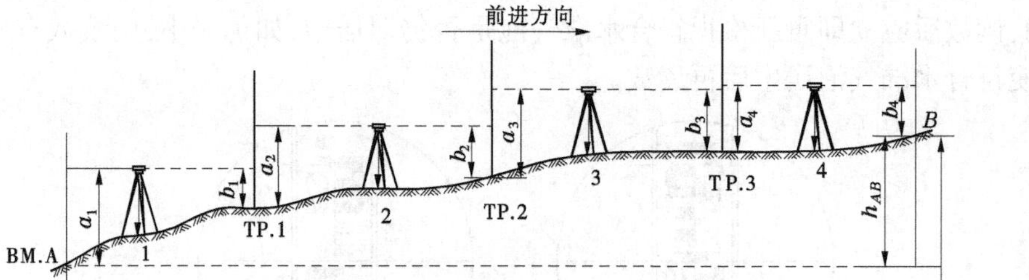

图 6-19　水准测量施测

在离 A 适当距离处选择点 TP. 1,安放尺垫,在 A、1 两点分别竖立水准尺。在距 A 点和 1 点大致等距离处安置水准仪,瞄准后视点 A,精平后读得后视读数 a_1 为 1. 568,记入水准测量手簿(见表 6-3)。旋转望远镜,瞄准前视点 1,精平后读得前视读数 b_1 为 1. 245,记入手簿。计算出 A、1 两点高差为+0. 323。此为一个测站的工作。

点 1 的水准尺不动,将 A 点水准尺立于点 2 处,水准仪安置在 1、2 点之间,与上述相同的方法测出 1、2 点的高差,依次测至终点 B。

每一测站可测得前、后视两点间的高差，即

$$h_1 = a_1 - b_1$$
$$h_2 = a_2 - b_2$$
$$h_3 = a_3 - b_3$$
$$h_4 = a_4 - b_4$$

将各式相加，得

$$\sum h_{AB} = \sum h = \sum a - \sum b$$

B 点高程为

$$H_B = H_A + \sum h_{AB} \tag{6-11}$$

在上述施测过程中，点 1、2、3 是临时的立尺点，作为传递高程的过渡点，称为转点(Turning Point 简记为 TP.)。转点无固定标志，无须算出高程。

表 6-3　水准测量记录表

观测	测点	水准尺读数		高差(m)	高程(m)	备注
		后视	前视			
1	A	1.568		+0.323	158.365	已知高程
	TP.1		1.245			
2	TP.1	1.689		+0.344		
	TP.2		1.345			
3	TP.2	2.025		+0.527		
	TP.3		1.498			
4	TP.3	1.258		+0.194	159.753	
	B		1.064			
计算检核	Σ	6.540	5.152	$h=+1.388$	$H_B-H_A=+1.388$	
		$\sum a-\sum b=+1.388$				

A、B 两点间增设的转点起着传递高程的作用。为了保证高程传递的正确性，在连续水准测量过程中，不仅要选择土质稳固的地方作为转点位置(须安放尺垫)，而且在相邻测站的观测过程中，要保持转点(尺垫)稳定不动；同时要尽可能保持各测站的前后视距大致相等；还要通过调节前、后视距离，尽可能保持整条水准路线中的前视视距之和与后视视距之和相等，这样有利消除(或减弱)地球曲率和某些仪器误差对高差的影响。

注意在每站观测时，应尽量保持前后视距相等，视距可由上下丝读数之差乘以 100 求得。每次读数时均应使符合水准气泡严密吻合，每个转点均应安放尺垫，但所有已知水准点和待求高程点上不能放置尺垫。

5.水准测量的检核

1)测站检核

在水准测量每一站测量时，任何一个观测数据出现错误，都将导致所测高差不正确。为保证观测数据的正确性，通常采用变动仪高法或双面尺法进行测站检核。

(1)变动仪高法。

在每测站上测出两点高差后，改变仪器高度再测一次高差，两次高差之差不超过容许值(如图根水准测量容许值为±6 mm)，取其平均值作最后结果；若超过容许值，则需重测。

(2)双面尺法。

在每测站上，仪器高度不变，分别测出两点的黑面尺高差和红面尺高差。若同一水准尺红面读数与黑面读数之差，以及红面尺高差与黑面尺高差均在容许值范围内，取平均值作最后结果，否则应重测。

2)成果检核

测站检核能检查每测站的观测数据是否存在错误，但有些错误，例如在转站时转点的位置被移动，测站检核是查不出来的。此外，每一测站的高差误差如果出现符号一致性，随着测站数的增多，误差积累起来，就有可能使高差总和的误差积累过大。因此，还必须对水准测量进行成果检核，其方法是将水准路线布设成如下几种形式：

(1)附合水准路线。

如图6-20(a)所示，从一个已知高程的水准点BM.1起，沿各水准点进行水准测量，最后联测到另一个已知高程的水准点BM.2，这种形式称为附合水准路线。附合水准路线中各测站实测高差的代数和应等于两已知水准点间的高差。由于实测高差存在误差，使两者之间不完全相等，其差值称为高差闭合差f_h，即

$$f_h = \sum h_{测} - (H_{终} - H_{始}) \tag{6-12}$$

式中 $H_{终}$——附合路线终点高程；

$H_{始}$——起点高程。

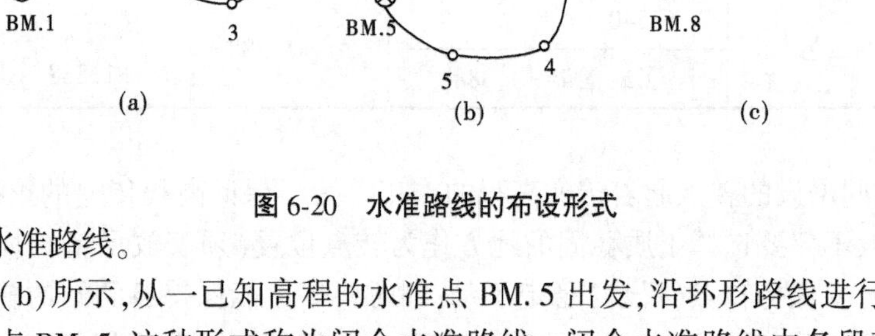

图6-20 水准路线的布设形式

(2)闭合水准路线。

如图6-20(b)所示，从一已知高程的水准点BM.5出发，沿环形路线进行水准测量，最后测回到水准点BM.5，这种形式称为闭合水准路线。闭合水准路线中各段高差的代数和应为零，但实测高差总和不一定为零，从而产生闭合差f_h，即

$$f_h = \sum h_{测} \tag{6-13}$$

(3)支水准路线。

如图6-20(c)所示，从已知高程的水准点BM.8出发，最后没有联测到另一已知水准点上，也未形成闭合，称为支水准路线。支水准路线要进行往、返测，往测高差总和与返测高差总和应大小相等符号相反。但实测值两者之间存在差值，即产生高差闭合差f_h：

$$f_h = \sum h_{往} - \sum h_{返} \tag{6-14}$$

往返测量即形成往返路线，其实质已与闭合路线相同，可按闭合路线计算。

高差闭合差是各种因素产生的测量误差，故闭合差的数值应该在容许值范围内，否则应检查原因，返工重测。

图根水准测量高差闭合差容许值为

平地 $f_{h容} = \pm 40\sqrt{L}(\text{mm})$

山地 $f_{h容} = \pm 12\sqrt{n}(\text{mm})$ (6-15)

四等水准测量高差闭合差容许值为

$$\left.\begin{aligned}&平地 \quad f_{h容} = \pm 20\sqrt{L}(\text{mm})\\&山地 \quad f_{h容} = \pm 6\sqrt{n}(\text{mm})\end{aligned}\right\} \tag{6-16}$$

式中 L——水准路线总长（以千米为单位）；

n——测站数。

6.水准路线测量成果计算

水准测量的成果计算，首先要算出高差闭合差，它是衡量水准测量精度的重要指标。当高差闭合差在容许值范围内时，再对闭合差进行调整，求出改正后的高差，最后求出待测水准点的高程。下面通过以附合水准路线为例介绍内业成果计算的方法与步骤。

【例 6-1】 图 6-21 是根据水准测量手簿整理得到的观测数据，各测段高差和测站数如图 6-21 所示。A、B 为已知高程水准点，1、2、3 点为待求高程的水准点。列表 6-4 进行高差闭合差的调整和高程计算。其步骤如下：

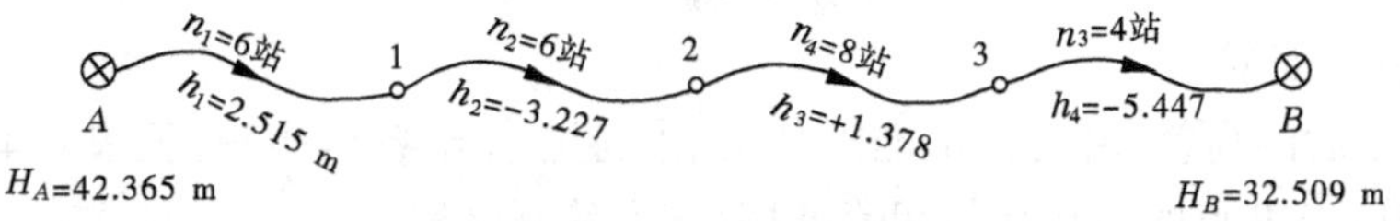

图 6-21 附合水准路线计算图

表 6-4 附合水准路线成果计算

测点	测站数	实测高差（m）	高差改正数（m）	改正后的高差（m）	高程（m）	备注
A					42.365	
	6	−2. 515	−0. 011	−2. 526		
1					39.839	
	6	−3. 227	−0. 011	−3. 238		
2					36.601	
	8	+1. 378	−0. 015	+1. 363		
3					37.964	
	4	−5. 447	−0. 008	−5. 455		
B					32.509	
Σ	24	−9. 811	−0. 045	−9. 856		
辅助计算	$f_h = +45$ mm $f_{h容} = \pm 12\sqrt{24} = \pm 58$ mm　　$f_h < f_{h容}$					

(1)高差闭合差的计算。

由式(6-12)：$f_h = \sum h_{测} - (H_B - H_A) = -9.811 - (32.509 - 42.365) = +0.045(m)$

按山地及图根水准精度计算闭合差容许值为

$$f_{h容} = \pm 12\sqrt{n} = \pm 12\sqrt{24} = \pm 59(mm)$$

$|f_h| < |f_{h容}|$,符合图根水准测量技术要求。

(2)闭合差的调整。

闭合差的调整是按与距离或与测站数成正比例反符号分配到各测段高差中。第 i 测段高差改正数按下式计算：

$$V_i = -\frac{f_h}{\sum n} \cdot n_i (i = 1,2,\cdots,n) \text{ 或 } V_i = -\frac{f_h}{\sum L} \cdot l_i (i = 1,2,\cdots,n) \tag{6-17}$$

式中 n——路线总测站数；

n_i——第 i 段测站数；

L——路线总长；

l_i——第 i 段距离。

由式(6-17)算出第 1 测段(A—1)的改正数为

$$V_1 = -\frac{0.045}{24} \times 6 = -0.011(m)$$

其他各测段改正数按式(6-17)算出后列入表 6-4 中。改正数的总和与高差闭合差大小相等,符号相反。每测段实测高差加相应的改正数便得到改正后的高差。

即

$$h_{i改} = h_{i测} + V_i \tag{6-18}$$

(3)计算各点高程。

用每段改正后的高差,由已知水准点 A 开始,逐点算出各点高程,见表 6-4。由计算得到的 B 点高程应与 B 点的已知高程相等,以此作为计算检核。

7.闭合水准路线的成果计算

闭合水准路线高差闭合差按式(6-13)计算,若闭合差在容许值范围内,按上述附合水准路线相同的方法调整闭合差,并计算高程。

(二)水准测量的要点

水准测量是一项集观测、记录及扶尺为一体的测量工作,只有全体参加人员认真负责,按规定要求仔细观测与操作,才能取得良好的成果。归纳起来应注意如下几点。

1.观测

(1)观测前应认真按要求检校水准仪,检定水准尺。

(2)仪器应安置在土质坚实处,并踩实三脚架。

(3)水准仪至前、后视水准尺的视距应尽可能相等。

(4)每次读数前,注意消除视差,只有当符合水准气泡居中后,才能读数,读数应迅速、果断、准确,特别应认真估读毫米数。

(5)晴好天气,仪器应打伞防晒,操作时应细心认真,做到“人不离仪器”,使之安全。

(6)只有当一测站记录计算合格后方能搬站,搬站时先检查仪器连接螺旋是否固紧,一手扶托仪器,一手握住脚架稳步前进。

2. 记录

(1)认真记录,边记边复报数字,准确无误地记入记录手簿相应栏内,严禁伪造和转抄。

(2)字体要端正、清楚,不准在原数字上涂改,不准用橡皮擦改,如按规定可以改正时,应在原数字上画线后再在上方重写。

(3)每站应当场计算,检查符合要求后,才能通知观测者搬站。

3.扶尺

(1)扶尺员应认真竖立水准尺,注意保持尺上圆气泡居中。

(2)转点应选择土质坚实处,并将尺垫踩实。

(3)水准仪搬站时,要注意保护好原前视点尺垫位置不受碰动。

二、距离测量的方法和要点

传统的距离测量方法是钢尺量距,是一项十分繁重的工作。在山区或沼泽地区使用钢尺更为困难,且视距测量精度又太低。为了提高测距速度和精度,降低测距人员的劳动强度,目前已经广泛采用电磁波测距,与传统的钢尺量距和视距测量相比,电磁波测距具有测程长、精度高、作业快、工作强度低、几乎不受地形限制等优点。

(一)光电测距仪测量距离的方法

1.仪器操作部件

虽然不同型号的仪器其结构及操作上有一定的差异,但从大的方面来说,基本上是一致的。对具体的仪器按照其相应的说明书进行操作即可正确使用,下面以 ND3000 红外相位式测距仪为例,介绍短程光电测距仪的使用方法。

图 6-22 是南方测绘公司生产的 ND3000 红外相位式测距仪,它自带望远镜,望远镜的视准轴、发射光轴和接收光轴同轴,有垂直制动螺旋和微动螺旋,可以安装在光学经纬仪上或电子经纬仪上。测距时,测距仪瞄准棱镜测距,经纬仪瞄准棱镜测量竖直角,通过测距仪面板上的键盘,将经纬仪测量出的天顶距输入到测距仪中,可以计算出水平距离和高差。

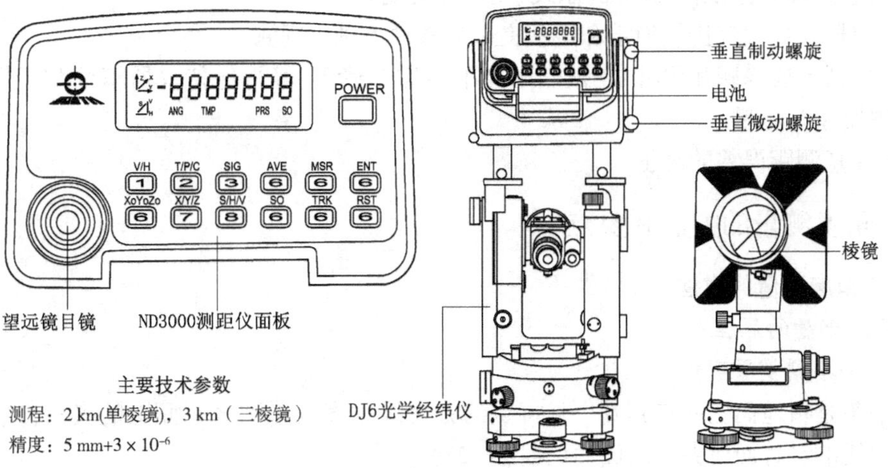

图 6-22　ND3000 红外测距仪及其单棱镜

2.仪器安置

将经纬仪安置于测站上，主机连接在经纬仪望远镜的连接座内并锁紧固定。经纬仪对中、整平。在目标点安置反光棱镜三脚架并对中、整平。按一下测距仪上的<POWER>键(开，再按一下为关)，显示窗内显示“88888888”3～5 s，为仪器自检，表示仪器显示正常。

3.测量竖直角和气温、气压

用经纬仪望远镜十字丝瞄准反光镜觇板中心，读取并记录竖盘读数，然后记录温度计的温度和气压表的气压。

4.距离测量

测距仪上、下转动，使目镜的十字丝中心对准棱镜中心，左、右方向如果不对准棱镜，则可以调节测距仪的支架位置使其对准；测距仪瞄准棱镜后，发射的光波经棱镜反射回来，若仪器接收到足够的回光量，则显示窗下方显示“ * ”，并发出持续鸣声；如果“ * ”不显示，或显示暗淡，或忽隐忽现，表示未收回光，或回光不足，应重新瞄准；测距仪上下、左右微动，使“ * ”的颜色最浓(表示接收到的回光量最大)，称为电瞄准。

按<MSR>键，仪器进行测距，测距结束时仪器发出断续鸣声(提示注意)，鸣声结束后显示窗显示测得的斜距，记下距离读数；按<MSR>键，进行第二次测距和第二次读数，一般进行4次，称为一个测回。各次距离读数最大、最小相差不超过5 mm时取其平均值，作为一测回的观测值。如果需进行第二测回，则重复①～④步操作。在各次测距过程中，若显示窗中“ * ”消失，且出现一行虚线，并发现急促鸣声，表示红外光被遮，应消除其原因。

(二)距离测量的要点

(1)使用前检校仪器，确保仪器能正常工作并满足测量精度要求。

(2)使用时正确安置测距仪及放射棱镜。

(3)切不可将照准头对准太阳，以免损坏光电器件。

(4)注意电源接线，不可接错，经检查无误后方可开机测量。测距完毕注意关机，不要带电迁站。

(5)视场内只能有反光棱镜，应避免测线两侧及镜站后方有其他光源和反射物体，并应尽量避免逆光观测；测站应避开高压线、变压器等处。

(6)仪器应在大气比较稳定和通视良好的条件下进行观测。

(7)仪器不要暴晒和雨淋，在强烈阳光下要撑伞遮阳，经常保持仪器清洁和干燥，在运输过程中要注意防震。

(8)注意测距误差的修正。

三、角度测量的方法和要点

(一)角度测量的方法

1.角度测量的原理

1)水平角测量原理

水平角是指地面上一点到两个目标点的方向线垂直投影到水平面上的夹角，或者是过两条方向线的竖直面所夹的两面角(见图6-23)。

水平角值有效范围为0°～360°。

为了获得水平角β的大小，建立一个刻有0°～360°的圆形度盘，使度盘处于水平状态，使度盘圆心与地面点处于同一铅垂线上，在度盘圆心与地面点处的同一铅垂线上设计一个能“上下左右”转动的望远镜，当分别瞄准 A 点和 B 点，在水平度盘会有一与其同步旋转的指针指示出该方向的投影角度值 a 和 b，则水平角为

$$\beta = b - a \tag{6-19}$$

这样就可以获得地面上任意三点间所构成的水平角的大小。

2）竖直角测量原理

竖直角是指在同一竖直面内，某一方向线与水平线的夹角（见图 6-24）。测量上又称为倾斜角或竖角。

竖直角有仰角和俯角之分。夹角在水平线以上，称为仰角，取正号，角值 0°～+90°；夹角在水平线以下，称为俯角，取负号，角值为-90°～0°。

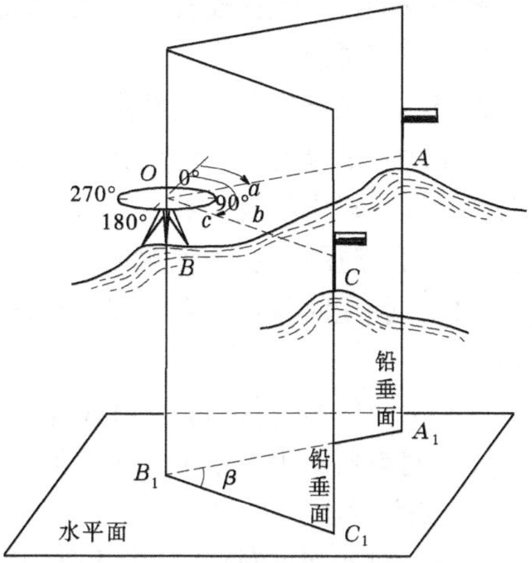

图 6-23　水平角测量原理

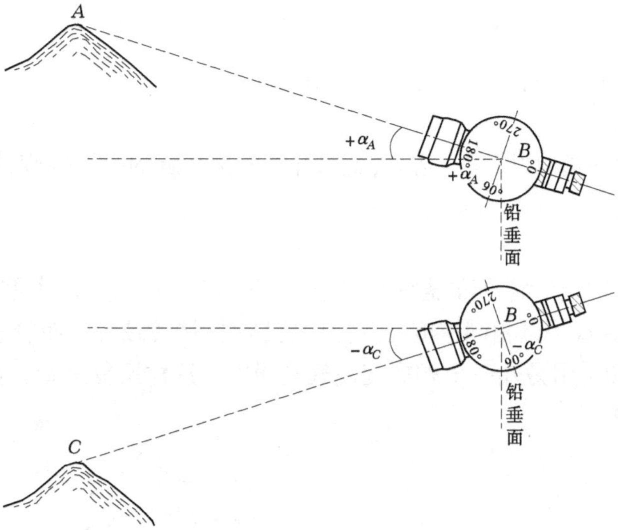

图 6-24　竖直角测量原理

A 点到 B 点的竖直角为 α_{A-B}，B 点到 A 点的竖直角为 α_{B-A}。

建立一个刻有 0°～360°的圆形度盘，使度盘处于竖直状态，设计一个能垂直旋转的望远镜，使其旋转的圆心与地面点处于同一铅垂线上。使度盘与垂直旋转的望远镜平行且两圆心共处于同一水平线上。当望远镜上下转动时，侧面度盘会同步旋转且有一指针会指示出此时望远镜的竖直角。

2.经纬仪的使用

经纬仪按不同测角精度又分成多种等级，如 DJ1、DJ2、DJ6、DJ10 等。“D”和“J”为“大地测量”和“经纬仪”的汉语拼音第一个字母。后面的数字代表该仪器测量精度。如 DJ6 表示一测回方向观测中误差不超过±6″。

经纬仪的使用包括安置经纬仪、照准目标、读数、记录与计算四个步骤。

1) 安置经纬仪

将经纬仪正确安置在测站点上,包括对中和整平两个步骤。

对中的目的是使仪器的旋转轴位于测站点的铅垂线上。对中可用垂球对中或光学对点器对中。垂球对中精度一般在 3 mm 之内。光学对点器对中可达到 1 mm。由于垂球对中精度较低,且使用不便,工程测量中一般采用光学对点器对中。光学对点器是由一组折射棱镜组成的。使用时先转动对点器调焦螺旋,看清分划板刻划圈后,再转动对点器目镜看清地面标志。

整平的目的是使仪器竖轴在铅垂位置,而水平度盘在水平位置。

光学对点器对中及整平的步骤如下:

(1)安置仪器。

打开三脚架腿,使脚架高度适合于观测者的高度,架头中心应大致对准测站点,架头大致水平,取出经纬仪,与三脚架牢固连接。从光学对中器向下观看,如偏差较远,整体移动脚架,使地面点标志进入对中器视野内,然后固定一个架腿不动,移动另两个架腿使地面点标志进入对中器中心。

(2)强制对中。

调节脚螺旋,使光学对点器中心与测点重合。

(3)粗略整平。

圆气泡偏向哪一边,说明哪一边高,就打开哪一边架腿的蝶形螺旋,慢慢地降低架腿,使圆气泡居中。

(4)精确整平。

由于位于照准部上的管水准器只有一个,如图 6-25 所示,可以先使它与一对脚螺旋连线的方向平行,然后双手以相同速度相反方向旋转这两个脚螺旋,使管水准器的气泡居中。再将照准部平转 90°,用另外一个脚螺旋使气泡居中。这样反复进行,直至管水准器在任一方向上气泡都居中。

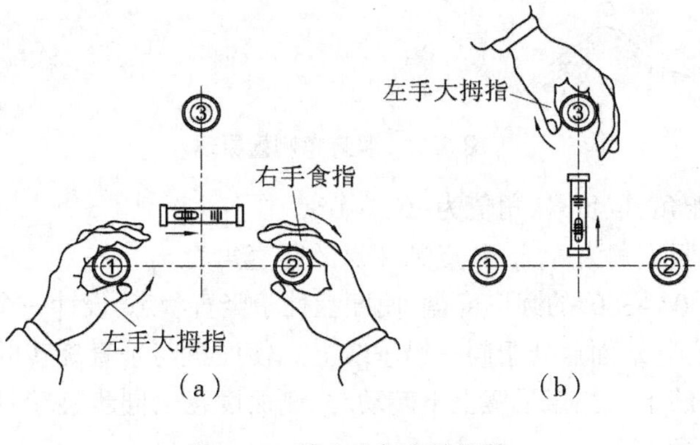

图 6-25 管水准气泡的调整

(5)精确对中

检查地面标志是不是位于光学对点器中心,若不居中,可稍旋松连接螺旋,在架头上移动仪器,使其精确对中。

重复(4)、(5)两步,直到完全对中、整平。

2)照准目标

测量角度时,仪器所在点称为测站点,远方目标点称为照准点,在照准点上必须设立照准标志便于瞄准。测角时用的照准标志有觇牌、测钎、垂球线等,如图 6-26 所示。

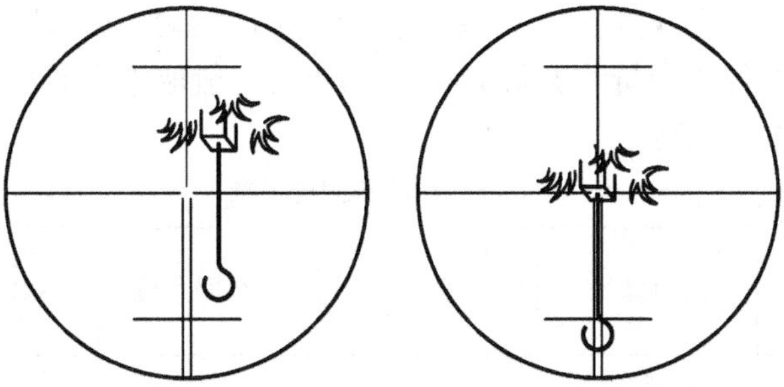

图 6-26　水平角测量瞄准目标方法

瞄准目标方法和步骤如下:

(1)调节目镜调焦螺旋,使十字丝清晰。

(2)利用粗瞄器,粗略瞄准目标,固定制动螺旋。

(3)调节物镜调焦螺旋使目标成像清晰,注意消除视差。

(4)调节制动、微动螺旋,精确瞄准。

3)读数

读数时要先调节反光镜,使读数窗光线充足,旋转读数显微镜调焦螺旋,使数字及刻线清晰,然后读数。测竖直角时注意调节竖盘指标水准管微动螺旋,使气泡居中后再读数。

4)记录与计算

读取的角度必须立刻记入手簿,并及时计算以验证是否合格,若超限应马上重测。

3.水平角观测

水平角观测的方法一般根据目标的多少和精度要求而定,常用的水平角观测方法有测回法和方向观测法。

1)测回法

测回法常用于测量两个方向之间的单角。

测回法观测步骤如下:

(1)在角顶点 O 上安置经纬仪,对中、整平。

(2)将经纬仪安置成盘左位置(竖盘在望远镜的左侧,也称正镜)。转动照准部,利用望远镜准星初步瞄准目标 A,调节目镜和望远镜调焦螺旋,使十字丝交点照准目标。将读数 a_L 记入记录手簿,松开水平制动扳钮和望远镜制动扳钮,顺时针转动照准部,同上操作,照准 B 点,将读数 b_L 记入手簿。盘左所测水平角为 $\beta_L=b_L-a_L$,称为上半测回,见表 6-5。

(3)松开水平制动扳钮和望远镜制动扳钮,倒转望远镜成盘右位置(竖盘在望远镜右侧,或称倒镜)。转动照准部,利用望远镜准星初步瞄准目标 B 点,将读数 b_R 记入记录手簿,松开水平制动扳钮和望远镜制动扳钮,逆时针转动照准部,同上操作,照准 A 点,将读数 a_R 记入手簿。测得 $\beta_R=b_R-a_R$,称为下半测回。

上、下半测回合称一测回。最后计算一测回角值 β 为

$$\beta = \frac{\beta_L + \beta_R}{2} \tag{6-20}$$

测回法用盘左、盘右观测（即正、倒镜观测），可以消除仪器某些系统误差对测角的影响，可以校核观测结果和提高观测成果精度。

测回法测角盘左、盘右观测值 β_R 与 β_L 之差不得超过±40″，此限差为图根控制测量水平角观测限差，因为图根控制测量的测角中误差为±20″，一般取中误差的两倍作为限差则为±40″。若超过此限应重新观测。

表 6-5 测回法测角记录

测站	竖盘位置	目标	度盘读数	半测回角度	一测回角度	各测回平均值	备注
第一测回 *O*	左	*A*	0°06′24″	72°39′54″	72°39′51″	72°39′52″	
		B	72°46′18″				
	右	*A*	180°06′48″	72°39′48″			
		B	252°46′36″				
第二测回 *O*	左	*A*	90°06′18″	72°39′48″	72°39′54″		
		B	162°46′06″				
	右	*A*	270°06′30″	72°40′00″			
		B	342°46′30″				

当测角精度要求较高时，可以观测多个测回，取其平均值作为水平角测量的最后结果。为了减少度盘刻划不均匀的误差，各测回间应根据测回数，按照 180°/n 变换水平度盘位置。

例如：

观测两测回——0°；90°

观测三测回——0°；60°；120°

观测四测回——0°；45°；90°；135°

观测六测回——0°；30°；60°；90°；120°；150°

上例为两测回观测的成果。

当各测回角值互差不超过±40″时，则取测回角值平均值作为最终结果。当超过±40″时，需对角值较大的和较小的测回重测。

2）方向观测法

当测站上的方向观测数在 3 个或 3 个以上时，一般采用方向观测法。当观测方向多于 3 个时，需"归零"。当观测方向为 3 个时，可不归零。

方向观测法观测计算步骤为：

（1）在 *O* 点安置仪器，对中、整平。

（2）上半测回（盘左）。

仪器为盘左观测状态，选择一个距离适中且影响清晰的方向作为起始方向，设为 *OA*。

盘左照准 A 点，并安置水平度盘读数，使其稍大于 0°，由零方向 A 起始，按顺时针依次精确瞄准各点读数 $A \rightarrow B \rightarrow C \rightarrow D \rightarrow A$（即所谓“全圆”），并记入方向观测法记录表。

（3）下半测回（盘右）。

纵转望远镜 180°，使仪器为盘右观测状态，按逆时针顺序 $A \rightarrow D \rightarrow C \rightarrow B \rightarrow A$，依次精确瞄准各点读数并记入方向观测法记录表。

（4）方向观测法记录、计算。

表 6-6　方向观测法测角记录

测站	测回	觇点	水平度盘读数 盘左 (° ′ ″)	水平度盘读数 盘右 (° ′ ″)	2c (″)	平均读数 (° ′ ″)	一测回归零方向值 (° ′ ″)	各测回平均方向值 (° ′ ″)
1	2	3	4	5	6	7	8	9
O	1					(0 00 34)		
		A	0 00 54	180 00 24	+30	0 00 39	0 00 00	0 00 00
		B	79 27 48	259 27 30	+18	79 27 39	79 27 05	79 26 59
		C	142 31 18	322 31 00	+18	142 31 09	142 30 35	142 30 29
		D	288 46 30	108 46 06	+24	288 46 18	288 45 44	288 45 47
		A	0 00 42	180 00 18	+24	0 00 30		
		Δ=	−12	−6				
O	2					(90 00 52)		
		A	90 01 06	270 00 48	+18	90 00 57	0 00 00	
		B	169 27 54	349 27 36	+18	169 27 45	79 26 53	
		C	232 31 30	42 31 00	+30	232 31 15	142 30 23	
		D	18 46 48	198 46 36	+12	18 46 42	288 45 50	
		A	90 01 00	270 00 36	+24	90 00 48		
		Δ=	−6	−12				

①观测角度记录顺序：盘左自上而下，盘右自下而上。

②计算 $2c$ 值（两倍视准误差）：

$$2c = \text{盘左读数} - (\text{盘右读数} \pm 180°) \qquad (6\text{-}21)$$

计算结果计入表 6-6 中第 6 栏。$2c$ 本身为一常数，故 $2c$ 互差可作为观测质量检查的一个指标，若超限需重测。

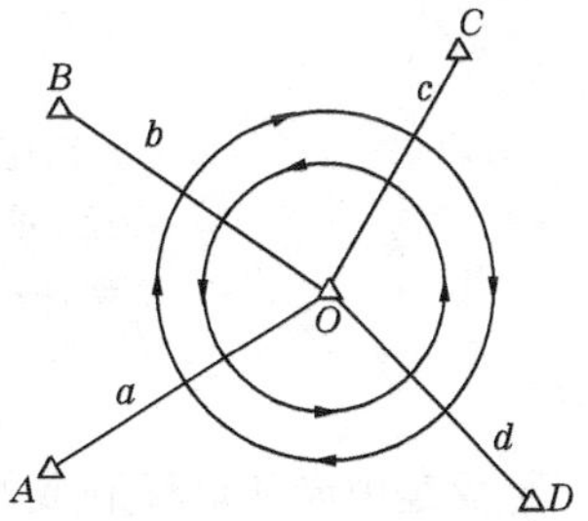

图 6-27　方向观测法

③计算半测回归零差（即上下半测回中零方向两次读数之差）：

$$\Delta = \text{零方向归零方向值} - \text{零方向起始方向值} \qquad (6\text{-}22)$$

对于 DJ_6 经纬仪其允许值（限差）为±18″，若超限需重测。

④计算各方向盘左、盘右平均值：

$$平均值 = (盘左读数 + 盘右读数 \pm 180°)/2 \tag{6-23}$$

计算结果计入表 6-6 中第 7 栏。

⑤归零方向值的计算：

先计算出零方向 A 的总平均值（计算结果计入表 6-6 中第 7 栏最上部），令其为 0°00′00″，其他各方向的方向值均减去第一个方向的方向值，计算结果称为归零方向值，计入表 6-6中第 8 栏。

⑥各测回同方向归零方向值的计算：

当各测回同方向归零方向值互差小于限差时，方可取平均值计入表 6-6 中第 9 栏。若超限需重测。

表 6-7　方向观测法限差的要求

经纬仪型号	半测回归零差(″)	一测回内 2c 互差(″)	同一方向各测回互差(″)
DJ2	8	13	9
DJ6	18		

4.竖直角观测

经纬仪竖盘包括竖直度盘、竖盘指标水准管和竖盘指标水准管微动螺旋。如果望远镜视线水平，竖盘读数应为 90°或 270°。当望远镜上下转动瞄准不同高度的目标时，竖盘随着转动，而指标不随着转动，即指标线不动，因而可读得不同位置的竖盘读数，用以计算不同高度目标的竖直角，见图 6-28。

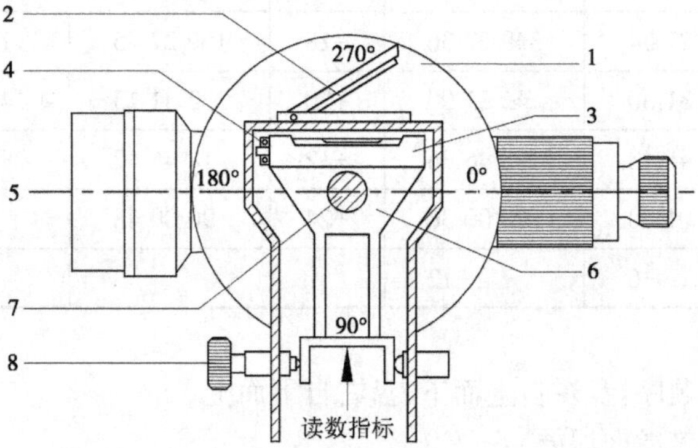

1—竖直度盘；2—水准管反射镜；3—竖盘指标水准管；4—竖盘指标水准管校正螺丝；5—望远镜视准轴；6—竖盘指标水准管支架；7—横轴；8—竖盘指标水准管微动螺旋

图 6-28　经纬仪竖盘结构

竖盘是由光学玻璃制成的，其刻划有顺时针方向和逆时针方向两种，见图 6-29。不同刻划的经纬仪其竖直角公式不同。当望远镜物镜抬高，竖盘读数增加时，竖直角为

$$\alpha = 读数 - 起始读数 = L - 90° \tag{6-24}$$

反之，当物镜抬高，竖盘读数减小时，竖直角为

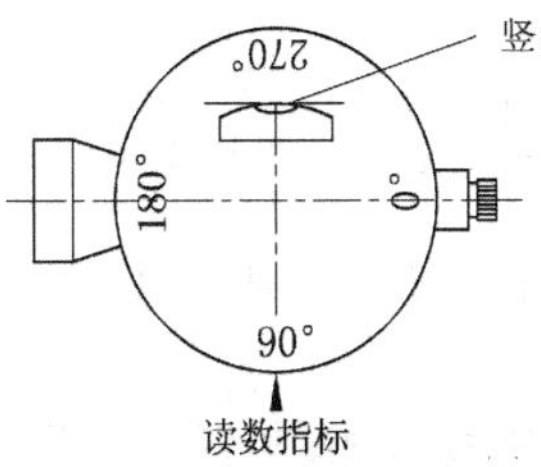

图 6-29　竖盘刻度注记(盘左)

$$\alpha = \text{起始读数} - \text{读数} = 90° - L \tag{6-25}$$

1)竖直角观测和计算

(1)仪器安置在测站点上,对中、整平。

(2)盘左位置瞄准目标点,使十字丝中横丝精确瞄准目标顶端,见图 6-30。调节竖盘指标水准管微动螺旋,使水准管气泡居中,读数为 L。

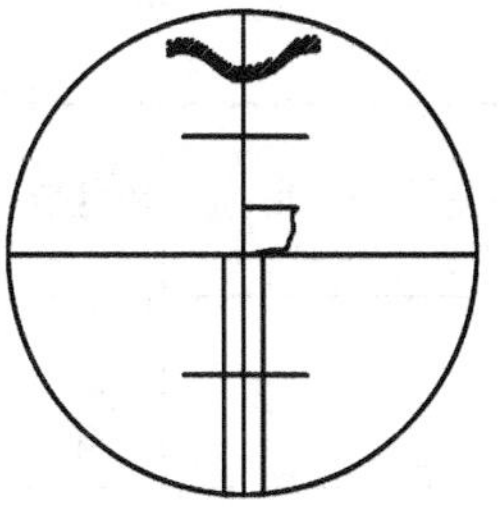

图 6-30　竖直角测量瞄准

(3)用盘右位置再瞄准目标点,调节竖盘指标水准管,使气泡居中,读数为 R。

(4)计算竖直角时,需首先判断竖直角计算公式,如图 6-31 所示。

盘左位置,抬高望远镜,竖盘指标水准管气泡居中时,竖盘读数为 L,则盘左竖直角为

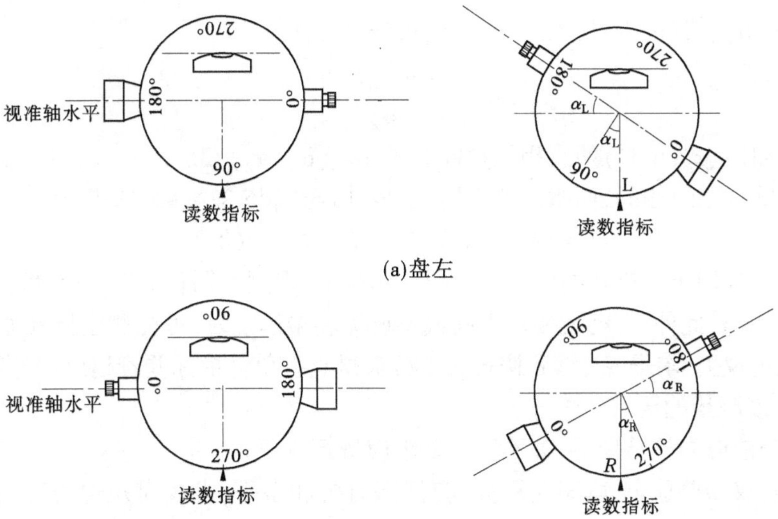

(a)盘左

(b)盘右

图 6-31　竖直角判断

$$\alpha_L = 90° - L \tag{6-26}$$

盘右位置,抬高望远镜,竖盘指标水准管气泡居中时,竖盘读数为 R,则盘右竖直角为

$$\alpha_R = R - 270° \tag{6-27}$$

一测回角值为

$$\alpha = \frac{1}{2}(\alpha_L + \alpha_R) = \frac{1}{2}(R - L - 180°) \tag{6-28}$$

将各观测数据填入手簿(见表 6-8),利用上列各式逐项计算,便得出一测回竖直角。

2)竖盘指标差

经纬仪由于长期使用及运输,会使望远镜视线水平、竖盘水准管气泡居中时,其指标不恰好在 90°或 270°,而与正确位置差一个小角度 x,称为竖盘指标差,见图 6-32。此时进行竖直角测量,盘左读数为 90°+x。正确的竖直角为

$$\alpha = (90° + x) - L \tag{6-29}$$

盘右时,正确的竖直角为

$$\alpha = R - (270° + x) \tag{6-30}$$

表 6-8　竖直角观测手簿

测站	目标	竖盘位置	竖盘读数 (° ′ ″)	半测回竖直角 (° ′ ″)	指标差 (″)	一测回竖直角 (° ′ ″)	备注
O	*P*	左	71 12 36	+18 47 24	−12	+18 47 12	
		右	288 47 00	+18 47 00			
	Q	左	96 18 42	−6 18 42	−9	−6 18 51	
		右	263 41 00	−6 19 00			

将式(6-26)、式(6-27)代入式(6-29)、式(6-30)得:

$$\alpha = \alpha_L + x \tag{6-31}$$

$$\alpha = \alpha_R - x \tag{6-32}$$

将式(6-31)、式(6-32)两式相加除以 2,得 $\alpha = (\alpha_L + \alpha_R)/2$。

此式与式(6-28)相同,而指标差可用式(6-31)与式(6-32)相减求得:

$$x = (\alpha_R - \alpha_L)/2 = (L + R - 360°)/2 \tag{6-33}$$

指标差大都用于检查观测质量。在同一测站上,观测不同目标时,DJ6 型经纬仪指标差变化范围为 25″。此外,在精度要求不高或不便纵转望远镜时,可先测定指标差 x,在以后观测时只作正镜观测,求得 α_L,然后按式(6-28)求得竖直角。指标差若超出±1′应校正。

(二)角度测量的要点

(1)观测前应先检验仪器,如不符合要求应进行校正。

(2)安置仪器要稳定,脚架应踩实,应仔细对中和整平,尤其对短边时应特别注意仪器对中,在地形起伏较大地区观测时,应严格整平。一测回内不得再对中、整平。

(3)目标应竖直,仔细对准地上标志中心,根据远近选择不同粗细的标杆,尽可能瞄准标杆底部,最好直接瞄准地面上标志中心。

(4)严格遵守各项操作规定和限差要求。采用盘左、盘右位置观测取平均的观测方法:照准时应消除视差,一测回内观测避免碰动度盘。竖直角观测时,应先使竖盘指标水准管气泡居中后,才能读取竖盘读数。

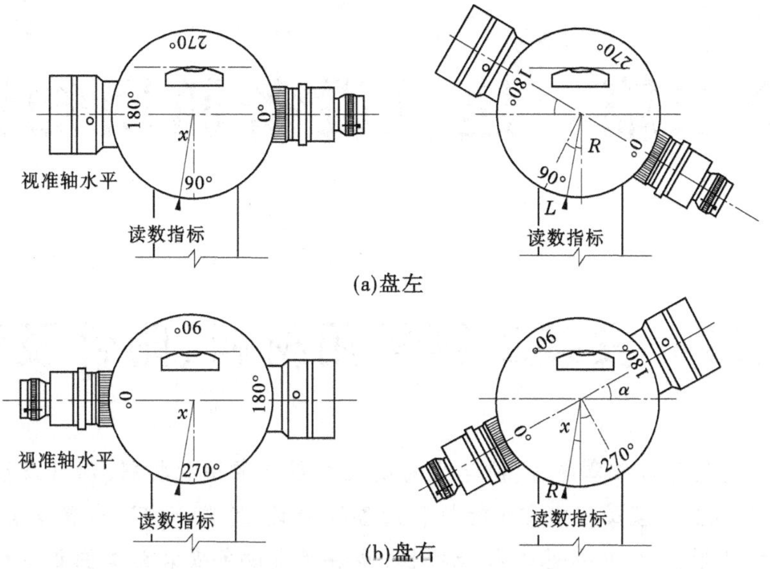

图 6-32　竖盘指标差

(5)当对一水平角进行 m 个测回(次)观测,各测回间应变换度盘起始位置,每测回观测度盘起始读数变动值为 $\frac{180°}{m}$(m 为测回数)。

(6)水平角观测时,应以十字丝交点附近的竖丝仔细瞄准目标底部;竖直角观测时,应以十字丝交点附近的中丝照准目标的顶部(或某一标志)。

(7)读数应果断、准确,特别注意估读数。观测结果应及时记录在正规的记录手簿上,当场计算。当各项限差满足规定要求后,方能搬站。如有超限或错误,应立即重测。

(8)选择有利的观测时间和避开不利的外界因素。

(9)仪器安置的高度应合适,脚架应踩实,中心螺旋拧紧,观测时手不扶脚架,转动照准部及使用各种螺旋时,用力要轻。

小　结

本章主要介绍了水准仪、经纬仪、全站仪、测距仪四种设备的作用、使用方法和要求,要求学生能根据安装工程的特点,正确使用仪器,进行施工现场的水准、距离和角度的测量。

第二篇　建筑设备通用知识

第七章　安装工程常用材料、附件及设备

【学习目标】　通过学习本章内容，使学生对安装工程中常用的材料、附件及设备的基础知识有一定了解，熟悉安装工程中常用材料和设备的形式、种类、作用、布置安装方式等，掌握材料和设备的选型、建筑设备基本技能操作，具备建筑设备安装施工图识读的基本知识技能，同时也为建筑设备安装专业施工知识的学习打下一定的基础。

第一节　建筑水暖工程常用管材及连接方法

建筑水暖工程常用管材有金属管、塑料管、复合管和其他管材等。其中，金属管包括钢管、铸铁管和铜管等；塑料管包括聚氯乙烯管、聚乙烯管、聚丙烯管、工程塑料管和玻璃钢夹砂管等；复合钢管包括钢塑复合管和铝塑复合管等；其他管材包括钢筋混凝土管、陶土管、石棉水泥管等。下面介绍几种常用管材及其连接方法。

一、钢管

钢管具有强度高、承压大、抗振性能好、自重比铸铁管轻、接头少、加工安装方便等优点；但成本高，抗腐性能差，易造成水质污染。

钢管按其构造特征分为有缝（焊接）钢管和无缝钢管两类。焊接钢管承压能力相对较低，故又称低压流体输送管；无缝钢管用碳素结构或合金结构钢制造，强度高、内表面光滑、水力条件好、承压能力强，一般在 0.6 MPa 以上的管道中采用无缝钢管。钢管按其表面防腐处理情况可分为镀锌钢管（白铁管）和非镀锌钢管（黑铁管）。根据镀锌工艺不同分为冷镀锌钢管和热镀锌钢管。镀锌钢管内外都有锌层保护，使其耐腐蚀性增强，但对水质仍有影响。在城镇新建住宅中，冷镀锌钢管已被淘汰，热镀锌钢管也逐步被限制使用场合。

焊接钢管规格用公称直径 DN（单位：mm）表示，有 DN8、DN10、DN15、DN20、DN25、DN32、DN40、DN50、DN65、DN80、DN100、DN125、DN150 等。钢管连接方式有螺纹连接、焊接、法兰连接、卡箍沟槽式。例如，给水镀锌钢管当管径≤100 mm 时应采用螺纹连接，套丝扣时破坏的镀锌层表面及外露螺纹部分应做防腐处理；管径>100 mm 时应采用法兰或卡箍沟槽式连接，镀锌钢管与法兰的焊接处应二次镀锌。采暖焊接钢管当管径≤32 mm 时应采用螺纹连接，管径>32 mm 时应采用焊接。

钢管的螺纹连接方式及配件见图 7-1。螺纹连接是在管端加工外螺纹,拧上带内螺纹的管件,然后与其他管段相连接构成管路系统的连接形式。连接配件有管箍、异径管箍(大小头)、弯头(90°、45°)、异径弯头(大小弯)、等径三通、异径三通、等径四通、异径四通、活接头(油任)、补芯、丝堵等。

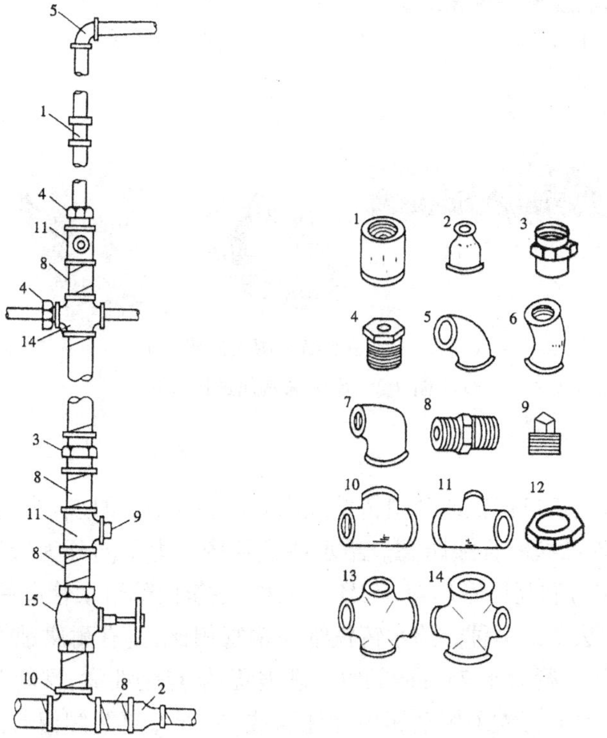

1—管箍;2—异径管箍;3—活接头;4—补心;5—90°弯头;6—45°弯头;7—异径弯头;8—内管箍;9—管塞;10—等径三通;11—异径三通;12—根母;13—等径四通;14—异径四通;15—阀门

图 7-1　钢管螺纹连接配件及连接方法

钢管的其他连接方式及配件见图 7-2。焊接是管道工程中应用较广泛的一种连接形式,如常用电焊条熔化将管子与管子或管件相连接。法兰连接是管道的连接件法兰盘在螺栓、螺帽的紧固下,压紧两片法兰盘之间的法兰垫片,使管道连接起来的一种连接方式。法兰连接具有拆卸方便、连接强度高、严密性好等优点,适用于需经常检修拆卸的管道、法兰阀件、带法兰接口的设备配管的连接。

管道沟槽式连接和开孔式机械配管在消防工程中应用越来越多,包括管道与管道连接、管道与阀门连接、管道与设备连接、管道分支等内容。管道沟槽式连接先用专用开槽工具在管端开出一定规格的槽沟(薄壁管采用滚槽,厚壁管采用割槽),再将连接管管口对好,并装好密封圈,然后将专用的卡箍包住管口和密封圈,并用螺栓将卡箍上紧即可。开孔式机械配管是利用开孔工具在需要接出支管的母管上钻出一个圆孔,然后在开孔处安装一个装配式环形支管接头。

(a)焊接

(b)法兰连接

(c)卡箍沟槽式连接

图 7-2 钢管的其他连接方式

二、铸铁管

给水铸铁管常用灰口铸铁或球墨铸铁经离心浇注而成,质地较为匀密,管内外壁较光滑一致,出厂前管内外已涂沥青漆防腐。给水铸铁管按压力不同分为低压管(≤0.45 MPa)、普压管(≤0.75 MPa)和高压管(≤1.0 MPa)三种,建筑内部给水管道一般用普压管;按接口形式分为承插式和法兰式两种。给水铸铁管与钢管相比,具有耐腐蚀性强、价格低、使用寿命长等优点,多用作管径大于 75 mm 的给水埋地管;缺点是性脆、重量大、长度小。

排水铸铁管由普通铸铁采用金属模浇注而成,在管外部两侧留有凸起的棱(铸造筋),内表面较粗糙,壁薄(5~6 mm)且厚度不均匀。排水铸铁管规格有 DN50、DN75、DN100、DN125、DN150。排水铸铁管常用于无压力要求的污、废水管道。

铸铁管连接方式有承插连接和法兰连接。承插连接是铸铁管的主要连接方式,它是将管子的插口(俗称小头)插入管件的承口(俗称喇叭口),有刚性接口和柔性接口之分。刚性承插接口形式见图 7-3,有石棉水泥接口、膨胀水泥接口、胶圈接口和青铅接口等。刚性接口抗应变能力差,受外力作用常产生填料碎裂导致渗漏水。在地基较弱、地基不均匀沉陷和地震区常使用柔性接口,有胶圈推入式铸铁管接口和螺栓压盖式铸铁管接口。

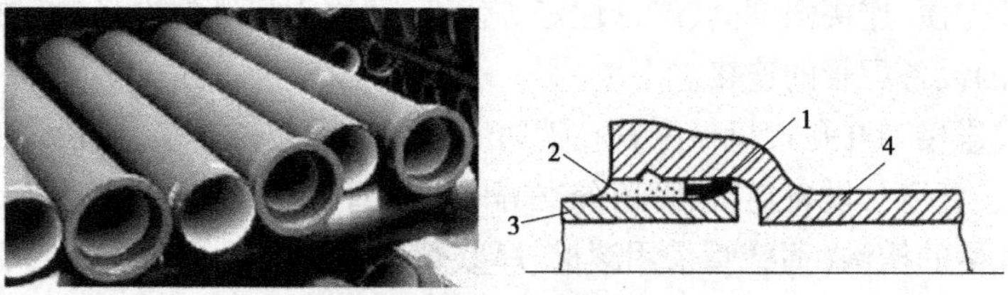

1—油麻或胶圈;2—填料;3—插口;4—承口

图 7-3 铸铁管及承插接口形式

三、铜管和不锈钢管

铜管用于输送饮用水、热水和燃气、氧气等对铜无腐蚀性的介质,常用的有紫铜管(纯铜)和黄铜管(铜合金)。铜管和不锈钢管的优点是耐腐蚀、耐高温高压、柔韧性和延展性好,所以可用于不同的环境,使用寿命长且不会造成水质二次污染,并可回收利用。但缺点是价格高,线膨胀系数大,保温性差。

在建筑给水中,推广使用薄壁铜管和薄壁不锈钢管。薄壁铜管多采用钎焊连接,薄壁不锈钢管多采用卡压式和亚弧焊等连接方法,其中卡压连接见图 7-4。

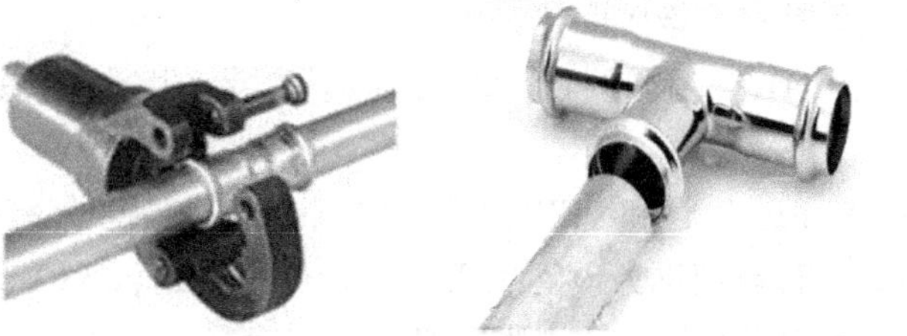

图 7-4　不锈钢管卡压连接

四、塑料管

在给排水系统中,塑料管材逐渐取代了铸铁管和镀锌钢管等传统管材,得以广泛应用。塑料管的优点是耐腐蚀、卫生、光滑、保温性好、质轻、安装方便、造价低等;缺点是热膨胀系数大、机械性能差、不耐高温、易老化。塑料管规格按产品标准规定的方法表示,常用公称外径 De。设计若都按公称直径 DN,应有其与相应产品规格对照表。常用塑料管材形式见图 7-5。

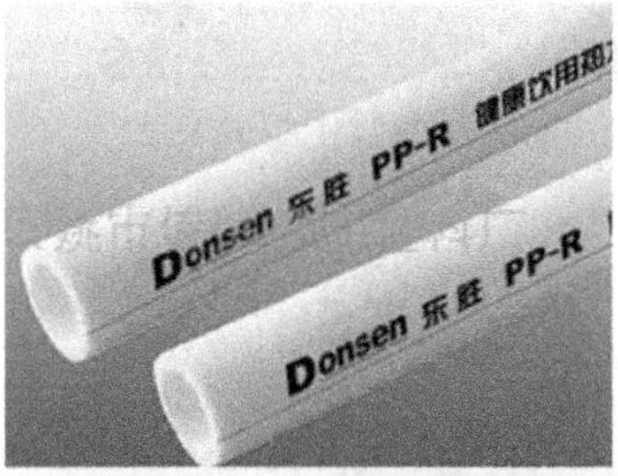

(a)无规共聚聚丙烯管(PP-R)

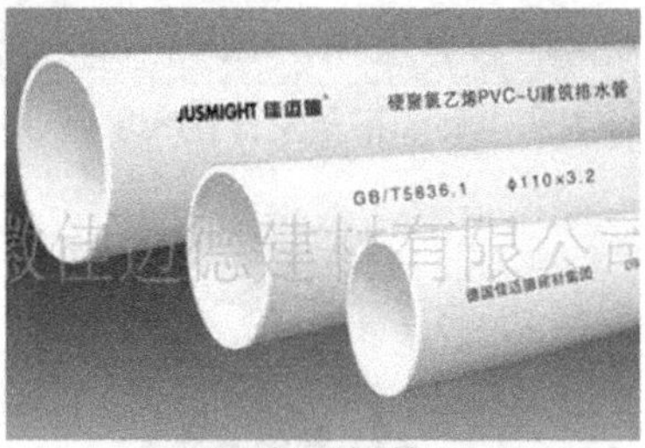

(b)硬聚氯乙烯管(U-PVC)

(c)高密度硬聚乙烯管(HDPE)

(d)玻璃钢夹砂管(RPM)

图 7-5　常用塑料管形式

(1)无规共聚聚丙烯管(PP-R)。规格有 De10、De12、De16、De20、De25、De32、De40、De50、De63、De75、De90、De110,主要采用热熔连接,与不同材质相连时用螺纹或法兰连接。

(2)聚乙烯类:聚乙烯管(PE)、交联聚乙烯管(PEX)、高密度硬聚乙烯管(HDPE)。PE 管规格有 De16、De20、De25、De32、De40、De50、De63、De90、De110、De125、De160、De180 等,主要采用热熔连接。PEX 管采用卡压连接,HDPE 管采用承插连接。

(3)聚氯乙烯类:硬聚氯乙烯管(U-PVC)、U-PVC 双壁波纹管、U-PVC 中空螺旋缠绕管、氯化聚氯乙烯管(C-PVC)。U-PVC 给水管规格有 De20、De25、De32、De40、De50、De63、De75、De90、De110、De125、De140、De160 等,U-PVC 排水管规格有 De50、De75、De90、De110、De160 等,采用粘接或橡胶圈接口。

(4)其他塑料管。ABS 工程塑料管(丙烯晴-丁二烯-苯乙烯)、聚丁烯管(PB)和玻璃钢夹砂管(RPM)等。

上述塑料管材中,PP-R 管和 PEX 管用于建筑冷热水系统,U-PVC 给水管和 PE 管多用于室外埋地给水管道,玻璃钢夹砂管用于大口径供水管道,U-PVC 排水管广泛用于室内排水管道,HDPE 管多用于室外埋地排水管道。

五、复合管

建筑水暖工程用复合管有钢塑复合管(SP)、铝塑复合管(PAP)、塑覆铜管和薄壁不锈钢塑料复合管等形式,见图 7-6。

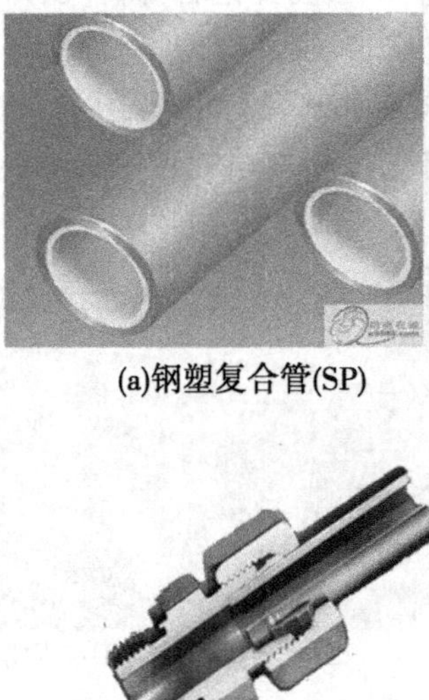

(a)钢塑复合管(SP)

(b)铝塑复合管(PAP)

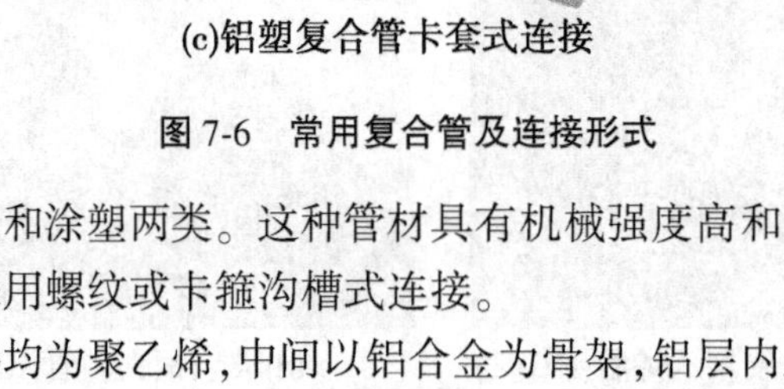

(c)铝塑复合管卡套式连接

图 7-6　常用复合管及连接形式

钢塑复合管有衬塑和涂塑两类。这种管材具有机械强度高和耐腐蚀的优点,但价格较贵。钢塑复合管主要采用螺纹或卡箍沟槽式连接。

铝塑复合管内外层均为聚乙烯,中间以铝合金为骨架,铝层内外用热熔胶粘接,并经机械挤压复合而成。它具有塑料质轻、无毒、耐腐蚀、流体阻力小等优点,又有铝合金高耐压强度和优良的延展性。铝塑复合管良好的物理化学性能和可靠的安全、实用性,使其在建筑给水(横支管)、采暖(地暖)、燃气等方面得以广泛应用。铝塑复合管规格有 De14、De16、De20、De26、De32 等,采用卡套式或卡压式连接。

六、其他管材

除上述管材外,建筑水暖工程还用到预应力钢筋混凝土管(PCCP)、排水混凝土管、陶土管、石棉水泥管等管材,这里不再详述。

第二节　给水设备及其安装

建筑给水系统除管道外,还应有给水附件、计量仪表、给水设备等构件,以保证系统安全正常运行。

一、给水附件

(一)控制附件

控制附件是指管道系统中用于调节水量、水压、控制水流方向和启闭水流的阀门。阀门形式很多,按作用分为闸阀、截止阀、止回阀、蝶阀、球阀、疏水阀、安全阀、减压阀和旋塞阀等,几种常用阀门见图 7-7。

1.常用阀门种类和功能介绍

1)闸阀

闸阀内闸板与水流方向垂直,利用闸板的升降来控制阀门的启闭。闸阀有螺纹和法兰两种接口形式。闸阀密封性能好,水流阻力小,具有一定调节流量的能力,介质可从任一方向流动。但闸阀结构复杂,水中杂质落入阀座后使阀门关闭不严,易产生磨损和漏水。管径 DN>50 mm 宜选用闸阀,安装无方向性,但手轮不能朝下。

2)截止阀

截止阀是应用最广泛的一种阀门,主要用来关闭水流但不宜调节流量。截止阀有螺纹和法兰两种接口形式。截止阀结构简单,密封性能好,但水流通过要改变方向,因而流动阻力大,密封面容易损坏。截止阀适用在管径 DN≤50 mm 的管段上或需经常开启的管段上。截止阀安装要求“低进高出”,不得装反。

3)止回阀

止回阀又称逆止阀,是一种自动启闭的阀门,用来阻止水流的反向流动,如用于水泵出水管路上以保护水泵停泵时不受影响。止回阀按形式可分为升降式和旋启式两种。升降式止回阀密封性能好,常用于小口径、水平管道上;旋启式止回阀阻力较小,常用于大口径、水平或垂直管道上。止回阀有严格方向性,安装时必须使水流方向与阀体上箭头方向一致,不得装反。

4)蝶阀

蝶阀是靠一个圆盘形的阀板,在阀体内绕其自身轴线旋转,从而达到启闭和调节目的。蝶阀结构简单,外形尺寸紧凑,启闭灵活,开启度指示清楚,水流阻力小,阀体不易漏水。蝶

(a)闸阀

(b)截止阀

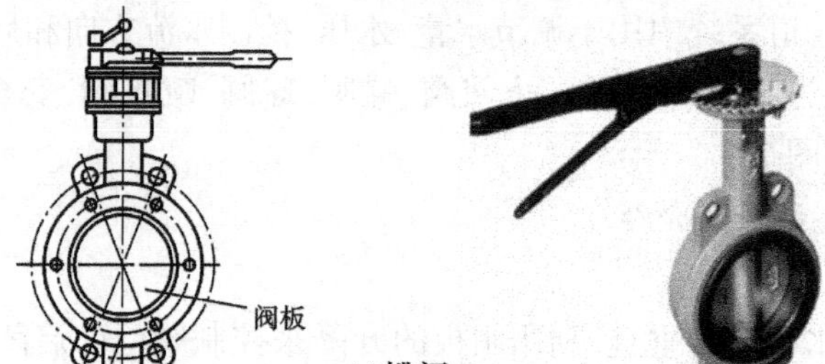

(c)蝶阀

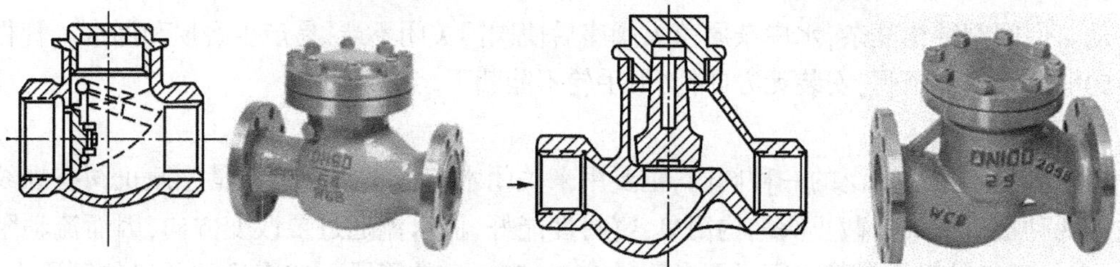

(d)止回阀（旋启式和升降式）

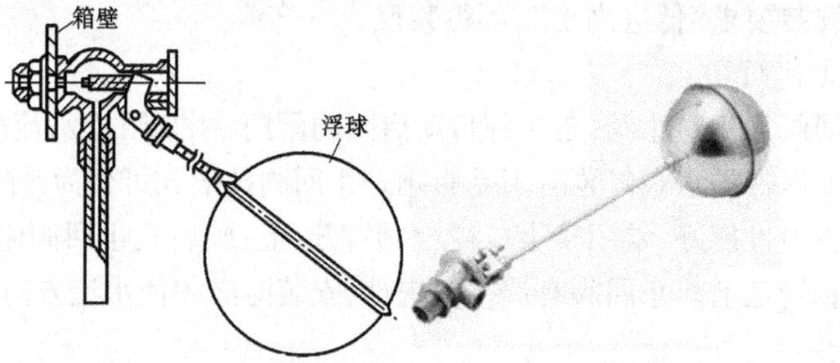

(e)球阀

(f)浮球阀

图 7-7　几种常用阀门

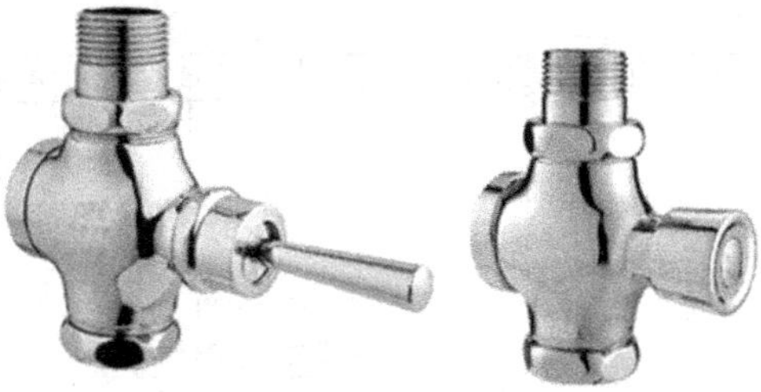

(g)延时自闭冲洗阀

续图 7-7

阀用在双向流动的管道上,多用于消防水系统。

5)球阀

球阀是利用一个中间开孔的球体阀芯,靠旋转球体来控制水流的。它只能全开或全关,不能调节流量,常用于小管径的给水管道中。

6)疏水阀

疏水阀是一种用于自动排泄系统中的凝结水,阻止蒸汽通过的阀门。疏水阀有高压和低压之分,按结构不同分为浮筒式、倒吊桶式、热动力式、脉冲式和用于低压蒸汽采暖系统的恒温型热膨胀式(回水盒)。疏水阀用于散热器凝结水排除时,应安装在散热器下部。

7)安全阀

安全阀是一种保护器材,用来避免管网和其他设备中压力超过规定范围而受到破坏,一般有弹簧式和杠杆式两种。

8)减压阀

减压阀靠阀内敏感元件(薄膜、活塞、波纹管)改变阀瓣与底座间隙,使介质节流降压,并使阀后压力保持稳定。减压阀与其他阀件及管道组合成减压阀组,称为减压器。减压阀多装在高层建筑给水和热水采暖系统的低区管道上。

9)旋塞阀

旋塞阀又称转心门,其启闭件是一个中间开孔的塞子,绕其轴线旋转。旋塞阀结构简单,流体阻力小,无介质流向要求,启闭迅速,操作方便。

10)浮球阀

浮球阀是一种可以自动进水和自动关闭的阀门,多装在水箱或水池内。当水流充水到既定水位时,浮球随水位浮起关闭进水口;当水位下降时,浮球下落,进水口开启,自动向水箱充水。浮球阀口径为 15~100 mm,与各种管径规格相同。

11)延时自闭冲洗阀

延时自闭冲洗阀安装在大、小便器的冲洗管上,按下手柄后开启,延时一定时间后自动关闭,能够节水和防止回流污染,安装使用方便,外表洁净美观。

2.阀门的型号表示

阀门型号通常应表示阀门类型、驱动方式、连接形式、结构特点、公称压力、密封面材料、阀体材料等要素。目前,我国一般采用统一的编号,方法如下:

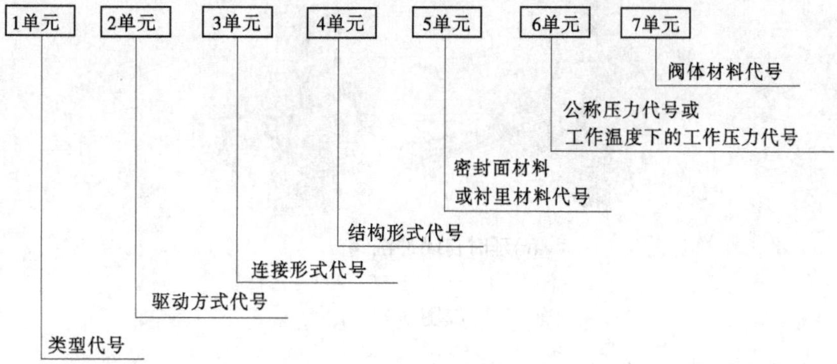

1)1 单元:类型代号

类型代号见表 7-1。

表 7-1　类型代号

类型	安全阀	蝶阀	隔膜阀	止回阀	截止阀	节流阀	排污阀	球阀	疏水阀	柱塞阀	旋塞阀	减压阀	闸阀
代号	A	D	G	H	J	L	P	Q	S	U	X	Y	Z

2)2 单元:驱动方式代号

驱动方式代号见表 7-2。

表 7-2　驱动方式代号

驱动方式	电磁动	电磁-液动	电-液动	蜗轮	正齿轮	伞齿轮	气动	液动	气-液动	电动	手柄手轮
代号	0	1	2	3	4	5	6	7	8	9	无代号

3)3 单元:连接形式代号

连接形式代号见表 7-3。

表 7-3　连接形式代号

连接方式	内螺纹	外螺纹	两不同连接	法兰	焊接	对夹	卡箍	卡套
代号	1	2	3	4	6	7	8	9

4)4 单元:结构形式代号

常用阀门的结构形式代号如下。

(1)闸阀结构形式代号见表 7-4。

表 7-4 闸阀结构形式代号

结构形式				代号
阀杆升降式(明杆)	楔式闸板	弹性闸板		0
		刚性闸板	单闸板	1
			双闸板	2
	平行式闸板		单闸板	3
			双闸板	4
阀杆非升降式(暗杆)	楔式闸板		单闸板	5
			双闸板	6
	平行式闸板		单闸板	7
			双闸板	8

(2)截止阀、节流阀和柱塞阀结构形式代号见表 7-5。

表 7-5 截止阀、节流阀和柱塞阀结构形式代号

结构形式		代号	结构形式		代号
阀瓣非平衡式	直通流道	1	阀瓣平衡式	直通流道	6
	Z 形流道	2		角式流道	7
	三通流道	3		—	—
	角式流道	4		—	—
	直流流道	5		—	—

(3)球阀结构形式代号见表 7-6。

表 7-6 球阀结构形式代号

结构形式		代号	结构形式		代号
浮动球	直通流道	1	固定球	直通流道	7
	Y 形三通流道	2		四通流道	6
	L 形三通流道	4		T 形三通流道	8
	T 形三通流道	5		L 形三通流道	9
	—	—		半球直通	0

(4)蝶阀结构形式代号见表 7-7。

表 7-7 蝶阀结构形式代号

结构形式		代号	结构形式		代号
密封型	单偏心	0	非密封型	单偏心	5
	中心垂直板	1		中心垂直板	6
	双偏心	2		双偏心	7
	三偏心	3		三偏心	8
	连杆机构	4		连杆机构	9

(5)止回阀结构形式代号见表 7-8。

表 7-8 止回阀结构形式代号

结构形式		代号	结构形式		代号
升降式阀瓣	直通流道	1	旋启式阀瓣	单瓣结构	4
	立式结构	2		多瓣结构	5
	角式流道	3		双瓣结构	6
—	—	—	蝶形止回式		7

(6)安全阀结构形式代号见表 7-9。

表 7-9 安全阀结构形式代号

结构形式		代号	结构形式		代号
弹簧载荷弹簧密封结构	带散热片全启式	0	弹簧载荷弹簧不封闭且带扳手结构	微启式、双联阀	3
	微启式	1		微启式	7
	全启式	2		全启式	8
	带扳手全启式	4		—	—
杠杆式	单杠杆	2	带控制机构全启式		6
	双杠杆	4	脉冲式		9

(7)减压阀结构形式代号见表 7-10。

表 7-10 减压阀结构形式代号

结构形式	代号	结构形式	代号
薄膜式	1	波纹管式	4
弹簧薄膜式	2	杠杆式	5
活塞式	3	—	—

5)5 单元:密封面材料或衬里材料代号

密封面材料或衬里材料代号见表 7-11。

表 7-11　密封面材料或衬里材料代号

材料	锡基轴承合金巴氏合金	搪	渗氮钢	18−8系不锈钢	氟塑料	玻璃	Cr13不锈钢	衬胶	蒙乃尔合金	尼龙塑料	渗硼钢	衬铅	Mo2Ti不锈钢	塑料	铜合金	橡胶	硬质合金	阀体直接加工
代号	B	C	D	E	F	G	H	J	M	N	P	Q	R	S	T	X	Y	W

6)6 单元:公称压力代号

公称压力代号用阿拉伯数字直接表示,它是 MPa 的 10 倍。

7)7 单元:阀体材料代号

阀体材料代号见表 7-12。

表 7-12　阀体材料代号

阀体材料	钛及钛合金	碳钢	Cr13 系不锈钢	铬钼钢	可锻铸铁	铝合金	18−8 系不锈钢	球墨铸铁	Mo2Ti 系不锈钢	塑料	铜及铜合金	铬钼钒钢	灰铸铁
代号	A	C	H	I	K	L	P	Q	R	S	T	V	Z

(二)配水附件

配水附件安装在各种用水器具上用于调节和分配水流。常用配水附件见图 7-8。

1.普通配水龙头

1)球形阀式配水龙头

装设在洗脸盆、污水盆、盥洗槽上的水龙头均属此类。水流经过时因水流改变流向,故压力损失较大。

2)旋塞式配水龙头

该水龙头旋转 90°即可完全开启,可短时获得较大流量。由于水流呈直线通过,其阻力较小,但启闭迅速时易产生水锤。旋塞式配水龙头适用于浴池、洗衣房和开水间等处。

2.盥洗龙头

该龙头装设在洗脸盆上,专门供冷水或热水用,有莲蓬头式、鸭嘴式、角式和长脖式等几种。

3.混合龙头

混合龙头用以调节冷热水的温度,供盥洗、洗涤和浴用。该龙头式样较多,可结合实际选用。

除上述配水龙头外,还有小便器角形水龙头、皮带水龙头、电子自控水龙头等。

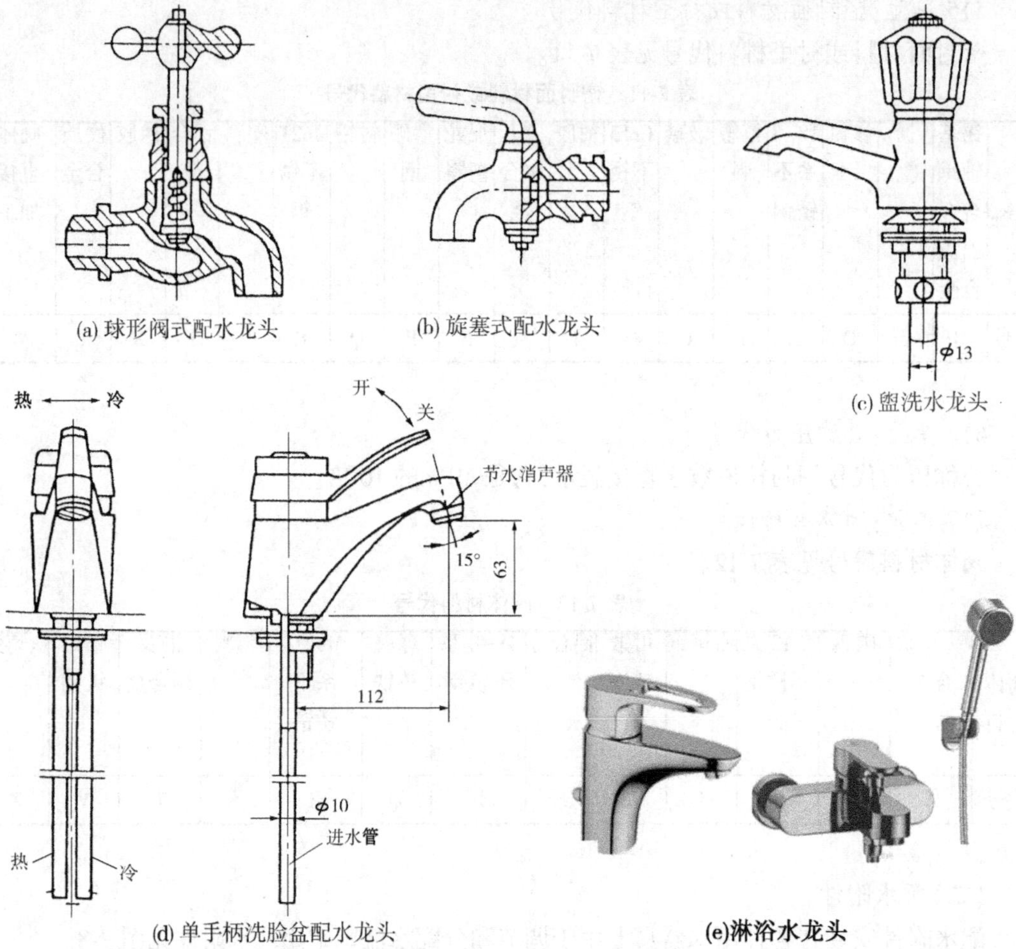

图 7-8　常用几种配水龙头

二、计量仪表

(一) 水表

水表是一种计量用户用水量的仪表。

1.水表的分类

根据计量原理，水表分为流速式和容积式。室内给水系统广泛采用流速式水表，它是根据管径一定时，通过水表的流速与流量成正比的原理，利用水流推动水表翼轮旋转，叶轮轴带动传动和记录装置实现计量的。

流速式水表按翼轮构造分为旋翼式和螺翼式两类形式，见图 7-9。旋翼式水表又称叶轮式水表，表内旋转轴垂直水流方向，水流阻力较大，多为小口径，宜测量小流量。如 LXS−25表示公称口径 25 mm 的旋翼式水表。螺翼式水表旋转轴与水流方向平行，阻力较小，多为测量大流量的大口径水表。如 LXL−100 表示公称口径 100 mm 的水平螺翼式水表。建筑物内用水量变化较大时，可采用旋翼式和螺翼式组合而成的复式水表，平行布置。

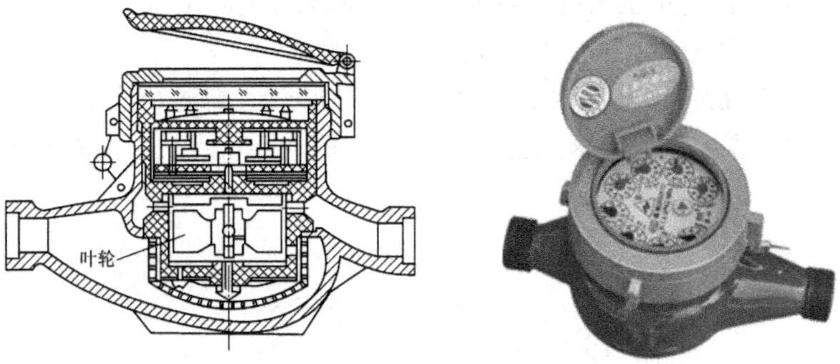

(a) 旋翼式水表

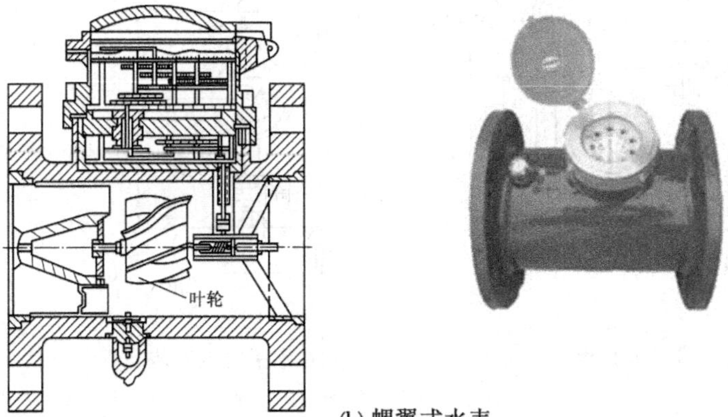

(b) 螺翼式水表

图 7-9　水表

按计数机件所处状态,水表又分为干式和湿式两种。干式水表的计数机件用金属圆盘与水隔开,不受水中杂质污染,结构复杂,精度较低。湿式水表的计数机件浸在水中,而在标度盘上装一块厚玻璃用来承受水压,结构简单,精度较高,应用广泛,但只能用在不含杂质的管道上。

根据水质,水表又分为冷水表、热水表和饮用水计量仪。水温 0~40 ℃的管道上用冷水表,水温 0~90 ℃的管道上用热水表。

2.水表敷设与安装要求

水表应安装在便于检修、不受曝晒、污染、损坏和冻结的地方。引入管上的水表一般装在室外水表井、地下室或专门的房间内,装设水表部位气温在 2 ℃以上,以免冻坏水表。水表一般安装在水平管路上,只有立式水表才能安装在立管上,水表外壳上箭头方向应与水流方向一致。

为了保证计量准确,螺翼式水表表前应有不小于 8 倍水表接口直径的直线管段。表壳距墙面净距为 10~30 mm,表进水口中心符合设计要求。水表前后应设阀门,对于不允许停水或设有消防管道的建筑,应设旁通管,水表后面应装止回阀。为了在维修前将管网内存水排尽,水表后还应设泄水龙头。

家用水表也有采用 IC 卡或远程计量的。水表出户可集中设置管理,也可分户设置。

(二)压力表

压力表用于量测和指示管道内介质及锅炉的压力,常用弹簧管压力表。弹簧管压力表分为测正压的压力表(Y)、测正压和负压的压力真空表(YZ)及测负压的真空表(Z)。例如型号 Y-100 表示表盘直径为 100 mm 的压力表。

压力表安装在便于观察、检修和吹洗的地方,且不受振动、高温和冻结的影响,避开三通、弯头和变径管,以免误差过大。压力表应直立安装在直线管段上,并配有 P 形或 S 形的表弯管,如图 7-10 所示。

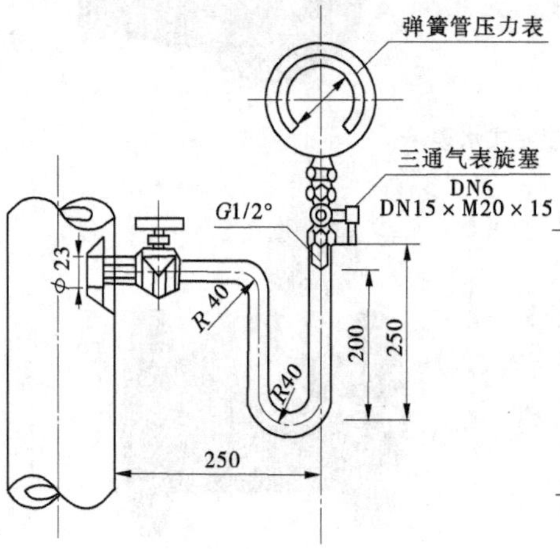

(a)在垂直管上安装

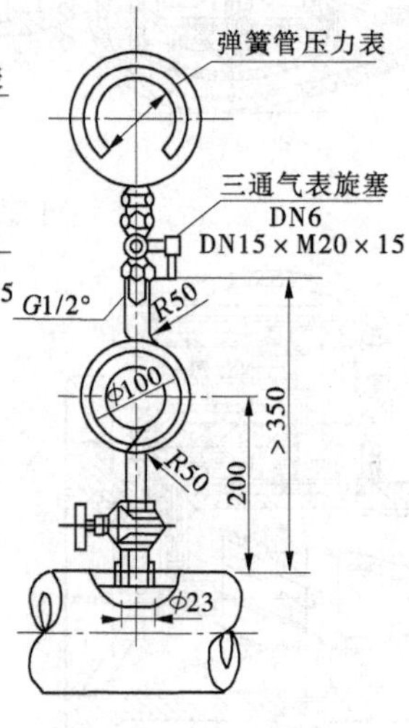

(b)在水平管上安装

(c)弹簧管压力表

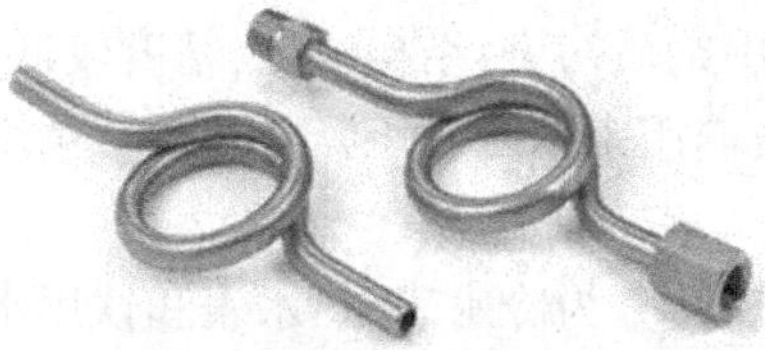
(d)S形表弯管

图 7-10　在管道上安装压力表

(三)热量表

热量表是装在采暖系统上测量用户消耗热量的仪表,根据热量表上显示的数据可对供暖用户进行计量收费。目前使用较多的热量表是根据管路中的供、回水温度及热水流量,确定仪表的采样时间,进而得出供给建筑物的热量。热量表构造如图 7-11 所示,由一个热水流量计、一对温度传感器和一个积算仪三部分组成。热水流量计用来测量经过的热水流量;一对温度传感器分别测量供水温度和回水温度,确定供回水温差;积算仪通过与其相连的流量计和温度传感器提供的流量及温度数据,计算得出用户获得的热量。

图 7-11　热量表

三、给水设备

在室外管网压力经常或周期性不足的情况下，为保证建筑水暖管网和消防系统所需压力，需设置给水设备，即升压贮水设备。给水设备包括水泵、水箱、贮水池和气压给水设备等。

（一）水泵

水泵是将电动机的能量传递给水的一种动力机械，是市政和建筑水暖系统中的主要升压设备，起着对水的输送、提升和加压的作用。

1.水泵分类

水泵的种类很多，在建筑给水系统中一般采用离心式水泵。离心式水泵具有流量和扬程选择范围大、体积小、结构紧凑、安装方便和效率高的优点。

按泵轴位置，离心式水泵分为卧式泵和立式泵；按叶轮数量，离心式水泵分为单级泵和多级泵；按水泵提供的压力（扬程），离心式水泵分为低压泵、中压泵和高压泵；按水进入叶轮的形式，离心式水泵分为单吸泵和双吸泵；按所抽送液体的性质，离心式水泵分为清水泵和污水泵；按水泵转速是否可调，离心式水泵分为定速泵和变频调速泵，后者在高层建筑中应用广泛。常用水泵形式见图 7-12。

(a)卧式单级单吸离心泵(IS)

(b)卧式单级双吸离心泵(SH)

(c)卧式单吸多级离心泵

(d)立式单吸多级离心泵(DL)

图 7-12　几种常用水泵

2.水泵型号表示

为正确合理选用水泵,必须知道水泵的基本性能参数。每台水泵上都有一个表示其工作特性的牌子,即铭牌。图 7-13 为 IS50-32-125A 离心泵的铭牌,其中流量、扬程、效率、吸程等均代表水泵的性能,称为水泵的基本性能参数。IS50-32-125A 水泵型号意义如下:IS—国际标准离心泵,50—进口直径(mm),32—出口直径(mm),125—叶轮名义直径(mm),A—第一次切割。

离心式清水泵	
型号　IS50-32-125A	转速　2 900 r/min
流量　11 m^3/h	效率　58%
扬程　15 m	配套功率　1.1 kW
吸程　7.2 m	质量　32 kg
出厂编号	出厂　年　月　日

图 7-13　IS50-32-125A 离心泵铭牌

3.泵房布置与水泵安装

泵房不得设在有防震和安静要求的建筑物或房间附近,在其他建筑物或房间附近设置时应采取防震和隔音措施。泵房内水泵机组的布置应保证机组工作可靠,运行安全,装卸和维修管理方便,且管道总长度最短,接头配件最少,并考虑泵房有扩建的余地。

泵房内常用的机组布置形式有两种:各机组轴线平行的单排并列布置和各机组轴线呈一直线的单行顺列布置,如图 7-14 所示。

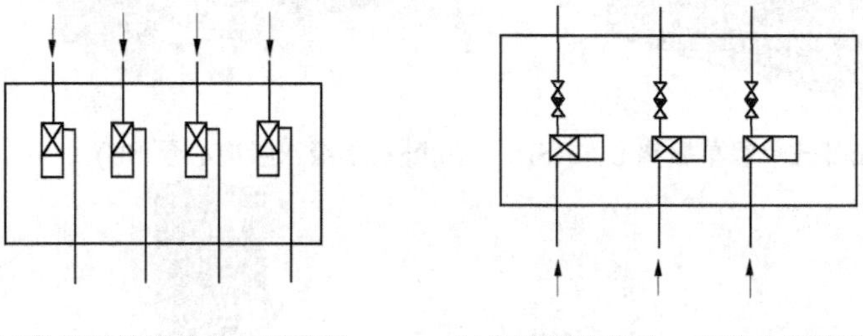

(a)各机组轴线单排并列布置　　(b)各机组轴线呈一直线单行顺列布置

图 7-14　水泵机组布置

水泵的安装要求如下:

(1)水泵安装前要求结构层施工验收完毕,并按图纸位置要求在基础上放出安装基准线。基础混凝土强度达到设计要求,复核基础坐标、标高、尺寸和螺栓孔位置符合设计规定后才可安装水泵。水泵机组基础应牢固地浇注在坚实的地基上,水泵块状基础的长宽高尺寸与水泵是否带底座有关。

(2)水泵就位及找正、找平。①地脚螺栓安放时,底端不应碰孔底,地脚螺栓离孔边应大于 15 mm,螺栓应保持垂直,其垂直度偏差不应超过 1%。②泵体的水平度偏差不得超过 0.1 mm/m。③水泵轴心与电动机轴心保持同轴度,其轴向倾斜不得超过 0.8 mm/m,径向位移不得超过 0.1 mm。④找正、找平时应采用垫铁调整安装精度。

(二)水箱

在建筑给水系统中,当需要贮存和调节水量、稳压和减压时,均可设置水箱。

1.水箱材质和形状

水箱一般用钢板、不锈钢、钢筋混凝土和玻璃钢制作,外形有圆形和矩形两种。圆形水箱结构上较为经济,矩形水箱则便于布置。钢筋混凝土水箱经久耐用、维护方便、不会腐蚀、造价低,但自重大、与管道连接不好时易漏水,在建筑结构允许时用作大型水箱,目前已很少采用。用钢板焊制的水箱自重小、施工安装方便,但内外表面需做防腐处理,且内表面涂料不应影响水质。不锈钢水箱外形美观、重量轻、耐腐蚀、易加工,见图 7-15。玻璃钢水箱质轻、强度高、耐腐蚀、造型美观、安装维修方便,且可现场组装。目前应用较多的是不锈钢水箱和玻璃钢水箱。

图 7-15　不锈钢水箱

2.水箱配管结构

水箱配管结构如图 7-16 所示。

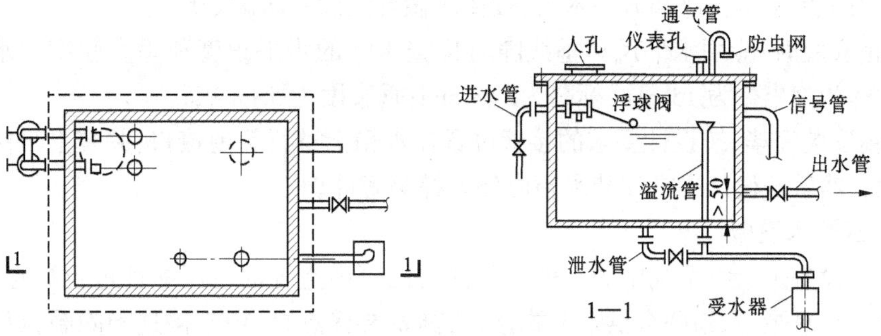

图 7-16　水箱配管结构示意图

1)进水管

当水箱直接由管网进水时,进水管上应装设不少于两个浮球阀或液压水位控制阀,为了检修的需要,在每个阀前设置阀门。进水管距水箱上缘应有 150~200 mm 距离。当水箱利用水泵压力进水,并采用水箱液位自动控制水泵启闭时,在进水管出口处可不设浮球阀或液压水位控制阀。进水管管径按水泵流量或室内设计秒流量计算决定。

2)出水管

管口下缘应高出水箱底 50~100 mm,以防污物流入配水管网。出水管与进水管可以分别和水箱连接,也可以合用一条管道,合用时出水管上设有止回阀。

3)溢流管

用以控制水箱的最高水位,溢流管口底应在允许最高水位以上 20 mm,距箱顶不小于 150 mm,管径应比进水管大 1~2 号,但在水箱底以下可与进水管径相同。为了保护水箱中水质不被污染,溢流管不得与污水管道直接连接,必须经过断流水箱,并有水封装置才可接入。溢流管上不允许装设阀门。

4)水位信号管

安装在水箱壁溢流管口标高以下 10 mm 处,管径 15~20 mm,信号管另一端通到经常有值班人员房间的污水池上,以便随时发现水箱浮球设备失灵而能及时修理。

5)泄水管

为放空水箱和排出冲洗水箱的污水,管口由水箱底部接出连接在溢流管上,管径 40~50 mm,在排水管上需装设阀门。

6)通气管

供生活饮用水的水箱,当贮量较大时,宜在箱盖上设通气管,以使箱内空气流通。其管径一般不小于 50 mm,管口应朝下并设网罩。

3.水箱的安装

水箱的安装高度与建筑物高度、配水管道长度、管径及设计流量有关。水箱安装高度应满足建筑物内最不利配水点所需流出水头,并经管道水力计算确定。根据构造上要求,水箱底距顶层板面的高度最小不得小于 0.4 m。放置水箱的房间应有良好的采光和通风,室温不低于 5 ℃,如有结露和结冻可能应采取保温措施。

(1)安装水箱的支座应按照设计图纸要求制作完成。支座尺寸、位置和标高经检查符合要求。但采用混凝土支座时,应检查其强度是否达到安装要求的 60%以上。支座表面应平整、清洁;当采用型钢支座和方垫木时,按要求做好刷漆和防腐处理。

(2)水箱安装时,应用水平尺和垂线随时检查水箱的水平程度和垂直程度。水箱组装完毕,其允许偏差:坐标为 15 mm,标高为±15 mm;垂直度为 5 mm/m。

(3)水箱安装完毕,按设计要求的接管位置在水箱上进行管道接口,并装上带法兰的短接头或管箍。然后按设计要求安装水箱内外人梯等附件。

(三)气压给水设备

气压给水设备是给水系统中的一种利用密闭储罐内空气的可压缩性进行贮存、调节和送水的装置。与水泵、水箱联合供水方式比较,其主要优点是:便于搬迁和隐蔽,灵活性大,气压水罐可以设置于任何高度;施工安装方便,运行可靠,维护和管理方便;由于气压水罐是密闭装置,水质不易被污染;气压水罐具有一定的消除水锤作用。缺点是:气压水罐调节能力较小,水泵启动频繁;变压式气压给水压力变化幅度较大,因而电频高,经常性费用较高。

气压给水设备主要由气压水罐、水泵、空气压缩机、控制器材等组成,按压力稳定情况分为变压式和定压式两类。气压给水设备宜采用变压式,当供水压力有恒定要求时,应采用定压式。

(1)在用户对水压没有特殊要求时,一般常用变压式给水设备,见图 7-17。气压水罐内的空气容积随供水工况而变,给水系统处于变压状态下工作。

(2)在用户要求水压稳定时,用恒压式给水设备,见图 7-18。在变压式气压给水装置的

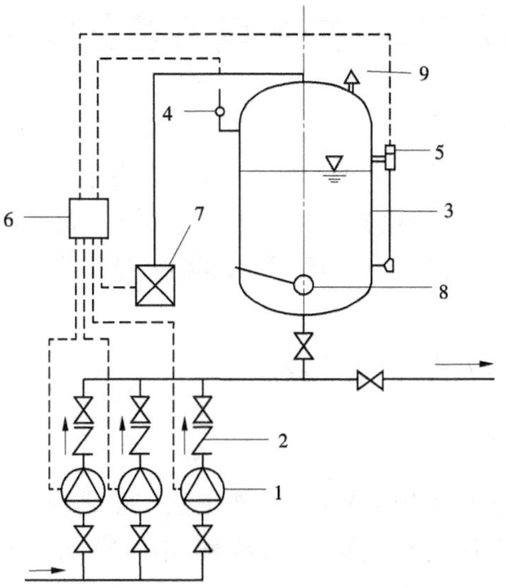

1—水泵;2—止回阀;3—气压水罐;4—压力信号器;5—液位信号器;
6—控制器;7—补气装置;8—排气阀;9—安全阀

图 7-17 单罐变压式气压给水设备

供水管上安装调节阀,使阀后的水压在要求范围内,管网处于恒压下工作。

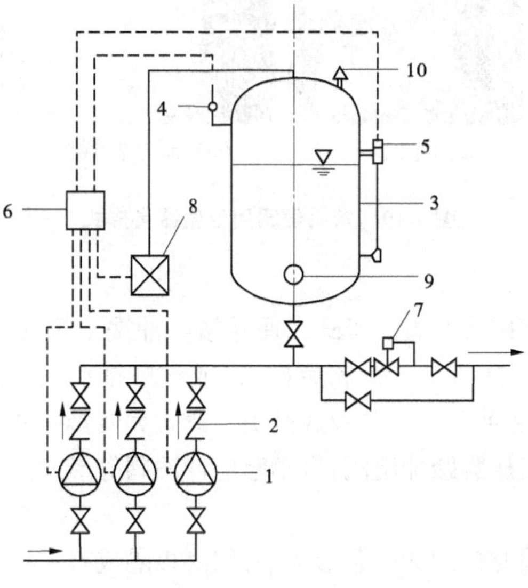

1—水泵;2—止回阀;3—气压水罐;4—压力信号器;5—液位信号器;
6—控制器;7—压力调节阀;8—补气装置;9—排气阀;10—安全阀

图 7-18 单罐恒压式气压给水设备

另外,气压给水设备按气压水罐的形式分可为补气式和隔膜式两类,这里不再赘述。

第三节　排水设备及其安装

卫生器具是建筑内部排水系统的起点，是用来收集和排除污、废水的专用设备。因各种卫生器具的用途、设置地点、安装和维护条件不同，所以卫生器具的结构、形式和材料也各不相同。为满足卫生清洁的要求，卫生器具一般采用不透水、无气孔、表面光滑、耐腐蚀、耐磨损、耐冷热、便于清扫，有一定强度的材料制造，如陶瓷、搪瓷生铁、塑料、不锈钢、水磨石和复合材料等。

卫生器具根据用途不同分为以下几大类。

一、便溺用卫生器具

便溺用卫生器具是用来收集排除粪便、尿液用的卫生器具。设置在卫生间和公共厕所内，包括便器和冲洗设备两部分，有大便器、大便槽、小便器、小便槽和倒便器 5 种类型，常见便溺用卫生器具形式见图 7-19。

(a)蹲便器　(b)坐便器　(c)立式小便器　(d)挂式小便器

图 7-19　常见便溺用卫生器具形式

(一)大便器

常用大便器有坐式和蹲式两类。坐式大便器按与冲洗水箱的关系有分体式和连体式，按排出口位置有下排水(或称底排水)和后排水(或称横排水)，按用水量分节水型和普通型，按冲洗的水力原理分为冲洗式和虹吸式两类。蹲式大便器按冲洗方式不同分为高水箱、低水箱、自闭式冲洗阀、液压脚踏冲洗阀、自动感应冲洗阀等形式。

(二)大便槽

大便槽是可供多人同时使用的长条形沟槽，用隔板隔成若干小间，多用于学校、车站、码头、游乐场等人员较多的场所。大便槽一般用混凝土或钢筋混凝土浇筑而成，槽底有坡度，坡向排出口。为及时冲洗，防止污物粘附，散发臭气，大便槽采用集中自动冲洗水箱或红外线数控冲洗装置。

(三)小便器

小便器设置在公共建筑男厕内，用于收集和排除小便。多为陶瓷制品，有立式和挂式两类。立式小便器又称落地式小便器，用于标准高的建筑。挂式小便器又称小便斗，安装在墙壁上。

(四)小便槽

小便槽是可供多人同时使用的长条形沟槽,由水槽、冲洗水管、排水地漏和存水弯等组成。采用混凝土结构,表面贴瓷砖,用于工业企业、公共建筑和集体宿舍的公共卫生间。

(五)倒便器

倒便器又称便器冲洗器,供医院病房内倾倒粪便并冲洗便盆用。

(六)冲洗设备

冲洗设备是便溺器具的配套设备,有冲洗水箱和冲洗阀两种。

冲洗水箱多为陶瓷、塑料、玻璃钢、铸铁等,用于贮存足够的冲洗用水,保证一定冲洗强度,并起流量调节和隔断防污染作用。按冲洗原理分为冲洗式和虹吸式,按操作方式分手动和自动,按安装高度有高水箱和低水箱两类。高水箱多用于蹲便器、大便槽和小便槽;低水箱用于坐便器,一般为手动。公共厕所的大便槽、小便槽和成组小便器常用自动冲洗水箱。此外,还有光电数控冲洗水箱等。

冲洗阀直接安装在大小便器冲洗管上。由使用者控制冲洗时间(5~10 s)和冲洗用水量(1~2 L)的冲洗阀叫延时自闭冲洗阀,可用手、脚或光控开启冲洗阀。

二、盥洗沐浴类卫生器具

盥洗沐浴类卫生器具主要用于人体洗脸、洗手、沐浴及洗衣等清洁用。常见器具形式如图 7-20 所示。

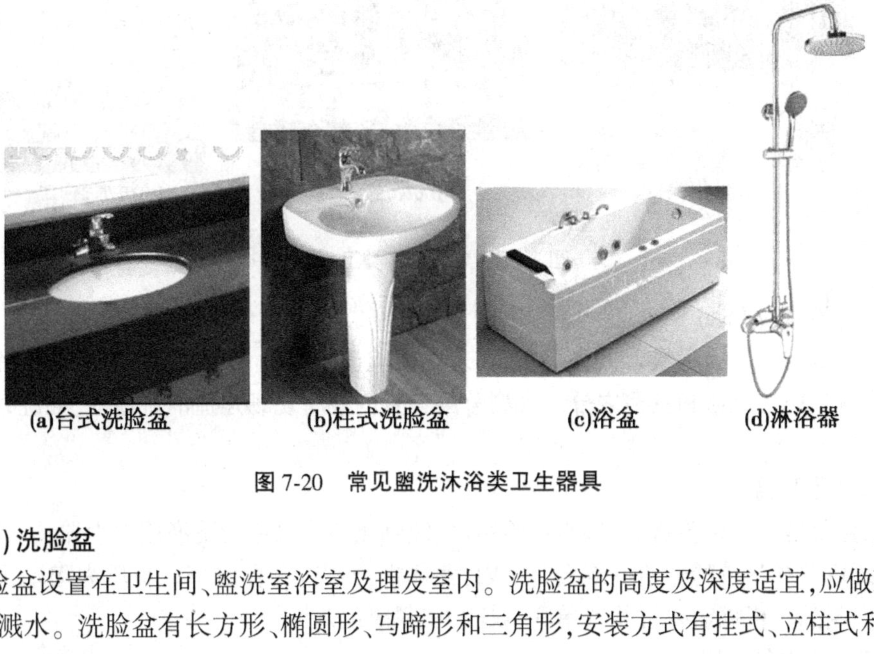

(a)台式洗脸盆　(b)柱式洗脸盆　(c)浴盆　(d)淋浴器

图 7-20　常见盥洗沐浴类卫生器具

(一)洗脸盆

洗脸盆设置在卫生间、盥洗室浴室及理发室内。洗脸盆的高度及深度适宜,应做到盥洗省力、不溅水。洗脸盆有长方形、椭圆形、马蹄形和三角形,安装方式有挂式、立柱式和台式。

(二)盥洗槽

盥洗槽设在集体宿舍、车站候车室、工厂生活间等公共卫生间内,可供多人同时使用。盥洗槽多为长方形布置,有单面和双面两种,一般为钢筋混凝土现场浇筑,水磨石或瓷砖贴面,也有不锈钢、搪瓷和玻璃钢等制品。

(三)浴盆

浴盆设在住宅、宾馆、医院住院部等卫生间或公共浴室。多为搪瓷制品,也有陶瓷、玻璃钢、人造大理石、压克力(有机玻璃)、塑料等制品。按使用功能有普通浴盆、坐浴盆和按摩浴盆三种,也分无裙边和有裙边两类。

(四)淋浴器

淋浴器是一种由莲蓬头、出水管和控制阀组成,喷洒水流供人沐浴的卫生器具。成组的淋浴器多用于工厂、学校、机关、部队、集体宿舍、体育馆的公共浴室。

(五)净身盆

净身盆是一种由坐便器、喷头和冷热水混合阀等组成,供使用者冲洗下身用的卫生器具。通常设置在医院、疗养院和养老院中的公共浴室或高级住宅、宾馆的卫生间内,有立式和墙挂式两种。

三、洗涤类卫生器具

常见洗涤类卫生器具见图 7-21。

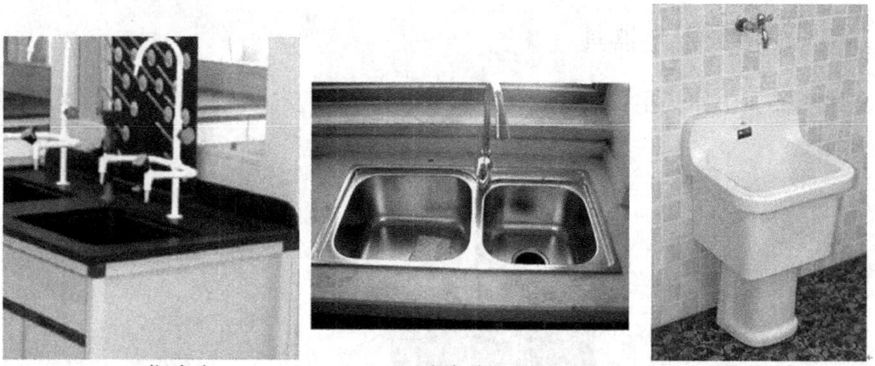

(a)化验盆　　(b)洗涤盆　　(c)污水盆

图 7-21　常见洗涤类卫生器具

(一)洗涤盆(池)

洗涤盆装设在厨房或公共食堂内,用来洗涤碗碟、蔬菜,多为陶瓷、搪瓷、不锈钢和玻璃钢制品,有单格、双格和三格之分。大型公共食堂内也有现场建造的洗涤池,如洗菜池、洗碗池等。

(二)化验盆

化验盆是洗涤化验器皿、供给化验用水、倾倒化验排水用的洗涤用卫生器具。设置在工厂、科研机关和学校的化验室或实验室内,盆体本身常带有存水弯。材质为陶瓷,也有玻璃钢、搪瓷制品。根据需要可装置单联、双联、三联鹅颈龙头。

(三)污水盆(池)

污水盆(池)设置在公共建筑的厕所、盥洗室内,供洗涤清扫用具、倾倒污废水的洗涤用卫生器具。污水盆多为陶瓷、不锈钢或玻璃钢制品,污水池以水磨石现场建造。按设置高度,污水盆(池)有挂墙式和落地式两类。

第四节　室内管道支架及吊架

管道支架的作用是支承管道,有的也限制管道的变形和位移。根据支架对管道的制约情况,可分为固定支架和活动支架。

一、固定支架

在固定支架上,管道被牢牢地固定住,不能有任何位移,管道只能在两个固定支架间伸缩。因此,固定支架不仅承受管道、附件、管内介质及保温结构的重量,同时还承受管道因温度、压力的影响而产生的轴向伸缩推力和变形应力,并将这些力传到支承结构上去,所以固定支架必须有足够的强度。

常用的固定支架类型有如下几种。

(一)卡环式固定支架

卡环式固定支架主要用在不需要保温的管道上,见图 7-22。

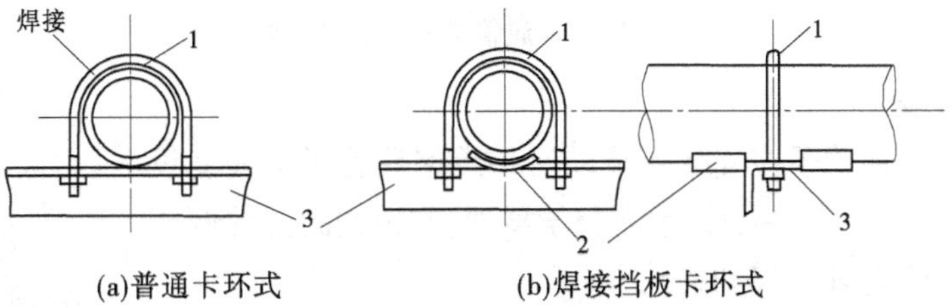

1—固定管卡;2—弧形挡板;3—支架横梁

图 7-22　卡环式固定支架

1.普通卡环式固定支架

用圆钢煨制 U 形管卡,管卡与管壁接触并与管壁焊接,两端套丝紧固,适用于 DN15~150 mm 室内不保温管道上。

2.焊接挡板卡环式固定支架

U 形管卡紧固不与管壁焊接,靠横梁两侧焊在管道上的弧形板或角钢挡板固定管道。主要适用于 DN25~400 mm 的室外不保温管道上。

(二)挡板式固定支架

挡板式固定支架由挡板、肋板、立柱(或横梁)及支座组成,主要用于室外 DN150~700 mm 的保温管道上。

二、活动支架

允许管道有位移的支架称为活动支架。活动支架的类型较多,有滑动支架、导向支架、滚动支架、吊架及管卡和托钩等。

(一)滑动支架

滑动支架的主要承重构件是横梁,管道在横梁上可以自由移动,有低支架和高支架两种。低支架用于不保温管道上,按其构造形式又分为卡环式和弧形滑板式两种,如图 7-23

所示。高支架用于保温管道上，如图 7-24 所示。

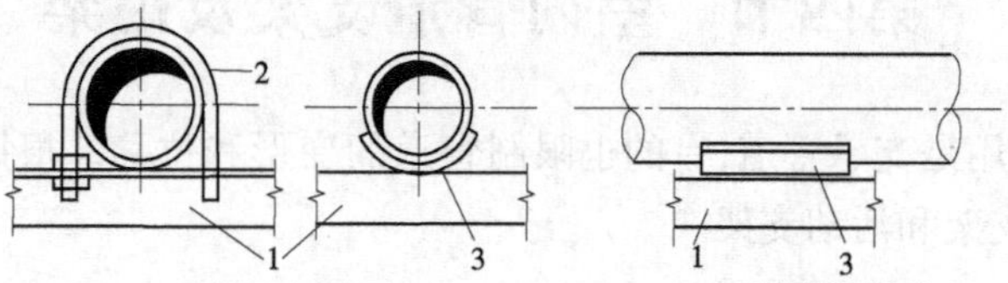

(a)卡环式　　(b)弧形滑板式

1—支架横梁；2—卡环（U 形螺栓）；3—弧形滑板

图 7-23　不保温管道的低支架安装

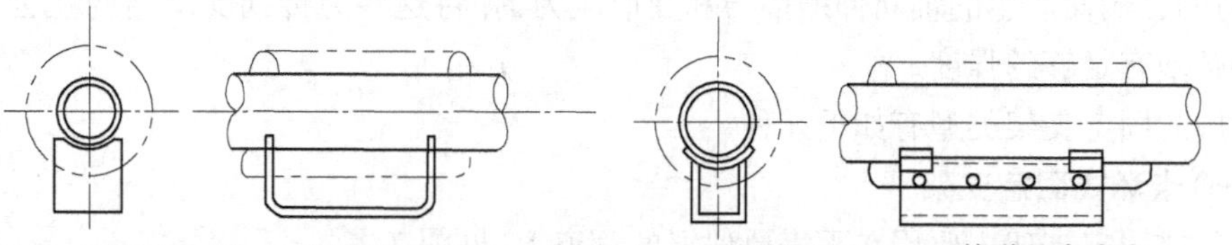

(a)DN20~50 mm管道的高支座　　(b)DN70~150 mm管道的高支座

图 7-24　保温管道的高支座安装

（二）导向支架

导向支架是为使管子在支架上滑动时不致偏移管子轴线而设置的，如图 7-25 所示。它一般设置在补偿器两侧、铸铁阀门的两侧或其他只允许管道有轴向移动的地方。

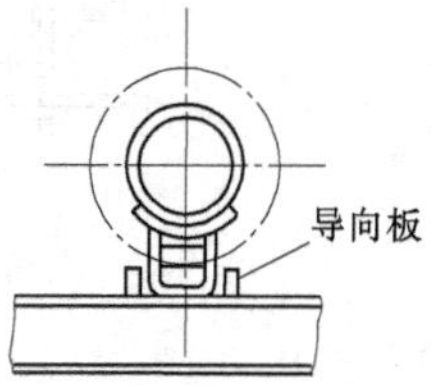

图 7-25　导向支架

（三）吊架

吊架由吊杆、吊环及升降螺栓等部分组成，如图 7-26 所示。

（四）滚动支架

滚动支架是以滚动摩擦代替滑动摩擦，以减小管道热伸缩时摩擦力的支架，如图 7-27 所示。滚动支架主要用在管径较大而无横向位移的管道上。

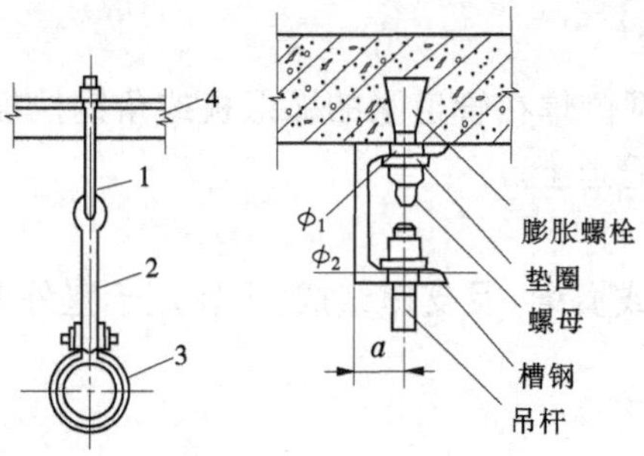

1—升降螺栓；2—吊杆；3—吊环；4—横梁

图 7-26　吊架及吊架根部的固定方法

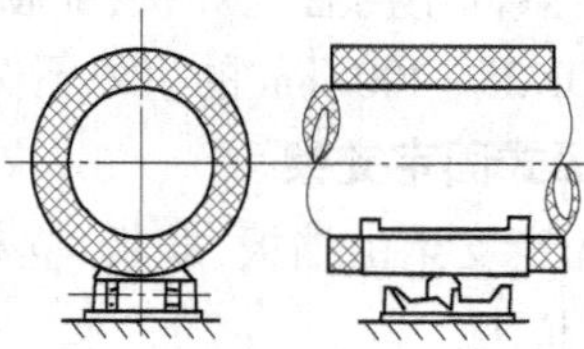

图 7-27　滚动支架

（五）托钩与立管卡

托钩也叫钩钉，用于室内横支管等较小管径管道的固定，规格为 DN15~20 mm。

管卡也叫立管卡，有单、双立管卡两种，分别用于单根立管、并行的两根立管的固定，规格为 DN15~50 mm。托钩和立管卡见图 7-28。

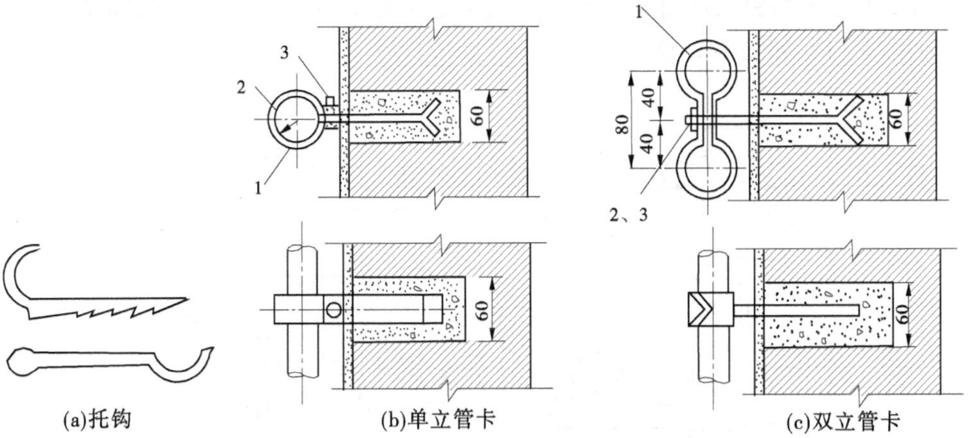

1,2—扁钢管卡;3—带帽螺栓

图 7-28 托钩及立管卡

三、支吊架的安装

固定支架安装位置由设计人员在施工图纸上给定,主要考虑了管道热补偿的需要,在施工时不允许任意改变。

活动支架的位置在图纸上不予给定,必须在施工现场据实际情况和"墙不做架、托稳转角、中间等分、不超最大"的原则,并参照《建筑给排水及采暖工程施工质量验收规范》(GB 50242—2003)中的支架间距表值具体确定。

支吊架的安装方法有以下几种。

(一)栽埋法

栽埋法适用于直型横梁在墙上的固定。横梁孔洞可现场打也可在土建施工时预留。洞内清理干净,用水润湿,然后填满细石混凝土砂浆,支架横梁应栽埋平整牢固,如图 7-29 所示。

(二)预埋件焊接法

在混凝土内先预埋钢板,再将支架横梁焊接在钢板上,见图 7-30。

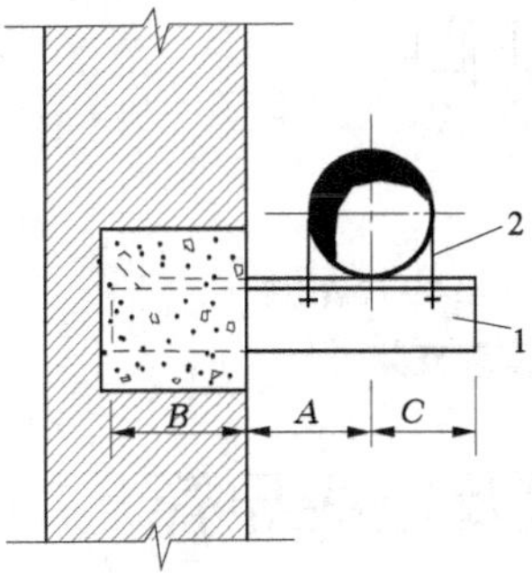

1—支架横梁;2—U 形管卡

图 7-29 单管栽埋法安装支架

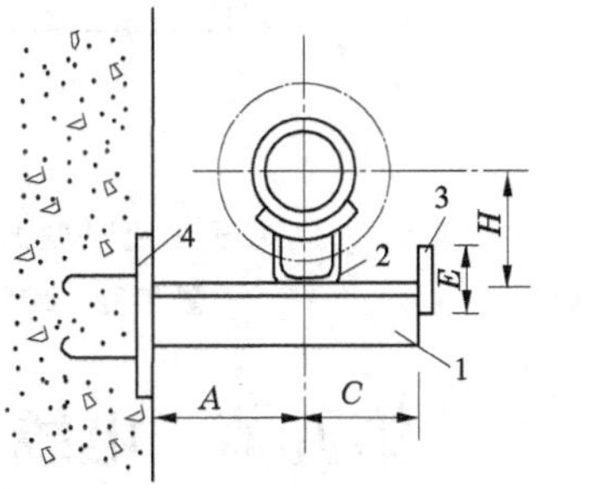

1—横梁;2—托架;3—限位板;4—预埋件

图 7-30 预埋件焊接法安装支架图

(三)膨胀螺栓法及射钉法

膨胀螺栓法及射钉法适用于没有留洞,又不能现场打洞时,用角钢横梁在混凝土结构上安装,应用很广泛,如图 7-31 所示。

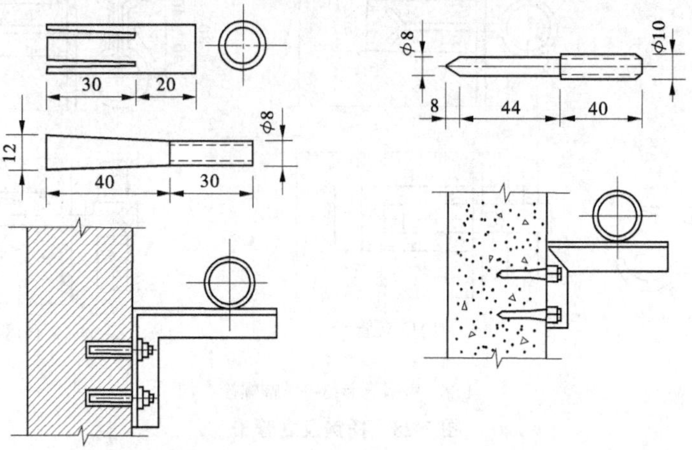

(a)膨胀螺栓法　　(b)射钉法

图 7-31　膨胀螺栓及射钉法安装支架

(四)抱柱法

抱柱法适用于管道沿柱子安装,见图 7-32。

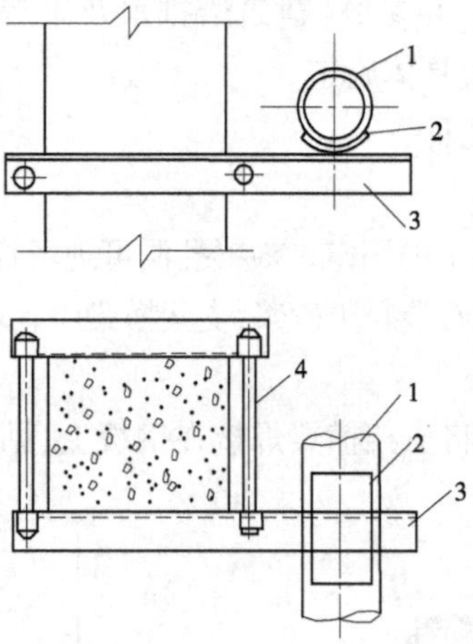

1—管子;2—弧形滑板;3—支架横梁;4—拉紧螺栓

图 7-32　单管抱柱法安装支架

第五节　电线、电缆及电线导管

电线和电缆是电气工程中的主要材料。在电气施工中,为使电线和电缆免受腐蚀和外来机械损伤,常把绝缘导线穿入电线管内敷设。本节主要介绍电线、电缆及电线管的种类和基本连接方法等知识。

一、电线

(一)导电材料

导电材料是主要电工材料之一,其用途主要是用来传导电流的,也有用来发热、发光、生磁或产生化学效应的。在电气工程中,材料选择是否得当,用料是否节省,常关系着整个电气工程的技术性能和经济指标。

常用导电材料有银、铜、金、铝、钨、铁、锡、铅、锌等。导线中最常用以下几种:

(1)铜。铜是最常用的导电金属材料。它具有导电性高、导热性好、易于焊接、便于加工、耐腐蚀等特性。常用作各种电线电缆的导体、电气设备中的导电零件等。

(2)铝。铝具有良好的导电性、导热性、耐腐蚀性,密度小,易于加工制造,有一定的机械强度。常用作电缆、导线和母线的线芯等。

(3)钢。钢是含碳量低于2%的一种铁碳合金,具有很高的锻造性、延伸性和机械强度,常用作小功率的导线、接地装置及连接线和钢芯铝绞线等。

(二)常用导线

常用导线可分为裸导线和绝缘导线。导线芯要求导电性能好、机械强度大、质地均匀、表面光滑、无裂纹、耐腐蚀性好;导线的绝缘层要求绝缘性能好,质地柔韧并具有相当的机械强度,能耐酸、碱、油及臭氧的侵蚀。

没有外包绝缘层的导线称为裸导线。裸导线分为裸单线和裸绞线,主要用于室外架空线路。

具有绝缘层的导线称为绝缘导线(电线)。如照明线路一般用绝缘导线明敷或暗敷。绝缘导线分类:按线芯材料分为铜芯和铝芯,按线芯股数分为单股和多股,按线芯结构分为单芯、双芯和多芯,按绝缘材料分为橡皮绝缘导线和塑料绝缘导线等。常用绝缘导线的型号和主要用途见表7-13。

表7-13　常用绝缘导线的型号和主要用途

导线型号	名称	主要用途
BX(BLX)	铜(铝)芯橡皮线	交流250~500 V电路中,固定敷设
BXR	铜芯橡皮软线	交流500 V以下或直流1 000 V以下,配电和连接仪表,管内敷设
BXS	双芯橡皮线	交流250 V以下,干燥场所在绝缘子上敷设
BXH	橡皮花线	交流额定电压250 V,干燥场所移动电器接线
BV(BLV)	铜(铝)芯塑料线	交流500 V以下或直流1 000 V以下,室内固定敷设
BVV(BLVV)	铜(铝)芯聚氯乙烯绝缘聚氯乙烯护套线	交流500 V以下或直流1 000 V以下,室内固定敷设
RV	铜芯聚氯乙烯绝缘软线	交流250 V以下,接小电器移动敷设、灯头接线
RVB	铜芯聚氯乙烯绝缘扁平软线	交流250 V以下,接小电器移动敷设
RVS	铜芯聚氯乙烯绝缘软绞线	交流250 V以下,接小电器移动敷设
RVV	铜(铝)芯聚氯乙烯绝缘聚氯乙烯护套软线	交流250 V以下,接小电器移动敷设

绝缘导线的表示方法如下：

〔1〕〔2〕〔3〕〔4〕—〔5〕—〔6〕

其中 〔1〕类别、用途代号：B—绝缘线；R—软线；ZR—阻燃型

〔2〕导体代号：T—铜芯（常省略）；L—铝芯

〔3〕绝缘层代号：V—聚氯乙烯；X—橡皮；Y—聚乙烯；F—聚四氟乙烯

〔4〕护层代号：V—聚氯乙烯护套；N—尼龙护套

〔5〕额定电压，V

〔6〕标称截面面积，mm^2。

例如"BLVV—500—25"表示铝芯聚氯乙烯绝缘聚氯乙烯护套线，额定电压为500 V，导线截面面积为25 mm^2。

二、电缆

电缆是一种多芯导线，线芯间也互相绝缘。电缆的种类和分类方法很多，按用途分有电力电缆、控制电缆、通信电缆等。其中电力电缆主要是用来输送和分配大功率电能的导线。

（一）电力电缆的结构

电力电缆由缆芯、绝缘层和保护层三个主要部分构成，见图7-33。

（1）缆芯。缆芯材料通常为铜或铝，线芯截面有圆形、半圆形、扇形等。线芯数量分单芯、双芯、三芯、四芯和五芯等。

（2）绝缘层。电缆绝缘层的作用是将缆芯与保护层之间相互绝缘，要求有良好的绝缘性能和耐热性能。绝缘层有油浸纸绝缘、聚氯乙烯绝缘、聚乙烯绝缘、橡胶绝缘等。

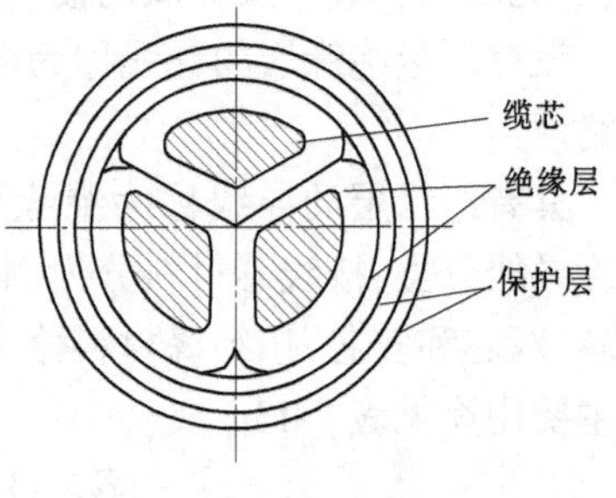

图7-33 电力电缆结构示意

（3）保护层。保护层又分为内护层和外护层两部分。内护层保护绝缘层不受潮湿，防止电缆浸渍剂外流，常用铝、铅、塑料、橡套等做成。外护层保护绝缘及内护层不受机械损伤和化学腐蚀，常用沥青麻护层、钢带铠装等。

（二）电力电缆的型号

电力电缆型号表示如下：

〔1〕〔2〕〔3〕〔4〕〔5〕—〔6〕〔7〕

其中 〔1〕绝缘代号：Z—纸绝缘；X—橡皮绝缘；V—聚氯乙烯绝缘；YJ—交联聚乙烯绝缘

〔2〕导体代号：T—铜芯（常省略）；L—铝芯

〔3〕内护层代号：V—聚氯乙烯；L—铝包；Y—聚乙烯；Q—铅包

〔4〕特征代号：D—不滴流；P—贫油式（干绝缘）；F—分相铅包

〔5〕外护层代号：第一位数字表示铠装层（2—双钢带；3—细圆钢丝；4—粗圆钢丝）；第二位数字表示外被层（1—纤维绕包；2—聚氯乙烯；3—聚乙烯）

〔6〕额定电压，V

〔7〕标称截面面积，mm^2。

例如“$YJLV_{22}$—8.7/10 3×120”表示铝芯交联聚乙烯绝缘钢带铠装聚氯乙烯护套电力电缆，额定电压为8.7/10kV，3芯，主线芯的标称截面面积为120 mm^2。

三、导线的连接

导线连接前先小心剥除连接部位的绝缘层。芯线截面面积为4 mm^2及以下的塑料硬线，其绝缘层一般用钢丝钳来剖削；芯线截面面积大于4 mm^2的塑料硬线，可用电工刀来剖削其绝缘层。

导线常用的连接方法有绞合连接、紧压连接和焊接等。

绞合连接是指将需连接导线的芯线直接紧密绞合在一起。铜导线常用绞合连接，如图7-34所示。

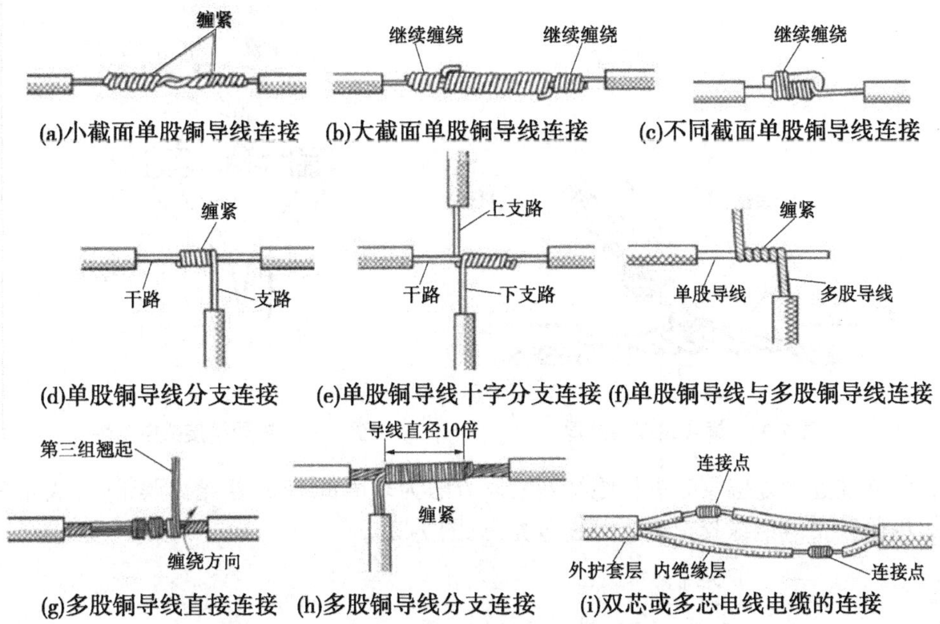

图7-34　铜导线绞合连接形式

紧压连接是指用铜或铝套管套在被连接的芯线上，再用压接钳或压接模具压紧套管使芯线保持连接。铜导线或铝导线的紧压连接采用同材质套管进行，如图7-35所示。铜导线与铝导线之间的紧压连接，一种方法是采用铜铝连接套管，另一种方法是将铜导线镀锡后用铝套管连接，如图7-36所示。

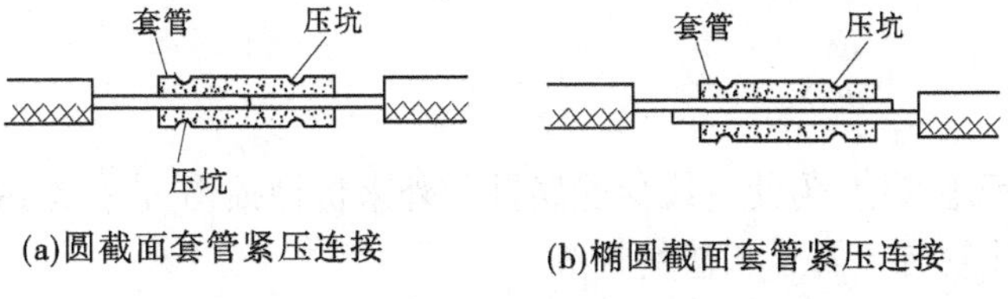

图7-35　铜导线或铝导线的紧压连接

焊接是指将金属（焊锡等焊料或导线本身）熔化融合而使导线连接。铜导线接头常用

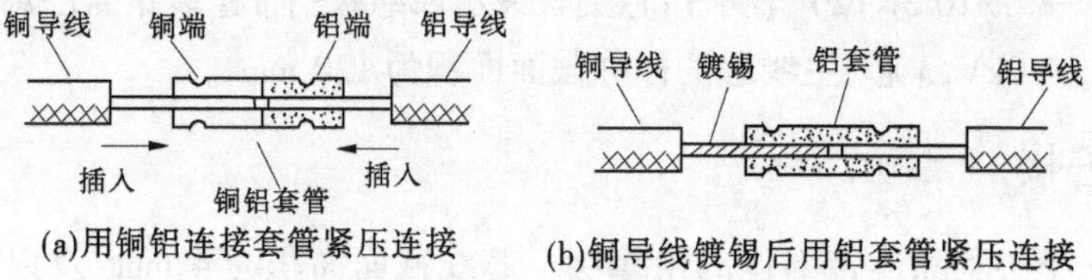

图 7-36 铜导线与铝导线之间的紧压连接

锡焊,线芯先绞合,再涂上无酸助焊剂,用电烙铁蘸焊锡进行焊接,如图 7-37 所示。铝导线接头常用电阻焊或气焊,用低电压大电流通过铝导线的连接处,利用其接触电阻产生的高温高热将铝芯线熔接在一起,如图 7-38 所示。

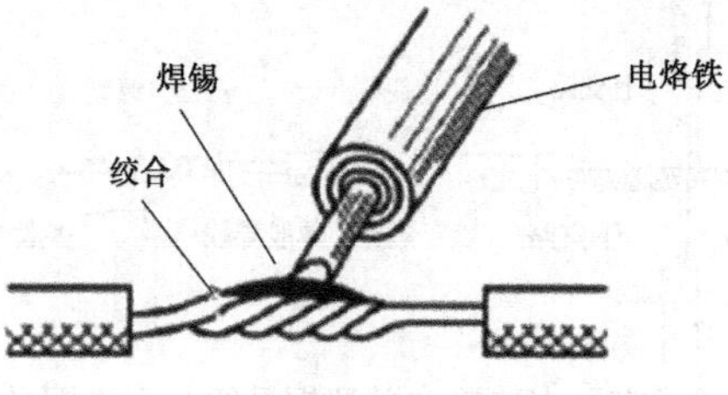

图 7-37 铜导线接头锡焊

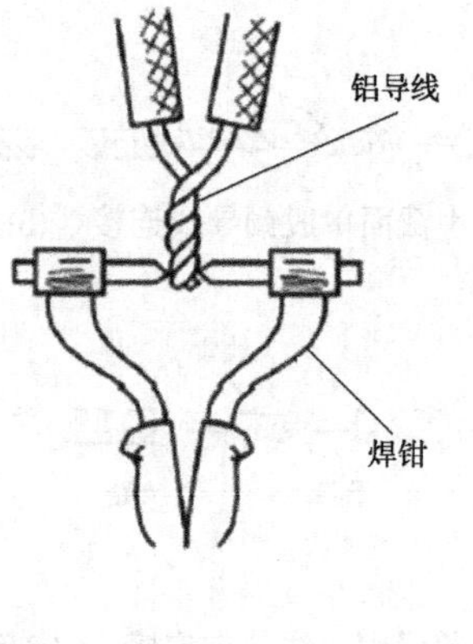

图 7-38 铝导线接头电阻焊

最后,导线连接处应及时进行绝缘恢复。方法为采用黄蜡带、涤纶薄膜带、黑胶布带、塑料胶带、橡胶胶带等绝缘胶带进行缠裹包扎,见图 7-39。

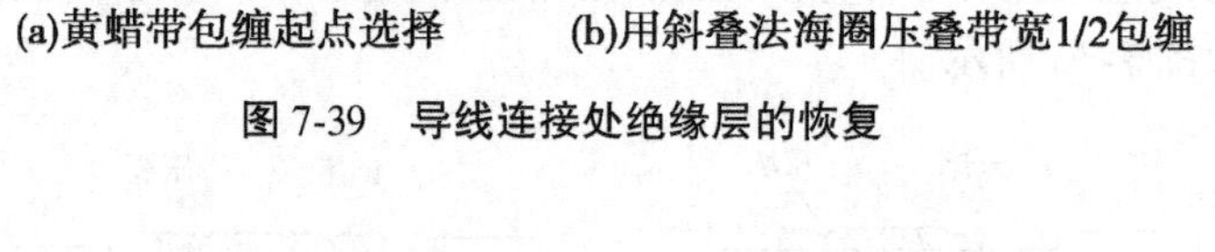

图 7-39 导线连接处绝缘层的恢复

四、电线管

在室内电气工程施工中,为使电线免受腐蚀和外来机械损伤,常把绝缘导线穿入电线管内敷设。常用的电线管有金属管和塑料管等。

(一)金属管

1.电线管(TC)

电线管(TC)即薄壁钢管,这种管子管壁较薄(1.5 mm 左右),管子内外壁均涂有一层绝缘漆,适用于干燥场所的线路明、暗敷设。规格有 DN15、DN20、DN25、DN32、DN40、DN50。

2.焊接钢管(SC)

这种管子管壁较厚(3 mm 左右),适合在内线工程中有机械外力或有轻微腐蚀气体的场所明、暗敷设。按表面处理分为镀锌管和普通非镀锌管;按管壁厚度不同分为普通钢管和加厚钢管。规格有 DN15、DN20、DN25、DN32、DN40、DN50、DN70、DN80、DN100、DN125、DN150。

3.金属软管(CP)

金属软管又称蛇皮管。由厚度为 0.5 mm 以上的双面镀锌薄钢带加工压边卷制而成,既有相当的机械强度,又有很好的弯曲型,常用于需要弯曲部位较多的场所及设备的出线口处等。规格有 DN15、DN20、DN25、DN32、DN40、DN50。

(二)塑料管

塑料管主要有聚氯乙烯管、聚乙烯管、聚丙烯管等。其中聚氯乙烯管应用最广泛,它又分为硬质塑料管、半硬质塑料管、塑料波纹管。

1.硬质塑料管(PC)

硬质塑料管适合在腐蚀性较强和高温的场所作明敷和暗敷。规格有 DN15、DN20、DN25、DN32、DN40、DN50、DN70、DN80、DN100。

2.半硬质塑料管(FPC)

半硬质塑料管韧性大、不易破碎、耐腐蚀、质轻、刚柔结合易于施工,主要用于建筑照明工程暗敷。规格主要有 DN15、DN20、DN25、DN32、DN40、DN50。

3.塑料波纹管(KPC)

这种管子质轻,刚柔适中,用作建筑工程电气软管,暗敷。规格主要有 DN15、DN20、DN25、DN32、DN40、DN50。

第六节　照明灯具、开关及插座

人类的生活离不开光。光辐射引起人的视觉,才能看清楚周围的世界,当光的亮度不同时,人的视觉能力也不同。电气照明通过电光源把电能转换为光能,在夜间或自然采光不足的情况下提供明亮的视觉环境,以满足人们工作、学习和生活的需要。照明灯具、开关及插座是电气照明系统的重要组成部分,作为合格的施工员,应了解它们的基础知识,掌握其选型、布置、安装和调试的基本方法。

一、照明灯具

(一)电光源

用于电气照明的电光源,按其发光机制可分为两大类:热辐射光源和气体放电光源。热辐射光源是利用电流的热效应,使灯丝通电后加热至高温,从而辐射发出可见光。热辐射光源主要有白炽灯、卤钨灯等。气体放电光源是利用气体放电发光原理制作的光源。常用的气体放电光源有荧光灯、高压汞灯、高压钠灯、金属卤化物灯和氙灯等。

电光源选择方法:室内一般照明选用荧光灯、白炽灯;应急照明、要求顺势启动或连续调光的场所选用白炽灯、卤钨灯;高大空间场所选用高压汞灯、高压钠灯;广场、运动场选用金属卤化物灯、高压钠灯、氙灯。

（二）照明灯具

照明灯具又称照明器，是把电光源、固定装置和灯罩结合在一起构成的整体，一般由厂家定型生产，可直接安装使用。灯具除用来固定电光源外，还用来把电光源的光通量进行重新分配，以便合理利用电光源的光通量，避免产生眩光。

灯具按电光源的数目分为普通灯具、组合花灯等，按结构特点分为开启型、闭合型、密闭型、防爆型等，按配光曲线分为直接型、半直接型、漫射型、间接型等，按安装方式不同分为悬挂式、吸顶式、壁装式、嵌入式、落地式等。

（三）灯具的布置

布置灯具时，应使灯具高度一致、整齐美观、均匀布置，一般灯具安装高度不低于 2 m。

均匀布置灯具的方案有方形、矩形、菱形等几种。均匀布置灯具时，应考虑灯具的距高比（L/h）在合适范围内。距高比是指灯具的水平间距 L 和灯具与工作面的垂直距离 h 的比值。灯具离墙边的距离一般取灯距 L 的 1/2～1/3。

二、开关

电气装置中使用许多开关，开关的作用是断开、接通和转换电路，以控制电气装置的工作或停止。

（一）开关的种类和型号规格

灯具开关用来控制灯具的通和断。灯具开关的种类较多，按使用方式分为拉线开关和跷板式开关；按外壳防护形式分为普通型、防水防尘型、防爆型等；按控制数量分为单联、双联、三联等；按控制方式分为单控、双控和三控等。

除用于控制灯具通、断的开关以外，还有用于灯具调光的调光开关，用于风扇的调速开关等。常用的开关种类的外形如图 7-40 所示。

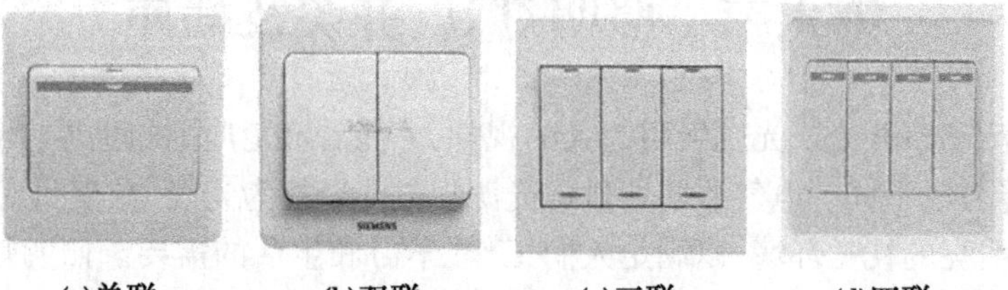

(a)单联　(b)双联　(c)三联　(d)四联

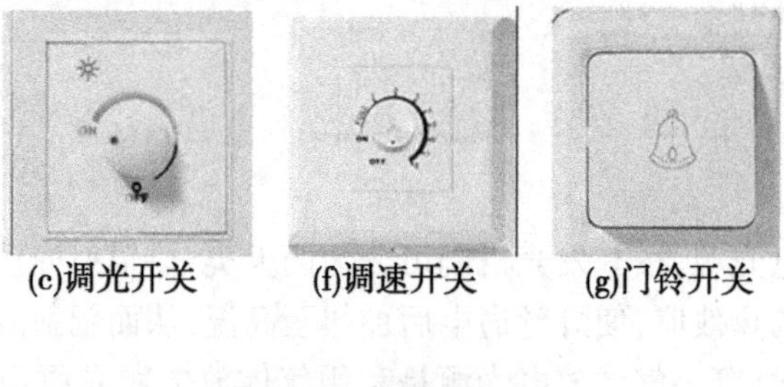

(c)调光开关　(f)调速开关　(g)门铃开关

图 7-40　常用开关种类

建筑物内使用的灯具开关一般为定型产品。常用的开关有 86 系列（面板高度为 86 mm）、120 系列（面板高度 120 mm）。型号规格见表 7-14。选择灯具开关时，同一建筑物内应选用同一系列的产品。

表 7-14　部分灯具开关及插座的型号规格

型号	名称	额定电流(A)	高×宽(mm×mm)
E31/1/2A	单联单控开关	10	86×86
E31/2/3A	单联双控开关	10	86×86
E32/1/2A	双联单控开关	10	86×86
E32/2/3A	双联双控开关	10	86×86
E33/1/2A	三联单控开关	10	86×86
E33/2/3A	三联双控开关	10	86×86
E34/1/2A	四联单控开关	10	86×86
E34/2/3A	四联双控开关	10	86×86
E31BPA/3A	门铃开关	3	86×86
BM3	风扇调速开关	10	86×86
E426U	双孔插座	10	
E426/10SF	三孔带熔丝管插座	10	86×86
E426/10US	二、三孔插座	10	86×86
E426/16CS	三孔插座	16	86×86

(二)开关的安装

安装灯具开关时,应配合专用的底盒(开关盒)。

1.灯具开关明装

按照设计图纸的要求定好位置,用胀管螺栓固定好底盒,使底盒端正、牢固。电线从底盒敲落孔穿入底盒内,留出 15 cm 左右。剥去线头绝缘层,与开关接线桩压接好,确保线芯不外露。固定开关面板时,跷板上有红色标记或“ON”字母应朝上。若跷板或面板上无任何标记,应装成跷板下部按下时开关处于合闸位置,跷板上部按下时,开关处于断开位置。

2.灯具开关暗装

灯具开关暗装时,应在墙面装饰结束后进行。底盒在配管配线时预埋好,安装前,清理底盒内杂物,接线及固定开关方法同明装。

三、插座

插座主要用来插接移动式的电气装置。

(一)插座的种类

插座的种类较多,按电源相数可分为单相插座和三相插座;按安装方式插座可分为明装插座和暗装插座;按外壳防护形式插座可分为普通插座、防水防尘插座和防爆插座等;按插接极数插座可分为单相二极插座、单相三极插座、单相二三极插座等;此外还有带开关二三极插座、带开关三极插座等。

常用插座的外形如图 7-41 所示。

常用的插座尺寸与灯具开关相同。型号规格见表 7-14。选择插座时,同一建筑物内应

(a)单相二极插座　(b)单相三极插座　(c)单相二三极插座

图 7-41　常用插座的外形

选用同一系列的产品,其额定电压应不小于 250 V,额定电流应大于线路中的实际工作电流。一般插座选用 10 A,空调、电热水器及其他大功率家用电器应选 16 A 的插座。

(二)插座安装

插座安装方法同灯具开关,可明装或暗装。接线时,应符合下列规定:面对插座,双孔插座“左零线,右相线”;三孔插座“左零线,右相线,上接地”。

小　结

本章主要介绍了安装工程常用的水暖管材及连接方法、给水附件及给水设备的种类和安装规定、卫生设备的类型和安装规定、管道支吊架的类型和安装规定、电线和电缆及配管的类型和连接方法、照明灯具和开关插座的类型和安装规定等基础知识。作为一名安装施工员,应充分熟悉并掌握这些专业基础知识,为后面的专业识图、制定材料采购计划和专业工程系统安装知识的学习打基础,使其更好地服务于实际工作。

第八章　建筑给排水系统

【学习目标】 通过学习本章内容,使学生了解建筑给水系统、消防系统、建筑排水系统的分类,熟悉建筑给水系统、消防系统、建筑排水系统的组成,熟悉给排水施工图的组成,掌握建筑给水系统、消防系统的给水方式,消防系统组件以及给排水施工图的识读方法。

第一节　建筑给水系统的分类与组成

一、给水系统的分类

给水系统按照其用途可以分为三类基本给水系统。

(一)生活给水系统

供人们在不同的场合饮用、烹饪、盥洗、洗涤、沐浴等日常生活用水的给水系统。其水质必须符合国家饮用水卫生标准。

(二)生产给水系统

供给各类产品生产过程中所需要的用水、生产设备冷却、原料和产品的洗涤及锅炉用水等的给水系统。生产用水对水质、水量、水压及安全性随工艺要求的不同,而有较大的差异。

(三)消防给水系统

供给各类消防设备扑灭火灾用的给水系统。消防用水对水质要求不高,但必须按照建筑设计防火规范保证足够的水量和水压。

上述三类基本给水系统可以独立设置,也可以根据各类用水对水质、水量、水压、水温的不同要求,结合室外给水系统的实际情况,经技术经济比较,或兼顾社会、经济、技术、环境等因素的综合考虑,设置成组合各异的共用系统。可按供水用途的不同、系统功能的不同,设置成饮用水给水系统、杂用水给水系统、消火栓给水系统、自动喷水灭火给水系统、水幕消防给水系统,以及循环或重复使用的生产给水系统等。

二、给水系统的组成

一般情况下,建筑给水系统由下列各部分组成。

(一)水源

水源指城镇给水管网、室外给水管网或自备水源。

(二)引入管

对于一幢单体建筑而言,引入管是由室外给水管网引入建筑物内管网的管段。

(三)水表节点

水表节点是安装在引入管上的水表及其前后设置的阀门(新建建筑应在水表前设置管道过滤器)和泄水装置的总称。

此处水表用以计量该幢建筑物的总用水量。水表前后的阀门用以水表的检修、拆换时关闭管路之用。泄水口主要用于室内管道检修时放空用,也可以用来检测水表的精度和测定管道进户时的水压值。设置管道过滤器的目的是保证水表正常工作及其测量精度。

水表节点一般设置到水表井中,如图 8-1 所示。温暖地区的水表井一般设置在室外,寒冷地区的水表井宜设置在不会冻结之处。

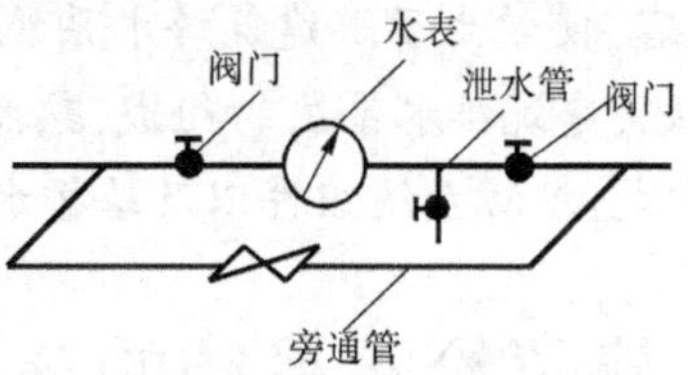

图 8-1　水表节点

在非住宅建筑内部给水系统中,需计量水量的某些部位和设备的配水管上也要安装水表。住宅建筑每户住家均应安装分户水表(水表前宜设置管道过滤器)。现在的分户水表宜相对集中设在户外容易读取数据处。对仍需设在户内的水表,宜采用远传水表或 IC 卡水表等智能化水表。

(四)给水管网

给水管网指的是建筑内水平干管、立管和横支管。

(五)配水装置与附件

配水装置与附件即配水水嘴、消火栓、喷头与各类阀门(控制阀、减压阀、止回阀等)。

(六)增(减)压和贮水设备

当室外给水管网的水量、水压不能满足建筑用水要求,或建筑物内对供水可靠性、水压稳定性有较高要求时,在高层建筑中需要设置各种设备,如水泵、气压给水装置、变频调速给水装置、水池、水箱等增压和贮水设备。当某些部位水压太高时,需设置减压设备。

(七)给水局部处理设施

当有些建筑对给水水质要求很高、超出我国现行饮用水卫生标准时或其他原因造成水质不能满足时,就需要设一些设备、构筑物进行给水深度处理。

三、给水方式

(一)利用外网压力直接给水方式

1.室外管网直接给水方式

当室外给水管网提供的水量、水压在任何时候均能满足建筑用水时,直接把室外管网的水引到建筑物的各个用水点,称为直接给水方式,如图 8-2 所示。

在初步设计的过程中,可用经验法估算建筑所需水压看能否采用直接给水方式:1 层为 100 kPa,2 层为 120 kPa,3 层及以上每增加一层,水压增加 40 kPa。

2.单设水箱的给水方式

当室外给水管网提供的水压只是在用水高峰时段出现不足时,或者建筑内要求水压稳定,并且该建筑具备设置高位水箱的条件时,可采用这种方式,如图 8-3 所示。

该方式在用水低峰时,利用室外给水管网水压直接供水并向水箱进水。用水高峰时,水

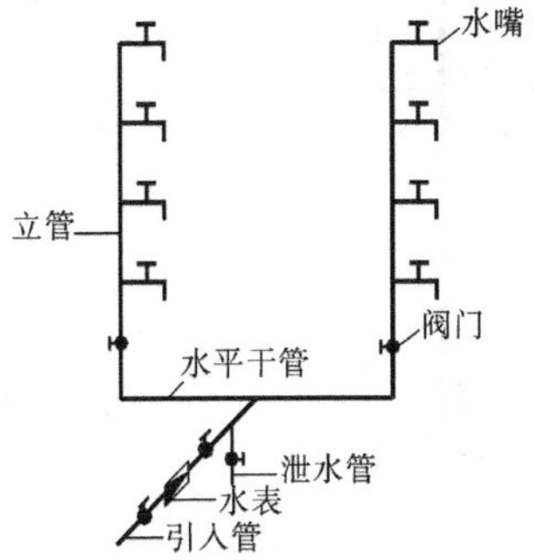

图 8-2 直接给水方式

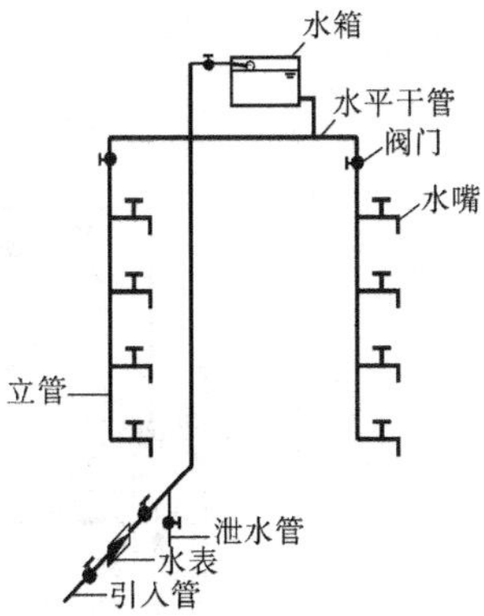

图 8-3 设水箱的给水方式

箱出水供给给水系统,从而达到调节水压和水量的目的。

(二)设有增压与贮水设备的给水方式

1.设置水泵和水箱的给水方式

当室外管网水压经常不足、室内用水不均匀,且室外管网允许直接抽水时,可采用这种方式,如图 8-4 所示。该方式中水泵能及时向水箱供水,可减小水箱容积,又由于水箱的调节作用,水泵出水量稳定,能在高效区运行。

2.设置贮水池、水泵和水箱的给水方式

当建筑的用水可靠性要求较高,室外管网水量、水压经常不足,且不允许直接从室外管网抽水,或者是用水量较大,外网不能保证建筑的高峰用水,再或是要求贮备一定容积的消防水量时,都应采用这种给水方式,如图 8-5 所示。

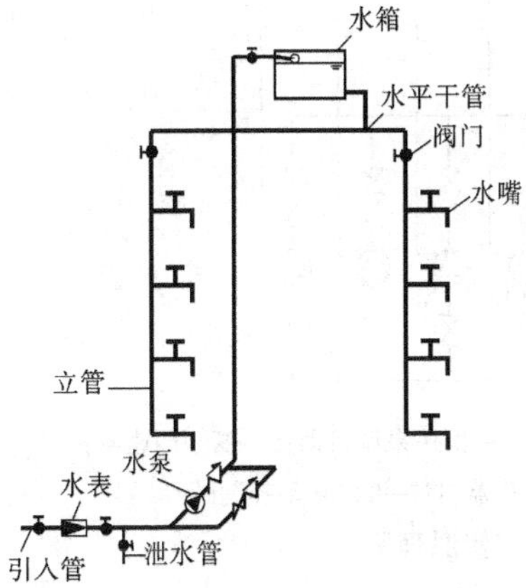

图 8-4 设水泵和水箱的给水方式

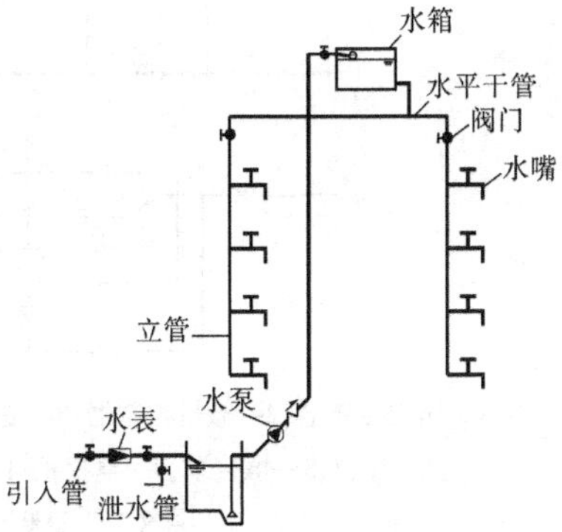

图 8-5 设水池、水泵和水箱的给水方式

3.设气压给水装置的给水方式

当室外给水管网的压力低于或经常不能满足室内所需水压、室内用水不均匀,且不宜设置高位水箱时可采用此种方式。该方式即在给水系统中设置气压给水设备,利用该设备气压水罐内气体的可压缩性,协同水泵增压供水,如图 8-6 所示。气压水罐的作用相当于高位水箱,但其位置可根据需要较灵活地设在高处或低处。

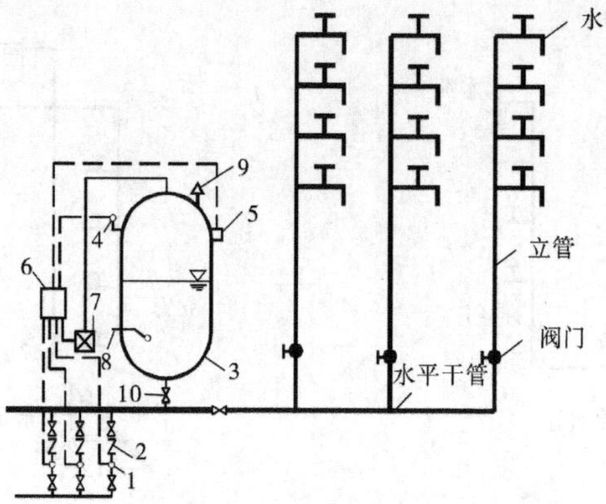

1—水泵;2—止回阀;3—气压水罐;4—压力信号器;5—液位信号器;

6—控制器;7—补气装置;8—排气阀;9—安全阀;10—阀门

图 8-6　变频给水方式

4.设变频调速给水装置的给水方式

当室外管网水压经常不足,建筑物内用水量较大且不均匀,要求可靠性较高、水压恒定时,或者建筑物顶部不宜设高位水箱时,可以采用变频调速给水装置进行供水,如图 8-7 所示。这种供水方式可省去屋顶水箱,水泵效率较高,但一次性投资比较大。

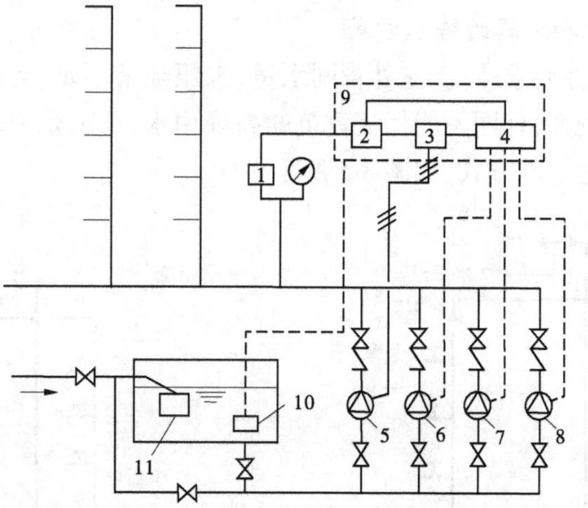

1—压力传感器;2—微机控制器;3—变频调速器;4—恒速泵调接器;5—变频调速器;

6、7、8—恒速泵;9—电控柜;10—水位传感器;11—液位自动控制阀

图 8-7　变频调速给水装置原理图

(三)分区给水方式

这种给水方式适用于多层和高层建筑。

1.利用外网水压分区的给水方式

对于多层和高层建筑来说,室外给水管网的压力只能满足建筑下部若干层的供水要求。为了节约能源,有效地利用外网的水压,常将建筑物的低区设置成由室外给水管网直接供水,高区由增压贮水设备供水,如图 8-8 所示。为保证供水的可靠性,可将低区与高区一根或几根立管相连接,在分区处设置阀门,以备低区进水管发生故障或外网压力不足时,打开

阀门由高区供水。

2.设高区水箱的分区给水方式

此种方式一般是用于高层建筑。高层建筑生活给水系统的竖向分区,应根据使用要求、设备材料性能、维护管理条件、建筑高度等综合因素合理确定。一般各分区最低卫生器具配水点处的静水压力不宜大于 0. 45 MPa,且最大不得超过 0. 55 MPa。这种方式中的水箱,具有保障管网中正常压力的作用,还兼有贮存、调节、减压作用。

根据水箱的不同设置方式又分为 3 种形式。

1)并联水泵、水箱的给水方式

并联水泵、水箱给水方式是在每一分区分别设置一套独立的水泵和高位水箱,向各区供水。其水泵一般集中设置在建筑的地下室或底层,如图 8-9 所示。这种方式的优点是:各区自成一体,互不影响;水泵集中,管理维护方便;运行动力费用较低。缺点是:水泵数量多,耗用管材多,设备费用偏高;分区水箱占用楼房空间多;有高压水泵和高压管道。

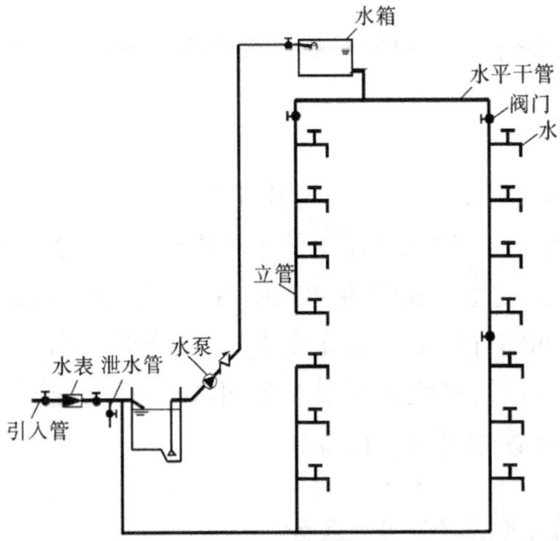

图 8-8 分区给水方式

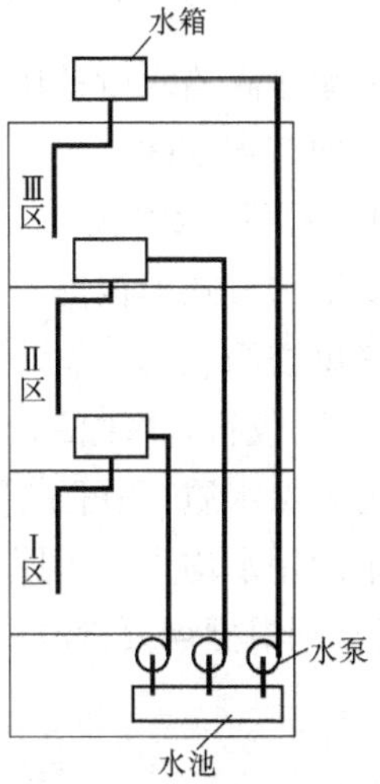

图 8-9 并联水泵、水箱给水方式

2)串联水泵、水箱给水方式

串联给水方式是水泵分散设置在各区的楼层之中,下一区的高位水箱兼作上一区的贮水池,如图 8-10 所示。

这种方式的优点是:无高压水泵和高压管道;运行动力费用经济。其缺点是:水泵分散设置,连同水箱所占用楼房的平面、空间较大;水泵设在楼层中间,防震、隔音要求高,且管理维护不变;若下部发生故障,将影响上部的供水。

3)减压水箱(减压阀)的给水方式

减压水箱(减压阀)给水方式是由设置在底层(或地下室)的水泵将整幢建筑的用水量提升至屋顶水箱,然后分送至各分区水箱,分区水箱将起到减压的作用,如图 8-11 所示。

这种方式的优点是:水泵数量少,水泵房面积小,设备费用低,管理维护简单;各分区减压水箱容积小。其缺点是:水泵运行动力费用高;屋顶水箱容积大;建筑物高度大、分区较多时,下区减压水箱中浮球阀承压过大,易造成关闭不严的现象;上部某些管道部位发生故障时,将影响下部的供水。

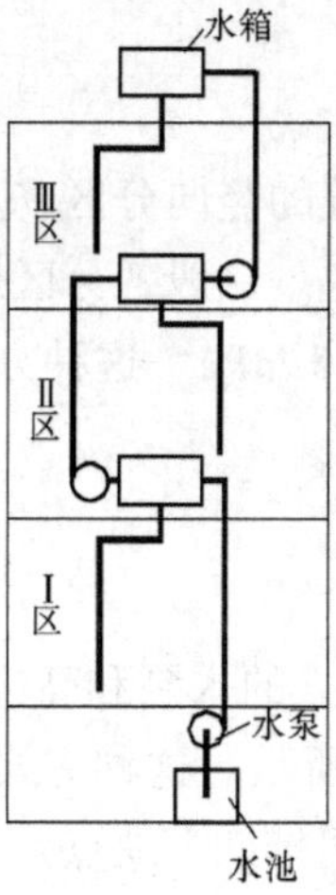

图 8-10　串联水泵、水箱给水方式

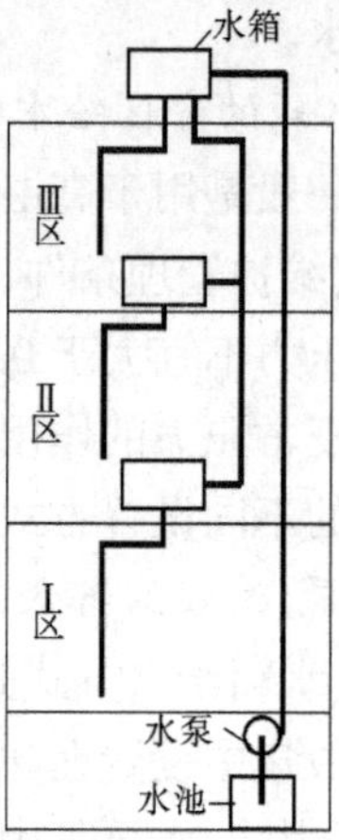

图 8-11　减压水箱给水方式

采用减压阀给水就是用减压阀代替减压水箱，工作原理与减压水箱相同，但是与减压水箱相比更加节省空间。

（四）分质给水方式

分质给水方式即根据不同用途所需的不同的水质，分别设置独立的给水系统。饮用水给水系统供饮用、烹饪、盥洗等生活用水，水质符合“生活饮用水卫生标准”。杂用水给水系统水质较差，仅符合“生活杂用水水质标准”，只能用于建筑内冲洗便器、绿化、洗车、扫除等用水。为确保水质，还可采用饮用水与盥洗、沐浴等生活用水分设两个独立管网的分质给水方式。生活用水均先进入屋顶水箱（空气隔断）后，再经管网供给各用水点，以防止回流污染；饮用水则根据需要，经深度处理后达到直接饮用要求，再行输配。

第二节　建筑消防给水系统

一、室内消火栓给水系统的组成

室内消火栓给水系统主要由消火栓、水龙带、水枪、消防卷盘（消防水喉设备）、消防管道、消防水池、高位水箱、水泵接合器、加压水泵、报警装置、系统附件等组成。

（一）消火栓设备

消火栓设备包括水枪、水带和消火栓，均安装在消火栓箱内。

水枪一般采用直流式，接口直径为 50 mm 和 65 mm 两种，喷嘴口径有 13 mm、16 mm、19 mm三种。水带直径有 50 mm、65 mm 两种。喷嘴口径 13 mm 的水枪配置直径为 50 mm 的水带，16 mm 的水枪可配置直径为 50 mm 或 65 mm 的水带，19 mm 的水枪配置直径为 65 mm的水带。水带长度分别为 10 m、15 m、20 m、25 m 四种规格，水带材质有麻织和化纤两种，有衬橡胶和不衬橡胶之分。消火栓、水带和水枪均采用内扣式快速接口。消火栓有单出口和双出口两种，单出口消火栓口径有 50 mm 和 65 mm 两种，双出口消火栓口径为 65 mm。当每支水枪最小流量小于 3 L/s 时，选用直径为 50 mm 的消火栓、水带和喷口直径为 13 mm 或 16 mm 的水枪；当流量大于 3 L/s 时选用直径为 65 mm 的消火栓、水带和喷口直径为 19 mm 的水枪。

(二)消防管道

室内消防管道的管材采用内外热镀锌钢管。管道包括横干管、消防竖管、横支管，管网要求闭合成环。

(三)消防水泵接合器

高层建筑、超过四层的库房、设有消防管网的住宅、超过五层的公共建筑、人防工程(消防用水量大于 10 L/s)、四层以上多层汽车库及地下汽车库，其室内消火栓给水系统应设消防水泵接合器。当室内消防水泵因检修、停电、发生故障或室内消防用水量不足时，需要利用消防车从室外消火栓、消防水池或天然水源取水，通过水泵接合器送至室内消防管网，供灭火使用。

水泵接合器一端由室内消防给水干管引出，另一端设于消防车易于使用和接近的地方，距人防工程出入口不宜小于 5 m，距室外消火栓或消防水池的距离宜为 15~40 m。水泵接合器有地上式、地下式和壁挂式三种(见图 8-12~图 8-14)。当采用地下式水泵接合器时，应有明显标志。

图 8-12　地上式水泵接合器

图 8-13　地下式水泵接合器

图 8-14　壁挂式水泵接合器

二、室内消火栓给水系统的给水方式

建筑物从消防角度进行划分，分为低层建筑和高层建筑。其中低层建筑的室内消火栓给水系统是指 9 层及 9 层以下的住宅、高度小于 24 m 的其他民用建筑和高度不超过 24 m 的厂房、车库以及单层公共建筑的室内消火栓消防系统。高层建筑的室内消火栓给水系统是指高度为 10 层及以上的住宅建筑和建筑高度为 24 m 及以上的其他民用和工业建筑的室内消火栓消防系统。

(一)低层建筑室内消火栓给水系统的给水方式

1.无加压泵和水箱的室内消火栓给水系统

室外给水管网的压力和流量在任何时候均能够满足室内最不利点消火栓所需的设计流量和压力时，宜采用此种方式，如图 8-15 所示。

2.设有水箱的室内消火栓给水系统

在室外给水管网中水压变化较大的城市和居住区，当生活、生产用水量达到最大时，室外管网不能保证室内最不利点消火栓的压力和流量；而当生活、生产用水量较小时，室外管网压力又较大，能向高位水箱补水。因此，常设水箱调节生活、生产用水量，同时贮存 10 min 的消防用水量，如图 8-16 所示。

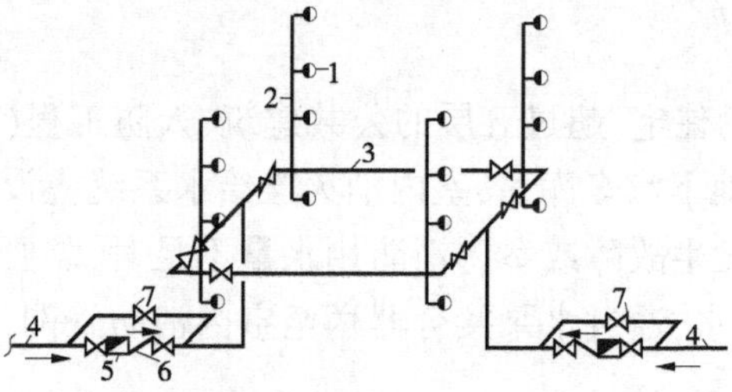

1—室内消火栓；2—消防竖管；3—干管；
4—进户管；5—水表；6—止回阀；7—闸门

图 8-15　无加压泵和水箱的室内消火栓给水系统

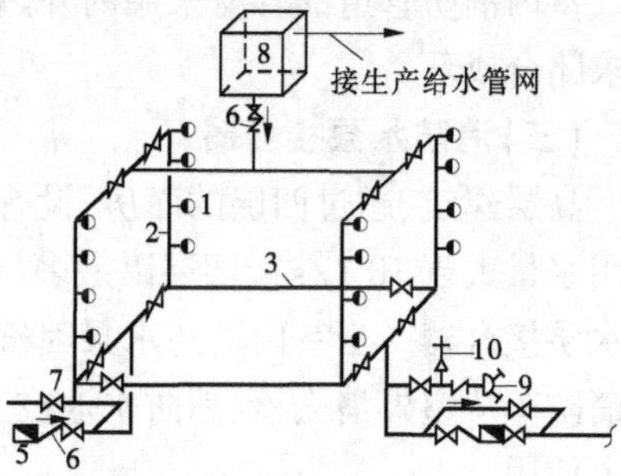

1—室内消火栓；2—消防竖管；3—干管；
4—进户管；5—水表；6—止回阀；
7—阀门；8—水箱；9—水泵接合器；10—安全阀

图 8-16　设有水箱的室内消火栓给水系统

3.设置消防水箱和水泵的室内消火栓给水系统

当室外给水管网的水压不能满足室内消火栓给水系统的水压时，应选用此种方式。水箱应贮备 10 min 的室内消防用水量，水箱采用生活用水泵补水，严禁采用消防水泵补水。水箱进入消火栓给水管网的管道上应设止回阀，以防消防泵启动时水泵出水进入水箱，如图 8-17 所示。

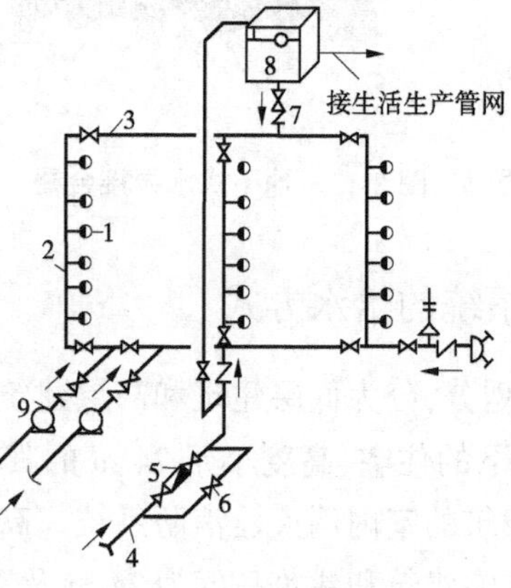

1—室内消火栓；2—消防竖管；3—干管；4—进户管；5-水表；6—止回阀；
7—旁通管及阀门；8—水箱；9—水泵

图 8-17　设置消防泵和水箱的室内消火栓给水系统

(二)高层建筑室内消火栓给水系统的给水方式

1.不分区的室内消火栓给水系统

当建筑物内消火栓栓口的静水压力不超过 1.0 MPa 时，整个建筑物组成一个消防给水系统。火灾时，消防队使用消防车，从室外消火栓管网或消防水池取水，通过水泵接合器往室内管网供水，如图 8-18 所示。

2.分区的室内消火栓给水系统

如图 8-19 所示，并联分区的特点是水泵集中布置，便于管理。它适用于建筑高度不超过 100 m 的建筑。

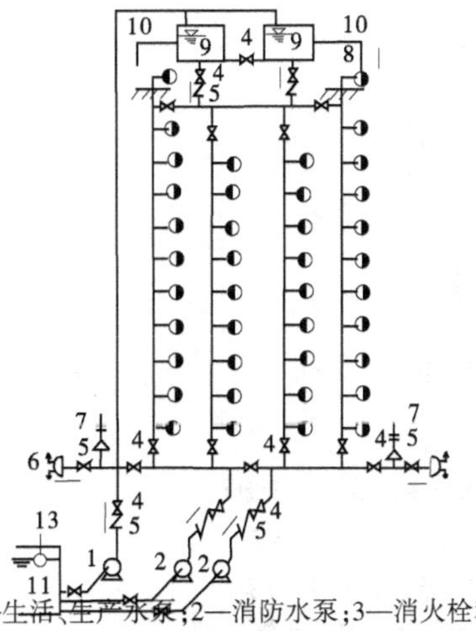

1—生活、生产水泵；2—消防水泵；3—消火栓和水泵远距离启动按钮；4—阀门；5—止回阀；6—水泵接合器；7—安全阀；8—屋顶消火栓；9—高位水箱；10—至生活、生产管网；11—贮水池；12—来自城市管网；13—浮球阀

图 8-18　不分区的室内消火栓给水系统

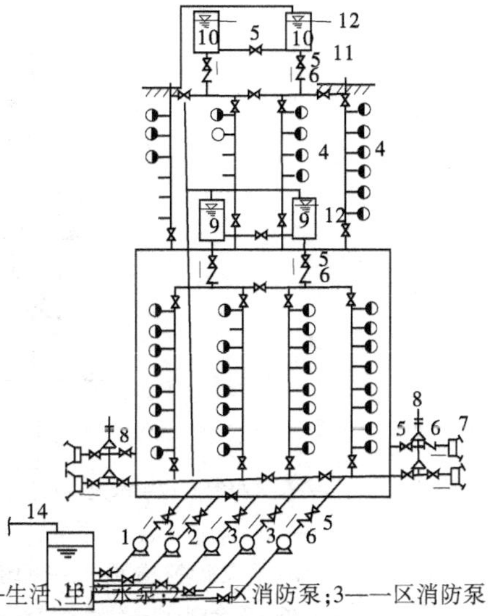

1—生活、生产水泵；2—二区消防泵；3—一区消防泵；4—消火栓及远距离启动水泵按钮；5—阀门；6—止回阀；7—水泵接合器；8—安全阀；9—一区水箱；10—二区水箱；11—屋顶消火栓；12—至生活、生产管网；13—水池；14—自城市管网

图 8-19　分区的给水室内消火栓给水系统

第三节　自动喷水灭火系统

自动喷水灭火系统装置是一种发生火灾时，能自动打开喷头灭火，同时发出火警信号的消防给水设备，该装置多设于容易自燃而无人管理的仓库以及对消防要求较高的建筑或个别房间，起火蔓延很快的场所或危险性很大的建筑物内。

自动喷水灭火系统根据组成构件、工作原理及用途可以分成若干种基本形式。按喷头平时开放情况分为闭式和开式两大类。闭式系统包括湿式系统、干式系统、预作用系统、重复启闭预作用系统、自动喷水-泡沫联用系统。开式系统包括水幕系统、雨淋系统和水喷雾系统。下面我们以湿式系统为主进行介绍。

一、系统组成

该系统由闭式喷头、湿式报警阀、报警装置、管网及供水设施等组成，如图 8-20 所示。由于该系统在准工作状态时报警阀前后的管道始终充满压力水，故称为湿式喷水灭火系统。

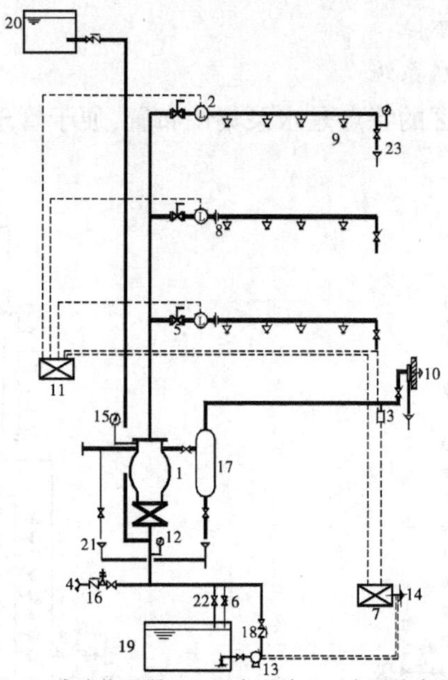

1—湿式报警阀；2—水流指示器；3—压力开关；4—水泵接合器；5—信号阀；
6—泄压阀；7—电气自控箱；8—减压孔板；9—闭式喷头；10—水力警铃；
11—火灾报警控制屏；12—闸阀；13—消防水泵；14—按钮；15—压力泵；
16—安全阀；17—延迟器；18—单向阀；19—消防水池；20—高位水箱；
21—排水漏斗；22—消防水泵试验阀；23—末端试水装置

图 8-20　湿式自动喷水灭火系统组成示意图

二、工作原理

火灾发生初期，建筑物的温度随之不断上升，当温度上升到以闭式喷头感温元件爆破或融化脱落时，喷头即自动喷水灭火。此时，管网中的水由静止变为流动，水流指示器被感应送出电信号，在报警控制器上指示某一区域已在喷水。持续喷水造成报警阀的上部水压低于下部水压，其压力差值达到一定值时，原来处于关闭状态的报警阀就会自动开启。同时，消防水通过湿式报警阀，流向干管和配水管供水灭火。同时一部分水沿报警阀进入延迟器、压力开关及水力警铃等设施发出火警信号。此外，根据水流指示器的压力开关的信号或消防水箱的水位信号，控制箱内的控制器能自动启动消防泵向管网加压供水，达到持续自动喷水的目的。

三、系统组件

（一）管道

管网以报警阀为界，报警阀以前称为供水管网，报警阀以后称为配水管网。其中供水管网包括供水干管和供水立管，配水管网包括配水立管、配水干管、配水管及配水支管。

（二）喷头

闭式喷头是自动喷水灭火系统的关键部件，起着探测火灾、自动启动和喷水灭火的重要作用。

1.标准闭式喷头

标准闭式喷头是带热敏感元件及其密封组件的自动喷头。

2.特种喷头

特种喷头包括快速响应喷头和快速响应早期抑制喷头。

(三)湿式报警阀组

湿式报警阀组安装于湿式系统的立管上。其作用是:接通或切断水源,输送报警信号,启动水力警铃报警;防止水倒流回供水水源,主要由湿式阀、延迟器、水力警铃和压力开关组成,如图 8-21 所示。

图 8-21　湿式报警阀组装置图

(四)水流指示器

其作用在于当失火时喷头开启喷水或者管道发生泄漏或意外损坏时,有水流流过装有水流指示器的管道,则水流指示器即发出区域水流信号,起到辅助电动报警作用。每个防火分区或每个楼层均应设置水流指示器,如图 8-22、图 8-23 所示。

图 8-22　法兰型水流指示器

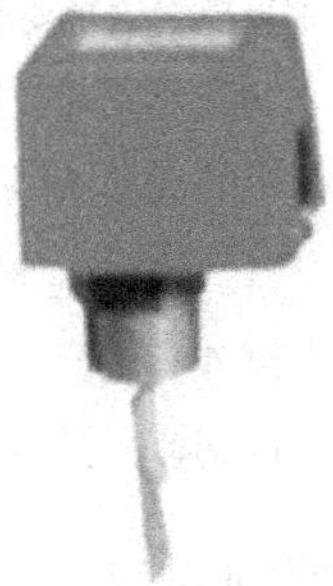

图 8-23　丝扣型水流指示器

(五)末端试水装置

为了检测系统的可靠性,测试系统能否在开放一只喷头的最不利条件下可靠报警并正常启动,在系统每个报警阀组控制的最不利点处,应设置末端试水装置,其他防火分区、楼层最不利点处，均应设置直径为 25 mm 的试水阀。

末端试水装置由排水阀门、压力表、排气阀组成。测试的内容包括水流指示器、报警阀、压力开关、水力警铃的动作是否正常，配水管道是否通畅，以及最不利点处的喷头工作压力等，如图 8-24 所示。

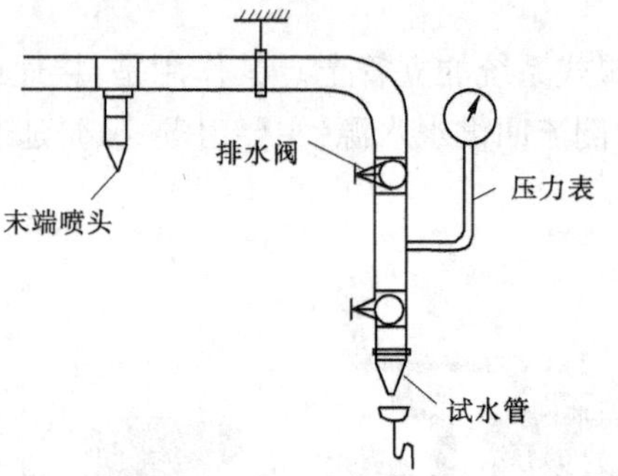

图 8-24 末端试水装置示意图

第四节 建筑排水系统的分类与组成

一、排水系统的分类

建筑内部排水系统的任务是把建筑内的生活污水、工业废水和屋面雨水、雪水收集起来，有组织地、及时畅通地排至室外排水管网、处理构筑物或水体。按系统排除的污、废水种类的不同，可将建筑物内排水系统分为以下几类。

（一）生活排水系统

排除粪便污水和生活废水的排水系统。

（二）生产污水排水系统

排除生产过程中被污染较重的工业废水的排水系统。生产污水需经过处理后才允许回用或排放，如含酚污水、含氰污水，酸碱污水等。排除生产过程中只有轻度污染或水温提高，只需要经过简单处理即可循环或重复使用的较洁净的工业废水的排水系统，如冷却废水、洗涤废水等。

（三）屋面雨水排水系统

排除降落在屋面的雨、雪水的排水系统。

二、排水系统的组成

建筑内部排水系统的任务是要能迅速、通畅地将污水排到室外，并能保证系统气压稳定，同时将管道系统内有毒有害气体排到一定空间而保证室内环境卫生，如图 8-25 所示。完整的排水系统可分为以下几个部分。

（一）卫生器具和生产设备受水器

卫生器具是建筑内部排水系统的起点，用以满足人们日常生活或生产过程中各种卫生要求，并收集和排出污废水的设备。

(二)排水管道

排水管道包括器具排水管(含有存水弯)、横支管、立管、横干管和排出管。

(三)通气管道

建筑内部排水系统是水气两相流动，当卫生器具排水时，需向排水管道内补给空气，以减小气压变化，防止卫生器具水封破坏，使水流畅通，同时也需要将排水管道内的有毒有害气体排放到一定空间的大气中去，补充新鲜空气，减缓对金属管道的腐蚀。

(四)清通设备

为疏通建筑内部排水管道，保障排水畅通，常需要设检查口、清扫口、带清扫门的90°弯头或三通，室内埋地横干管上的检查井等。

(五)提升设备

工业与民用建筑的地下室、人防建筑物、高层建筑地下技术层、地下铁道、立交桥等地下建筑物的污废水不能自流排至室外时，常须设抽升设备。

(六)污水局部处理构筑物

当建筑内部污水未经处理不能排入其他管道或市政排水管网和水体时，需设局部污水处理构筑物。

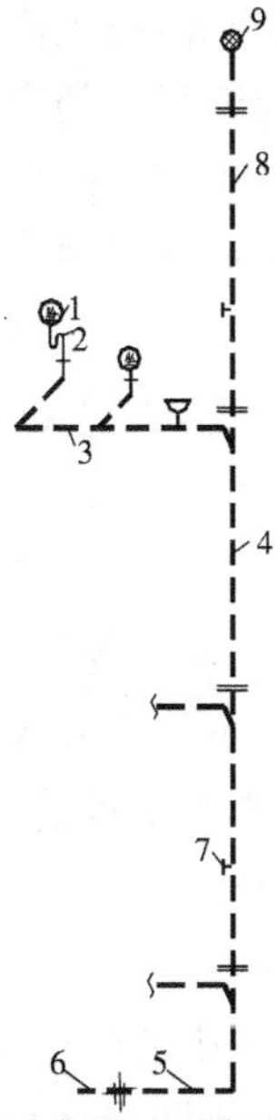

1—污水收集器；2—器具排水管；3—排水横支管；4—立管；5—横干管；6—排出管；7—检查口；8—伸顶通气管；9—通气帽

图8-25　建筑内部排水系统组成

第五节　建筑给排水系统施工图的识读

一、给排水施工图的基本内容

室内给排水施工图是室内给水排水工程施工的依据和必须遵守的文件。施工图可使施工人员明白设计人员的设计意图，进而贯彻到工程施工的过程当中，施工图必须由正式设计单位绘制并签发。施工时，未经设计单位同意，不得随意对施工图中的规定内容进行修改。

室内给排水施工图包括文字部分和图示部分。文字部分包括图纸目录、设计施工说明、设备材料表、图例等，图示部分包括平面图、系统图、详图。简单工程可不列设备材料表。

(一)文字部分

1.图纸目录

图纸目录的主要作用是便于施工人员查找图纸。

2.设计说明

设计图样上用图或符号表达不清楚的问题，或有些内容用文字能够更简单明了地说清楚的问题，可用文字加以说明。

设计说明的主要内容有：设计依据；设计范围；设计概况及技术指标，如给水方式、排水体制的选择等；施工说明，图中尺寸采用的单位，采用的管材及连接方式，管道防腐、防结露的做法，保温材料的选用、保温层的厚度及做法等，卫生器具的类型及安装方式，施工注意事项，系统的水压试验要求，施工验收应达到的质量标准等，如有水泵、水箱等设备，还必须写明型号、规格及运行要点等。

3.设备材料明细表

设备材料明细表中列出图样中用到的主要设备的型号、规格、数量及性能要求等，用于在施工备料时控制主要设备的性能。对于重要工程，为了使施工准备的材料和设备符合图样的要求，并且便于备料，设计人员应编制一个主要设备材料明细表，包括主要设备材料的序号、名称、型号规格、单位、数量、备注等项目。此外，施工图中涉及的其他设备、管材、阀门、仪表等也均应列入表中。对于一些不影响工程进度和质量的零星材料可不列入表中。

一般中小工程的文字部分直接写在图样上，工程较大、内容较多时另附专页编写，并放在一套图样的首页。

4.图例

施工图中的管道及附件、管道连接、卫生器具、设备仪表等，一般采用统一的图例表示。《给水排水制图标准》中规定了工程中常用的图例，凡在该标准图中未列入的可自设。一般情况下，图纸应专门画出图例，并加以说明。建筑给排水施工图中经常用到的图例见表8-1。

（二）图示部分

1.平面图

平面图是给排水施工图的基本图示部分。它反映了卫生器具、给排水管道、附件等在建筑物内的平面布置情况。通常情况下，建筑的给水系统、排水系统不是很复杂，将给水管道、排水管道绘制在一张图上，称为给排水平面图。

平面图所表达的主要内容有：建筑物内与给排水有关的建筑物的轮廓，定位轴线及尺寸线，各房间的名称等；卫生器具、水箱、水泵等的平面布置、平面定位尺寸；给水引入管、污水排出管的平面布置、平面定位尺寸、管径及管道编号；给水排水横干管、立管、横支管的位置、管径及立管编号。

2.系统图

系统图也称轴测图，一般按45°正面斜轴测图绘制。系统图表示给排水系统空间位置及各层间、前后左右间的关系。给水系统图、排水系统图应分别绘制。系统图所表达的内容有：自引入管，经室内给水管道系统至用水设备的空间走向和布置情况；自卫生器具，经室内排水管道系统排出管的空间走向和布置情况；管道的管径、标高、坡度、坡向及系统编号和立管编号；各种设备（包括水泵、水箱等）的接管情况、设置位置和标高、连接方式及规格；管道附件的种类、位置、标高；排水系统通气管设置方式、与排水立管之间的连接方式，伸顶通气管上的通气帽的设置及标高等。

3.详图

给水排水平面图和系统图表示了卫生器具及管道的布置情况，而卫生器具的安装、管道的连接，需有施工详图作为依据。常用的卫生设备安装详图，通常套用《全国通用给水排水标准图集99S304卫生设备安装》中的图样，不必另行绘制，只要在设计施工说明或图纸目录中写明所套用的图集名称及其中的详图号即可，当没有标准图时，设计人员需自行绘制。

表 8-1　建筑给排水施工图中常用到的图例

名 称	图 例	说 明	名 称	图 例	说 明
管道		用于一张图纸上，只有一种管道	水泵接合器		左为平面图 右为系统图
	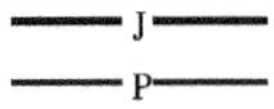	用汉语拼音字头表示管道类别	自动喷淋头	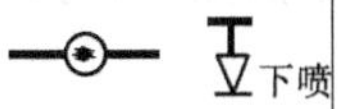	左为平面图 右为系统图
	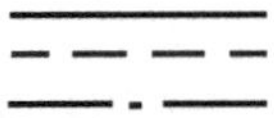	用线型区分管道类别	放水龙头		
闸 阀			淋浴喷头		左为平面图 右为系统图
截止阀	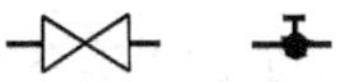	左为DN>50 右为DN<50	圆形地漏		左为平面图 右为系统图
止回阀	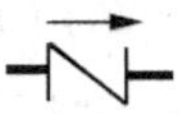		清扫口		左为平面图 右为系统图
减压阀	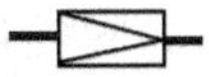		检查口		
蝶 阀	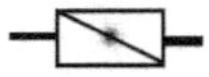		存水弯	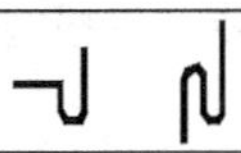	
延时自闭阀			洗脸盆		
可曲挠接头			浴 盆	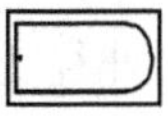	
水流指示器			大便器		
单出口消火栓		左为平面图 右为系统图	小便器		
双出口消火栓		左为平面图 右为系统图	污水池		
柔性防水套管	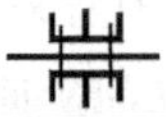		通气帽	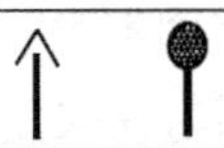	左为成品 右为铅丝球
管道立管	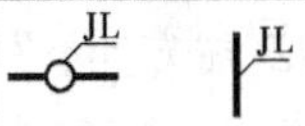	左为平面图 右为系统图	伸缩节	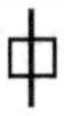	

二、图示部分的表示方法

（一）平面图的表示方法

1.平面图的比例

平面图是室内给水排水施工图的主要部分，一般采用与建筑平面图相同的比例，常用的比例有 1∶100、1∶200。

2.平面图的数量

平面图的数量一般视卫生器具和给水排水管道布置的复杂程度而定。对于多层房屋，底层由于设有引入管和排出管且管道需与室外管道连接,宜单独画出底层完整的平面图(如能表达清楚与室外管道的连接情况,也可只画出与卫生设备和管道有关的平面图);楼层平面图只需抄绘与卫生设备和管道布置有关的平面图,一般应分层抄绘,如楼层的卫生设备和管道布置完全相同时,只需画出相同楼层的一个平面图,称为标准层平面图;设有屋顶水箱的楼层可单独画出屋顶给水排水平面图,但当管道布置不太复杂时,也可在最高层给水排水平面图中用虚线画出水箱的位置。如果管道布置复杂,同一平面(或同一标高处)上的管道画在一张平面图上表达不清楚,也可用多个平面图表示,如底层给水平面图、底层排水平面图等。

3.管道画法

室内给水排水的各种管道,一律用粗单线表示。其中,给水管道用粗实线表示,排水管道用粗虚线表示。为了在同一套图纸中区别不同类别的给排水管道,也可在管道中标识汉语拼音字头来表示。在平面图中,不论管道在楼面或地面的上下,均不考虑其可见性。给水排水立管是指穿过一层及多层的竖向供水管道和排水管道。平面图上有各种立管的编号,底层给水排水平面图中还有各种管道按系统的编号,一般给水以每根引入管为一个系统;排水以每根排出管为一个系统。立管在平面图中以空心小圆圈表示,并用指引线注明管道类别代号,其标注方法是用分数的形式,分子为管道类别代号,分母为同类管道编号。当一种系统的立管数量多于一根时,还宜采用阿拉伯数字编号。

4.管径的表示

给排水管道的管径尺寸以毫米(mm)为单位,金属管道(如焊接钢管、铸铁管)以公称直径 DN 表示,如 DN50、DN80 等;无缝钢管的管子外径一般是用字母 D 来表示,其后附加外径尺寸和壁厚来,例如外径为 108 mm 的无缝钢管,壁厚为 5 mm,用 D108 * 5 表示;塑料管一般以公称外径 De(或 DN)表示,如 De25 等。管径一般标注在该管段旁,如位置不够时,也可用引线引出标注。

(二)系统图的表示方法

给排水系统图上各立管和系统的编号应与平面图一一对应,在给排水系统图上还应画出各楼层地面的相对标高。系统图可采用与平面图相一致的比例,也可不严格按比例绘制。

《给水排水制图标准》(GB/T 50106—2010)规定,给排水系统图宜采用 45°正面斜轴测投影法绘制,我国习惯采用 45°正面斜轴测来绘制系统图,*OZ* 与 *OX* 的轴间角为 90°,*OY* 与 *OZ*、*OX* 的轴间角为 135°。为了便于绘制和阅读,立管平行于 *OZ* 轴方向,平面图上左右方向的水平管道,沿 *OX* 轴方向绘制;平面图上前后方向的水平管道,沿 *OY* 轴方向绘制。卫生器具、阀门等设备,用图例表示。

给排水系统图中的管道,都用粗实线表示,其他图例和线宽仍按原规定绘制。在系统图中,不必画出管件的接头形式,管道的连接方式用文字写在施工说明中。

管道系统中的给水附件,如水表、截止阀、水龙头和消火栓等,可用图例画出。相同布置的各层,可只将其中的一层画完整,其他各层只需要在主管分支处用折断线表示。

在排水系统图中,可用相应图例画出卫生设备上的存水弯、地漏或检查口等。排水横支管虽有坡度,但由于比例较小,故可按水平管道绘制,但宜注明坡度和坡向。由于所有卫生器具和设备已在给排水平面图中表达清楚,故在排水管道系统图中没有必要画出。

当在同一系统中的管道因互相重叠和交叉而影响该系统图的清晰性时,可将一部分管道平移至空白位置画出,称为移置画法或引出画法。将管道从重叠处断开,用移置画法到图面空白处,从断开处开始画,断开处应标注相同的符号,以便对照读图。

管道的管径一般标注在该管段旁边,标注位置不够时,可用引出线引出标注。管道各管段的管径要逐段标出,当连续几段的管径都相同时,可以仅标注它的始段和末段,中间段可省略不标。

凡有坡度的横管(主要是排水管),宜在管道旁边或引出线上标注坡度,如 3‰,数字下面的单边箭头表示坡向(指向下坡方向),当排水横管采用标准坡度时,图中可省略不标,在施工说明中用文字说明。

管道系统图中的标高是相对标高,即以建筑标高的±0.000 m 为±0.000 m。在给水系统图中,标高以管中心为准,一般要标注出引入管、横管、阀门、水龙头、卫生器具的连接支管、各层楼地面及屋面等的标高。在排水系统图中,横管的标高以管内底为准,一般应标注立管上的检查口、排出管的起点标高。其他排水横管的标高,一般根据卫生器具安装高度和管件的尺寸,由施工人员决定。此外,还要标注各楼层地面屋面等的标高。

三、给排水施工图的识读

(一)室内给排水施工图的识读

图 8-26~图 8-28 是某办公楼的建筑给排水的施工图,我们以该图为例,具体说明给排水施工图识读的具体步骤。

(1)看平面图,查明建筑物的情况。这是一幢三层的办公楼,图面上只画出了卫生间。卫生间在建筑物的⑧—⑨轴线和Ⓒ—Ⓓ轴线处。卫生间分为男女卫生间和盥洗间,总进深为 6.3 m,总开间为 4.8 m。

(2)看平面图,查明卫生器具、给水排水设备的类型、数量、安装位置、安装尺寸等。

该办公楼各层卫生间卫生器具布置相同。男卫生间有 3 套大便器,3 套小便器,1 只污水池,地面上有一地漏用以排除地面积水。大便器沿⑨轴线布置,大便器间距为 1 060 mm。小便器、污水池、地漏均沿⑧轴线布置。2 个小便器之间的距离是 800 mm,靠外墙小便器中心与外墙的距离是 600 mm.。地漏位于进门两个小便器之间,地漏中心与 2 个小便器中心的距离均为 400 mm。女卫生间有 3 套大便器,1 只污水盆,1 个地漏。大便器沿⑨轴线布置,大便器间距为 960 mm。靠近轴线Ⓒ处的大便器中心距离靠走廊侧墙皮的水平距离为 450 mm。盥洗间设有 2 只台式洗脸盆和 2 个地漏。洗脸盆间的间距为 700 mm。洗脸盆下设有一地漏可以收集洗脸盆使用时溅出的水或地面的其他积水。各卫生器具的安装采用标准图。

(3)看清楚室内给水系统的形式、管路组成、平面位置、标高、走向、敷设方式。查明管道、阀门、附件的管径、规格、型号、数量及安装要求。

该办公楼的给水系统采用直接给水方式,下行上给式布置,系统编号为 1/J。给水引入管管径 De65,由南向北穿越⑨轴线进入建筑物,管道埋深为(管道中心线标高)为-1.200 m,入户升高至-0.500 m,然后由立管将水由一楼送至三楼,管径由 De65 变为 De50。

JL-1 立管自地下出地面后,在各层距地面 1.000 m 处设置一正四通,分别向东向西引

设计说明

一、工程概况

本工程为火车站消防站营房综合楼，总建筑面积 3 952.31 m^2，建筑高度为 25.05 m，危险等级为中危险Ⅱ级。

二、设计依据

1.《建筑给水排水设计规范》（GB 50015—2003）；

2.《高层民用建筑设计规范》（GB 50045—95）（2006 版）；

3.《建筑灭火器配置设计规范》（GB 50140—2005）；

4.甲方提供的委托设计任务书及设计要求；

5.建筑专业提供的作业图。

三、设计范围

包括给水系统、热水系统、排水系统、消火栓给水系统。

四、给水系统

本办公楼为 7 层，生活用水由市政管道直接供给。

办公楼设计使用人数：150 人

$Q_d = 15\ m^3/d$，$Q_h = 2.82\ m/d$，$Q_p = 13.5\ m^3/d$

五、热水系统

楼内热水应采用电热水器供给。二层热水器采用落地式，二层以上采用挂式热水器。

六、消火栓系统

1.消防水量

火灾延续时间消火栓系统室外消防栓水量为 20 L/s，室内消火栓系统水量为 20 L/s，按 2 h 计。室内消防由小区管网室外消火栓负责。

2.消防水源

消防用水由市政给水管网直接供给。

3.消火栓系统

室内消火栓为，口径为 65 mm，水龙带长度为 25 m，水枪口径为 19 mm，室内消火栓管网呈环状。消火栓系统在室外设两套消防水泵接合器。

七、排水系统

1.排水系统

本系统主要排除卫生间及淋浴间污水，排水直接排入室外污水检查井。预留操作间排水管排入室外隔油池。

2.污水处理

本工程污水进入排水管网后经室外化粪池处理后排入市政排水管网。

八、灭火器配置

根据规范，本工程还设置了手提式灭火器，具体位置见平面图。

施工说明

1.图中除标高以米计外，其余尺寸均以毫米计，管道标注以管中心计管径标注均为公称直径。室外地平平相对标高为 −0.15 m。

2.生活给水主立管采用钢塑复合压力管，支管采用 PP—R 塑料管。排水管道采用内螺旋排水塑料管，排水立管底部应设支墩或采取固定措施，消火栓采用热镀锌钢管卡箍连接。

3.直接埋地的钢管，外刷热沥青两道防腐。

4.吊顶内明装给水钢管表面做隔热处理，防止结露，采用阻燃型高压聚乙烯泡沫塑料管壳，对缝黏接后外缠密纹玻璃丝布，外刷白色防火漆两道。

5.管道安装：

（1）管道安装应尽可能贴墙、梁、柱安装，在墙、柱尺寸改变处可采用乙字弯曲管调整，给水管距墙、柱不小于 100 mm，排水管不小于 120 mm。

（2）穿墙及楼板给排水管均应埋刚性套管，施工参见 S312-8-7（Ⅱ型）。

（3）管道施工时应与其他专业密切配合，在施工中如出现与实际情况不符时，可现场调整，压力管可翻越其他管道。

（4）排水管道应按照标高施工，除特殊注明外均按标准坡度施工。

DN50 管道坡度为 0.035，DN75 管道坡度为 0.025，DN100 管道坡度为 0.020，DN150 管道坡度为 0.010。

（5）排水管采用承插连接。

（6）水平管道支吊架，给排水间距：≤5 m。

（7）排水立管和排水横管用两个 45° 弯头相连接。

（8）内外墙及楼板穿洞密切配合土建施工，管道穿外墙做防水密闭套管。

（9）除本设计说明外，施工时必须严格遵守《采暖与卫生工程施工验收规范》中的规定。

6.排水管连接应该符合：

（1）卫生器具排水管与排水横管垂直连接，采用 90° 斜三通。

（2）排水管道的横管与立管连接，采用 45° 斜三通或斜四通和顺水三通或顺水四通。

（3）排水立管与排出管端部的连接，采用两个 45° 弯头或弯曲半径不小于 4 倍管径的 90° 弯头。

（4）排水管应避免在轴线位置，当受条件限制时，用乙字管或两个 45° 弯头连接。

（5）支管接入横干管，立管接入横干管时，在横干管管顶或其两侧 45° 范围内接入。

7.给水塑料管外径与公称直径对照关系见下表：

塑料管外径(mm)(De)	20	25	40	50	63	75	90
公称直径(mm)(DN)	15	20	32	40	50	65	80

8.排水塑料管外径与公称直径对照关系见下表：

塑料管外径(mm)(De)	50	75	110	160
公称直径(mm)(DN)	50	75	100	150

图例

水表		截止阀	DN<50 DN≥50
闸阀		角阀	
止回阀		蝶阀	
消火栓给水管	XL	压力表	
干粉灭火器	▲	室内单栓消火栓	
水泵接合器			

设　计			火车站地区消防站管房综合楼	
审　校				
审　核				日　期 | 比　例
专业负责人			设计说明及给排水系统图	
项目负责人				

图 8-26

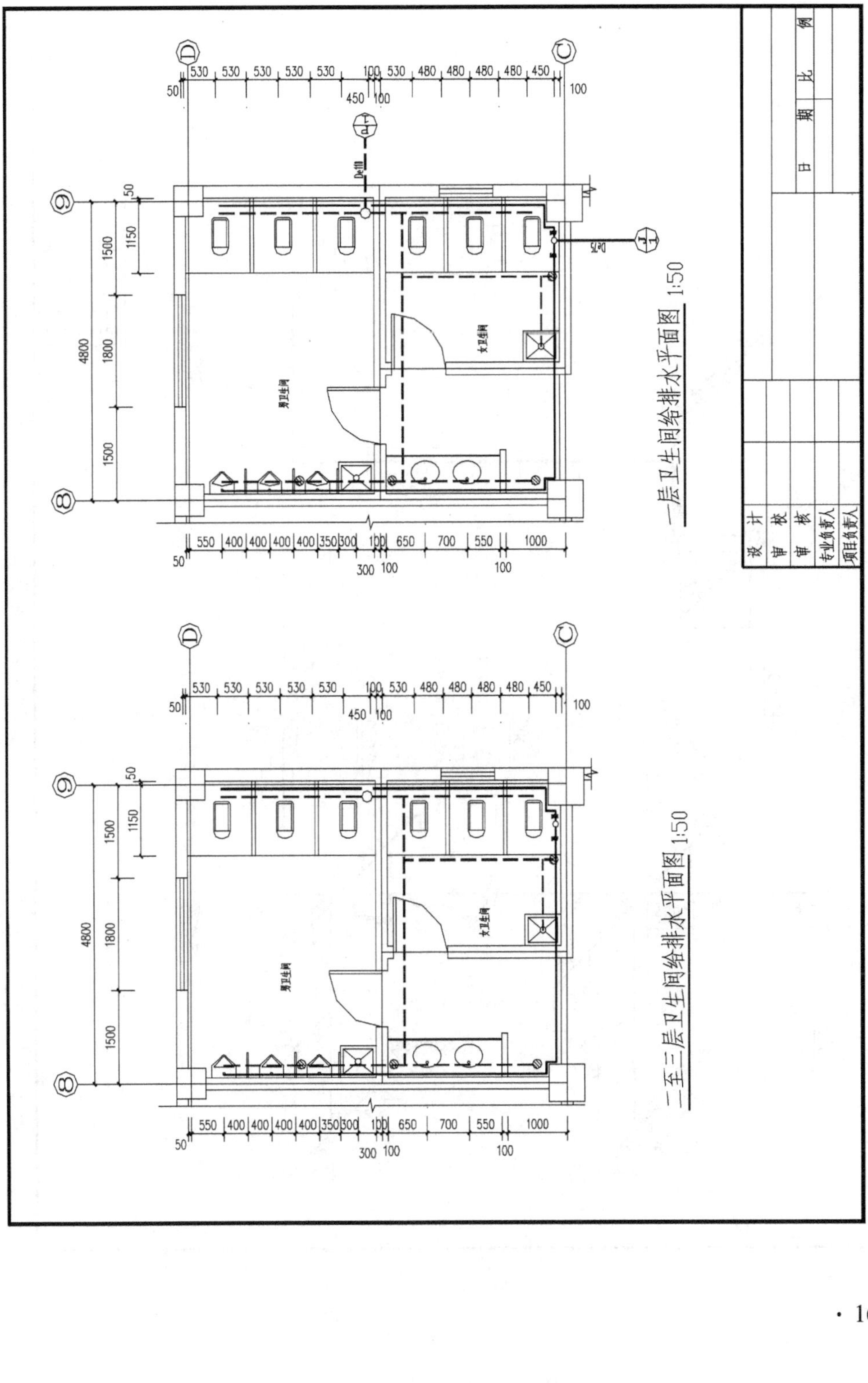
一层卫生间给排水平面图 1:50
二至三层卫生间给排水平面图 1:50
男卫生间
女卫生间
设计
审校
审核
专业负责人
项目负责人
日期
比例

图 8-27

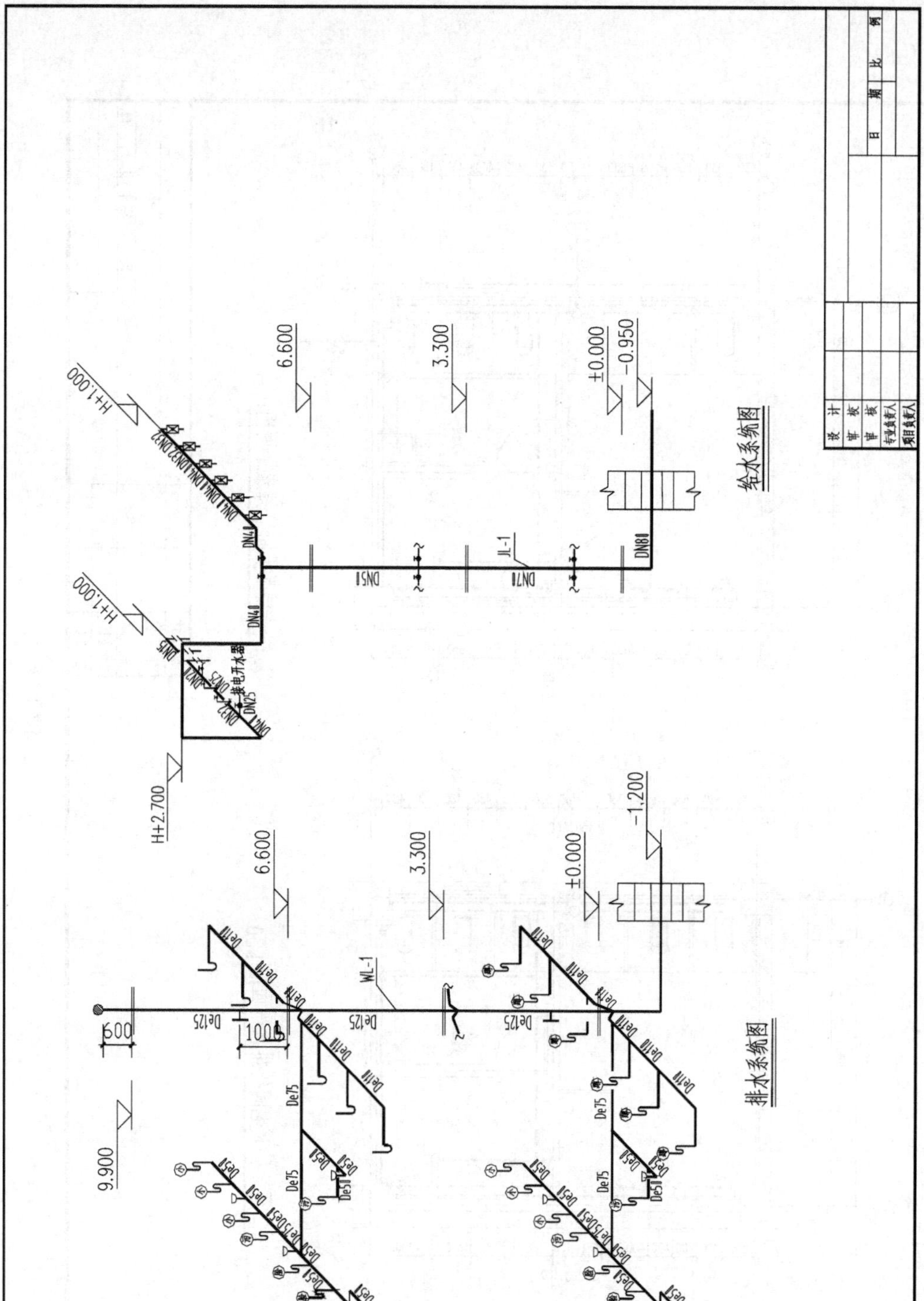
给水系统图
排水系统图
H+1.000
H+1.000
H+2.700
6.600
3.300
±0.000
-0.950
-1.200
9.900
JL-1
WL-1
DN40
DN50
DN70
DN80
De125
De110
De75
De50
接电开水器
设 计
审 核
审 核
专业负责人
项目负责人
日 期
比 例

图 8-28

出支管。向东的支管向东走一小段距离后，向北送水至女卫生间及男卫生间的大便器。管径由 De50 变为 De40。向西的支管向西接至一段距离后接出一三通向女卫生间的污水池供水。支管继续向西穿过女卫生间的墙上翻至距地面 2.700 m 的高度，走至墙边向北至洗脸盆处，支管下翻至距地面 0.400 m 处，连接至洗脸盆后，继续向北支管抬升至距地面 1.000 m 处给男卫生间的小便器送水。管径由 De50 变至 De32。

(4)了解排水系统的排水体制，查明管路的平面布置及定位尺寸，弄清管路系统的空间具体走向、管路分支情况、管径尺寸与横管坡度、管道各部位标高、存水弯类型、清通设备及设置情况、弯头及三通选用。

该办公楼排水系统是合流制，只设一个系统，系统编号为 1/P，穿基础处的标高为 -1.200 m。PL-1 承担收集来自每层的所有卫生器具的污水的任务，从底层至顶层与通气立管相连。蹲式大便器在底层设 S 形存水弯，在楼层中设 P 形存水弯，与大便器相连的支管管径均为 De110。地漏自带水封，管道上不设存水弯。污水池、洗脸盆、小便器均设置 S 形存水弯。连接小便器与洗脸盆及地漏连接的排水横支管的管径为 De75。每一层排水横支管与立管连接处采用顺水四通进行连接，且在连接处设置一个伸缩节。该办公楼的排水系统采用的是 U-PVC 管材，在立管底层和三层距地面 1.000 m 处设置一个检查口。立管与排出管连接处采用两个 45°弯头。

与排水立管相连的伸顶通气管管径也为 De110，伸出屋面向上 600 mm，顶端各设铅丝球一个。

(5)了解管道支架、吊架的型式及设置要求，查看设计说明弄清楚管道的油漆、涂色、保温等要求。

室内给排水管道的支吊架一般在图纸上不显示，由具体施工人员按照有关规程和习惯做法自己决定。管道的防腐、保温、防结露等做法应根据管道的具体特点及图纸的相关说明及有关规定具体执行。

(二)室内给排水施工图识读应注意的问题

(1)看图时先看设计施工说明，明确设计要求，了解工程概况。

(2)把给排水施工图按给水、排水分别阅读，把平面图和系统图对照起来看。

(3)给水系统从引入管起顺着管道的水流方向看图，经干管、立管、横支管到用水设备，把平面图和系统图对应起来，弄清管道的方向，分枝位置，各段管道的管径、标高、坡度、坡向、管道上的阀门及配水龙头的位置和种类等。

(4)排水系统从卫生器具开始看，沿水流方向，经支管、横管、立管一直到排出管。弄清管道的方向，管道汇合的位置，各管段的管径、标高、坡度、坡向、检查口、清扫口、地漏的位置等。

(5)最后结合平面图、系统图和设计施工说明看详图，弄清卫生器具的类型、安装方法，设备的型号，配管形式等，把整个给排水系统的施工安装的具体要求搞清楚。

(6)如果仍然有不明确的问题或设计不合理、无法施工等，可在图纸会审时向设计人员提出，由设计单位、施工单位、建设单位三方协商解决。如有需要变更的设计内容，由设计单位以变更单(用文字或补充图纸)的形式签发，图纸变更须经设计单位盖章后生效执行。

小 结

本章主要介绍了建筑给水系统、消防系统、建筑排水系统的分类，建筑给水系统、消防系统、建筑排水系统的组成，给排水施工图的组成，建筑给水系统、消防系统的给水方式，消防系统组件以及给排水施工图的识读方法。本章的教学目标是使学生熟悉建筑给水系统、消防系统的组成、给水方式以及建筑排水系统的组成，具备识读给排水施工图的能力。

第九章　建筑电气工程

【学习目标】 通过学习本章内容,使学生了解在供配电系统的组成,供配电系统中的电压等级,电力负荷分级和常见的低压配电方式。了解建筑电气照明系统中常用的光学物理量,衡量照明质量的指标,常见的照明种类和方式,熟悉照明光源和灯具的选用。熟悉建筑防雷的形式和常用的防雷接地措施。熟悉供电系统中常用的接地形式。掌握建筑电气施工图的组成和阅读的一般程序。

第一节　建筑供配电系统的分类与组成

一、供配电系统概念

在供配电系统中,如果每个发电厂孤立地向用户供电,其可靠性不高。如当某个电厂发生故障或停机检修时,该地区将被迫停电,因此为了提高供电的安全性、可靠性、连续性,运行的经济性,并提高设备的利用率,减少整个地区的总备用容量,常将许多的发电厂、电力网和电力用户连成一个整体。这里由发电厂、电力网和电力用户组成的统一整体称为电力系统。典型电力系统示意图如图 9-1 所示。

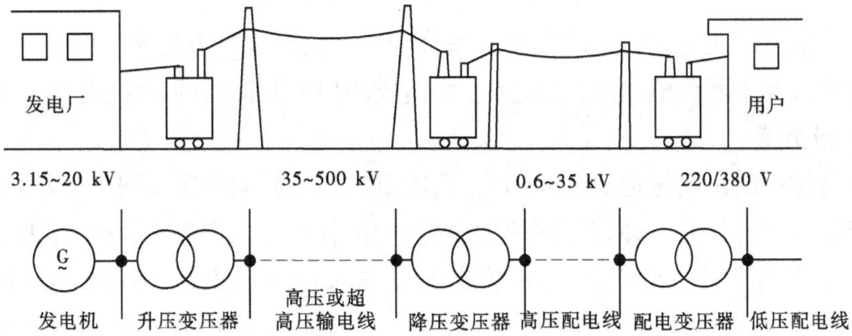

图 9-1　供配电系统示意图

(一)发电厂

发电厂是将一次能源(如水力、火力、风力、原子能等)转换成二次能源(电能)的场所。我国目前主要以火力和水力发电为主,近年来在原子能发电能力上也有很大提高,相继建成了广东大亚湾、浙江秦山等核电站。

(二)电力网

电力网是电力系统的有机组成部分,它包括变电所、配电所及各种电压等级的电力线路。

变电所与配电所可实现电能的经济输送和满足用电设备对供电质量的要求,需要对发电机的端电压进行多次变换。变电所是接受电能、变换电压和分配电能的场所，可分为升压变电所和降压变电所两大类。配电所不具有电压变换能力。

电力线路是输送电能的通道。由于发电厂与电能用户相距较远，所以要用各种不同电压等级的电力线路将发电厂、变电所与电能用户之间联系起来，使电能输送到用户。一般将发电厂生产的电能直接分配给用户或由降压变电所分配给用户的 10 kV 及以下的电力线路称为配电线路，而把电压在 35 kV 及以上的高压电力线路称为送电线路。

(三)电力用户

电力用户也称电力负荷。在电力系统中，一切消费电能的用电设备均称为电力用户。电力用户按其用途可分为动力用电设备、工艺用电设备、电热用电设备、照明用电设备等，它们分别将电能转换为机械能、热能和光能等不同形式，适应生产和生活的需要。

二、我国电网电压等级

电力网的电压等级比较多，从输电的角度来讲，电压越高则输送的距离就越远，传输的容量越大，但电压越高，要求绝缘水平也相应提高，因而造价也越高。目前，我国根据国民经济发展的需要，技术经济上的合理性及电机电器制造工业的水平等因素，由国家颁布制定了我国电力网的电压等级主要有 0.22 kV、0.38 kV、3 kV、6 kV、10 kV、35 kV、110 kV、220 kV、330 kV、550 kV 等 10 级。其中电网电压在 1 kV 及以上的称为高压，1 kV 以下的电压称为低压。

三、电力负荷分级及供电要求

在电力系统上的用电设备所消耗的功率称为用电负荷或电力负荷。根据电力负荷对供电可靠性的要求及中断供电在政治、经济上所造成的损失或影响的程度，分为三级。

(一)一级负荷

一级负荷指中断供电将造成人身伤亡，造成重大政治影响和经济损失，或造成公共场所秩序严重混乱的电力负荷。如国家级的大会堂、国际候机厅、医院手术室、省级以上体育场(馆)等建筑的电力负荷。对于某些特等建筑，如重要的交通枢纽、重要的通信枢纽、国宾馆、国家级及承担重大国事活动的会堂、国家级大型体育中心，以及经常用于重要国际活动的大量人员集中的公共场所等的一级负荷，为特别重要负荷。一级负荷应由两个电源供电，一用一备，当一个电源发生故障时，另一个电源应不致同时受到损坏。一级负荷中的特别重要负荷，除上述两个电源外，还必须增设应急电源。为保证对特别重要负荷的供电，禁止将其他负荷接入应急供电系统。

常用的应急电源可有以下几种：独立于正常电源的发电机组、供电网络中有效地独立于正常电源的专门馈电线路、蓄电池。

(二)二级负荷

中断供电将造成较大政治影响、较大经济损失或将造成公共场所秩序混乱的电力负荷，属于二级负荷。如省部级的办公楼、甲等电影院、市级体育场馆、高层普通住宅、高层宿舍等建筑的照明负荷。对于二级负荷，要求采用两个电源供电，一用一备，两个电源应做到当发生电力变压器故障或线路常见故障时不致中断供电（或中断供电后能迅速恢复）。在负荷较小或地区供电条件困难时，二级负荷可由一路 6 kV 及以上的专用架空线供电。

（三）三级负荷

不属于一级负荷和二级负荷的一般电力负荷，均属于三级负荷。三级负荷对供电电源无要求，一般为一路电源供电即可，但在可能的情况下，也应提高其供电的可靠性。

四、低压配电方式

低压配电系统由配电装置和配电线路组成。低压配电方式是指低压干线的配电方式。低压配电方式有放射式、树干式、链式三种形式，低压配电方式如图 9-2 所示。

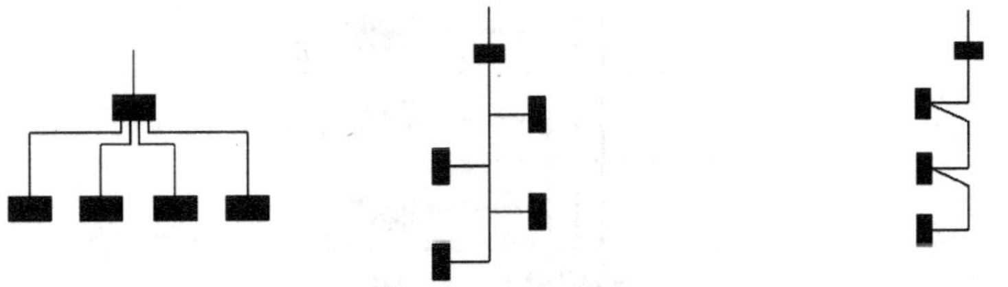

(a) 放射式　(b) 树干式　(c) 链式

图 9-2　低压配电方式

（一）放射式

放射式是由总配电箱直接供电给分配电箱或负载的配电方式。其优点是各负荷独立受电，一旦发生故障只局限于本身而不影响其他回路，供电可靠性高，控制灵活，易于实现集中控制。其缺点是线路多，有色金属消耗量大，系统灵活性较差。这种配电方式适用于设备容量大、要求集中控制的设备、要求供电可靠性高的重要设备配电回路，以及有腐蚀性介质和爆炸危险等场所不宜将配电及保护起动设备放在现场者。

（二）树干式

树干式是指由总配电箱至各分配电箱之间采用一条干线连接的配电方式。其优点是投资费用低、施工方便、易于扩展。其缺点是干线发生故障时，影响范围大，供电可靠性较差。这种配电方式常用于明敷设回路、设备容量较小、对供电可靠性要求不高的设备。

（三）链式

链式也是在一条供电干线上带多个用电设备或分配电箱，与树干式不同的是其线路的分支点在用电设备上或分配电箱内，即后面设备的电源引自前面设备的端子。优点是线路上无分支点，适合穿管敷设或电缆线路，节省有色金属。缺点是线路或设备检修以及线路发生故障时，相连设备全部停电，供电的可靠性差。这种配电方式适用于暗敷设线路，供电可靠性要求不高的小容量设备，一般串联的设备不宜超过 3～4 台，总容量不宜超过 10 kW。

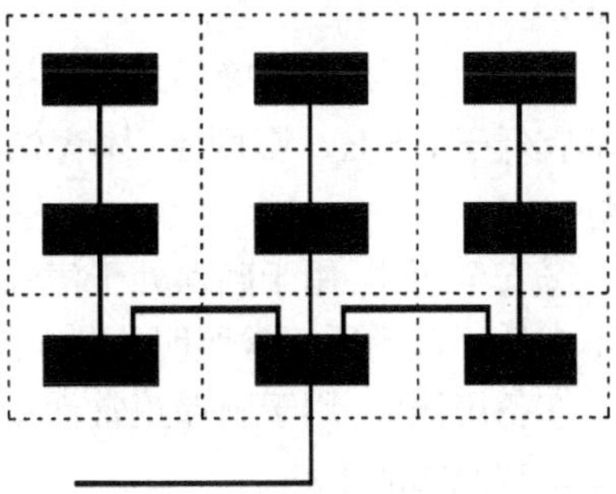

图 9-3　一般民用建筑的配线

实际工程中的配电形式多为以上形式的混合，一般民用建筑的配电形式如图 9-3 所示，高层建筑的配电形式如图 9-4 所示。

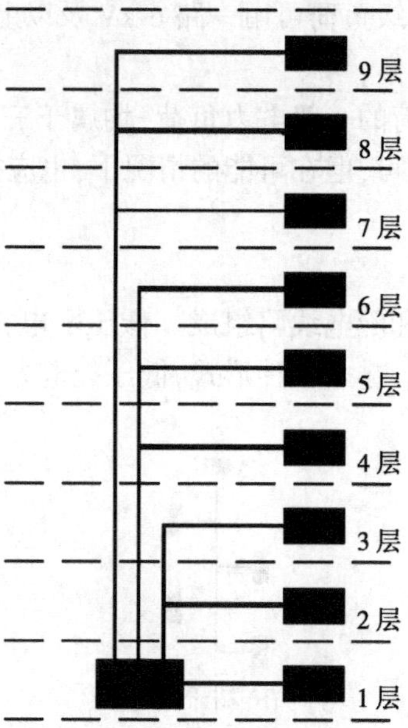

图 9-4　高层建筑的配线

第二节　建筑电气照明系统

照明是人们生活和工作不可缺少的条件,良好的照明有利于人们的身心健康,保护视力,提高劳动生产率及保证安全生产。照明又能对建筑进行装饰,发挥和表现建筑环境的美感。因此,照明已成为现代建筑中重要的组成部分之一。为更好地理解电气照明设计,必须掌握照明技术的一些基本概念。

一、照明种类和方式

(一)照明种类

(1)正常照明:在正常情况下使用的室内、室外照明。

(2)应急照明:正常照明因为电源故障造成熄灭后启用的照明,又称事故照明。其中又包括:

①疏散照明:用于确保疏散通道被有效地辨认和使用的照明。疏散照明的地面水平照度不宜低于 0.5 lx。影剧院、体育馆、礼堂等聚集场所的安全疏散通道出口必须有疏散指示灯。

②安全照明:用于确保处于潜在危险之中的人员安全的照明。工作场所的安全照明照度不应低于该场所正常照明的 5%。

③备用照明:用于确保正常活动暂时继续进行的照明。一般场所的备用照明照度不应低于正常照明的 10%。

应急照明要使用可靠的、能瞬间点燃的光源,如白炽灯、瞬间启动荧光灯等。考虑到照明设备的利用率,应急照明也可以作为正常照明的一部分而长期使用;在不需要进行电源切换的条件下,也可用其他形式的光源,如 HID 灯等。

(3)值班照明:在上班工作时间之外,供值班人员值班使用的照明。值班照明可以利用正常照明中能单独控制的一部分,也可以利用应急照明的一部分或全部。

(4)警卫照明:在晚上为了改善和增强对于人员、材料、设备、建筑物和财产等的保卫,而安装的用于警戒的照明。可以根据需要在仓库区、货物堆放区、厂区等警戒范围内设置。

(5)障碍照明:为保障航空飞行安全,在高大建筑物、构筑物上安装的障碍标志灯,或当有船舶通过的两侧建筑物上装设的障碍指示灯等。应该按照民航和交通部门的有关规定装设。

(6)装饰照明:为美化、烘托某一特定环境而设置,起到点缀、装饰作用的照明;通常采用装饰性灯具,和建筑装潢及环境结合成一体。

(7)城市环境艺术照明:利用各种照明技术和设备,营造出能体现环境风格,符合艺术美学,给人以视觉享受的城市夜景照明。涉及公园、广场、雕塑、喷泉、绿化园林、庭园小区、标志性建筑物等的景观照明和广告照明等。

(二)照明方式

照明方式指照明设备按照安装部位或使用功能而构成的基本形式,可以分为以下几种:

(1)一般照明:不考虑特殊区域的需要,为照亮整个场所而设置的照明方式,适用于对光照方向无特殊要求的场所,以及受到条件限制,不适合装设局部照明或混合照明不合理时采用。

(2)分区一般照明:根据不同地点对照度的要求,提高特定区域照度的一般照明方式。特定区域可以通过增加灯具的布置密度来提高照度,而其他区域可以维持原来的布置方式。

(3)局部照明:为满足特殊需要而照亮某个局部的照明。局部照明只能照射有限的小范围。在一般照明或分区一般照明不能满足要求的地方(照度、照射方向、光幕反射、频闪效应等不合要求),应增加局部照明,但在工作场所中不能只装局部照明。

(4)混合照明:由一般照明和局部照明共同组成的照明。对照度要求较高、照射方向有特殊要求的,以及工作位置密度不大,且单独装设一般照明不合理的场所,经常使用混合照明。

二、常用照明电光源和灯具

(一)常用电光源

在照明工程中使用的各种各样电光源,按其工作原理可分为两大类:一类是热辐射光源,如白炽灯、卤钨灯等;另一类是气体放电光源,如荧光灯、高压汞灯、高压钠灯等。

1.热辐射光源

(1)白炽灯:白炽灯是最早出现的光源,它是利用电流流过钨丝形成白炽体的高温热辐射发光。白炽灯具有构造简单、使用方便,能瞬间点燃、无频闪现象、显色性能好、价格便宜等特点。由于钨丝存在有蒸发现象,故寿命较短,平均寿命为 1 000 h,抗震性能低。为减少钨丝的蒸发,40 W 以下的灯泡为真空灯泡,40 W 以上则充以惰性气体。

白炽灯用途很广,除普通白炽灯外,还有磨砂灯、漫射灯、反射灯、装饰灯、水下灯、局部照明灯。白炽灯的灯头有螺口和插口两种。

(2)卤钨灯:由于白炽灯的钨丝在热辐射的过程中蒸发并附着在灯泡内壁,从而使发光效率减低,寿命缩短。为减缓这一进程,人们在灯泡内充以少量的卤化物(如溴、碘),利用卤钨循环原理来提高灯的发光效率和寿命。图 9-5 为卤钨灯的结构示意图。

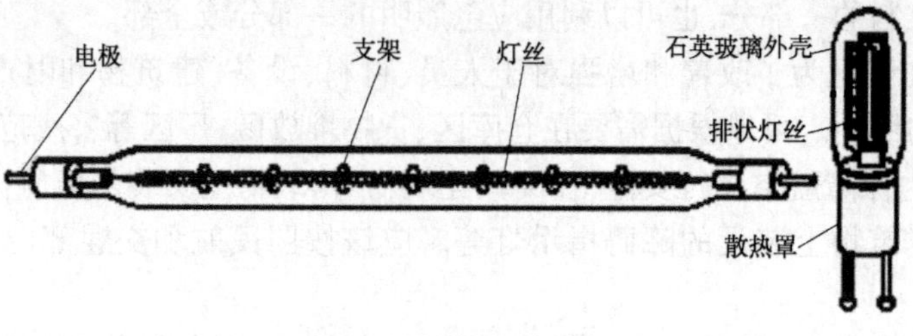

(a) 双端引出　　(b) 单端引出

图 9-5　卤钨灯的结构

卤钨循环作用是从灯丝蒸发出来的钨在灯泡内与卤素反应形成挥发性的卤化钨,通过扩散、对流,当到了高温灯丝附近又被分解成卤素和钨,钨被吸附在灯丝表面,而卤素又和蒸发出来的钨反应,如此反复使灯泡发光效率提高 30%,寿命延长 50%。

卤钨灯的光谱能量分布与白炽灯相近似,也是连续的。卤钨灯具有体积小、功率大、能瞬间点燃、可调光、无频闪效应、显色性好、发光效率高等特点,故多用于较大空间和要求高照度的场所。

2.气体放电光源

(1)荧光灯:俗称日光灯,是一种低压汞蒸气弧光放电灯。它是利用汞蒸气在外加电压的作用下产生弧光放电时发出大量的紫外线和少许的可见光,再靠紫外线激励涂覆在灯管内壁的荧光粉,从而再发出可见光来。

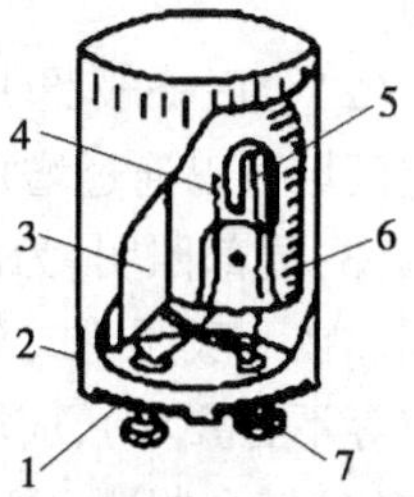

1—绝缘底座;2—外壳;
3—电容器;4—静触头;
5—双金属片;
6—玻璃壳内充惰性气体;
7—电极

图 9-6　启辉器结构图

在荧光灯工作电路中常有一个被称作启辉器的配件,启辉器结构如图 9-6 所示,它能将电路自动接通 1~2 s 后又将电路自动断开。

荧光灯的工作原理如图 9-7 所示,图中 K 是启辉器,L 是镇流器。当开关 S 接通电源后,首先启辉器使灯丝发射的电子以高速从一端射向另一端,同时撞击汞蒸气微粒,促使汞蒸气电离导通产生弧光放电发出紫外线,激励荧光物发出可见光。灯管起燃后,在灯管两端就有电压降(约 100 V),使启辉器上电压达不到启辉电压,而不再起作用。镇流器在灯管起燃和起燃后,都起着限制和稳定电流的作用。

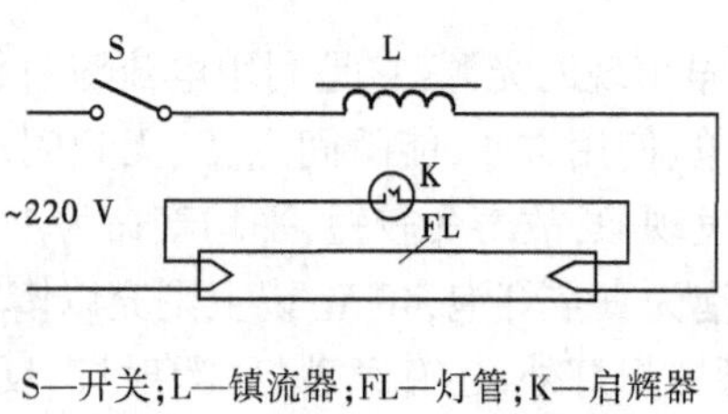

S—开关;L—镇流器;FL—灯管;K—启辉器

图 9-7　荧光灯的工作原理图

荧光灯具有发光效率高、寿命长、表面温度低、显色性较好、光通分布均匀等特点，应用广泛。荧光灯缺点主要有在低温环境下启动困难，而且受电网电压影响光效和寿命，甚至不能启动。

目前开发了 T8 型 36 W(26 mm)荧光灯，其显色指数、光效、使用寿命都提高。紧凑型节能荧光灯，包括单端荧光灯和普通照明自镇流荧光灯(简称节能灯)，其结构有 H、U 等多种形式，使用三基色荧光粉，显色性好。

(2)高压汞灯：高压汞灯的构造和工作线路如图 9-8 所示。

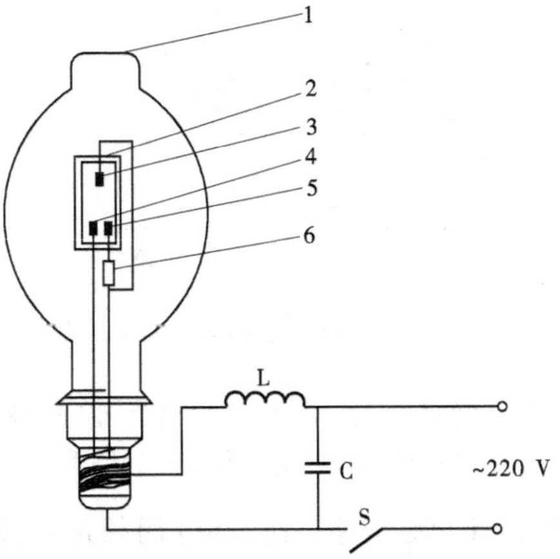

1—外泡壳；2—放电管；3、4—主电极；5—辅助电极；
6—灯丝；L—镇流器材；C—补偿电容器；S—开关

图 9-8　外镇流式高压汞灯的构造和工作线路图

高压汞灯具有光效率高、耐震、耐热、寿命长等特点。但缺点是不能瞬间点燃，启动时间长，且显色性差。电压偏移对光通输出影响较小，但电压波动过大，当电压突然降低 50%以上时，可导致灯自动熄灭，再次启动又需 5~10 s，故电压变化不宜大于 5%。

(3)高压钠灯：是在放电发光管内充入适量的氩或氙惰性气体，并加入足够的钠，主要以高压钠蒸气放电，其辐射光波集中在人眼较灵敏的区域内，故光效高，约为荧光高压汞灯的两倍，且寿命长，但显色性欠佳。高压钠灯的构造和工作线路如图 9-9 所示。高压钠灯除

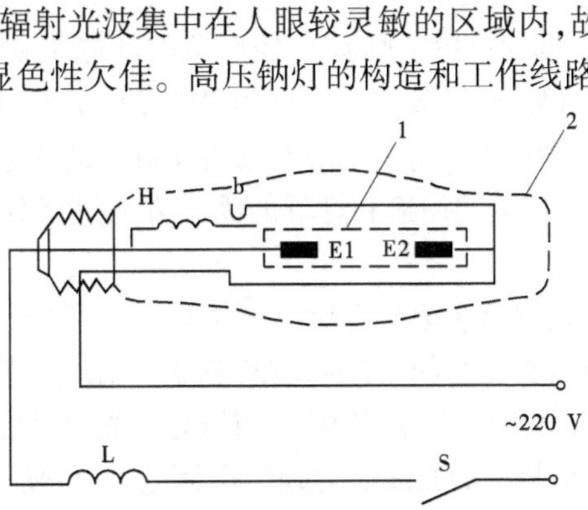

S—开关；L—镇流器；H—加热线圈；b—双金属片；
E1、E2—电极；1—陶瓷放电管；2—玻璃外壳

图 9-9　高压钠灯的构造和工作线路图

光效高、寿命长外，还具有紫外线辐射小、透雾性能好、耐震等特点，宜用于照度要求较高的大空间照明。

(6)金属卤化物灯：是在荧光高压汞灯的基础上为改善光色而发展起来的新一代光源，与荧光高压汞灯类似，但在放电管中，除充有汞和氩气外，另加入能发光的以碘化物为主的金属卤化物，辐射该金属卤化物的特征光谱线。选择不同的金属卤化物品种和比例，便可制成不同光色的金属卤化物灯。金属卤化物灯的构造和工作线路如图 9-10 所示。与高压汞灯相比，其光效更高、显色性良好、紫外线辐射弱，但寿命较低。

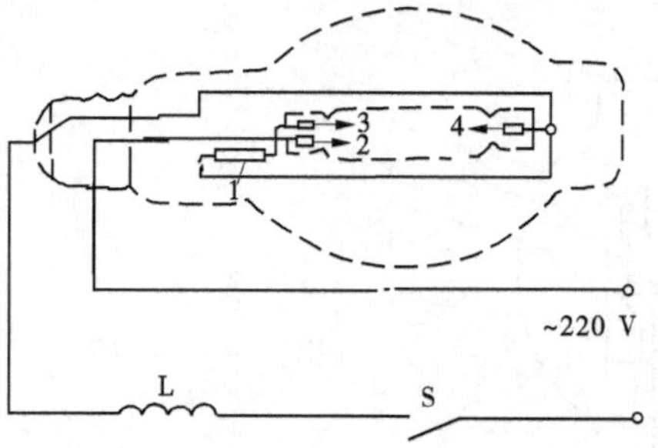

1—加热线圈；2—双金属片；3、4—主电极；S—开关；L—镇流器

图 9-10　金属卤化物灯的构造和工作线路图

这种灯在使用时需配用镇流器，1 000 W 钠、铊、铟灯尚须加触发器启动。电源电压变化不但影响光效、管压、光色，而且电压变化过大时，灯会有熄灭现象，为此，电源电压不宜超过±5%。

(7)氙灯：为惰性气体放电弧光灯，其光色很好。氙灯按电弧的长短又可分为长弧氙灯和短弧氙灯，其功率较大，光色接近日光，因此有“人造小太阳”之称。高压氙灯有耐低温、耐高温、耐震、工作稳定、功率较大等特点。长弧氙灯特别适合于广场、车站、港口、机场等大面积场所照明。短弧氙灯是超高压氙气放电灯，其光谱要比长弧氙灯更加连续，与太阳光谱很接近，称为标准白色高亮度光源，显色性好。

(二)灯具

灯具包括光源和控照器(也称灯罩或灯具)，控照器的功能主要有固定光源，并对光源光通量作重新分配，使工作面得到符合要求的照度和光通量的分布，以及避免刺目的强光和美化建筑空间，改善人们的视觉效果。灯具的分类通常按灯具的光通量在空间上、下两半球分配的比例，灯具的结构特点，灯具的用途和灯具的固定方式进行分类，这里只介绍前两种分类方法。

1.灯具按光通量在空间上、下两半球的分配比例分类

(1)直射型灯具，由反光性能良好的不透明材料制成，如搪瓷、铝和镀银镜面等。这种灯具效率高，但灯的上部几乎没有光线，顶棚很暗，与明亮灯光容易形成对比眩光。

(2)半直射型灯具，它能将较多的光线照射到工作面上，又可使空间环境得到适当的亮度，改善房间内的亮度比。这种灯具常用半透明材料制成下面开口的式样。

(3)漫射型灯具，典型的乳白玻璃球形灯属于这种灯具，它是采用漫射透光材料制成封闭式的灯罩，选型美观，光线均匀柔和，但是光的损失较多，光效较低。

(4)半间接型灯具，这类灯具上半部用透明材料、下半部用漫射透光材料制成。由于上

半球光通量的增加,增强了室内反射光的照明效果,使光线更加均匀柔和。

(5)间接型灯具,这类灯具全部光线都由上半球发射出去,经顶棚反射到室内。这种灯具适用于剧场、美术馆和医院的一般照明。

按照国际照明学会以灯具上半球和下半球反射的光通量百分比来区分配光特征,见表9-1。

表9-1　光通量在上、下空间半球分配比例

灯具类型	光通分配(%)		光强分布示意	灯具举例
直射型	上	0~10	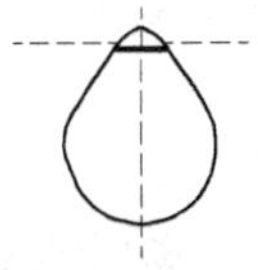	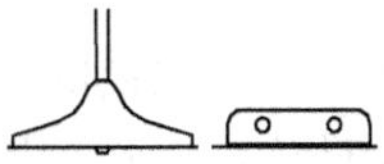
	下	100~90		
半直射型	上	10~40	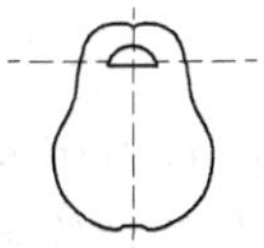	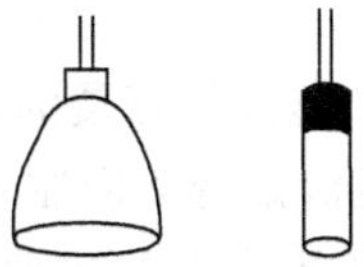
	下	90~60		
漫射型	上	40~60	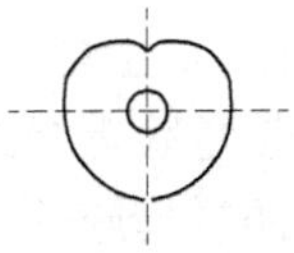	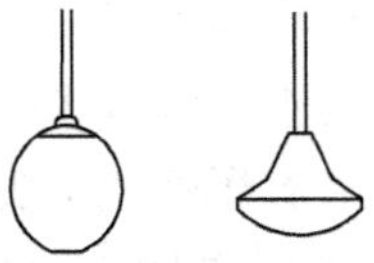
	下	60~40		
半间接型	上	60~90	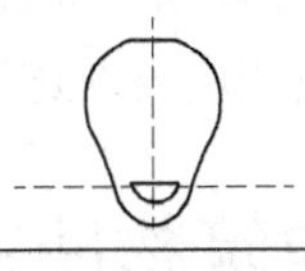	
	下	40~10		
间接型	上	90~100	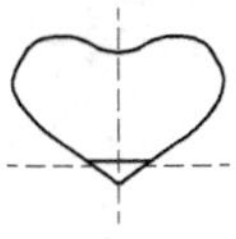	

2.按灯具结构分类

(1)开启式灯具:光源直接与外界环境相通。

(2)保护式灯具:具有闭合的透光罩,但灯具内部与外界能自由换气,如半圆罩天棚灯和乳白玻璃球形灯等。

(3)防尘式灯具:灯具需密闭,内部与外界也能换气,灯具外壳与玻璃罩以螺丝连接。

(4)密闭式灯具:灯具内部与外界不能换气。

(5)防爆式灯具:在任何条件下,不会因灯具引起爆炸的危险,保证在有爆炸危险的建筑物环境的使用安全。

三、照明光源和灯具的选用

(一)照明光源的选择

选择光源时,应在满足显色性、启动时间等要求条件下,根据光源、灯具及镇流器等的效率、寿命和价格在进行综合技术经济分析后确定。

(1)高度较低房间,如办公室、教室、会议室及仪表、电子等生产车间宜采用细管径直管荧光灯。

(2)商店营业厅宜采用细管径直管荧光灯、紧凑型荧光灯或小功率的金属卤化物灯。

(3)高度较高的工业厂房,应按照生产使用要求,采用金属卤化物灯或高压钠灯,亦可采用大功率细管径直管荧光灯。

(4)一般情况下,室内外照明不应采用普通照明白炽灯,但下列场所可采用白炽灯:

①只有在要求瞬时启动和连续调光的场所,使用其他光源技术经济不合理时。

②开关灯频繁的场所。

③对防止电磁干扰要求严格的场所。

④照度要求不高,且照明时间较短的场所或有特殊要求的场所,但额定功率不应超过100 W。

(二)照明灯具的选择

在满足眩光限制和配光要求条件下,应选用效率高的灯具,其效率值不应低于国家相关标准规定,并且根据照明场所的环境条件分别选用下列灯具:

(1)在高温场所,宜采用散热性能好、耐高温的灯具。

(2)在潮湿或多尘环境,宜选用防水、防尘灯具。

(3)有爆炸或火灾危险的环境,应按危险等级选择相应的照明灯具。

(4)在较大震动的场所,宜选用有防震措施的照明灯具。

(5)直接安装在可燃材料表面的灯具,应采用标有▽标志的灯具。

(6)有装饰及特殊要求的环境,按相应要求选用灯具。

第三节 建筑物防雷与接地系统

一、建筑物防雷

雷电是一种雷云对带不同电荷的物体进行放电的一种自然现象。雷电对电气线路、电气设备和建筑物进行放电,其电压幅值可高达几亿伏,电流幅值可高达几十万安,因此具有极大的破坏性,必须采取相应的防雷措施。

(一)雷电的形成及作用形式

1.雷电的形成

雷电的形成过程可以分为气流上升、电荷分离和放电三个阶段。在雷雨季节,地面上的水分受热变蒸汽上升,与冷空气相遇之后凝成水滴,形成积云。云中水滴受强气流摩擦产生电荷,小水滴容易被气流带走,形成带负电的云;较大水滴形成带正电的云。由于静电感应,大地表面与云层之间、云层与云层之间会感应出异性电荷,当电场强度达到一定值时,即发生雷云与大地或雷云与雷云之间的放电。典型的雷击发展过程如图 9-11 所示。

据测试,对地放电的雷云大多为带负电荷。随着负雷云中负电荷的积累,其电场强度逐渐增加,当达到 25~30 kV/cm 时,使附近的空气绝缘破坏,便产生雷云放电。雷击距离是一个变化的数值,它与雷电流幅值、地面物体的电荷密度有关。雷击距离概念对于分析地面建

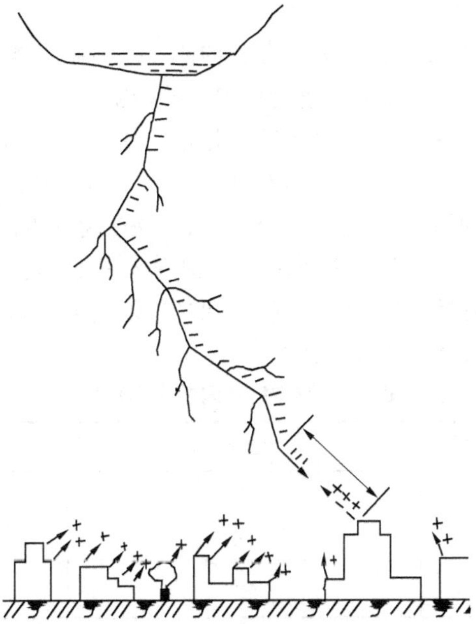

图 9-11　雷击发展过程

筑物受雷状况是十分有用的，常用于估算避雷装置的保护范围。

2.雷电的作用形式

对地放电时，其破坏作用表现有以下四种基本形式：

(1)直击雷。当天气炎热时，天空中往往存在大量雷云。当雷云较低飘近地面时，就在附近地面特别突出的树木或建筑物上感应出异性电荷。电场强度达到一定值时，雷云就会通过这些物体与大地之间放电，这就是通常所说的雷击。这种直接击在建筑物或其他物体上的雷电叫直击雷。直接雷击使被击物体产生很高的电位，从而引起过电压和过电流，不仅击毙人畜、烧毁或劈倒树木，破坏建筑物，甚至引起火灾和爆炸。

(2)感应雷。当建筑上空有雷云时，在建筑物上便会感应出相反电荷。在雷云放电后，云与大地电场消失了，但聚集在屋顶上的电荷不能立即释放，因而屋顶对地面便有相当高的感应电压，造成屋内电线、金属管道和大型金属设备放电，引起建筑物内的易爆危险品爆炸或易燃物品燃烧。这里的感应电荷主要是雷电流的强大电场和磁场变化产生的静电感应和电磁感应造成的，所以称为感应雷或感应过电压。

(3)雷电波。当输电线路或金属管路遭受直接雷击或发生感应雷，雷电波便沿着这些线路侵入室内，造成人员、电气设备及建筑物的伤害和破坏。雷电波侵入造成的事故在雷害事故中占相当大的比重，应引起足够重视。

(4)球形雷。球形雷的形成研究，还没有完整的理论。通常认为它是一个温度极高的特别明亮的眩目发光球体，直径在 10~20 cm 以上。球形雷通常在电闪后发生，以每秒几米的速度在空气中漂行，它能从烟囱、门、窗或孔洞进入建筑物内部，造成破坏。

(二)防雷装置及接地

防雷装置一般由接闪器、引下线和接地装置等三个部分组成。接地装置又由接地体和接地线组成。

1.接闪器

接闪器就是专门用来接受雷云放电的金属物体。接闪器的类型有避雷针、避雷线、避雷带、避雷网、避雷环等,都是经常用来防止直接雷击的防雷设备。

所有接闪器都必须经过引下线与接地装置相连。接闪器利用其金属特性,当雷云先导接近时,它与雷云之间的电场强度最大,因而可将雷云"诱导"到接闪器本身,并经引下线和接地装置将雷电流安全地泄放到大地中去,从而保护物体免受雷击。

(1)避雷针及保护范围:避雷针主要用来保护露天发电、配电装置,建筑物和构筑物。避雷针通常采用圆钢或焊接钢管制成,将其顶端磨尖,以利于尖端放电。为保证足够的雷电流通量,其直径应不小于表9-2给出的数值。

表9-2 避雷针接闪器最小直径 (单位:mm)

针型	圆钢	钢管
针长1 m以下	12	20
针长1~2 m	16	25
烟囱顶上的针	20	40

避雷针对周围物体保护的有效性,常用保护范围来表示。在安装有一定高度的接闪器下面,有一个一定范围的安全区域,处在这个安全区域内的被保护的物体遭受直接雷击的概率非常小,这个安全区域叫作避雷针的保护范围。确定避雷针的保护范围至关重要。避雷针对建筑物保护范围一般用滚球法确定。

滚球法是将一个以雷击距为半径的滚球,沿需要防直接雷击的区域滚动,利用这一滚球与避雷针及地面的接触位来限定保护范围的一种方法。

(2)避雷线:是由悬挂在架空线上的水平导线、接地引下线和接地体组成的。水平导线起接闪器的作用。它对电力线路等较长的保护物最为适用。

避雷线一般采用截面面积不小于35 mm^2的镀锌钢绞线,架设在长距离高压供电线路或变电站构筑物上,以保护架空电力线路免受直接雷击。由于避雷线是架空敷设的而且接地,所以避雷线又叫架空地线。避雷线的作用原理与避雷针相同。

(3)避雷带和避雷网:主要适用于建筑物。避雷带通常是沿着建筑物易受雷击的部位布置,如屋脊、屋檐、屋角等处装设的带形导体。

避雷网是将建筑物屋面上纵横敷设的避雷带组成网格,其网格尺寸大小按有关规范确定。避雷带和避雷网可以采用圆钢或扁钢,但应优先采用圆钢。圆钢直径不得小于8 mm,扁钢厚度不小于4 mm,截面面积不得小于48 mm^2。避雷带和避雷网的安装方法有明装和暗装。避雷带和避雷网一般无须计算保护范围。

(4)避雷环:用圆钢或扁钢制作,防雷设计规范规定高度超过一定范围的钢筋混凝土结构、钢结构建筑物,应设均压环防侧击雷。当建筑物全部为钢筋混凝土结构,可利用结构圈梁钢筋与柱内引下线钢筋焊接作为均压环。没有结合柱和圈梁的建筑物,应每三层在建筑物外墙内敷一圈ϕ12 mm镀锌钢作为均压环,并与防雷装置所有的引下线连接。

2.引下线

引下线是连接接闪器与接地装置的金属导体。其作用是构成雷电能量向大地泄放的通道。引下线一般采用圆钢或扁钢,要求镀锌处理。引下线应满足机械强度、耐腐蚀和热稳定性的要求。

(1)一般要求:引下线可以专门敷设,也可利用建筑物内的金属构件;引下线应沿建筑物外墙敷设,并经最短路径接地。采用圆钢时,直径应不小于 8 mm;采用扁钢时,其截面面积不应小于 48 mm^2,厚度不小于 4 mm。暗装时截面面积应放大一级。

在我国高层建筑中,优先利用柱或剪力墙中的主钢筋作为引下线 。当钢筋直径为不小于 16 mm 时,应用两根主钢筋(绑扎或焊接)作为一组引下线。当钢筋直径为 10 mm 及以上时,应用四根钢筋(绑扎或焊接)作为一组引下线。建筑物在屋顶敷设的避雷网和防侧击的接闪环应和引下线连成一体,以利于雷电流的分流。

防雷引下线的数量多少影响到反击电压大小及雷电流引下的可靠性,所以引下线及其布置应按不同防雷等级确定,一般不得少于两根。

为了便于测量接地电阻和检查引下线与接地装置的连接情况,人工敷设的引下线宜在引下线距地面 0.3~1.8 m 位置设置断接卡。当利用混凝土内钢筋、钢柱作为自然引下线并同时采用基础接地时,不设断接卡。但利用钢筋作为引下线时应在室内或室外的适当地点设置若干连接板,该连接板可供测量、接人工接地体和作等电位联结用。

(2)引下线施工要求:明敷的引下线应镀锌,焊接处应涂防腐漆。地面上 1.7 m 至地下 0.3 m 的一段引下线,应有保护措施,防止受机械损伤和人身接触。

引下线施工不得直角转弯,与雨水管相距接近时可以焊接在一起。

高层建筑的引下线应该与金属门窗电气连通,当采用两根主筋时,其焊接长度应不小于直径的 6 倍。

引下线是防雷装置极重要的组成部分,必须可靠敷设,以保证防雷效果。

3.接地装置

无论是工作接地还是保护接地,都是经过接地装置与大地连接的。接地装置包括接地体和接地线两部分,它是防雷装置的重要组成部分。接地装置的主要作用是向大地均匀地泄放电流,使防雷装置对地电压不至于过高。

(1)接地体:是人为埋入地下与土壤直接接触的金属导体,接地线是连接接地体或接地体与引下线的金属导线。

接地体一般分为自然接地体和人工接地体。自然接地体是指兼作接地用的直接与大地接触的各种金属体,例如利用建筑物基础内的钢筋构成的接地系统。有条件时应首先利用自然接地体。因为它具有接地电阻较小,稳定可靠,减少材料和安装维护费用等优点。

人工接地体专门作为接地用的接地体,安装时需要配合土建施工进行,在基础开挖时,也同时挖好接地沟,并将人工接地体按设计要求埋设好。

有时自然接地体安装完毕并经测量后,接地电阻不能满足要求,需要增加敷设人工接地体来减小接地电阻值。

人工接地体按其敷设方式分为垂直接地体和水平接地体两种。垂直接地体一般为垂直埋入地下的角钢、圆钢、钢管等。水平接地体一般为水平敷设的扁钢、圆钢等。

①垂直接地体:多使用镀锌角钢和镀锌钢管,一般应按设计所提数量及规格进行加工。镀锌角钢一般可选用 40 mm×40 mm×5 mm 或 50 mm×50 mm×5 mm 两种规格,其长度一般

为 2.5 m。镀锌钢管一般直径为 50 mm,壁厚不小于 3.5 mm。垂直接地体打入地下的部分应加工成尖形,其形状如图 9-12 所示。

接地装置需埋于地表层以下,一般深度不应小于 0.6 m。为减少邻接地体的屏蔽作用,垂直接地体之间的间距不宜小于接地体长度的 2 倍,并应保证接地体与地面的垂直度。

接地体与接地体之间的连接一般采用镀锌扁钢。扁钢应立放,这样既便于焊接又可减小流散电阻。

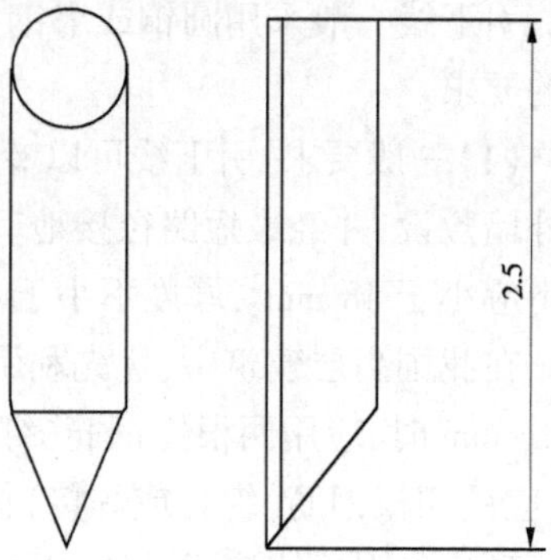

(a)钢管　(b)角钢

图 9-12　垂直接地体端部处理

②水平接地体:是将镀锌扁钢或镀锌圆钢水平敷设于土壤中,水平接地体可采用 40 mm×4 mm 的扁钢或直径为 16 mm 的圆钢。水平接地体埋深不小于 0.6 m,一般有三种形式:水平接地体、绕建筑物四周的闭合环式接地体以及延长外引接地体。普通水平接地体埋设方式如图 9-13 所示。普通水平接地体如果有多根水平接地体平行埋设,其间距应符合设计规定,当无设计规定时不宜小于 5 m。围绕建筑物四周的环式接地体见图 9-14。当受地方限制或建筑物附近的土壤电阻率高时,可外引接地装置,将接地体延伸到电阻率小的地方去,但要考虑到接地体的有效长度范围限制,否则不利于雷电流的泄散。

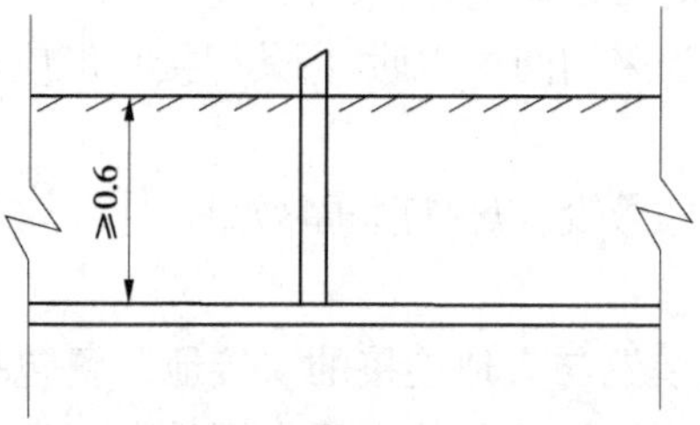

图 9-13　普通水平接地体

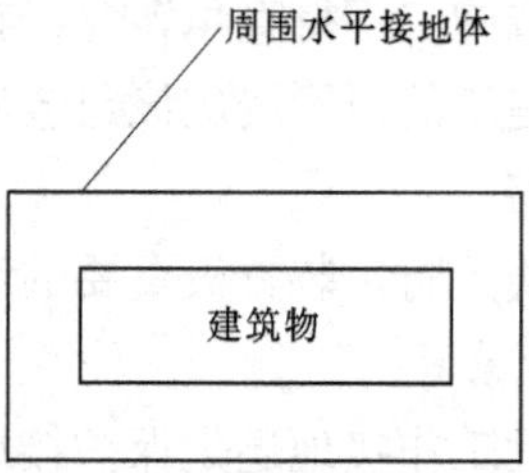

图 9-14　建筑物四周环式接地体

(2)接地线:是连接接地体和引下线或电气设备接地部分的金属导体,它可分为自然接地线和人工接地线两种类型。

自然接地线可利用建筑物的金属结构,如梁、柱、桩等混凝土结构内的钢筋等,利用自然接地线必须符合下列要求:

①应保证全长管路有可靠的电气通路。

②利用电气配线钢管作接地线时,管壁厚度不应小于 3.5 mm。

③用螺栓或铆钉连接的部位必须焊接跨接线。

④利用串联金属构件作为接地线时,其构件之间应以截面面积不小于 100 mm^2 的钢材焊接。

⑤不得用蛇皮管、管道保温层的金属外皮或金属网作接地线。

人工接地线材料一般采用扁钢和圆钢,但移动式电气设备、采用钢质导线在安装上有困难的电气设备可采用有色金属作为人工接地线,绝对禁止使用裸铝导线作为接地线。采用扁钢作为地下接地线时，其截面面积不应小于 25 mm×4 mm，采用圆钢作接地线时，其直径不应小于 10 mm。人工接地线不仅要有一定的机械强度，而且接地线截面应满足热稳定的要求。

（三）建筑物防雷保护措施

接闪器、引下线与接地装置是各类防雷建筑都应装设的防雷装置，但由于对防雷的要求不同，各类防雷建筑物在使用这些防雷装置时的技术要求就有所差异。

在可靠性方面，对第一类防雷建筑物所提的要求相对来说是最为苛刻的。通常第一类防雷建筑物的防雷保护措施应包括防直接雷、防雷电感应和防雷电波侵入等保护内容，同时这些基本措施还应当被高标准地设置；第二类防雷建筑物的防雷保护措施与第一类相比，既有相同之处，又有不同之处，综合来看，第二类防雷建筑物仍采取与第一类防雷建筑物相类似的措施，但其规定的指标不如第一类防雷建筑物严格；第三类防雷建筑物主要采取防直接雷和防雷电波侵入的措施。各类防雷建筑物的防雷装置的技术要求对比见表 9-3。

表 9-3　各类防雷建筑物的防雷装置的技术要求对比

防雷措施特点	防雷类别		
	一类	二类	三类
防直击雷	应装设独立避雷针或架空避雷线（网），使保护物体均处于接闪器的保护范围之内。 当建筑物太高或其他原因难以装设独立避雷针、架空避雷线（网）时，可采用装设在建筑物上的避雷网或避雷针或混合组成的接闪器进行直接雷防护。网格尺寸≤5 m×5 m 或≤6 m×4 m	宜采用装设在建筑物上的避雷网（带）或避雷针或混合组成的接闪器进行直接雷防护。避雷网的网格尺寸≤10 m×10 m 或≤12 m×8 m	宜采用装设在建筑物上的避雷网（带）或避雷针或混合组成的接闪器进行直接雷防护。避雷网网格尺寸≤20 m×20 m 或≤24 m×16 m
防雷电感应	1.建筑物的设备、管道、构架、电缆金属外皮、钢屋架和钢窗等较大金属物以及突出屋面的放散管和风管等金属物，均应接到防雷电感应的接地装置上。 2.平行敷设的管道、构架和电缆金属外皮等长金属物，其净距小于 100 mm 时应采用金属跨接，跨接点的间距不应大于 30 m，长金属物连接处应用金属线跨接	1.建筑物内的设备、管道、构架等主要金属物，应就近接到接地装置上，可不另设接地装置。 2.平行敷设的管道、构架和电缆金属外皮等长金属物应符合一类防雷建筑物要求，但长金属物连接处可不跨接	

续表 9-3

防雷措施特点	防雷类别		
	一类	二类	三类
防雷电入侵波	1.低压线路宜全线用电缆直接埋地敷设,入户端应将电缆的金属外皮、钢管接到防雷电感应的接地装置上。 2.架空金属管道,在进出建筑物处亦应与防雷电感应的接地装置相连。距离建筑物 100 m 内的管道,应每隔 25 m 左右接地一次。 3.埋地的或地沟内的金属管道,在进出建筑物处亦应与防雷电感应的接地装置相连	1.当低压线路全线用电缆直接埋地敷设时,入户端应将电金属外皮、金属线槽与防雷的接地装置相连。 2.平均雷暴日小于 30 d/a 地区的建筑物,可采用低压架空线入户。 3.架空和直接埋地的金属管道在进出建筑物处应就近与防雷接地装置相连	1.电缆进出线,就在进出端将电缆的金属外皮、钢管和电气设备的保护接地相连。 2.架空线进出线,应在进出处装设避雷器,避雷器应与绝缘子铁脚、金具连接并接入电气设备的保护接地装置上。 3.架空金属管道在进出建筑物处应就近与防雷接地装置相连或独自接地
防侧击雷	1.从 30 m 起每隔不大于 6 m 沿建筑物四周设环形避雷带,并与引下线相连。 2.30 m 及以上外墙上的栏杆、门窗等较大的金属物与防雷装置连接	1.高度超过 45 m 的建筑物应采取防侧击雷及等电位的保护措施。 2.将 45 m 及以上外墙上的栏杆、门窗等较大的金属物与防雷装置连接	1.高度超过 60 m 的建筑物应采取防侧击雷及等电位的保护措施。 2.将 60 m 及以上外墙上的栏杆、门窗等较大的金属物与防雷装置连接
引下线间距	≤12 m	≤18 m	≤25 m

二、供电系统接地形式

低压配电系统是电力系统的末端,分布广泛,几乎遍及建筑的每一角落,平常使用最多的是 380/220 V 的低压配电系统。从安全用电等方面考虑,低压配电系统有三种接地形式,IT 系统、TT 系统、TN 系统。TN 系统又分为 TN—S 系统、TN—C 系统、TN—C—S 系统三种形式。

(一) IT 系统

IT 系统就是电源中性点不接地、用电设备外壳直接接地的系统,如图 9-15 所示。IT 系统中,连接设备外壳可导电部分和接地体的导线,就是 PE 线。

(二) TT 系统

TT 系统就是电源中性点直接接地、用电设备外壳也直接接地的系统,如图 9-16 所示。通常将电源中性点的接地叫作工作接地,而设备外壳接地叫作保护接地。TT 系统中,这两个接地必须是相互独立的。设备接地可以是每一设备都有各自独立的接地装置,也可以若干设备共用一个接地装置,图中单相设备和单相插座就是共用接地装置的。

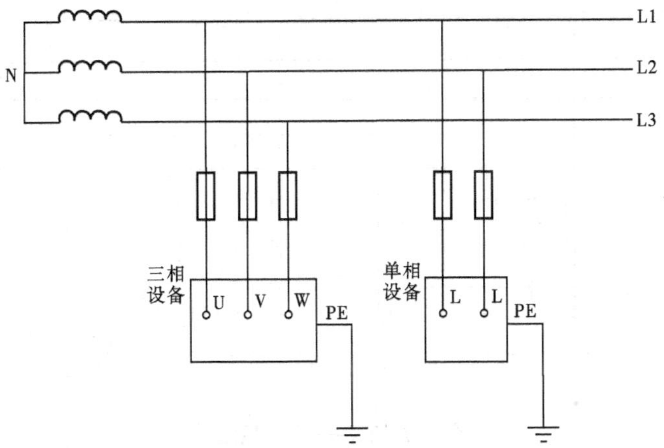

图 9-15　IT 系统接地

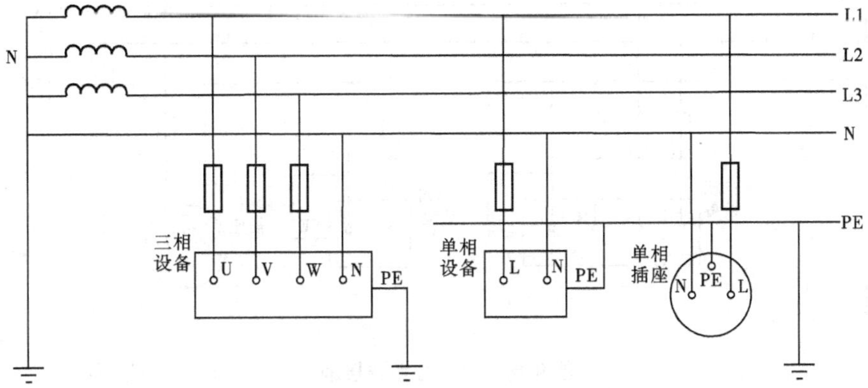

图 9-16　TT 系统接地

在有些国家中 TT 系统的应用十分广泛，工业与民用的配电系统都大量采用 TT 系统。在我国 TT 系统主要用于城市公共配电网和农村电网，现在也有一些大城市如上海等在住宅配电系统中采用 TT 系统。

(三) TN 系统

TN 系统即电源中性点直接接地、设备外壳等可导电部分与电源中性点有直接电气连接的系统，它有三种形式，分述如下：

(1) TN—S 系统。如图 9-17 所示，图中中性线 N 与 TT 系统相同，在电源中性点工作接地，而用电设备外壳等可导电部分通过专门设置的保护线 PE 连接到电源中性点上。在这种系统中，中性线和保护线是分开的，这就是 TN—S 中“S”的含义。TN—S 系统的最大特征是 N 线与 PE 线在系统中性点分开后，不能再有任何电气连接。TN—S 系统是我国现在应用最为广泛的一种系统。

(2) TN—C 系统：如图 9-18 所示，它将 PE 线和 N 线的功能综合起来，由一根称为保护中性线 PEN，同时承担保护和中性线两者的功能。在用电设备处，PEN 线既连接到负荷中性点上，又连接到设备外壳等可导电部分。

TN—C 现在已很少采用，尤其是在民用配电中已基本上不允许采用 TN—C 系统。

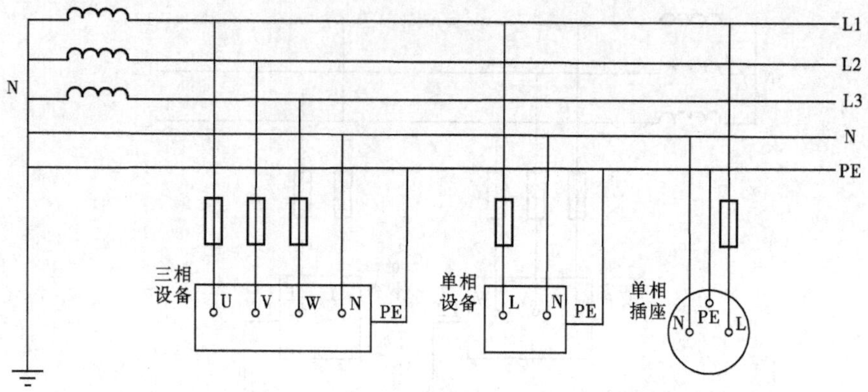

图 9-17　TN—S 系统接地

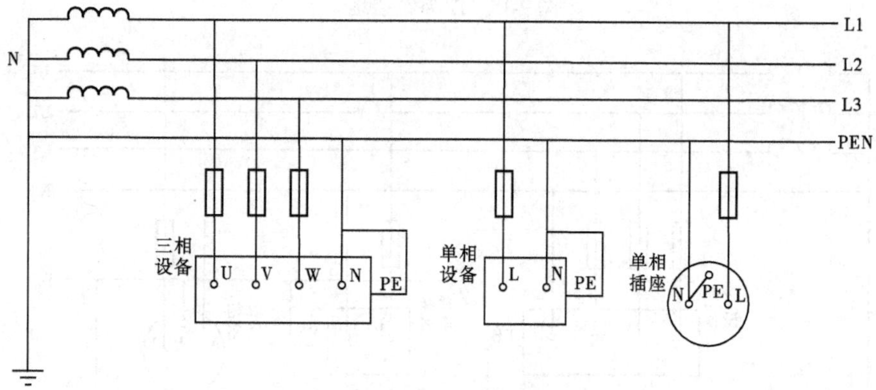

图 9-18　TN—C 系统接地

(3)TN—C—S 系统:是 TN—C 系统和 TN—S 系统的结合形式,如图 9-19 所示。TN—C—S 系统中,从电源出来的那一段采用 TN—C 系统只起电能的传输作用,到用电负荷附近某一点处,将 PEN 线分开成单独的 N 线和 PE 线,从这一点开始,系统相当于 TN—S 系统。TN—C—S 系统也是现在应用比较广泛的一种系统。这里采用了重复接地这一技术。

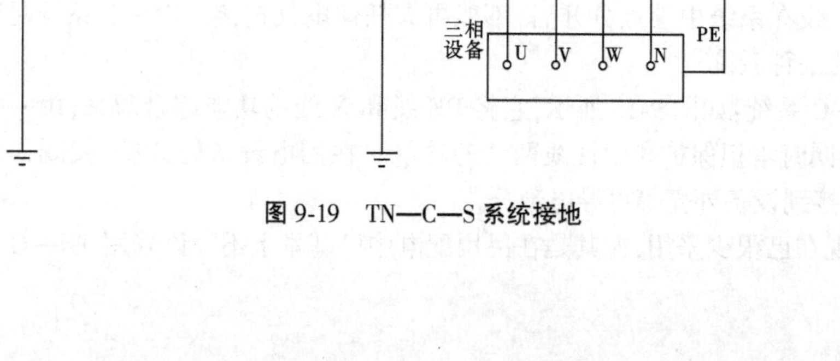

图 9-19　TN—C—S 系统接地

第四节　建筑电气施工图识读

一、建筑电气工程图的阅读方法

(一)建筑电气工程图的特点

建筑电气工程图具有不同于机械图、建筑图的特点,掌握建筑电气工程图的特点,将会给阅读建筑电气工程图提供很多方便。它们的主要特点如下:

(1)建筑电气工程图大多是采用统一的图形符号并加注文字符号绘制出来的。绘制和阅读建筑电气工程图,首先就必须明确和熟悉这些图形符号所代表的内容和含义,以及它们之间的相互关系。

(2)建筑电气工程中的各个回路是由电源、用电设备、导线和开关控制设备组成的。要真正理解图纸,还应该了解设备的基本结构、工作原理、工作程序、主要性能和用途等。

(3)电路中的电气设备、元件等,彼此之间都是通过导线将其连接起来构成一个整体的。在阅读过程中要将各有关的图纸联系起来,对照阅读。一般而言,应通过系统图、电路图找联系,通过布置图、接线图找位置;交错阅读,这样可以提高读图效率。

(4)建筑电气工程施工往往与主体工程及其他安装工程施工相互配合进行,如暗敷线路、电气设备基础及各种电气预埋件与土建工程密切相关。因此,阅读建筑电气工程图时应与有关的土建工程图、管道工程图等对应起来阅读。

(5)阅读电气工程图的主要目的是用来编制工程预算和编制施工方案,指导施工、指导设备的维修和管理。在电气工程图中安装、使用、维修等方面的技术要求一般反映,仅在说明栏内作一说明"参照××规范",所以我们在读图时,应熟悉有关规程、规范的要求,才能真正读懂图纸。

(二)建筑电气工程图组成

建筑电气工程图是应用非常广泛的电气图之一。建筑电气工程图可以表明建筑电气工程的构成规模和功能,详细描述电气装置的工作原理,提供安装技术数据和使用维护方法。随着建筑物的规模和要求不同,建筑电气工程图的种类和图纸数量也是不同的,常用的建筑电气工程图主要有以下几类。

1.说明性文件

(1)图纸目录。内容有序号、图纸名称、图纸编号、图纸张数等。

(2)设计说明(施工说明)。主要阐述电气工程设计依据、工程的要求和施工原则、建筑特点、电气安装标准、安装方法、工程等级、工艺要求及有关设计的补充说明等。

(3)图例。即图形符号和文字代号,通常只列出本套图纸中涉及的一些图形符号和文字代号所代表的意义。

(4)设备材料明细表(零件表)。列出该项电气工程所需要的设备和材料的名称、型号、规格和数量,供设计概算、施工预算及设备订货时参考。

2.系统图

系统图是表现电气工程的供电方式、电力输送、分配、控制和设备运行情况的图纸。从系统图中可以粗略地看出工程的概貌。系统图可以反映不同级别的电气信息,如变配电系统图、动力系统图、照明系统图、弱电系统图等。

3.平面图

电气平面图是表示电气设备、装置与线路平面布置的图纸，是进行电气安装的主要依据。电气平面图是以建筑平面图为依据，在图上绘出电气设备、装置及线路的安装位置，敷设方法等。常用的电气平面图有变配电所平面图、室外供电线路平面图、动力平面图、照明平面图、防雷平面图、接地平面图、弱电平面图等。

4.布置图

布置图是表现各种电气设备和器件的平面与空间的位置、安装方式及其相互关系的图纸，通常由平面图、立面图、剖面图及各种构件详图等组成。一般来说，设备布置图是按三视图原理绘制的。

5.接线图

安装接线图在现场常被称为安装配线图，主要是用来表示电气设备、电器元件和线路的安装位置、配线方式、接线方法、配线场所特征的图纸。

6.电路图

现场常称作电气原理图，主要是用来表现某一电气设备或系统的工作原理的图纸，它是按照各个部分的动作原理图采用分开表示法展开绘制的。通过对电路图的分析，可以清楚地看出整个系统的动作顺序。电路图可以用来指导电气设备和器件的安装、接线、调试、使用与维修。

7.详图

详图是表现电气工程中设备的某一部分的具体安装要求和做法的图纸。

(三)阅读建筑电气工程图的一般程序

阅读建筑电气工程图，除应了解建筑电气工程图的特点外，还应该按照一定顺序进行阅读，才能比较迅速全面地读懂图纸，以完全实现读图的意图和目的。

一套建筑电气工程图所包括的内容比较多，图纸往往有很多张，一般应按以下顺序依次阅读和作必要的相互对照阅读：

(1)看标题栏及图纸目录。了解工程名称、项目内容、设计日期及图纸数量和内容等。

(2)看总说明。了解工程总体概况及设计依据，了解图纸中未能表达清楚的各有关事项，如供电电源的来源、电压等级、线路敷设方法、设备安装高度及安装方式、补充使用的非国标图形符号、施工时应注意的事项等。有些分项局部问题是在各分项工程的图纸上说明的，看分项工程图纸时，也要先看设计说明。

(3)看系统图。各分项工程的图纸中都包含有系统图，如变配电工程的供电系统图、电力工程的电力系统图、照明工程的照明系统图以及电缆电视系统图等。看系统图的目的是了解系统的基本组成，主要电气设备、元件等连接关系及它们的规格、型号、参数等，掌握该系统的基本概况。

(4)看平面布置图。平面布置图是建筑电气工程图纸中的重要图纸之一，如变配电所电气设备安装平面图、电力平面图、照明平面图、防雷接地平面图等，都是用来表示设备安装位置、线路敷设方法及所用导线型号、规格、数量、管径大小的。在阅读系统图，了解了系统组成概况之后，就可依据平面图编制工程预算和施工方案，具体组织施工了。所以对平面图必须熟读。对于施工经验还不太丰富的同志，有必要在阅读平面图时，选择阅读相应内容的安装大样图。

(5)看电路图和接线图。了解各系统中用电设备的电气自动控制原理,用来指导设备的安装和控制系统的调试工作。因电路图多是采用功能布局法绘制的,看图时应依据功能关系从上至下或从左至右一个回路、一个回路的阅读。若能熟悉电路中各电器的性能和特点,对读懂图纸将是一个极大的帮助。在进行控制系统的配线和调校工作中,还可配合阅读接线图和端子图进行。

(6)看安装大样图。安装大样图是按照机械制图方法绘制的用来详细表示设备安装方法的图纸,也是用来指导安装施工和编制工程材料计划的重要依据图纸。特别是对于初学安装的同志更显重要,甚至可以说是不可缺少的。安装大样图多是采用全国通用电气装置标准图集。

(7)看设备材料表。设备材料表给我们提供了该工程使用的设备,材料的型号、规格和数量,是编制购置主要设备、材料计划的重要依据之一。

阅读图纸的顺序没有统一的规定,可以根据需要,自己灵活掌握,并应有所侧重。有时一张图纸可反复阅读多遍。为更好地利用图纸指导施工,使安装质量符合要求,阅读图纸时,还应配合阅读有关施工及验收规范、质量检验评定标准以及全国通用电气装置标准图集,以详细了解安装技术要求及具体安装方法等。

二、建筑电气施工图识读的要点

建筑电气工程图纸由大量的图例组成,在掌握一定的建筑电气工程设备知识和施工知识基础上,读懂图例是识读的要点,另外还要注意读图的方法及步骤。

(一)图例

图例是工程中的材料、设备、施工方法等用一些固定的、国家统一规定的图形符号和文字符号来表示的形式。

1.图形符号

图形符号具有一定的象形意义,比较容易和设备相联系认读。图形符号很多,一般不容易记忆,但民用建筑电气工程中常用的并不是很多,掌握一些常用的图形符号,读图的速度会明显提高。表9-4为部分常用的图形符号。

2.文字符号

文字符号在图纸中表示设备参数、线路参数与敷设方法等,掌握好用电设备、配电设备、线路、灯具等常用的文字标注形式,是读图的关键。

(1)线路的文字标注表示线路的性质、规格、数量、功率、敷设方法、敷设部位等。

基本格式:$a-b-c\times d-e-f$

式中 a——回路编号;

b——导线或电缆型号;

c——导线根数或电缆的线芯数;

d——每根导线标称截面面积,mm^2;

e——线路敷设方式(见表9-5);

f——线路敷设部位(见表9-5)。

例:WL1—BV(3×2.5)-SC15-WC

表 9-4　常用的图形符号(部分)

序号	图例	说明	序号	图例	说明
1		电力配电箱	17		风扇开关
2		照明配电箱	18		单管荧光灯
3		一般配电箱符号	19		双管荧光灯
4		事故照明配电箱	20		花灯
5		断路器箱	21		壁灯
6		单相带熔丝两极插座	22		顶棚灯
7		单相两极插座	23		负荷开关
8	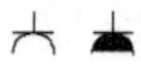	单相带接地三极插座	24		断路器
9		单相密闭两极插座	25	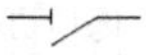	隔离开关
10		三相四极插座	26		带熔丝负荷开关
11		单相两极加三极插座	27	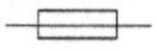	熔断器
12		单控两联开关	28	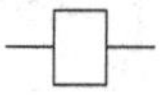	线圈
13		单控单联开关	29		触点开关
14		单控单联密闭开关	30		电压互感器
15		单控延时开关	31		变压器
16	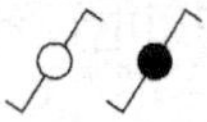	双控单联开关	32		电流互感器

WL1 为照明支线第 1 回路,铜芯聚氯乙烯绝缘导线 3 根 2.5 mm^2,穿管径为 15 mm 的焊接钢管敷设,在墙内暗敷设。

(2)用电设备的文字标注表示用电设备的编号、容量等参数。

基本格式:$\frac{a}{b}$

式中　a——设备的工艺编号;

b——设备的容量,kW。

表 9-5　电气施工图文字标注符号

表达线路明敷设部位的代号	表达线路暗敷设部位的代号	表达线路敷设方式的代号	表达照明灯具安装方式的代号
AB——沿屋架或屋架下弦 BC——沿柱敷设 WS——沿墙敷设 CE——沿天棚敷设	BC——暗设在梁内 CLC——暗设在柱内 WC——暗设在墙内 CC——暗设在屋面内或顶板内 FC——暗设在地面内或地板内 SCE——暗设在不能进入的吊顶内	CT——电缆桥架敷设 MR——金属线槽敷设 SC——穿焊接钢管敷设 MT——穿电线管敷设 PC——穿硬塑料管敷设 FPC——穿聚乙烯管敷设 KPC——穿塑料波纹管敷设 CP——穿蛇皮管保护 M——用钢索敷设 PR——塑料线槽敷设 DB——直接埋设 TC——电缆沟敷设	SW——自在器线吊式 CS——链吊式 DS——管吊式 W——壁装式 C——吸顶式 R——嵌入式 CR——顶棚内安装 WR——墙壁内安装 S——支架上安装 CL——柱上安装 HM——座装

(3)配电设备的文字标注表示配电箱等配电设备的编号、型号、容量等参数。

基本格式：$a-b-c$ 或 $a\dfrac{b}{c}$

式中　a——设备编号；

b——设备型号；

c——设备容量，kW。

(4)灯具的文字标注表示灯具的类型、型号、安装高度、安装方法等。

基本格式：$a-b\dfrac{c\times d\times L}{e}f$

式中　a——同一房间内同型号灯具个数；

b——灯具型号或代号(见表 9-6)；

c——灯具内光源的个数；

d——每个光源的额定功率，W；

L——光源的种类(见表 9-7)；

e——安装高度，m(当为“—”时表示吸顶安装)；

f——安装方式(见表 9-5)。

表 9-6　常用灯具的代号

序号	灯具名称	代号	序号	灯具名称	代号
1	荧光灯	Y	5	普通吊灯	P
2	壁灯	B	6	吸顶灯	D
3	花灯	H	7	工厂灯	G

4	投光灯	T	8	防水防尘灯	F

(二)识读方法及步骤

阅读建筑电气施工图纸,应在掌握一定的电气工程知识基础之上进行。对图中的图例,应明确它们的含义,应能与实物联系起来。读图一般的步骤如下:

(1)查看图纸目录。先看图纸目录,了解整个工程由哪些图纸组成,主要项目有哪些等。

表 9-7 常用电光源的代号

序号	电光源种类	代号	序号	电光源种类	代号
1	荧光灯	FL	5	钠灯	Na
2	白炽灯	LN	6	氙灯	Xe
3	碘钨灯	I	7	氖灯	Ne
4	汞灯	Hg	8	弧光灯	Arc

(2)阅读设计说明。了解工程的设计思路、工程项目、施工方法、注意事项等。可以先粗略看,再细看,理解其中每句话的含义。

(3)注意阅读图例符号。该套图纸中的图例一般在图例及主材表中写出来了,在表中对图例的名称、型号、规格和数量等都有详细的标注,所以要注意结合图例及主材表看图。

(4)相互对照,综合看图。一套建筑图纸,是由各专业图纸组成的,而各专业图纸之间又有密切的联系。另外,建筑电气工程图纸里的系统图和平面图相互联系紧密。因此,看图时还要将各专业图纸相互对照,电气系统图和平面图相互对照,综合看图。

(5)结合实际看图。看图最有效的方法是结合实际工程看图。一边看图,一边看施工。一个工程下来,既能掌握一定的电气工程知识,又能熟悉电气施工图纸的读图方法,收效较快。

小　结

本章主要介绍了由发电厂、电力网和电力用户组成的统一供配电系统。重点介绍了供电系统的电压等级与负荷分类和放射式、树干式、链式三种低压干线的配电方式的优缺点。介绍了常用的照明种类和方式,认识了各种照明光源和灯具的特点,能够根据不同的场所进行选用。根据雷电对建筑物的破坏作用划分了四种雷电形式,分别是:直击雷,感应雷,雷电波,球形雷。根据雷击的特点设置避雷装置。其由接闪器、引下线和接地装置等三个部分组成,接地装置又由接地体和接地线组成。对每一部分介绍了施工所用材料和注意事项。学习了低压配电系统有三种接地形式:IT 系统、TT 系统、TN 系统。TN 系统又分为 TN—S 系统、TN—C 系统、TN—C—S 系统三种形式。通过对建筑电气施工图的识读方法,识读步骤,识读重点学习,使学生掌握电气施工图的识读能力,为下一步的施工和预算打下基础。

第十章　通风空调系统

【学习目标】 通过学习本章内容,使学生了解工业通风和空调工程的基本知识。掌握通风和空调常见设备的原理、组成和结构,熟悉建筑防排烟的原理和组成。能够识读通风和空调的基本图纸。

通风和空气调节这两部分是在长期的发展过程中自然形成的。通风是用自然或机械的方法向某一房间或空间送入室外空气,和由某一房间或空间排出空气的过程,送入的空气可以是经过处理的,也可以是不经过处理的。也就是说通风是利用室外空气(称为新鲜空气或新风)来置换建筑物内的空气以改善室内空气品质。通风的主要功能有:①提供人呼吸所需要的氧气;②稀释室内污染物或气味;③排出室内工艺过程产生的污染物;④除去室内多余的热量(称余热)或湿量(称余湿);⑤提供室内燃烧设备燃烧所需的空气。建筑中的通风系统,可能只完成其中一项或几项任务。其中利用通风除去室内余热和余湿的功能是有限的,它受室外空气状态的限制。

空气调节简称空调,指对某一房间或空间内的温度、湿度、洁净度和空气流动速度等进行调节与控制,并提供足够量的新鲜空气。空调可以实现对建筑热湿环境、空气品质全面进行控制,或是说它包含了采暖和通风的部分功能。实际应用中并不是任何场合都需要空调对所有的环境参数进行调节与控制。例如寒冷地区,有些建筑只需采暖;又如有些生产场所,只需用通风对污染物进行控制,而对温湿度并无严格要求,尤其是利用自然通风来消除室内余热余湿,可以大大减少能量消耗和设备费用,应尽量优先采用。

第一节　通风系统

通风工程是送风、排风、除尘、气力输送及防排烟系统的统称,它可以分为两大类:工业通风和空调通风。

一、送排风系统

用通风方法改善建筑物内空气环境,就是在局部地点或者整个建筑物内把不符合卫生标准的污浊空气排至室外(简称排风),把新鲜空气(简称新风)或经过净化后符合卫生要求的空气送入室内(简称送风),如果排风中有一部分又重新送入室内,我们把这部分排风称为回风。

按通风的作用范围,可以分为局部通风和全面通风。按照通风的动力不同,可以分为机械通风和自然通风。

(一)局部通风

局部通风系统分为局部送风和局部排风,利用气流使工作地点不受有害物的污染,营造良好的局部环境。

在有害物产生的地点直接将它们捕集起来，经过净化设备处理后，排放到室外，这种通风方法称为局部排风，局部排风是防止有害物污染室内最有效的方法，需要的风量小，避免污染物扩散到车间作业地带，效果好。一般情况下，应该优先选用局部通风方式，只有不能采用局部排风或者采用局部排风后仍达不到卫生标准要求时，才采用全面通风。

局部排风系统如图 10-1 所示，是由局部排风罩、风管、净化设备及风机风帽四部分组成，利用吸气罩直接将含有粉尘或有害物的气体捕集起来，由通风管道输送到净化处理设备，处理后再排放到大气中，风机向机械排风系统提供空气流动的动力，为防止风机的磨损和腐蚀，通常将它放在净化设备的后面。

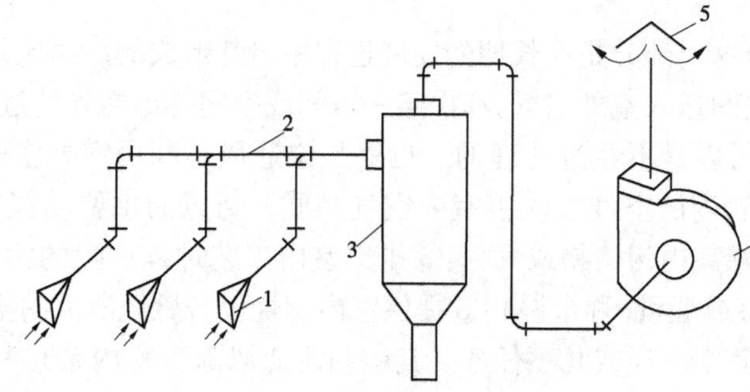

1—局部排风罩；2—风管；3—净化设备；4—风机；5—风帽

图 10-1　局部排风系统示意图

对于面积较大，工作人数较少的车间，只需向较少的局部工作地点送风，在局部地点造成良好的空气环境，这种通风方法称为局部送风。

(二) 全面通风

全面通风也称为稀释通风，它一方面用清洁空气稀释室内空气有害物的浓度，另外不断地把污染空气排至室外，使室内空气有害物浓度不超过卫生标准规定的最高允许浓度。

图 10-2 是一种全面机械送排风系统图，由送风与排风系统组成，送风系统是由室外新风经百叶窗进入空气处理设备，再由通风机经风管送至室内。排风系统从百叶回风口经风管、除尘器，由排风机排入大气。

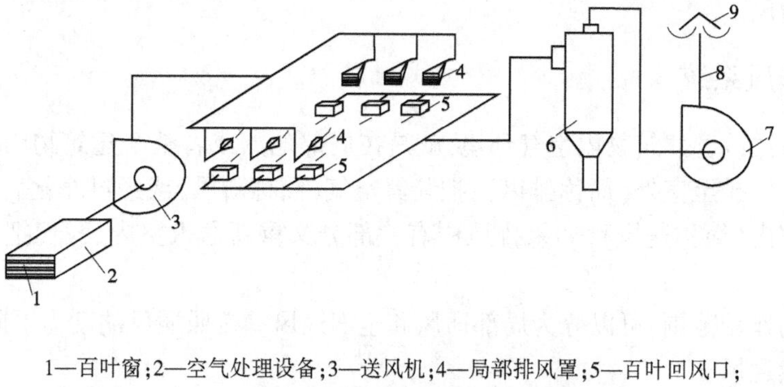

1—百叶窗；2—空气处理设备；3—送风机；4—局部排风罩；5—百叶回风口；
6—除尘器；7—排风机；8—风管；9—风帽

图 10-2　全面机械通风系统

二、送排风系统常用设备与部件

(一)过滤器

室外空气进入室内时,由于含尘浓度过大、昆虫或碎屑等,一般需经粗效过滤器或中效过滤器进行净化处理。

(二)局部排风罩

在生产车间设置局部排风罩的目的是要通过排风罩控制污染气流的运动,来控制工业有害物在室内的扩散和传播。

局部排风罩的形式有很多,按其作用原理可分为密闭罩、柜式排风罩(通风柜)、外部吸气罩、接受式排风罩与吸收式排风罩。

图 10-3 为熔槽上采用带卷帘的密闭罩,柔性帘子卷在钢管上,通过传动机构使钢管转动,以使罩帘上下活动,使用卷帘可有效避免过多地吸入室内空气,减少密闭罩的排气量。

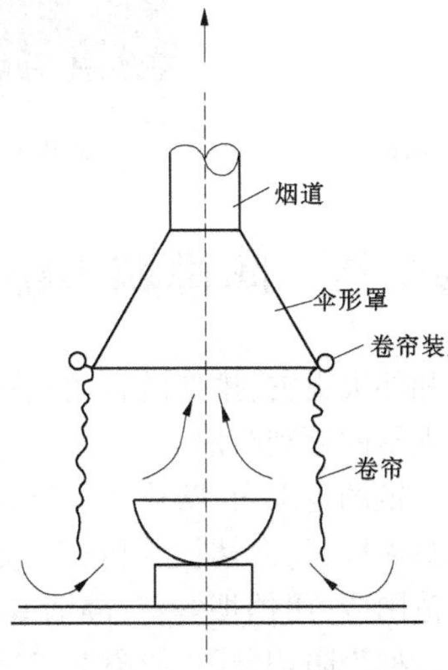

图 10-3 带卷帘的密闭罩

图 10-4 为外部吸气罩,它是通过罩口的抽吸作用在距离吸气口最远的有害点上造成一定的空气流动,从而把有害物吸入罩内。

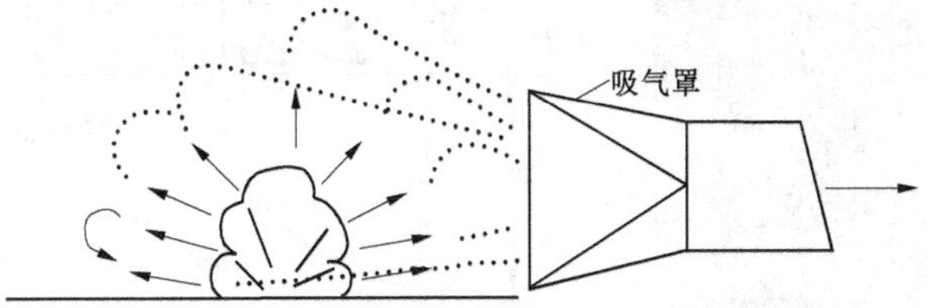

图 10-4 外部吸气罩

(三)风帽

风帽多用于局部自然通风和设有排风天窗的全面自然通风系统中,一般安装在局部自然排风罩风道出口末端和全面自然通风的建筑物屋顶上。风帽的作用在于可以使排风口处和风道内产生负压,防止室外风倒灌和防止雨水或污物进入风道或室内。

图 10-5 为避风风帽的结构示意图，避风风帽就是在普通风帽的外围增设一周挡风圈。挡风圈的作用同挡风板，即当气流通过风帽时，在排风口处形成负压区。图 10-6 是旋流式屋顶自然通风器，可安装在各种形式的屋面或屋脊的基础上，目前应用越来越好。

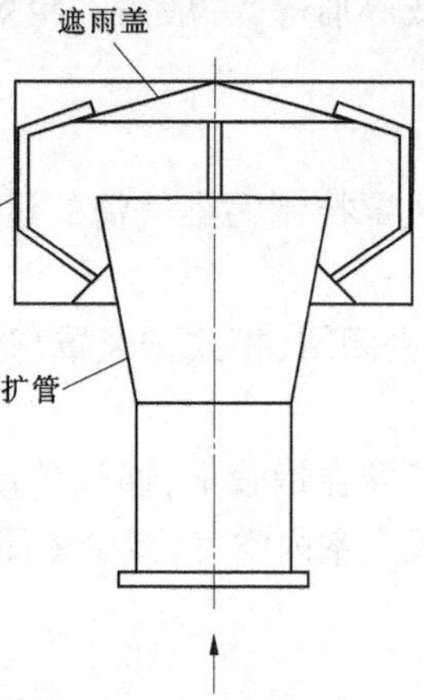

图 10-5　避风风帽的结构示意图

图 10-6　旋流式屋顶自然通风器

第二节　防排烟系统

防烟的目的是防止火灾蔓延和扑灭火灾，排烟的目的是将火灾产生的烟气及时予以排除，防止烟气扩散，以确保建筑内人员的顺利疏散。

建筑物内为了把火灾控制在一定的范围内，防止火灾蔓延扩大，减少火灾危害，在建筑设计中将建筑物的平面和空间以防火墙、耐火楼板及防火门分成若干个区，称为防火分区。为了着火时将烟气控制在一定的范围内，用挡烟垂壁、隔墙或从顶棚下突出不小于 500 mm 的梁在防火分区内，划分为几个区，称为防烟分区，如图 10-7 为挡烟垂壁安装图。也就是说防烟分区是对防火分区的细分化，即防烟分区不应跨越防火分区。

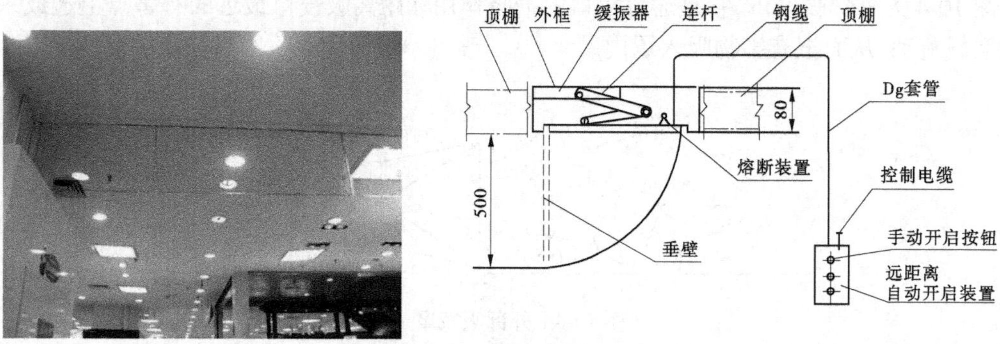

图 10-7　挡烟垂壁安装图

通常排烟方式有可开启外窗的自然排烟和机械排烟两种方式，防烟有机械加压送风防烟和可开启外窗的自然通风两种方式。

一、排烟系统

建筑的排烟方式有可开启外窗的自然排烟和机械排烟两种。

(一)自然排烟

自然排烟是火灾时,利用室内热气流的浮力或者室外风力的作用,将室内的烟气从与室外相邻的窗户、阳台或专用排烟口排出。自然排烟不使用动力,结构简单,但当火势猛烈时,火焰有可能从开口部喷出,从而使火势蔓延,自然排烟还易受室外风力的影响,当火灾房间处在迎风侧时,由于受到风压的作用,烟气很难排出,因而当房间处于背风侧时,烟气才能较顺利地通过排烟口流向室外。

图 10-8 所示为房间自然排烟示意图,(a)图为房间和走道利用直接对外开启的窗或专为排烟设置的排烟口进行的自然排烟,(b)图为无窗房间或走道利用上部的排烟口接入专用排烟竖井进行的自然排烟。

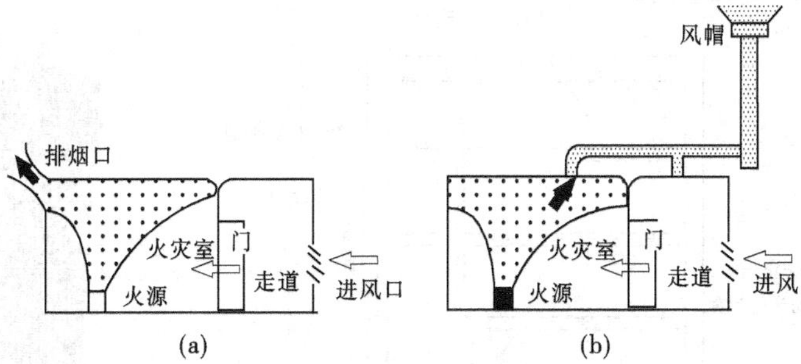

图 10-8 自然排烟示意图

(二)机械排烟

1.机械排烟的形式

机械排烟是使用排烟风机进行强制排烟,可分为局部排烟和集中排烟两种形式。局部排烟方式是在每个房间内设置风机直接进行,集中排烟方式是将建筑物划分为若干个防烟分区,在每个区内设置排烟风机,通过风道排出各区内的烟气。

2.机械排烟系统的组成

机械排烟系统一般包括排烟口、排烟阀、排烟防火阀及排烟风机等。

(1)排烟口。排烟口一般尽可能布置于防烟分区的中心,距最远点的水平距离不应超过 30 m。排烟口应设在顶棚或靠近顶棚的墙面上,且与附近安全出口沿走道方向相邻边缘之间的最小水平距离不应小于 1.5 m。排烟口平时处于关闭状态,当火灾发生时,自动控制系统使排烟口开启,也可手动开启,通过排烟口将烟气及时迅速地排至室外。图 10-9 为板式排烟口示意图。

(2)排烟阀。排烟阀应用于排烟系统的风管上,平时处于关闭状态(常闭状态),当火灾发生时,烟感探头发出火警信号,控制中心输出 DC24V 电源,使排烟阀开启,通过排烟口进行排烟。

(3)排烟防火阀。适用于排烟系统管道上或风机吸入口处,兼有排烟阀和防火阀的功能。平时处于关闭状态,需要排烟时,其动作和功能与排烟阀相同,可自动开启排烟阀,当管道内气流温度达到 280 ℃时,阀门靠装有易熔合金的温度熔断器而自动关闭,切断气流,防

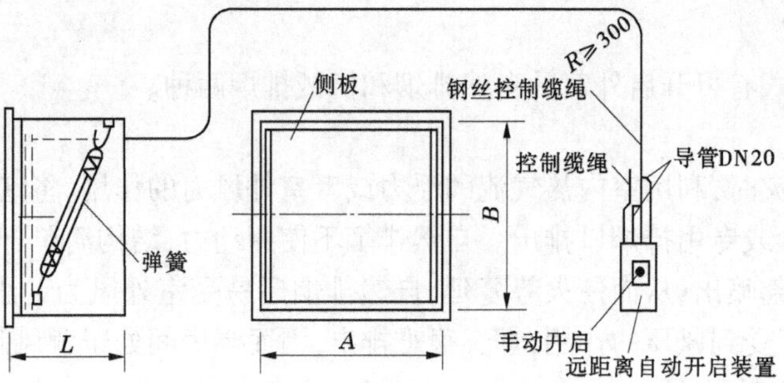

图 10-9　板式排烟口示意图

止火灾蔓延,图 10-10 为排烟防火阀。

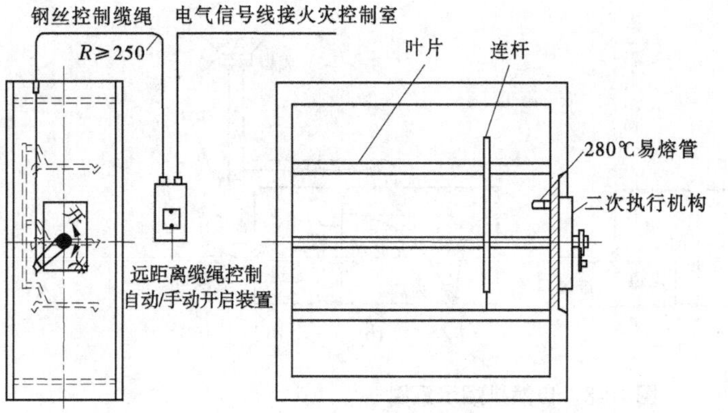

图 10-10　排烟防火阀

(4)排烟风机。排烟风机分离心式和轴流式两种,在排烟系统中一般采用离心式风机。排烟风机在构造性能上具有一定的耐热性和隔热性,以保证输送烟气温度在 280 ℃时能正常连续运行 30 min 以上。

排烟风机位置一般设于该风机所在的防火分区的排烟系统中最高排烟口的上部,并设在该防火分区的风机房内,风机外缘与风机房墙壁或其他设备的间距应保持在 0.6 m 以上,排烟风机设有备用电源,且能自动切换。

排烟风机的启动采用自动控制方式,启动装置与排烟系统中每个排烟口连锁,即在该排烟系统任何一个排烟口开启时,排烟风机都能自动启动。

二、防烟系统

建筑的防烟有机械加压送风防烟和可开启外窗的自然通风,这里介绍机械加压送风排烟。

(一)机械加压送风防烟

机械加压送风防烟是对疏散通道的楼梯间进行机械送风,使其压力高于防烟楼梯间或消防电梯前室,而这些部位的压力又比走道和火灾房间要高些,送风可直接利用室外空气,不必进行任何处理,烟气则通过远离楼梯间的走道外窗或排烟竖井排至室外。图 10-11 为机械加压送风防烟示意图。

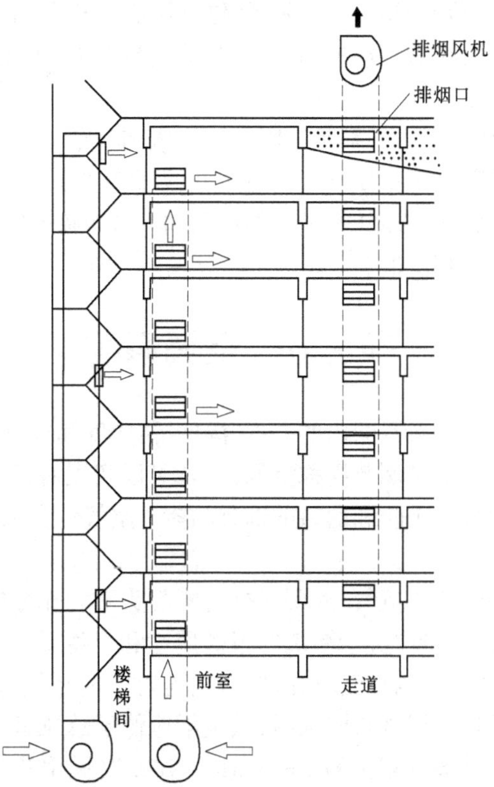

图 10-11　机械加压送风防烟示意图

机械加压送风防烟方式具有以下几方面的特点：

(1)楼梯间、电梯井、前室或合用前室保持一定的正压,避免了烟气侵入这些区域,为火灾时人员疏散和消防队员的扑救提供了安全地带。

(2)由于采用此种防烟方式时,走道等地点布置有排烟设施,就产生了一种有利的气流分布形式,气流由正压前室流向非正压间,一方面减缓了火灾的蔓延扩大(无正压时,烟气一般从着火间流入楼梯间、电梯间等竖井);另一方面由于人流的疏散方向与烟气的流动方向相反,减少了烟气对人的危害。

(3)防烟方式较为简单,操作方便,安全可靠。

(二)机械加压送风系统的组成

机械加压送风系统一般是由加压送风机、送风管道、加压送风口及自控装置等组成的。它是依靠加压送风机提供给建筑物内被保护部位新鲜空气,使该部位的室内压力高于火灾压力,形成压力差,从而阻止烟气侵入被保护部位。

(1)加压送风机：可采用中、低离心式风机或轴流式风机,其位置可根据电源位置、室外新风入口条件、风量分配情况等因素来确定。

(2)加压送风口：楼梯间的加压送风口一般采用自垂式百叶风口或常开的百叶风口。当采用常开的百叶风口时,应在加压送风机出口处设置止回阀。楼梯间的加压送风口一般每隔 2~3 层设置一个。前室的加压送风口为常开的双层百叶风口,每层均设一个。

(3)加压送风道：采用密实不漏风的非燃烧材料。

(4)余压阀:为保证防烟楼梯间及前室、消防电梯前室和合用前室的正压值,防止正压值过大而导致门难以推开,在防烟楼梯间与前室、前室与走道之间设置余压阀以控制其正压间的正压差不超过 50 Pa。

前室自然排烟与机械排烟方式都是着眼于将进入前室的烟气及时排除,以此来保护楼梯间,而加压送风方式是着眼于拒烟气于前室之外,以此来保护楼梯间。

采取前室自然或机械排烟方式时,烟气的流动和人员的疏散的方向是相同的,采取加压送风方式时,两者的方向是相反的。

第三节　空调系统

空气调节,是对某一房间或空间内的温度、湿度、洁净度和气流速度等进行调节与控制,并提供足够量的新鲜空气,空气调节简称空调,空调可以实现对建筑热湿环境、空气品质全面进行控制,或者说它包含了采暖和通风的部分功能。空气包含三部分:新风、排风、回风。

(1)新风。

所谓新风,是指室外的新鲜空气,人要保持清醒的头脑和充分的活力,就需要不断地补充新鲜空气。新鲜空气补入量取决于系统的服务用途和卫生要求。一些极端情况,如对于有大量有害或放射性物质的室内空气不允许循环,这时室内空气需全部由新风来替代。多数情况下,室内空气可循环使用,但补充的新风量不应低于总风量的 10%,工业建筑新风量参见《采暖通风与空气调节设计规范》(GB 50019—2003),民用及公共建筑新风量参见《民用建筑通风与空气调节设计规范》(GB 50736—2012)。

新风是必需的,但新风量的增加也不是无限的,它受到了节能和投资两方面的制约。由于新风与室外空气的参数一致,与室内的参数可能相差较大,因此对新风需要处理,调节其温度或湿度,这必然要耗费能源并增加投资。因此,在满足服务用途和卫生的前提下,对新风量要有所控制。

(2)排风。

室内要维持一定的压力,维持空气量的平衡,就需要在有新风补充进来的时候,有一部分室内浊气排出,这部分被排出的浊气称作排风。

(3)回风。

为了促进室内空气的流动,同时为了节能,将室内空气取一部分经过过滤后与新风混合,对新风进行预处理,以节省后续处理耗能,这部分从室内取的风称为回风。与未经处理的新风混合的回风,称为一次回风,与经过一定处理的新风再次混合的回风称为二次回风,如图 10-12 所示。

一、空气调节系统的分类

(一)按空气处理设备的设置情况来划分空调系统

(1)集中系统:指所有的空气处理设备(如风机、冷却器、加湿器、过滤器等)都设在一个集中的空调机房内。

(2)半集中系统:除集中的空调机房外,半集中系统还设有分散在空调房间的末端装置。末端装置的功能主要是对集中空调机房来的空气,在其进入房间前做进一步的处理,末

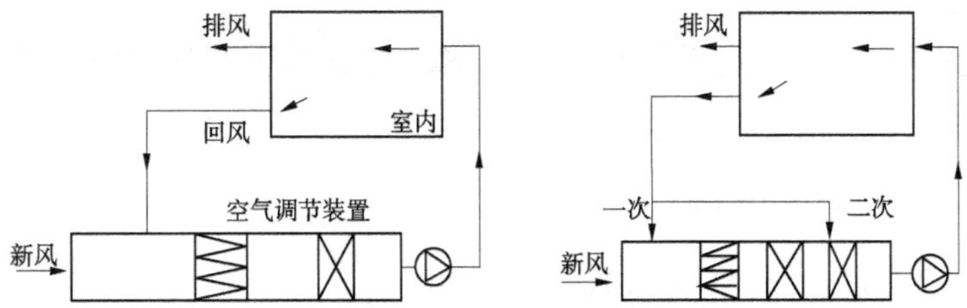

(a)一次回风　　(b)二次回风

图 10-12　一次回风、二次回风示意图

端装置多半设有冷热交换装置,如风机盘管。

(3)全分散系统:指把冷热源和空气处理、输送设备集中设置在一个箱体内,形成一个紧凑的空调系统。如家庭使用的窗式、分体式、柜式空调等。

(二)按负担室内冷热负荷所用的介质种类来划分空调系统

(1)全空气系统:指空调房间内的冷热湿负荷全部经由经过处理的空气来负担的空调系统,要求有较大的断面的风道或较高的风速。

(2)全水系统:指空调房间内的冷热湿负荷全部由携带冷量或热量的水来负担的空调系统,由于此系统无法解决室内空气通风换气的问题,因此不能单独使用此方法。

(3)空气-水系统:将全空气和全水两个系统的优点结合起来,用风和水来共同负担室内的全部冷热湿负荷,如带新风的风机盘管系统。

(4)制冷剂系统:指将制冷系统的蒸发器直接放在室内来吸收余热余湿。

(三)按集中式空调系统处理的空气来源划分空调系统

(1)封闭式系统:指空气处理系统处理的空气全部来自空调房间本身,无室外空气补充,全部是室内空气在不断地封闭地循环。

(2)直流式系统:指空气处理系统处理的空气全部来自室外,室外空气经处理后送入室内,然后全部排出。

(3)混合式系统:由于全封闭式系统不卫生,直流式系统经济上不合理,就产生了将上述两种方式的优点结合起来的混合式系统——采用部分新风,混合一部分回风,如图 10-13 所示。

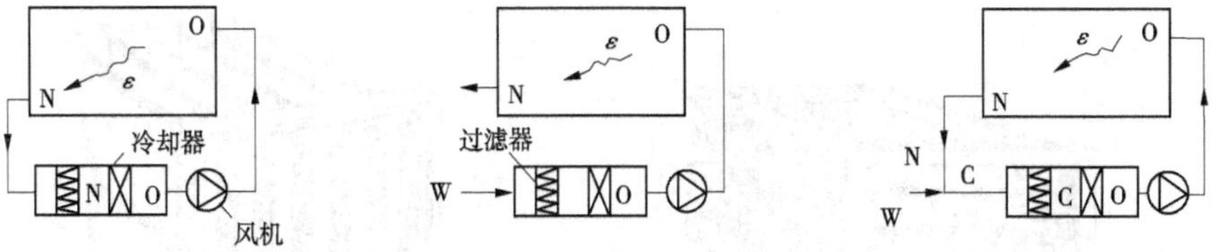

(a)封闭式　　(b)直流式　　(c)混合式

N—室内空气;W—室外空气;C—混合空气;O—冷却后空气

图 10-13　按处理空气的来源不同对空调系统分类的示意图

(四)按处理空气的风量不同来划分空调系统

(1)定风量空气调节系统:送风量不变,靠改变送风参数来满足室内负荷的变化的空调系统。

(2)变风量空气调节系统:送风参数不变,靠改变送风量来满足室内负荷变化的空调系统。

二、空气调节处理的过程

空气调节包含过滤和冷、热、湿处理。

(一)空气的过滤处理

不论是新风或是回风,都会含有尘粒,必须进行过滤处理,达到使用要求后,才能被送入室内空间。

一般空调系统设有两级空气过滤装置,即预过滤器和主过滤器。预过滤器用的一般是低效的粗效过滤器。空调用的过滤器与工业通风中的除尘器有共性,前者是将含尘量不大的空气经净化(过滤的方法)处理后送入室内,后者是将含尘量较大的空气经处理后排至室外。

空调工程中常用过滤器包括初效过滤器、中效过滤器、高效过滤器。它们的过滤原理主要是:重力作用、惯性作用、扩散作用、静电作用等。

初效过滤器:滤材是金属丝网、铁屑、瓷环、玻璃丝(直径大约 20 μm)、粗孔聚氨酯泡沫塑料和各种人造纤维。为便于更换,大多做成块状。

中效过滤器:滤料是玻璃纤维(纤维直径约 10 μm)、中细孔聚乙烯泡沫塑料和无纺布。它们一般做成抽屉式或袋式,见图 10-14。

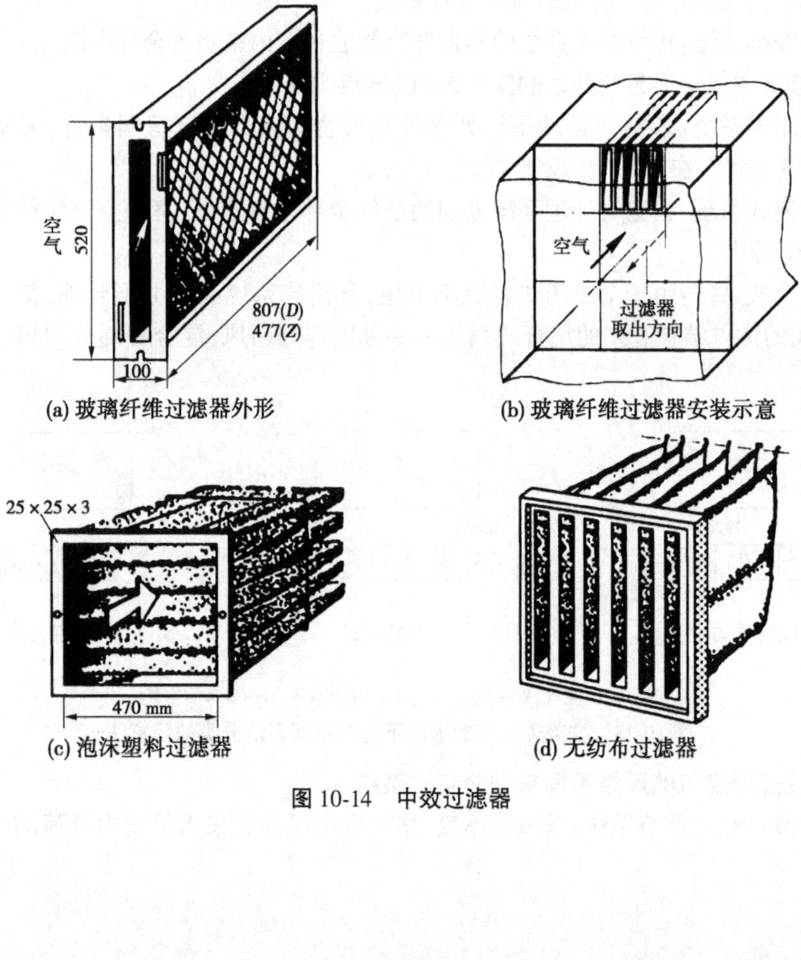

(a) 玻璃纤维过滤器外形　(b) 玻璃纤维过滤器安装示意

(c) 泡沫塑料过滤器　(d) 无纺布过滤器

图 10-14　中效过滤器

高效过滤器:此过滤器必须在初、中效过滤器保护下使用,作为三级过滤的末级。滤料为超细玻璃纤维等,滤料纤维直径大部分小于 1 μm,滤料做成纸状,见图 10-15。

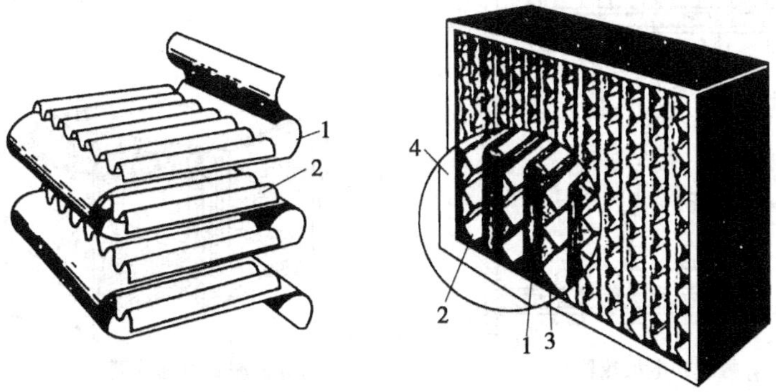

1—滤纸;2—分隔片;3—密封胶;4—木外框

图 10-15　高效过滤器

(二) 空气的热湿处理

新风或新风加回风,在不能满足室内参数要求时,就需要对其进行相应的热湿处理,将空气加热或加湿,降温或减湿,这些有关处理过程综合在一起,总称为空气调节系统的空气处理。

要完成这些处理,可采用直接喷淋冷水或热水的喷水室,也可采用表面式换热器,来起到降温、减湿或加热的作用。

(1)用表面式换热器处理空气:换热器就是一组或几组盘管,管内流动着冷(热)媒,管外流动着被处理的空气,通过盘管的管壁,空气与冷(热)媒之间进行能量的交换,以达到对空气进行降温或加热的目的。为提高能量交换的效率,通常在光滑的盘管表面加上肋片来增加换热面积。

常用的表面式换热器包括空气加热器和表面冷却器两类。空气加热器用的热媒是热水或蒸汽,而表面冷却器则以冷水或制冷剂做冷媒。通常又将后者称为水冷式或直接蒸发式表面冷却器。

(2)电加热器处理空气:电加热器是让电流通过电阻丝发热来加热空气的设备。它有加热均匀、热量稳定、效率高、结构紧凑和控制方便等优点。在空调机组和小型空调系统中应用较广。在恒温精度要求较高的大型空调系统中,也经常在送风支管上使用电加热器来控制局部加热。由于用电能直接加热不经济,在加热量较大的地方下宜采用。

电加热器有两种基本结构形式:由裸电阻丝构成的裸线式,由管状电热元件构成的管式。在定型产品中,常把电加热器做成抽屉式,检修更方便,见图 10-16。

(3)空气的加湿处理:空调系统中,空气的加湿可在两个地方进行,即在空气处理室或在风管中,对要送入空调房间的空气进行集中加湿;或在空调房间内对空气直接喷水的局部补充加湿。

集中加湿最常用的方法就是用外界热源产生的蒸汽喷到空气中进行加湿,见图 10-17。

(4)空气的减湿处理:空气的减湿处理对于某些相对湿度要求低的生产工艺和产品储存是必不可少的,在一些地下建筑里,空气的减湿往往是通风工程的重要任务。

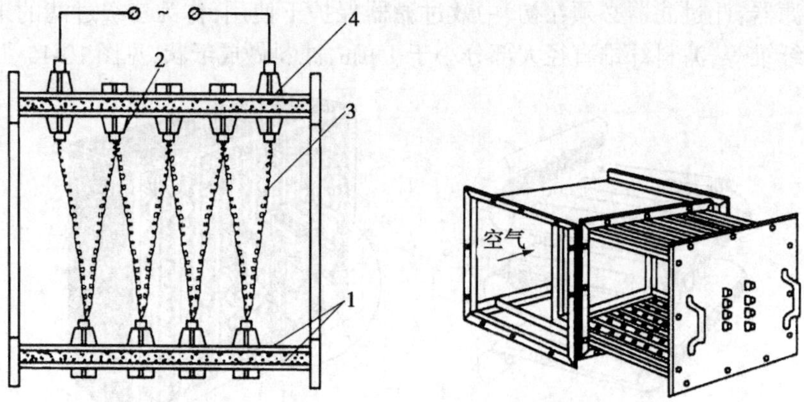

(a) 裸线式电加热器　　(b) 抽屉式电加热器

1—钢板；2—隔热层；3—电阻丝；4—瓷绝缘子

图 10-16　空气加热器示意图

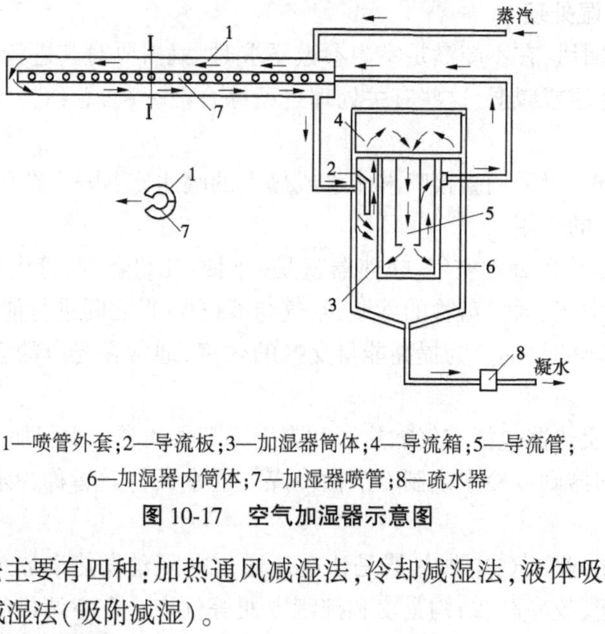

1—喷管外套；2—导流板；3—加湿器筒体；4—导流箱；5—导流管；
6—加湿器内筒体；7—加湿器喷管；8—疏水器

图 10-17　空气加湿器示意图

空气减湿的方法主要有四种：加热通风减湿法，冷却减湿法，液体吸湿剂减湿法（吸收减湿），固体吸湿剂减湿法（吸附减湿）。

三、空调的主要组成部分

有了处理对象空气，又有了处理措施，一个完整的系统还需要冷热源部分、空气输送部分、冷热媒输送部分和冷热媒的散热部分等，见图 10-18。

（一）冷热源部分

空调装置的冷源分自然冷源和人工冷源。自然冷源指天然的水体，如深井水、河水等；人工冷源都是以液体气化吸热制冷法来获得的，其中包括蒸汽压缩式制冷、吸收式制冷、蒸汽喷射制冷等多种方式。

空调装置的热源也有自然和人工之分。自然热源指太阳能和地热，人工热源指以煤、石油、煤气、天然气作燃料的锅炉所产生的蒸汽或热水。

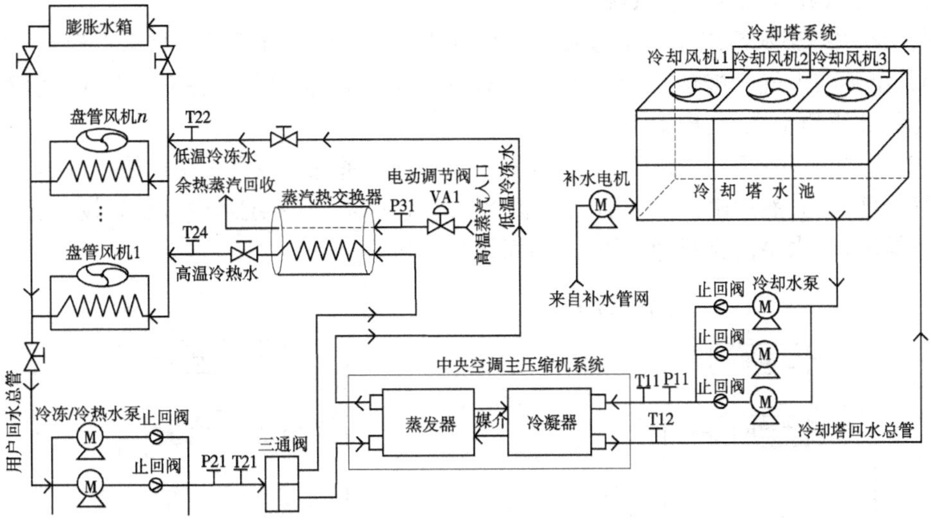

图 10-18　空调系统组成示意图

(二)空气输送部分

新风要引入室内,排风要排出室内,回风要从回风口流向空气处理设备,空气处理设备处理好的空气需送达室内各个送风口,这些功能的完成需要空气输送部分。

空气输送部分包括风机和通风管道。风机是空调系统的主要噪声源,因此一般需配置消声器,为防止冷热量的散失,风机都要保温,通风管道一般采用矩形风道,由于风速低,风管截面面积大,因而占据了较多的建筑空间。

(三)冷热媒输送部分

从冷热源出来,携带着冷热量的介质被称作冷热媒,它们携带着冷热量在空气处理装置中与需要处理的空气进行冷热量的交换,完成能量交换的冷热媒还要回到冷热源重新获取能量,去进行下一轮的能量交换。冷热媒的循环流动,就要靠冷热媒输送部分来完成。输送部分包括泵和输送的管道。

(四)制冷剂的散热部分

在冷源中,返回冷源的冷媒携带着热量,制冷剂只有吸收这部分热量,冷媒才能再生,才能继续循环进行能量交换。那么制冷剂吸收了热量,它又如何再生呢?这就要靠制冷剂的散热部分来完成。制冷剂的散热一般有两种方式:风冷和水冷。

风冷就是靠风扇不断地吹冷风让制冷剂散热,水冷就是靠冷却水系统使制冷剂散热。

空调系统一般均由空气处理设备、空气输送管道、空气分配装置及其他辅助装置所组成。

四、空调水系统

前面提到的空气-水系统是现在比较常用的系统。水这个介质扮演着传递冷量或热量的角色,正确合理的空调水系统是保证整个空调系统正常、节能运行的重要条件。

空调水系统的类型有多种。按水的循环方式来分有闭式、开式两种;按管路布置形式来分有同程式、异程式两种;按供、回水管道数目来分有两管制、三管制、四管制三种;按空调水系统中水量是否变化来分有定流量、变流量两种。下面对这些水系统作一个简要的介绍。

(一)闭式和开式空调水系统

(1)闭式空调水系统:图 10-19 所示为闭式空调水系统。在系统的最高点设置了膨胀水箱,因系统不与大气相接触,因此水在循环时不易受污染,管道和设备不易腐蚀,循环水泵的扬程无须克服静水压力,扬程小,能耗低。

(2)开式空调水系统:图 10-20 所示为开式空调水系统。各空调用户使用过的空调回水都先进入回水箱,然后由回水泵加压送至冷水机组制冷。该系统水中含氧量较高,因此管道和设备易腐蚀,水泵需克服静水压力,因而扬程较高。

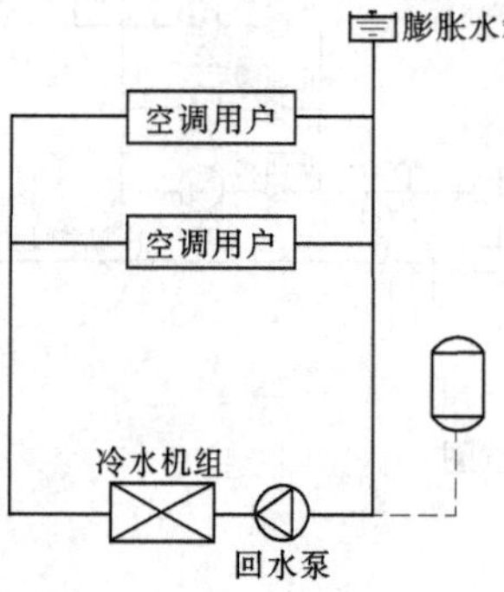

图 10-19　闭式空调水系统

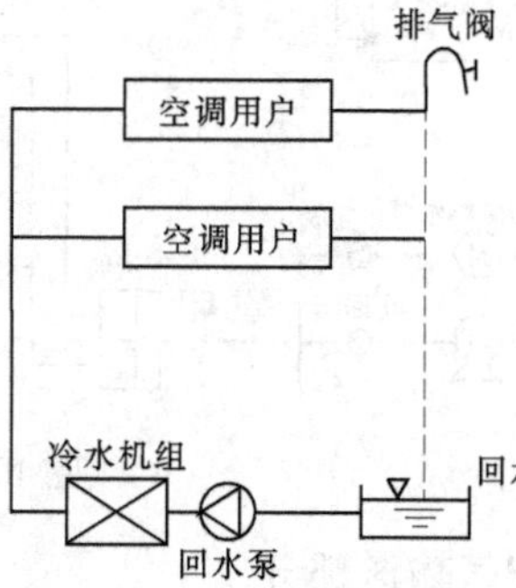

图 10-20　开式空调水系统

(二)同程式和异程式空调水系统

(1)同程式空调水系统:图 10-21 所示为同程式空调水系统。此系统中,冷冻水流经各空调用户的路程均相等,因而水量的分配和调节较为方便,但管材用量较大,初期投资较高。

(2)异程式空调水系统:图 10-22 所示为异程式空调水系统。空调水流经每个空调用户的管程均不相同,因此水量的分配和调节较为困难。

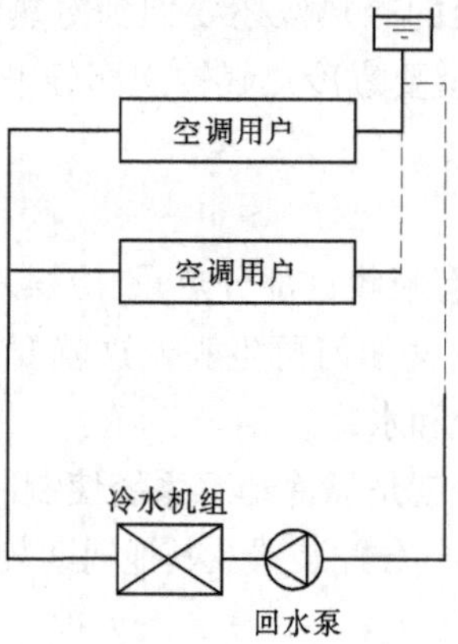

图 10-21　同程式空调水系统

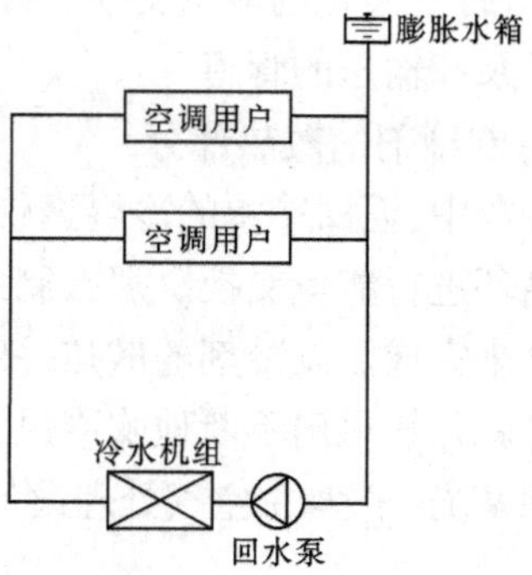

图 10-22　异程式空调水系统

(三)两管、三管、四管制空调水系统

(1)两管制空调水系统:图 10-22 所示为两管制空调水系统。进出空调用户的供、回水管各一根,夏季供冷水,冬季供热水。系统管路布置简单,投资省,但无法满足同时供应冷水和热水的要求。

(2)三管制空调水系统:图 10-23 所示为三管制空调水系统。进空调用户的供水管有冷、热两根,可根据用户的需要同时供应冷、热水,但回水管只有一根,因此存在冷热回水混合的损失,运行效率低,冷、热水环路的互相连通导致系统水力工况复杂。

(3)四管制空调水系统:图 10-24 所示为四管制空调水系统。系统中冷水、热水、冷水回水、热水回水四根管道分别设置,冷、热两套系统完全独立,适用于空调负荷变化幅度很大、舒适度要求很高的建筑物中,但系统复杂,初期投资大,占用建筑空间大。

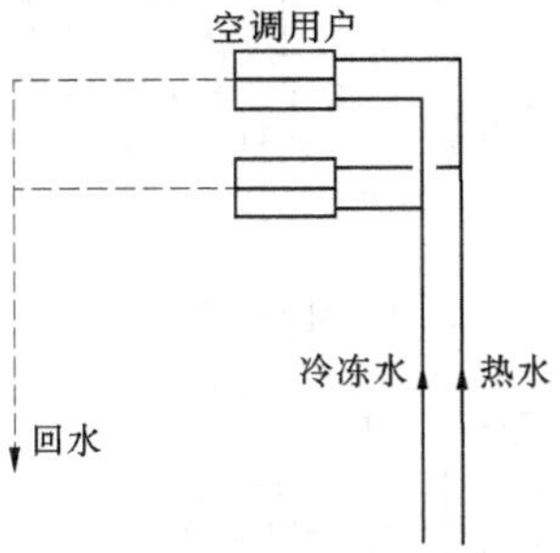

图 10-23　三管制空调水系统

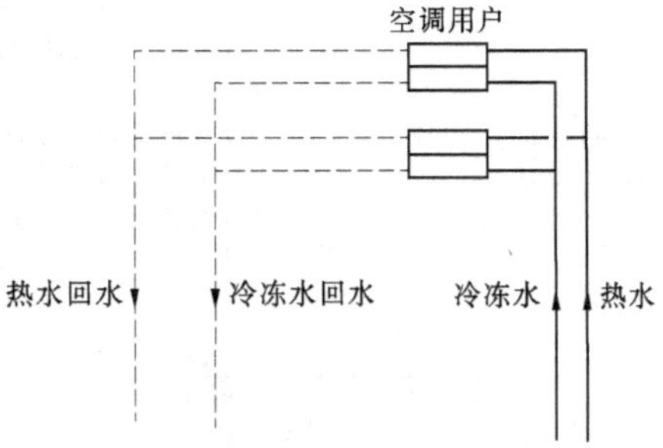

图 10-24　四管制空调水系统

(四)定流量和变流量空调水系统

(1)定流量空调水系统:定流量空调水系统是指系统中的循环流量为一定值,依靠改变供、回水温度来调节空调用户的负荷变化。该系统操作简单,自控程度不高,能耗较大。

(2)变流量空调水系统:图 10-25 所示为该系统简图。系统中供、回水温度保持恒定,利用一根旁通管来保证冷水机组流量不变而使空调用户侧处于变流量运行。此系统较简单地解决了空调用户要求变流量而冷水机组要求定流量的矛盾。

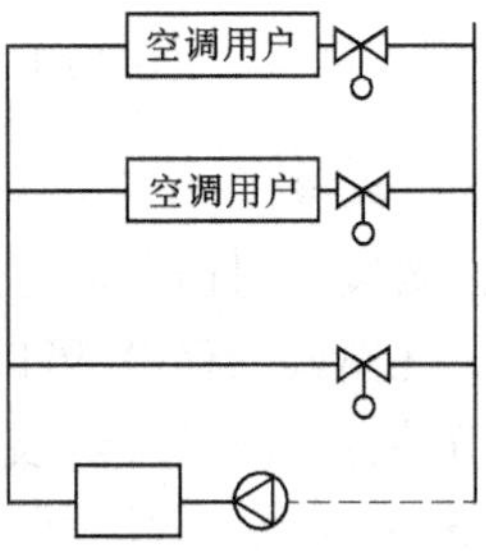

图 10-25　变流量空调水系统

五、空调系统常见设备与部件

空调系统中的设备与部件很多,有用于风系统的,也有用于水系统的,这些设备的图例见《暖通空调制图标准》(GB/T 50114—2010)。

(一)风口

风口的形式、大小、位置对室内空气流动的合理组织有着重要的作用。风口分送风口和回风口。

(1)送风口,送风口按出气流的形式可分为四种。

①辐射型送风口,送出气流呈辐射状向四周扩散,如各式散流器。

②轴向送风口,气流沿送风口轴线方向送出,如格栅、百叶、条缝送风口、喷口。

③线形送风口,气流从狭长的线状风口送出,如长宽比很大的条缝形送风口。

④面形送风口,气流从大面积的平面上均匀送出,如孔板送风口。

送风口按安装位置分为顶棚送风口、侧墙送风口、窗下送风口、地面送风口。送风口的简单图示见图 10-26。

(2)回风口:回风口对室内气流组织影响不大,构造简单,类型也不多。如在孔口上,根

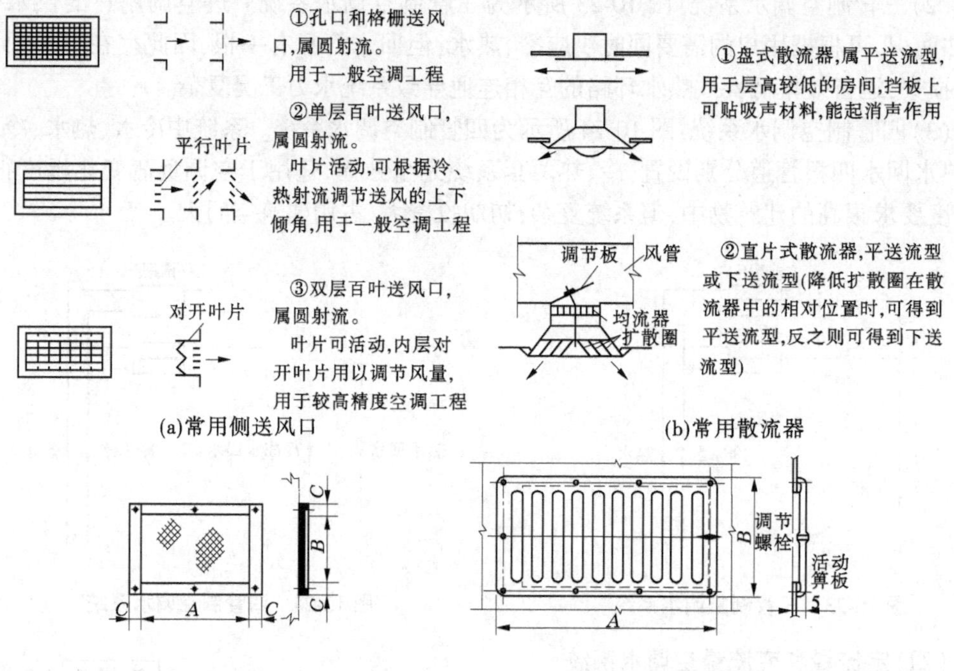

(a)常用侧送风口　(b)常用散流器

(c)矩形网式回风口　(d)活动箅板式回风口

图 10-26　送回风口

据需要装上阻挡杂物的金属网;或为了美观,装上各种图案的格栅;或为了调节装上活动百叶。在空调工程中,风口均应能进行风量调节,若风口上无调节装置,则其后的风管上要有调节装置。回风口若装在房间下部,为避免灰尘和杂物的吸入,风口下缘离地面至少为 0.15 m。

回风口的简单图示如图 10-26 所示。

(二)风阀

通风系统中的阀门,一般习惯称为风门,主要用于启动风机,关闭风道、风口,调节管道内空气量,平衡阻力等。阀门安装于风机出口的风道上、主干风道上、分支风道上或空气分布器之前等位置。常用的阀门有蝶阀、风量调节阀等。

蝶阀的构造见图 10-27,分拉链式和手柄式,形状有圆形、方形和矩形。通过转动阀板的角度即可改变空气流量。蝶阀使用较为方便,但严密性较差。

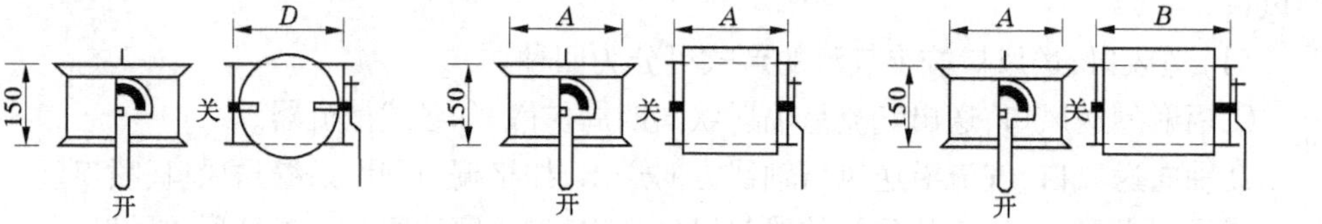

(a)圆形　(b)方形　(c)矩形

图 10-27　蝶阀的结构示意图

风量调节阀是靠转动多个叶片的角度来进行风量调节的。常用的风量调节阀如图 10-28所示。

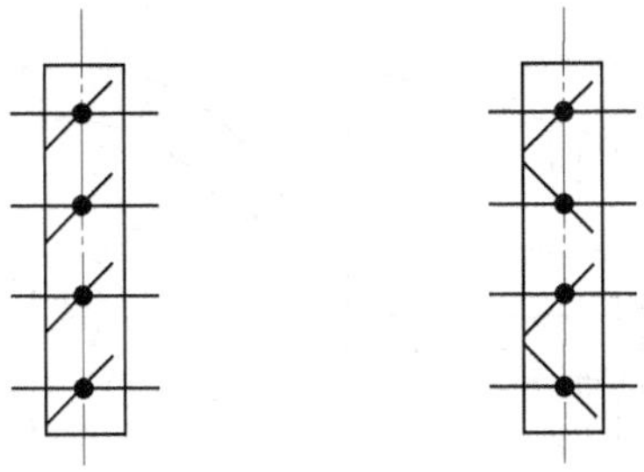

(a)平行式多叶调节阀　　(b)对开式多叶调节阀

图 10-28　风量调节阀示意图

(三)通风机

通风机是用于为空气气流提供必需的动力以克服输送过程中的阻力损失。根据通风机的作用原理有离心式、轴流式和贯流式三种类型,大量使用的是离心式和轴流式通风机。

(1)离心式通风机:离心式通风机简称离心风机,其构造见图 10-29,它是由叶轮、机轴、机壳、吸风口及电机等部分组成的。它的压力分为高压($P \geqslant 3\ 000$ Pa)、中压($1\ 000$ Pa$< P < 3\ 000$ Pa)和低压($P \leqslant 1\ 000$ Pa),其中,中压风机一般用于除尘排风系统,低压风机多用于空气调节系统。

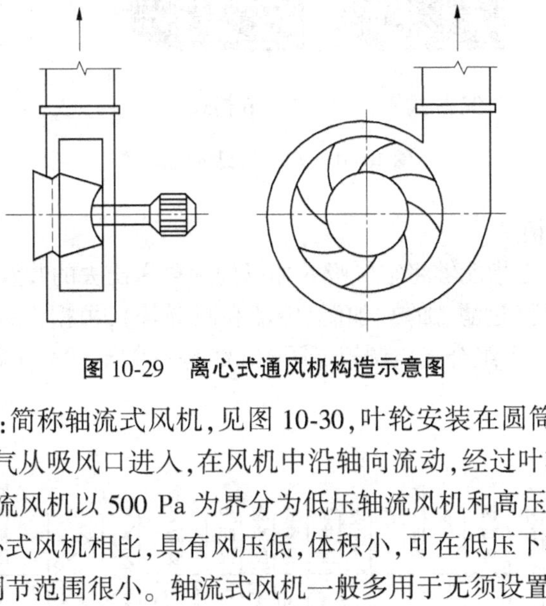

图 10-29　离心式通风机构造示意图

(2)轴流式通风机:简称轴流式风机,见图 10-30,叶轮安装在圆筒形外壳中,当叶轮由电动机带动旋转时,空气从吸风口进入,在风机中沿轴向流动,经过叶轮和扩压器时压力增大,从出风口排出。轴流风机以 500 Pa 为界分为低压轴流风机和高压轴流风机。

轴流式风机与离心式风机相比,具有风压低,体积小,可在低压下输送大流量空气的特点,但其噪声大,允许调节范围很小。轴流式风机一般多用于无须设置管道及风道阻力较小的通风系统。

通风机可联合运行:并联或串联。当系统要求的风量很大,一台风机不够时,可以在系统中设置两台或多台风机并联运行;当系统要求的风压很大,一台风机不够时,风机也可以串联工作,工作的原则是在给定流量下,全压进行叠加。

(四)消声器

空调系统的主要噪声源是风机,风机的噪声在经过各种自然衰减后,仍然不能满足室内噪声标准时,就应在管路上安装专门的消声装置——消声器。

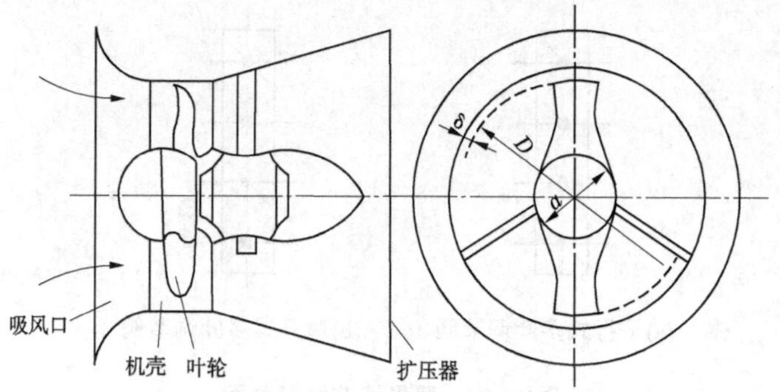

图 10-30　轴流式通风机构造示意图

消声器是根据消声原理来制作的，用于制作消声器的材料一般都是具有多孔性、松散性的吸声材料。常用的消声器有管式消声器、片式消声器、格式消声器、共振式消声器（见图 10-31）及将前面几种消声器的优点集合起来的复合式消声器，还有利用风管构件作为消声元件的，如消声弯头、消声静压箱。

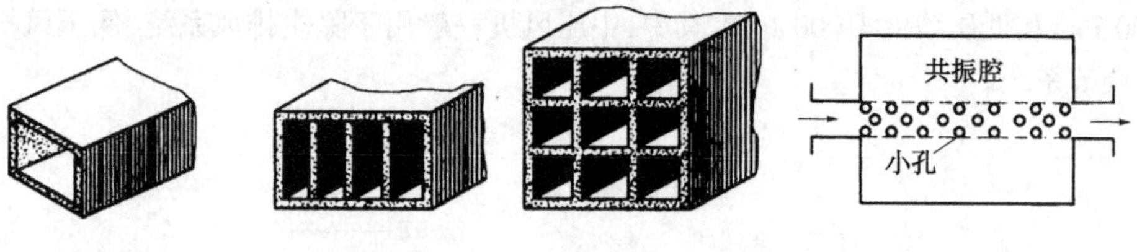

(a) 管式　(b) 片式　(c) 格式　(d) 共振式

图 10-31　几种常见的消声器

（五）组合式空调箱

所谓空调箱，通常是指能够将空气吸入加以处理再送出去的装置。其实，将我们前面提到的各种空气处理装置（过滤、加热、加湿、冷却和减湿等），根据设计的需要选取并排列组合在箱体内就组成了一个组合式空调箱。图 10-32 是一个装配式空调箱的示意图。

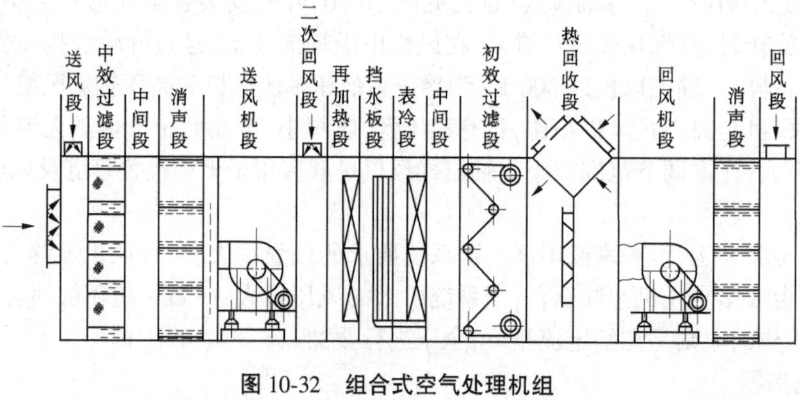

图 10-32　组合式空气处理机组

空调箱的大小以每小时处理的空气量来标定，小的风量为几百立方米，大的可通过几万立方米甚至几十万立方米。

新风处理机是只接新风管不接回风管的空调箱。变风量系统用的空调箱装有可变风量的通风机,可保证一定的风量变化范围。

(六)风机盘管

风机盘管是空气处理系统的一个末端设备,也是一个小型的空气处理装置,一般分为立式和卧式两种。可根据室内装修的需要明装或暗装,见图 10-33、图 10-34。

图 10-33　卧式风机盘管

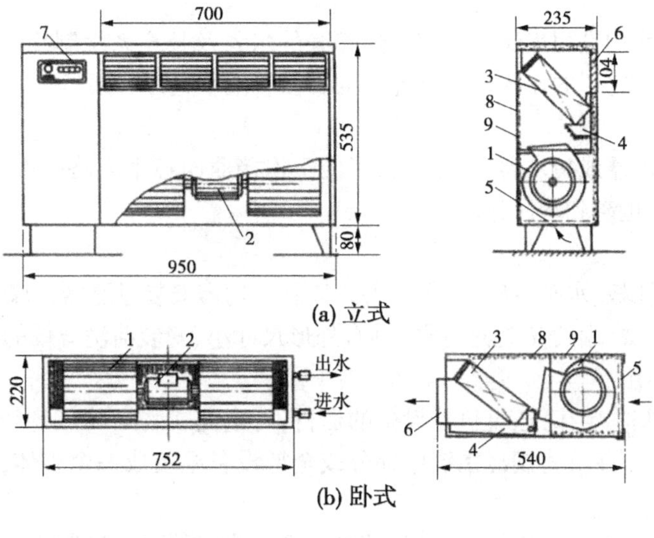

(a) 立式

(b) 卧式

1—风机;2—电机;3—盘管;4—凝水盘;5—循环风进口及过滤器;
6—出风格栅;7—控制器;8—吸声材料;9—箱体

图 10-34　风机盘管构造图

室内回风(或加新风)被风机抽吸、过滤、加压后,冲刷盘管,在此被加热或降温,降温产生的凝结水集结在凝水盘内,并由管道排出室外,经盘管处理后的空气借风机的余压通过风口送入室内。

风机盘管分两管制和四管制,两管制指盘管只有一组,盘管内夏季走冷媒,冬季走热媒;四管制指盘管有两组,一组盘管内走热媒,另一组盘管内走冷媒,在季节交替时,室内人员可根据个人的需要决定是取暖还是降温。

风机的转速有高、中、低三挡可选择,风机造型一般以中挡风量来选择,在盘管进出水管路上装上水量调节装置,可通过水量调节来控制室温。由于风机余压的限制,此类机组一般适用于进深小于 6 m 的房间。

风机盘管的优点是:布置灵活,各房间可独立控制室温,房间无人使用时可方便地关闭机组,而不影响其他房间,可节省运行费用,此外各房间之间空气互不串通。

六、水系统设备与部件

(一)泵

泵是利用外加能量输送流体的机械,通常分为容积式、叶片式等类型,常见的叶片式泵的主要结构是可旋转的带叶片的叶轮和固定的机壳。通过叶轮的旋转对流体做功,从而使流体获得能量。暖通空调工程常用的水泵是离心泵。

(二)冷却塔

冷却塔的功能是将吸热后的热水喷成水滴或水膜,与塔中对流空气相互传热使热水降温的设备。冷却塔有干式、湿式和干湿式之分,一般多采用湿式。塔中流动的空气可采用自然通风或机械通风,前者称为风筒式或开放式冷却塔,后者称为机械通风式冷却塔。一般冷源靠水来散热的系统才需设置冷却塔。

(三)膨胀水箱

膨胀水箱的作用是用来储存系统受热膨胀的水量及补充系统制冷时收缩的水量,同时还起着系统排气和定压的作用。与其连接的膨胀管上不允许有阀门。

(四)集管

集管也称分水器或集水器,一般是为了便于连接通向各个环路的许多并联管道而设置的,在一定程度上也起到均压作用。

(五)过滤器

水系统中的孔板、水泵、换热器等设备入口管上均需安装过滤器,以防止杂物进入,污染或阻塞这些设备。常用的 Y 型过滤器,具有外形尺寸小、安装清洗方便的特点。

(六)冷水机组

按照热力学基本定律,通过机器设备的运行,将空间或物质的热量转移,使之低于环境温度,这就是人工制冷。将制冷系统中部分或全部设备组装成一个整体,就称为制冷机组,也叫冷水机组。

目前,广泛应用的冷水机组就是将压缩机、冷凝器、蒸发器、节流机构以及自控元件等组合成一个整体,专门用于为空调箱或其他工艺过程提供不同温度的冷水。

冷水机组具有结构紧凑、使用灵活、管理方便、容易安装、占地面积小等优点,一般设置在专用的制冷机房或空调机房内。

根据制冷系统的原理来划分,冷水机组分为压缩式和吸收式两类。属于压缩式冷水机组类型的有活塞式、离心式、螺杆式,属于吸收式冷水机组类型的有蒸汽或热水型、直燃型吸收式。

第四节　通风空调系统施工图的识读

在本章第三节中,我们已介绍了通风空调工程的基本内容。在本节中,我们将对通风空调工程施工图进行识读。

一、通风施工图的识读要点

(一)施工说明

在施工图中一般都会有施工说明,在其中可以了解到通风系统的划分,风管的材质,制作、安装工艺的要求,设备的定位安装要求,漏风量的测试及系统调试,设计施工中涉及的规范或标准图集等,同时在此说明中还列出本套图中所用到的图例符号及主要设备材料表。

在阅读整套图纸之前,首先要阅读施工说明,对整个工程有个初步印象,再阅读以下各图纸时,也要经常参阅这些文字说明。

(二)平面图

平面图是施工的主要依据,通风系统中,平面图上标明风管部件及其他附属设备在建筑物内的平面坐标位置。识读时要掌握的主要内容和注意事项如下:

(1)首先要掌握各系统的平面划分情况,是排风系统(P)、送风系统(S)、排烟系统(PY)、除尘系统(C),还是气力输送系统。在一张平面图上,往往同时存在两个或两个以上的系统,如将送、排风系统画在一张平面图上,有时还加有排烟系统。识图时在分清本工程有几个系统时可根据图中标明的系统代号、此系统的风机房等来加以区分,并掌握各系统又是如何划分的。

(2)了解水平风管的平面布置情况及管径大小,风管上的防火阀、风量调节阀、风口等部件和附属设备的位置,与建筑物的距离及各部分的尺寸。

风管在平面图中是用双线画的,管径尺寸大小一般标在双线当中。识读时要注意防火阀的安装位置、尺寸大小,风管穿墙处一般设有防火阀。风口类型、尺寸与位置及风口的空气流动方向,在识读时也是要了解的。

(3)掌握通风设备的名称、型号、规格、数量及布置情况。通风系统中常用设备有风机、消声器、除尘器等,在识读时要注意设备的位置,与建筑物的距离,平面图中还标明设备的名称、型号及性能参数等。

(4)查明送、排风或排烟竖井的情况,竖井口可作为纵向总管与室外相通,室内空气由水平管送至竖井排向室外,室外新风经竖井送入室内水平管总管。识读时要注意竖井的位置,竖井内风管尺寸大小等。

(三)剖面图

剖面图表示建筑物内的风管、部件或附属设备的立面位置及安装的标高尺寸,是设计人员根据需要有选择地绘制的,识读时要将平面图与剖面图相互对照。需要掌握的主要内容和注意事项如下:

(1)查明风机、消声器、除尘器等设备的立面布置及标高,了解有关设备的位置和方向。

(2)了解风管的立面布置,查明管路标高、管径及阀门设置。识读时要根据平面图上标注的剖切符号与剖面图相互对应进行阅读,分别了解系统的平面与立面的情况,并将整个通风系统的整体风管布置掌握清楚。

(四)原理图

系统的原理图(流程图)是综合性的示意图,是用示意性的图形表示出所有设备的外形轮廓,用粗实线表示管线。识读时需要掌握的主要内容如下:

(1)了解系统的工作原理。从图中,可以了解到介质的运行方向(管路的大致走向,管道与设备的连接情况)。

(2)掌握建(构)筑物的名称,设备的编号及整个系统的仪表控制点(温度、压力、流量及分析的测点)。

(3)通过了解系统的工作原理,还可以在施工过程中协调各个环节的进度,安排好各个环节的试运行和调试的程序。

(五)系统图

系统图是以轴测投影绘制出的管路系统单线条的立体图,在通风系统图中,可以完整直观地将风管、部件及附属设备之间的相对位置的空间关系表达出来。识读时需要掌握的主要内容和注意事项如下:

(1)查明系统管路的连接,各管段管径大小,水平风管和设备的标高以及立管的编号。

有了通风系统图可以对管路的布置情况一目了然,它清楚地表明水平风管与竖直风管之间以及水平风管与支管及设备的连接,阀门的安装位置和数量。

(2)查明风口的形式和数量,明确风口的空气流动方向。

(3)注意查清其他附件与设备在系统中的位置,凡注明规格、尺寸者,都要与平面图和材料表等进行核对。

(六)详图

通风系统施工图的详图包括节点详图和标准通用图。详图表达平、剖面图中局部管件和配件的制作安装情况。标准图是通风系统施工图的一个重要组成部分,目前在施工中主要使用的是由中国建筑科学研究院标准设计研究所批准发行的《暖通空调国家标准图集》。

标准图主要包括调节阀、止回阀、插板阀、防火阀、消声器、风机、除尘器等设备或部件的结构、性能与安装。

二、空调系统施工图的识读要点

(一)空调系统施工图的内容

(1)图纸目录:一般目录前面列出的是新绘制的图纸,后面列出的是选用的标准图或重复利用图。

(2)设计说明:对于大型复杂的设计,设计说明会单独出一张图纸;对于简单的工程,设计说明内容少,一般合并写在底层平面图上。

(3)空调平面图。

(4)空调剖面图。

(5)空调机房平面图。

(6)空调机房剖面图。

(7)系统图:按正等测或斜等测画法绘制的系统图。对大型复杂的系统,还配有系统流程图。

(8)详图。

(9)计算书。

(二)识图的步骤

(1)首先看图纸目录,看有多少张图纸,大致是哪些图纸。

(2)详细阅读设计说明:通过阅读设计说明,可了解室内外的空调设计参数,冷源、热源的情况，风、水系统的形式和控制方法，消声、隔振、支吊、防火、防腐、保温的做法，管道、管件的材料选取及安装要求，系统试压的要求及应遵守的施工规范等。有的图纸还绘制了图例和所使用的符号表，这对看懂图纸有着至关重要的作用。多花点时间在设计说明上，领会设计意图，对吃透图纸有很大帮助。

(3)为了能快速切入主题，可阅读系统轴测图和系统流程图：这些图能让我们对系统有一个整体的认识和了解，迅速抓住系统的来龙去脉，结合设计说明，更好地理解设计意图。

当一个系统较小、较简单时，可用轴测画法形象具体地描述整个系统。轴测图与平面图在设备及管道的相对位置、相对标高、实际走向上是一一对应的，但不要求按比例和实际尺寸绘制，鉴于两者的对应关系，两个图需交替着、对照着看，更利于理解。

根据需要，有对整个系统进行描述的轴测图，也有对某个层面或某个局部进行描述的轴测图。

①系统轴测图的识读步骤：

A.空调水系统图：

a.首先阅读图中文字说明，通过图中管道的标识文字、线型、线条的粗细、管径的标识方式来区分图中表示的是一个系统，还是多个系统，都是什么系统(如：空调冷、热水系统，空调冷却水系统，空调凝结水系统等)。

b.针对每个系统，从源头出发，查清有几根横干管或几根立管，先识读干管再识读分支管。干、支管的识读内容如下：

(a)管道的标识是什么，管内介质是什么，管道的材质如何，管径是多少，管径随标高或走向的变化如何，管道的坡度如何。

(b)管道上有几个分支，分支口径如何，去向是何处。

(c)管道上有哪些管件、阀门和仪表，哪些设备及部件，都安装在哪些部位，安装顺序如何。

(d)设备及部件的型号、规格及数量如何，设备接口的数量、口径如何，设备标高如何。

B.空调风系统图

a.首先阅读图中文字说明，分清图示的是什么系统(如新风系统、排风系统、空调系统等)。

b.找到新风竖井，或者排风竖井，或者空调箱。考察竖井随标高的变化，竖井上有多少个多大口径的分支进(出)，其总进口(总出口)上有多少及什么规格和型号的设备及部件，设备及部件的连接顺序如何。

c.考察与竖井或空调箱连接的分支上的情况。

当一个系统比较庞大时，用轴测图的画法无法将整个系统表述清楚，反而会造成表达上的混乱，这时，就需用系统流程图来描绘一个系统。

系统图的绘制，主要是表达一个系统的来龙去脉，系统中的所有设备、管道、阀门、仪表等均需无一遗漏地表达清楚，在这点上，流程图和轴测图的要求是一致的，但流程图与轴测图的区别在于，流程图中的设备、管道、阀门等并不按其实际的位置、走向、标高来表示，而是将所有的设备按其大致位置不加重叠地全部展开在图纸上，然后用管道按系统的原理将所有的设备连接起来，并加上阀门和仪表等，这样的图纸由于没有了相对位置、标高、实际走向等方面的干扰，因此更便于我们对庞大、复杂系统的理解。

②系统流程图的识读步骤：

A.首先阅读图中文字说明,并通过管道标识、线型、文字标识及大型设备等来识别图上表达了几个系统。

B.通过识读竖向轴线和水平方向各层面的功能分布对建筑物的大小及功能有一个大致的了解。

C.针对每个系统,从系统的源头出发或从大型设备出发来识读主干管,随后再识读分支管。

(4)在对系统有了大致了解后,再开始详细阅读平面图、剖面图和详图。平面图主要是用来确定设备及管道的平面位置,剖面图主要用来确定设备和管道的标高。平面图、剖面图需与轴测图对照着看,再加上详图的补充说明,就能更好地从空间上和局部上理解图纸。

①平面图的识读步骤：

A.首先阅读图中文字说明,弄清平面图表达的主要是什么内容。根据线型、管道标识、设备类型来区分平面图上表达了哪几个部分(如:新风,排风,回风,空调冷、热水,冷却水,凝结水等)。

B.识读水平和纵向轴线,看清平面图表达的是哪个部位,建筑结构的情况如何。

C.读取平面图上有几台主要设备,设备的平面定位尺寸如何,设备的接口数量及规格如何。

D.从设备的接口出发或从进出此平面的管道源头出发,来识读各部分的干管和分支管,鉴于平面图的特点,在识读时需注意管道的平面定位尺寸。

E.识读平面图中的剖切符号及剖视方向。

②剖面图的识读步骤：

A.首先阅读图中文字说明。确认相应的平面图上剖切符号所在的位置及剖切方向,将剖面图与平面图上剖切符号对应起来看,进一步确认剖切位置和方向。查看剖切到的建筑结构方面的情况。

B.识读剖面图上主要设备的型号、位置、标高及与建筑结构的关系,设备接口的数量、口径大小及位置。

C.顺着设备的接口去查看每个管道分支。

③详图的识读步骤：

详图一般表达的是一些设备的接管详细做法,一些阀组的安装做法等,可用单线图或双线图表示。

识读时抓住主要设备或阀件为源头,梳理每个分支,识读每个分支管路。

三、空调系统施工图识图举例

首先我们按照前面讲的识读步骤来识读一套空调机房风系统的图纸。

【例 10-1】 试识读空调机房风管轴测图(见图 10-35)。

(1)通过文字说明,我们了解到图中一些字母组合代表的含义,如:AHU 代表空调机组,OA 表示的是新风。图中表示的是一台空调机组及与其相连的风管,是一个空调系统图。

(2)图中只有一个空调机组 AHU1。

(3)与空调机组连接的风管有两个:进风管(新风管 OA 与回风管 RA 的混合风)和送风

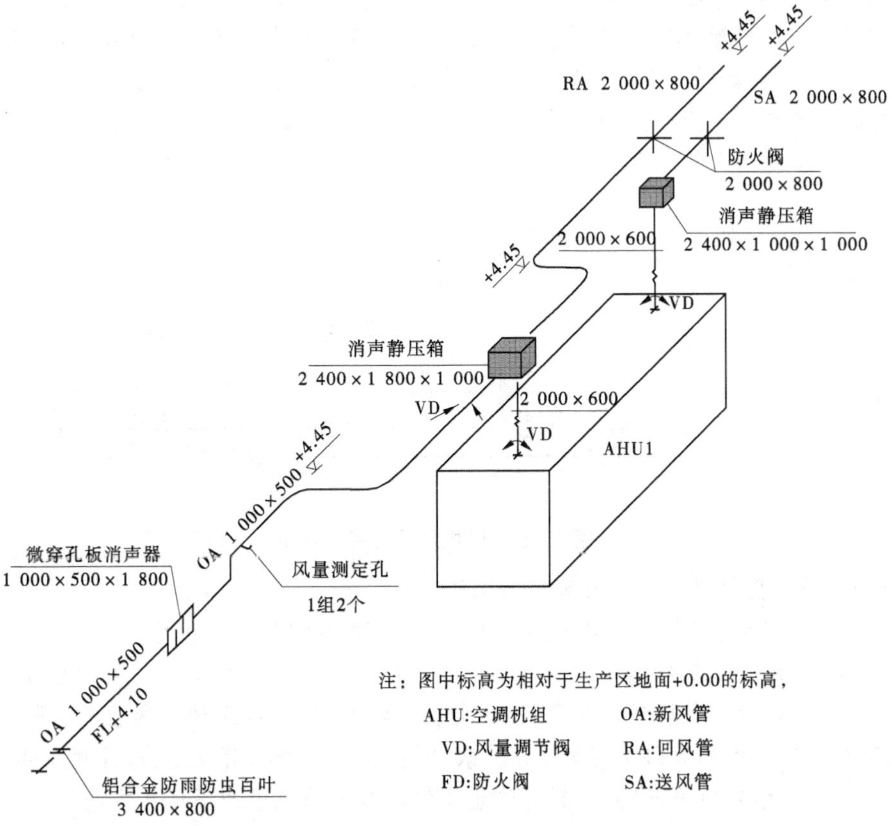

图 10-35　空调机房风管轴测图

管(SA)。

下面来识读每根风管:

(1)新风管(OA):新风取风口规格为 3 400 mm×800 mm,进口装有铝合金防雨防虫百叶。新风管规格为 1 000 mm×500 mm,管底标高为距室内地坪 4.10 m,此段管上装有一台微穿孔板消声器,其规格为 1 000 mm×500 mm×1 800 mm。此后,新风管在竖直方向上走了一个乙字弯,标高上升到 4.45 m 处,乙字弯后的直管段上,预留了风量测定孔,随后风管在水平方向上又走了一个乙字弯,在乙字弯后的直管段上安装了一个风量调节阀,最后新风管接入了消声静压箱的一侧。

(2)回风管(RA):回风管规格为 2 000 mm×800 mm,管底标高 4.45 m,直管段上装有 2 000 mm×800 mm 的防火阀,随后经过水平方向上的乙字弯,接入消声静压箱的另一侧。

(3)新风+回风:新风和回风从两侧进入规格为 2 400 mm×1 800 mm×1 000 mm 的消声静压箱,在此充分地混合后,从消声静压箱的下部,通过 2 000 mm×600 mm 的风管及风量调节阀进入空调机组。

(4)送风(SA):经空调机组处理后的新风+回风,从上部出了空调机组,经过 2 000 mm×600 mm 的调节风阀后垂直上行,经过 2 400 mm×1 000 mm×1 000 mm 的消声静压箱后,送风管转为标高为 4.45 m 的水平风管,经过 2 000 mm×800 mm 的防火阀送出空调机房。

【例 10-2】　风机盘管安装详图识读。

如图 10-35 所示，盘管的管道接口有 3 个：进水管，DN15，进水通过阀门、过滤器、金属软管后接入盘管；出水管，DN15，盘管内水通过金属软管、电动阀组后流出；凝结水管，*d*20，从盘管底部接出。电动阀与室内温控器连锁，来调节盘管的冷冻水供水量。为便于电动阀的维修，其前后各有一个阀门，关断后可与系统隔绝，为了不影响盘管的运行，这时可打开电动阀的旁路，使空调回水能正常流动。

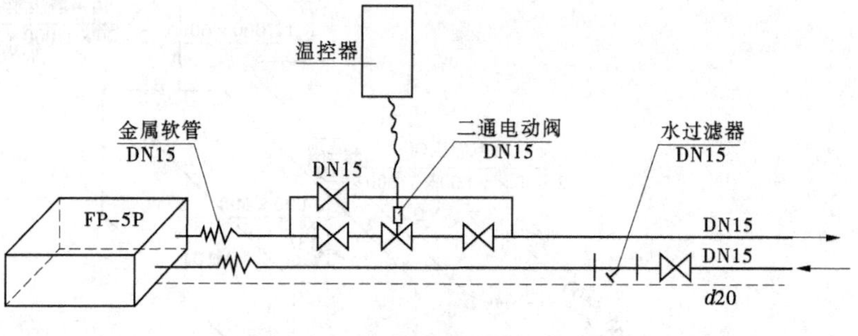

图 10-36　风机盘管安装示意图

【例 10-3】　变风量空调器安装详图识读。

如图 10-37 所示，空调器的管道接口 3 个：进水管，DN40，进水通过阀门、过滤器、金属软管后接入盘管，过滤器与金属软管之间的管路上安装了压力表和温度计，并在管道底部接出放水管，以便检修时排空盘管内的水；出水管，DN40，盘管内水通过金属软管、阀门后流出，金属软管与阀门之间的管路上安装了压力表和温度计；凝结水管，*d*25，从盘管底部接出的凝结水管经过一个水封后排出，此水封可防止凝结水排水系统中的不良气体进入空调器。

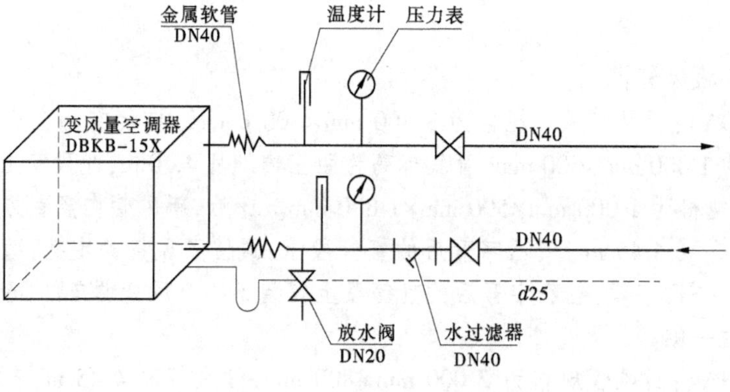

图 10-37　变风量空调器安装示意图

小　结

本章主要介绍了通风、防排烟和空气调节工程的基本内容，本章的教学目标是使学生掌握通风、防排烟和空调工程的基本常识，熟悉常见设备的组成原理，具备识读通风和空调图纸的基本能力。

第十一章　火灾自动报警及消防联动控制系统

【学习目标】 通过本章的学习，使学生掌握火灾自动报警及消防联动控制系统的组成与工作原理，掌握系统中常见的设备与器件的作用与类型，掌握常见灭火与减灾系统的组成与工作原理和系统施工图纸的识读方法。

第一节　火灾自动报警及消防联动控制系统概述

所谓火灾自动报警及消防联动控制系统，就是在建筑物内建立的自动监控、自动灭火的自动化控制系统。

随着社会经济的快速发展，高层建筑不断涌现，火灾的危害性也越来越大了。主要原因有四个：①建筑物装饰装修的档次越来越高，而在装饰装修材料中有很多的有机易燃物，发生火灾的概率增加了；②新建的建筑物内一般都设置有各种管道和竖井，它们像一个个直立的烟囱，一旦失火，火势借助“烟囱效应”蔓延很快；③由于楼层较高，建筑物内的人员和物资难以疏散；④由于楼与楼之间的距离较小，消防车辆难以接近，消防扑救也相当困难。所以，在现代的建筑物内建立一个先进的、行之有效的火灾自动报警及消防联动控制系统是非常重要的。

一、系统的组成及工作原理

常见的火灾自动报警及消防联动控制系统的组成如图 11-1 所示。

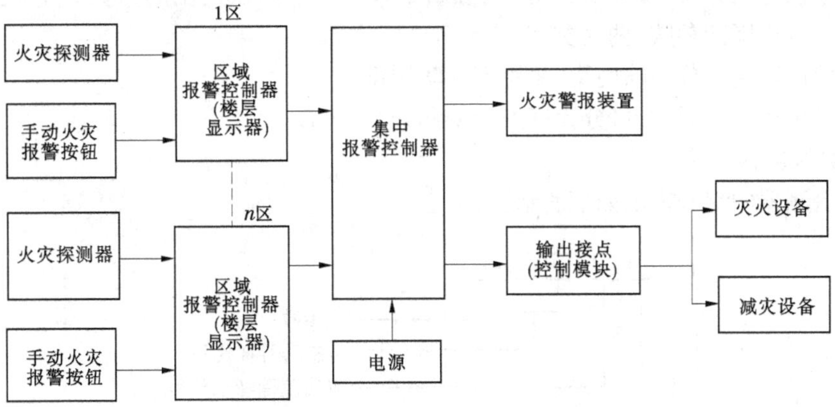

图 11-1　集中火灾报警系统组成图

由图 11-1 可见，一个常见的火灾自动报警及消防联动控制系统由火灾探测器、手动火灾报警按钮、集中(区域)火灾报警控制器、火灾警报装置、控制模块、灭火设备和减灾设备组成。

常见的火灾警报装置有警铃、火灾事故光字牌、声光讯响器等。

常见的灭火设备有消火栓、自动喷水灭火装置、二氧化碳灭火装置等。

常见的减灾设备有电动防火门、防火卷帘、防排烟系统、火灾事故广播、应急照明装置等。

系统的工作原理为:在发生火灾的初期阶段,火灾探测器根据现场探测到的温度、烟雾、火光等的信息,首先发出报警信号给火灾报警控制器,或当人员发现后,用手动火灾报警按钮报警给火灾报警控制器。火灾报警控制器在收到报警信号后,先进行火情的确认(防止系统误动作),一旦确认火情后,报警控制器将:①启动火灾警报装置,以声光的形式向人们提示火灾与事故的发生;②启动减灾设备,尽最大可能减少生命和财产的损失。如关闭防火门和防火卷帘阻止火势的蔓延、打开着火层和上下关联层走道内的防排烟系统来防止有毒气体聚集在疏散通道里、广播通知着火层和上下关联层人员尽快疏散;电梯回底层等。③启动灭火设备。如启动消防泵和喷淋泵等,尽快扑灭火灾。

火灾自动报警系统属于消防用电设备,其主电源应当采用消防电源,备用电源一般采用直流蓄电池组。系统电源除为火灾报警控制器供电外,还为与系统相关的消防控制设备等供电。

二、系统中的主要设备和器件

(一)火灾探测器

火灾探测器是火灾探测的主要感应部件,它将现场火灾报警信号(烟雾、光、温度)转换成电气信号,并将其传送到火灾报警控制器,完成信号的检测与反馈。

1.火灾探测器的分类

按照响应参数分类:可以分为感烟探测器、感温探测器、感光探测器三大类。其中感温探测器又分为定温探测器(温度超过一个定值报警)、差温探测器(温度上升速度超过限定报警)和差定温探测器(温度超过定值或温度上升速度超过限定报警)三种。

按照结构造型分类:可分为线型(响应的是某一连续路线周围的参数)和点型(响应的是空间某一点周围的参数)两大类。

按照使用环境又分为陆用型、船用型和防爆型。

按照输出信号的形式,可分为模拟量型和开关量型。

2.火灾探测器型号

火灾探测器的型号表示如下所示:

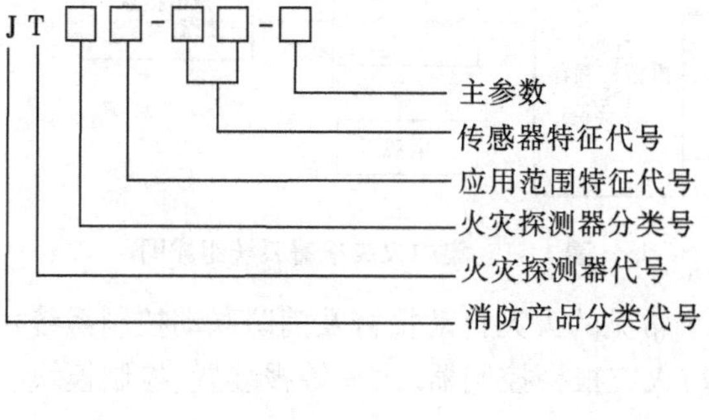

其中:火灾探测器分类号:Y—感烟探测器　W—感温探测器　G—感光探测器

应用范围特征代号:陆用型可省略,B—防爆型　C—船用型

传感器特征代号(即敏感方式):LZ—离子　GD—光电　MD—膜盒定温

ZCD—热敏电阻差定温　BD—半导体定温

主参数:一般标注灵敏度级别或厂家版本号

例:JTY-GD-G3 智能光电感烟探测器(海湾安全技术有限公司生产)。

JTY-HS-1401 红外光束感烟火灾探测器(北京核仪器厂生产)。

JTY-LZ-651 离子感烟火灾探测器(北京原子能研究院电子仪器厂生产)。

3.火灾探测器的主要技术参数

1)额定工作电压

额定工作电压是火灾探测器长期正常工作所需的电源电压,一般由火灾报警控制器提供。国产火灾探测器的一般工作电压为 DC24 V,从国外引进的产品也有的电压为 DC12 V。

2)允差

允差(允许压差)又称操作电压,它是指火灾探测器正常工作所允许波动的电压范围。我国规定,允差为额定电压的-15%~+15%。一般允差越大越好,允差越大,表明火灾探测器适应电压变化的能力越强,对火灾报警控制器供电的精度要求就越低。

3)灵敏度

灵敏度是指火灾探测器响应火灾参数的灵敏程度,在工程设计及火灾探测器的设置中是很重要的技术指标。

4)监视电流

它是指火灾探测器处于监视状态时的工作电流,又称警示电流。由于工作电压是定值,所以监视电流的数值代表了火灾探测器的运行功耗,即运行成本。火灾探测器的监视电流越小越好。随着科学技术的发展,低功耗元件的出现,目前产品的监视电流已由原来的几个毫安降到几十微安。

5)报警电流

报警电流是指火灾探测器在报警状态时的正常工作电流。报警电流和允差共同决定了火灾自动报警系统中火灾探测器距火灾报警控制器的最远距离,以及在同一回路或者一个部位号中允许并接火灾探测器的数量。火灾探测器允差越大,报警电流越小,火灾探测器能够允许最远安装距离就越长,同一回路或同一部位号中允许并联的火灾探测器个数就越多。

6)保护范围

保护范围是指一个火灾探测器警戒(监视)的有效范围,它是确定火灾自动报警系统中采用火灾探测器数量的基本依据。

7)工作环境

它包括火灾探测器的使用环境温度、相对湿度、气流速度和污染程度等。这是保证火灾探测器长期正常工作必要的外部条件,也是选用火灾探测器的重要依据。

4.火灾探测器与火灾报警控制器的连接方式

火灾探测器与火灾报警控制器的连接方式有两种:多线制连接和总线制连接。

多线制连接方式如图 11-2 所示。

图中 $T_1, T_2, \cdots, T_n$ 为分布于探测区的 n 个探测器,每个探测器除电源+、电源-两根公共

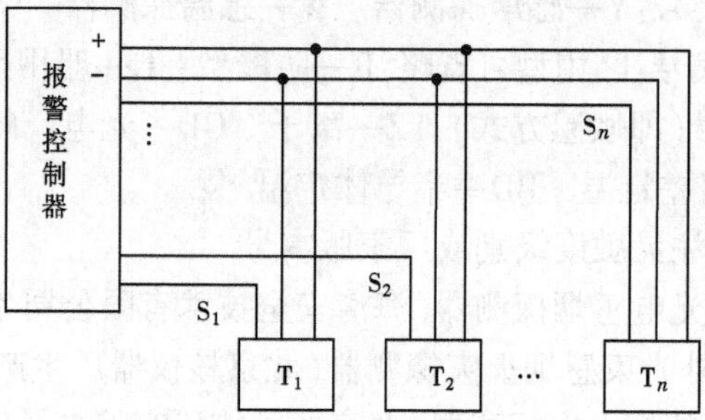

图 11-2 多线制系统连接示意图

线外，各有一根单独的信号线 $S_1, S_2, \cdots, S_n$ 与报警控制器连接。因此，接向报警控制器的连线总数为 $n+2$ 根，这种连线数量与设备数量有关的连线方式即为多线制连线方式。多线制系统还有 $n+3$、$2n+1$ 等多种连线的方式。

多线制系统有连线多、安装成本高、维修不便等缺点，目前已较少采用。

总线制连接方式如图 11-3 所示。

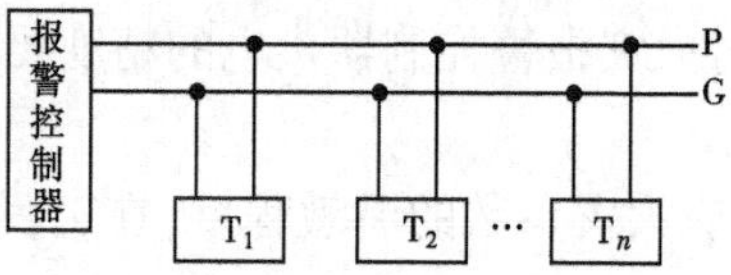

图 11-3 二总线制系统连接示意图

总线制系统是指探测器及其他外接设备均通过几根公共连线接向报警控制器。公共连线一般有 2、3、4 根几种，即二总线制、三总线制、四总线制。目前，二总线制系统应用得最多。

总线制系统具有系统施工容易、系统容量大、扩展容易等优点。

5.火灾探测器的编码方式

在上面的内容中讲到总线制无论在施工还是系统扩展上都较多线制系统有优势。但是在总线制系统施工中存在一个设备编码的问题。在总线制系统中是很多设备挂接在一对总线上，这种系统运行中就存在一个问题，就是设备向火灾报警控制器发送信号时需要注明“是谁发的信号”，火灾报警控制器在发出信号时也需要注明“发给谁的信号”，那么就需要给挂接在总线上的每个探测器都编一个地址码，且地址码不能重复。也就是火灾报警控制器在发出信号时先注明地址码，设备向控制器发送信号时也先报出自己的地址码，这样系统才能正常运行。

火灾探测器的编码方式通常有两种：DIP 开关式和电子式。

DIP 开关方式中，每个探测器的底部有一排 DIP 开关，通过开关的不同状态来编地址码。

但是在每只探测器底座（编码底座）上单独装设 DIP 开关的缺点是：DIP 开关本身要求较高的可靠性，以防止受环境（潮湿、腐蚀、灰尘）的影响；因为其需要进制换算，编码难度相对较大，所以在安装和调试期间，要仔细检查每只探测器的地址，避免几只探测器误装成同一地址编码（同一房间内除外）；在顶棚或不容易接近的地点，调整地址编码不方便，浪费时间，甚至不容易更换地址编码；因为任何人均可对编码进行改动，所以整个系统的编码可靠性较差。

n 次幂数	0　1　2　3　4　5　6
拨码 ON=1 ↕ 状态 OFF=0	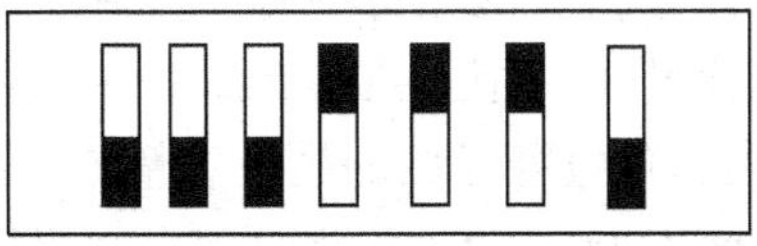
2^n 值	1　2　4　8　16　32　64
真值表	0　0　0　1　1　1　0
二一十加权运算	$0\times2^0+0\times2^1+0\times2^2+0\times2^3+0\times2^4+0\times2^5+0\times2^6$
十进制地址码	$0\times1+0\times2+0\times4+1\times8+1\times16+1\times32+0\times64=56$

现代电子编码方式主要是通过厂家配置的专用的电子编码器对火灾探测器进行十进制电子编码。该编码方式因为采用的是十进制电子编码不用进行换算，所以编码简单快捷，又因为没有编码器任何人均无法随便改动编码，所以整个系统的编码可靠性非常高。

（二）火灾报警控制器

火灾报警控制器是火灾自动报警系统的心脏，是消防系统的指挥中心，控制器可为火灾探测器供电，接收、处理和传递探测点的故障及火警信号，并能发出声、光报警信号，同时显示及记录火灾发生的部位和时间，并能向联动控制器发出联动通知信号。

1.火灾报警控制器的分类

（1）按用途和设计使用要求分类，可分为区域报警控制器、集中报警控制器及通用报警控制器。区域报警控制器与集中报警控制器在结构上没有本质区别，只是在功能上分别适应区域报警工作状态与集中报警工作状态。通用报警控制器兼有区域、集中两级火灾报警控制功能，通过设置或修改相应参数即可作为区域或集中报警控制器使用。

（2）按信号处理方式分类，可分为有阈值火灾报警控制器和无阈值模拟量火灾报警控制器。

（3）按系统接线方式分类，可分为多线制火灾报警控制器和总线制火灾报警控制器。

（4）按安装方式分类，可分为壁挂式火灾报警控制器、台式火灾报警控制器及柜式火灾报警控制器。

2.火灾报警控制器型号标注

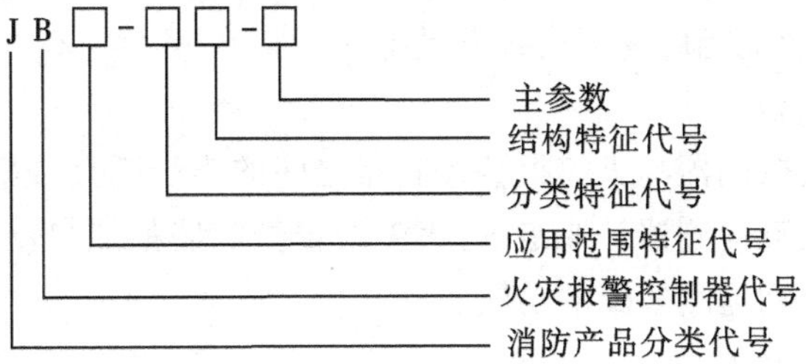

J—表示报警设备。

B—火灾报警控制器代号。

应用范围特征代号,B—防爆型;C—船用型;非防爆、非船用特征代号可省略。

分类特征代号,Q—区域;J—集中;T—通用。

结构特征代号,G—柜式;T—台式;B—壁挂式。

主参数,表示各报警区域的最大容量或产品的厂家型号。

如:JB-TB8-2700/063B:8 路通用火灾报警控制器。

JB-JG60-2700/065:60 路柜式集中报警控制器。

JB-QB-40:40 路壁挂式区域报警控制器。

3.火灾报警控制器的主要技术指标

火灾报警控制器的技术指标主要有以下几方面。

1)电源及供电方式

如:交流主电源:AC220V±10%,频率(50±1)Hz;

直流备用电源:DC24 V,3~20 Ah,全封闭蓄电池。平时浮充电池由市电充电,充电电压到达额定值时,能自动停止充电,使电池处于备用状态。

2)监控功率与额定功率

监控功率与额定功率分别指火灾报警控制器在正常监控状态和发生火灾报警时的最大功率。

3)使用环境

使用环境指火灾报警控制器使用场所的温度及相对湿度值。例如,某火灾报警控制器只能工作在环境温度为 10~50 ℃,相对湿度≤95%的场合。

4)容量

容量指火灾报警控制器能监控的最大部位数。

5)系统布线数

系统布线数指区域报警控制器与火灾探测器、集中报警控制器之间的连接线数。

6)报警功能

报警功能指火灾报警控制器在确定有火灾或故障时,能将火灾或故障报警信号转换成声、光报警信号(火灾报警信号优先于故障报警信号)。火灾为红灯亮、警铃响,故障为黄灯亮、蜂鸣器响。

7)外控功能

外控功能也称为联动功能,区域报警控制器一般都设有若干对动合(或动断)外控触点。外控触点动作,可驱动相应的灭火减灾系统。

8)故障自动监测功能

当任何回路的火灾探测器与火灾报警控制器之间的连线断路或短路,火灾探测器与底座接线接触不良以及火灾探测器被取走等,火灾报警控制器都能自动地发出声、光警报,即火灾报警控制器具有自动监测故障的功能。

9)火灾的报警优先功能

当火灾与故障同时发生或故障在先、火灾在后(只要不是发生在同一回路上)时,故障报警让位于火灾报警。当区域报警控制器与集中报警控制器配合使用时,区域报警控制器能优先向集中报警控制器发出火灾报警信号。

10)系统自检功能

当检查人员按下自检按钮,火灾报警控制器自检单元电路便分组依次对火灾探测器发出模拟火灾信号,对火灾探测器及其相应的报警回路进行自动巡回故障检测。

例如:型号为 JB-QB-2700/076 的二总线火灾报警控制器主要技术指标为:交流主电为 AC220 V ±10%;直流备用电源为 DC30 V、10 Ah;环境温度为-10~50 ℃,环境相对湿度为 90%~95%;与区域报警控制器连线为二总线,与集中报警控制器连线为三总线。

其主要功能为:可对火灾探测器和线路的故障报警。在接到火灾报警信号后可自动多次单点巡检,确认后发出声、光警报,并由数码显示报警地址,且火警优先,有自检、外检、巡检等功能,还可配接打印机。

(三)手动火灾报警按钮

为了防止探测器失灵或火灾线路出现故障,消防法规规定每个防火分区必须设置有手动火灾报警按钮。手动报警按钮安装在公共场所,当人工确认为火灾发生时,按下按钮上的有机玻璃片,可向控制器发出火灾报警信号,控制器接收到报警信号后,显示出报警按钮的编号或位置,并发出报警音响。手动报警按钮和前面介绍的各类编码探测器一样,可直接接到控制器总线上。

常见的手动火灾报警按钮有两种:不带电话插孔的和带电话插孔的。不带电话插孔的手动火灾报警按钮仅有报警功能,带电话插孔的手动火灾报警按钮除具有报警功能外,插上消防电话分机还可以与设置在控制室的消防电话主机通话。

(四)火灾警报装置

其用途主要是在发生火灾时,以声光形式向人们提示火灾与事故的发生,以前常用能发出声音的警铃和能闪烁的警灯,现在常使用能同时发出声光报警信号的声光讯响器。

(五)控制模块

前面讲到,在现在的火灾自动报警系统中,多采用总线制结构。也就是很多设备挂接在一对总线上,每个设备有一个地址编码,且地址码不能重复,这样信息的发送和接收才能正常。火灾自动报警系统中的很多设备(如火灾探测器、手动火灾报警按钮)中都有一个小的存储器,可以存放地址码,但有的设备没有存储器,不能存储地址码(如正压送风机、广播音箱),这时就需要一个带有存储器的控制模块,将无法编码的设备同控制模块连接在一起,控制模块连接到火灾报警控制器上,火灾报警控制器通过控制模块来控制设备的投切。一般不同的设备有针对其设计的专用的控制模块。

三、消防灭火系统

火灾发生后,为将损失降到最低限度,必须采用最有效的灭火方法。

根据燃烧的原理人们使用的灭火剂一般有以下几种:水、二氧化碳、卤代烷、泡沫。比较而言用水灭火具有方便、有效、价格低廉的优点,因此被广泛使用。然而,由于水和泡沫都会造成设备污染,在有些场所(如档案室、图书馆、文物馆、精密仪器设备、电子计算机房等)应采用卤素和二氧化碳等灭火剂灭火。

(一)消火栓灭火系统

1.系统组成

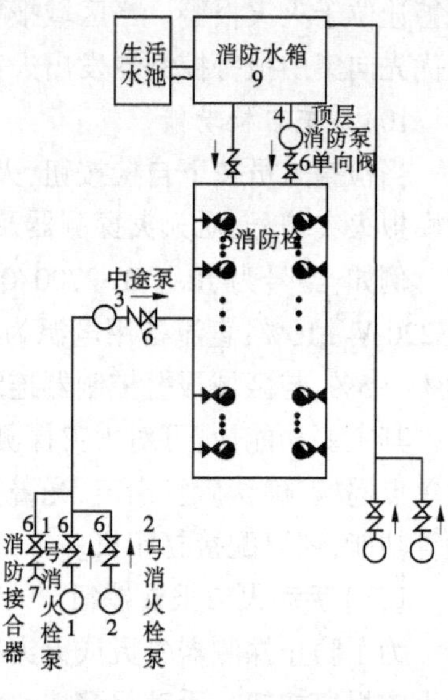

图 11-4　消火栓系统组成图

采用消火栓灭火是最常用的灭火方式。如图 11-4 所示,它由蓄水池、加压送水装置(水泵)及室内消火栓等主要设备构成,属于移动式灭火设施。其中室内消火栓系统由水枪、水龙带、消火栓、消防管道等组成。水枪嘴口径应不小于 19 mm;水笼带直径有 50 mm、65 mm 两种,且长度一般不超过 25 m;消火栓直径应根据水的流量确定,一般有口径为 50 mm 与 65 mm 两种。

为保证喷水枪在灭火时具有足够的水压,一般采用消防水泵加压装置,在每个消火栓内设置消防按钮,灭火时按下消火栓报警按钮,从而通过控制电路启动消防水泵,水压增高后,灭火水管有水,用水枪喷水灭火。

高位水箱与管网构成水灭火的供水系统,在没有火灾情况下,规定高位水箱的蓄水量应能提供火灾初期消防水泵投入前 10 min 的消防用水。10 min 后的灭火用水要由消防水泵从低位蓄水池或市区供水管网将水注入室内消防管网。

2.对室内消防水泵的控制要求

(1)消火栓报警按钮采用串联(常闭触点)或并联(常开触点)连接,当火灾发生时,按下消火栓报警按钮,接通消防泵电路,由消火栓报警按钮控制消防水泵的启停。

(2)消防按钮启动后,消火栓泵应自动投入运行,同时应在建筑物内部发出声光报警,通告住户。在控制室的信号盘上也应有声光显示,应能表明火灾地点和消防泵的运行状态。

(3)为了防止消防泵误启动使管网水压过高而导致管网爆裂,需加设管网压力监视保护,当水压达到一定压力时,压力继电器动作,使消火栓泵自动停止运行。

(4)消火栓泵发生故障需要强投时,应使备用泵自动投入运行,也可以手动强投。

(5)泵房应设有检修用开关和启动、停止按钮,检修时,将检修开关接通,切断消火栓泵的控制回路以确保维修安全,并设有开关信号灯。

3.消防水泵的控制电路工作原理分析

全电压启动的消火栓泵的控制电路如图 11-5 所示。

图中 BP 为管网压力继电器,SL 为低位水池水位继电器,QS3 为检修开关,SA 为转换开关。其 1 号为工作泵、2 号为备用泵时的工作原理如下:

(1)将 QS4、QS5 合上,转换开关 SA 转至左位,即“1 自、2 备”,检修开关 QS3 放在右位,电源开关 QSl 合上,QS2 合上,为启动做好准备。

(2)如某楼层出现火情,用小锤将楼层的消防按钮玻璃击碎,内部按钮因不受压而断开(即 SB×F1 ~SB×Fn 中任一个断开),使中间继电器 KAl 线圈失电,时间继电器 KT3 线圈通电,经过延时 KT3 常开触头闭合,使中间继电器 KA2 线圈通电,接触器 KMl 线圈通电,消防泵电机 Ml 启动运转,拿水枪进行移动式灭火,信号灯 H2 亮。需停止时,按下消防中心控制屏上总停止按钮 SB9 即可。

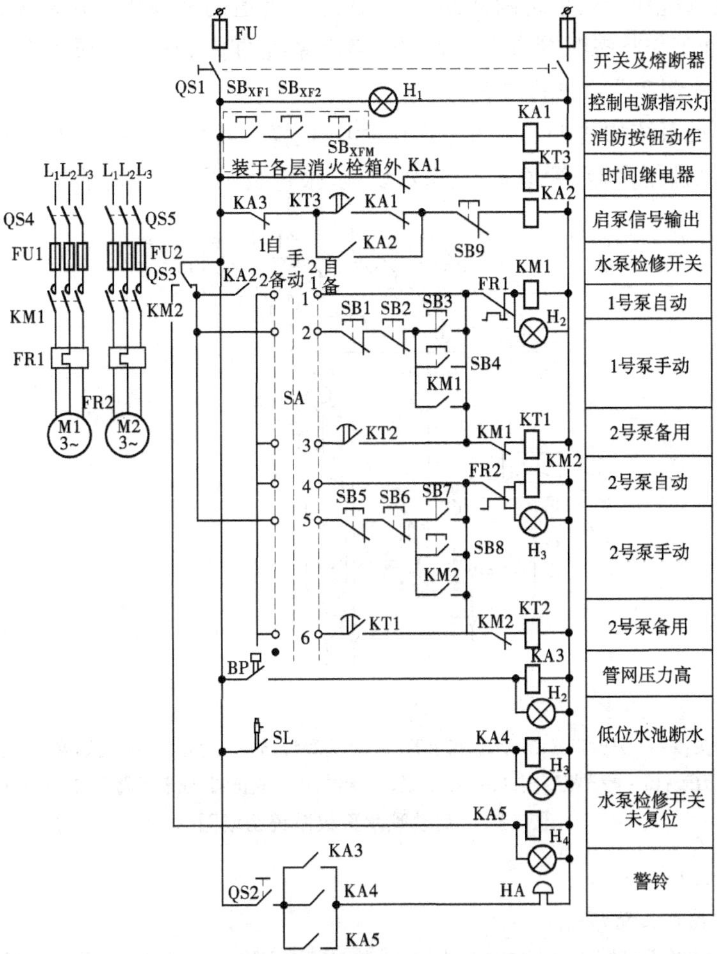

图 11-5　全电压启动的消火栓泵控制电路

如 1 号故障,2 号自动投入过程:

出现火情时,设 KMl 机械卡住,其触头不动作,使时间继电器 KT1 线圈通电,经延时后 KTl 触头闭合,使接触器 KM2 线圈通电,2 号备用泵电机启动运转,信号灯 H3 亮。

其他状态下的工作情况:

如需手动强投时,将 SA 转至“手动”位置,按下 SB3(SB4) KM1 通电动作,1 号泵电机运转。当需 2 号泵运转时,按 SB7(SB8)即可。

当管网压力过高时,压力继电器 BP 闭合,使中间继电器 KA3 通电动作,信号灯 H2 亮,警铃 HA 响。同时,KT3 的触头使 KA2 线圈失电释放,切断电动机。

当低位水池水位低于设定水位时,水位继电器 SL 闭合,中间继电器 KA4 通电,同时信号灯 H3 亮,警铃 HA 响。

当需要检修时,将 QS3 置左位,切断电动机启动回路,中间继电器 KA5 通电动作,同时信号灯 H4 亮,警铃 HA 响。

(二)自动喷水灭火系统

自动喷水灭火系统是目前世界上采用最广泛的一种固定式灭火设施。常见的自动喷水灭火系统有湿式系统和干式系统两种,准工作状态时管道内充满用于启动系统的有压水的属于湿式系统,准工作状态时管道内充满用于启动系统的有压气体的属于干式系统。

1.湿式自动喷水灭火系统的组成

湿式喷水灭火系统如图 11-6 所示,是由喷头、报警止回阀、延迟器、水力警铃、压力开关(安装于管上)、水流指示器、管道系统、供水设施、报警装置及控制盘等组成。

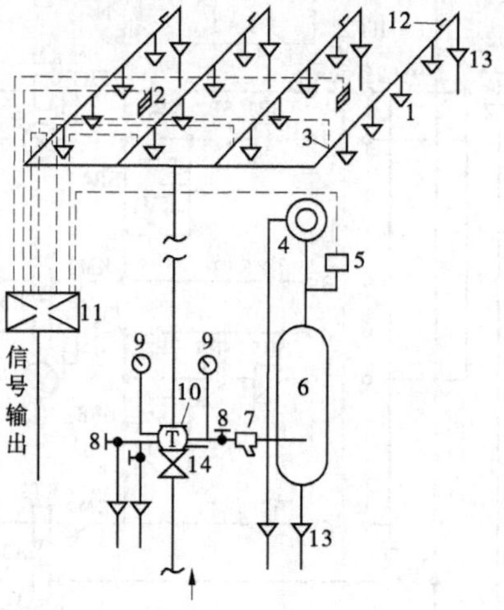

1—闭式喷头;2—火灾探测器;3—水流指示器;4—水力警铃;5—压力开关;6—延迟器;7—过滤器;8—截止阀;9—压力表;10—湿式报警阀;11—火灾报警控制器;12—截止阀(或电磁阀);13—排水漏斗;14—闸阀

图 11-6 自动喷水灭火系统组成图

2.系统中的设备

1)水流指示器(水流开关)

水流指示器的作用是把水的流动转换成电信号报警。其电接点既可直接启动消防水泵,也可接通电警铃报警。桨式水流指示器的构造如图 11-7 所示。

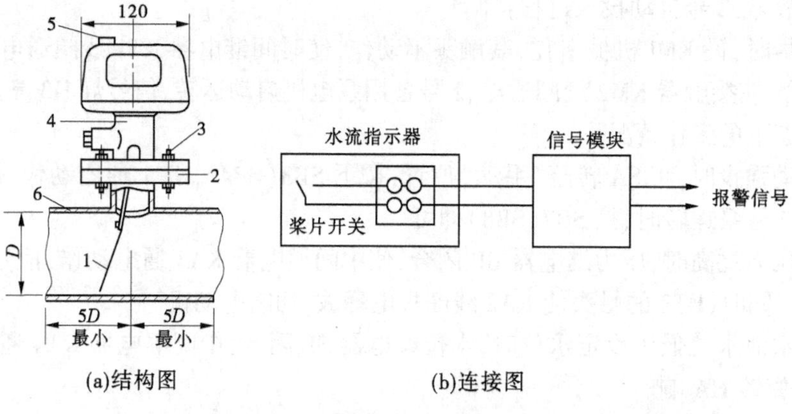

(a)结构图 (b)连接图

1—桨片;2—法兰底座;3—固定螺栓;4—本体;5—接线孔;6—喷水管道

图 11-7 水流指示器结构图、连接图

由图 11-7 可见,水流指示器主要由桨片、法兰底座、螺栓、本体和电接点等组成。桨式水流指示器的工作原理:当发生火灾时,喷头自动开启后,流动的消防水使桨片摆动,带动其接点动作,火灾报警器接到该信号后,发出指令启动报警系统或启动消防水泵等电气设备,并可显示火灾发生区域。水流指示器在应用时应通过模块与系统总线相连,水流指示器的常见接线如图 11-7 所示。

2)洒水喷头

喷头布置在房间顶棚下边,与支管相连。喷头应用最多的是玻璃球式喷头,其结构如图 11-8所示。

在正常情况下,喷头处于封闭状态。火灾时,开启喷水是由感温部件(充液玻璃球)控制,当装有热敏液体的玻璃球达到动作温度时,球内液体膨胀,使内压力增大,玻璃球炸裂,密封垫脱开,喷出压力水。

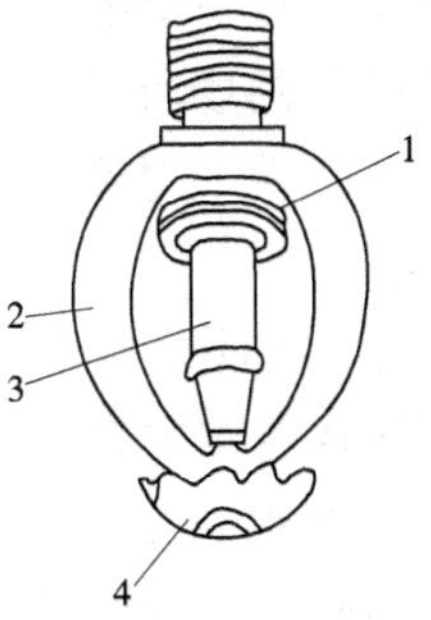

1—阀片;2—喷头外框;
3—玻璃球;4—布水盘

图 11-8　玻璃球式喷头结构图

3)压力开关

它是自动喷水灭火系统的自动报警和控制的部件,通常安装于报警管路上的延迟器的上方,图 11-9 所示为两种压力开关的外形。

压力开关的原理是:压力开关都有一对常开触点,当湿式报警阀阀瓣开启后,压力开关触点动作,发出电信号至报警控制箱从而启动消防泵作自动报警式自动控制用。

压力开关的应用接线:压力开关用在系统中需经模块与报警总线连接,如图 11-10 所示。

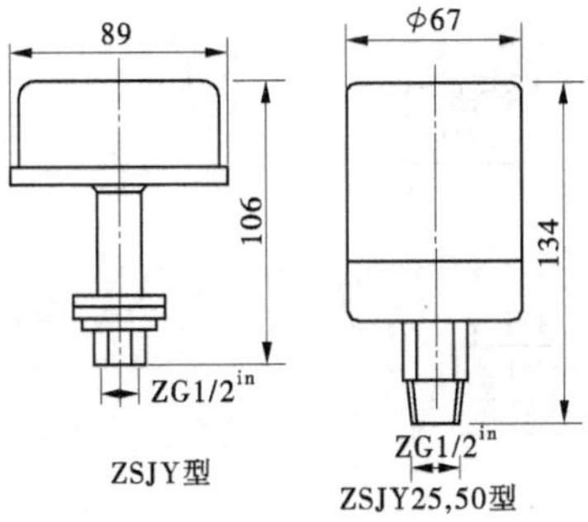

图 11-9　压力开关外形图

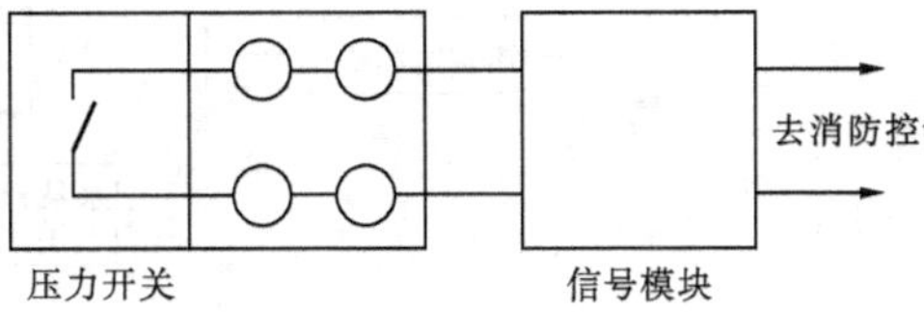

图 11-10　压力开关接线图

4)湿式报警阀

湿式报警阀在湿式喷水灭火系统中是非常关键的,安装在总供水干管上,连接供水设备和配水管网。它必须十分灵敏,当管网中即使有一个喷头喷水,破坏了阀门上下的静止平衡压力时,就必须立即开启,任何延迟都会耽误报警的发生,它一般采用止回阀的形式,即只允许水流向管网,不允许水流回水源。其作用:一是防止随着供水水源压力波动而开闭,虚发警报;二是因为管网内水质因长期不流动而腐化变质,如让它流回水源将产生污染。当系统开启时报警阀打开,接通水源和配水源。同时部分水流通过阀座上的环形槽,经信号管道送至水力警铃,发出音响报警信号。常见的导阀型湿式报警阀结构如图 11-11所示。

5)水力警铃

水力警铃的作用:火灾时报警。水力警铃宜安装在报警阀附近,其连接管的长度不宜超过 6 m,高度不宜超过 2 m,以保证驱动水力警铃的水流有一定的水压,并不得安装在受雨淋和暴晒的场所,以免影响其性能。电动报警不得代替水力警铃。

6)延迟器

延迟器的作用:它是一个罐式容器,安装在报警阀与水力警铃之间,用以防止由于水源压力突然发生变化而引起报警阀短暂开启,或对因报警阀局部渗漏而进入警铃管道的水流起一个暂时容纳作用,从而避免虚假报警。只有当火灾真正发生时,喷头和报警阀相继打开,水流源源不断地大量流入延迟器,经 30 s 左右充满整个容器,然后冲入水力警铃。

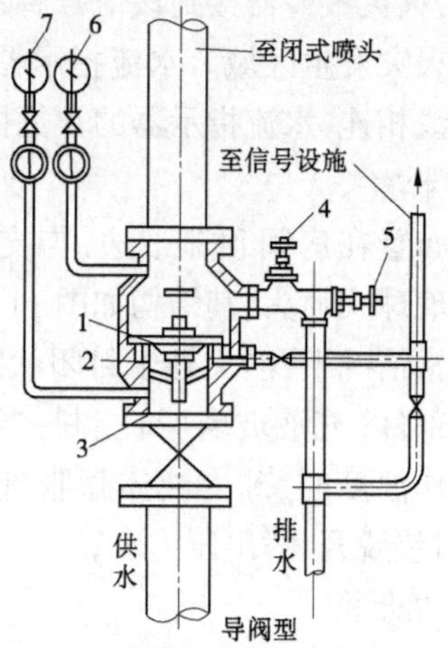

1—报警阀及阀芯;2—阀座凹槽;3—总闸阀;4—试铃阀;5—排水阀;6—阀后压力表;7—阀前压力表

图 11-11　导阀型湿式报警阀结构图

3.湿式喷水灭火系统的控制原理

湿式喷水灭火系统的控制程序如图 11-12 所示。

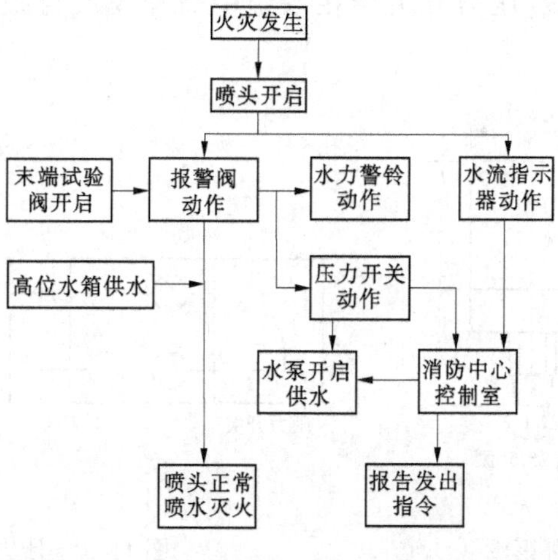

图 11-12　湿式自动喷水灭火系统动作程序

在无火灾时,管网压力水由高位水箱提供,使管网内充满不流动的压力水,处于准工作状态。当发生火灾时,灾区现场温度快速上升,使闭式喷头中玻璃球炸裂,喷头打开喷水灭火。管网压力下降,使湿式报警阀自动开启,准备输送喷淋泵(消防水泵)的消防供水。管网中设置的水流指示器感应到水流动时,发出电信号,同时压力开关检测到降低了的水压,并将水压信号送入湿式报警控制箱,启动喷淋泵,消防控制室同时接到信号,当水压超过一定值时,停止喷淋泵。

以压力开关动作启动泵信号的线路如图 11-13 所示。其中 KA1 触头受控于压力开关,压力开关动作时,KA1 动作闭合,压力开关复位时,KA1 触头复位断开。

(1)准备工作状态:合上自动开关 QF1、QF2、QS,将 SA 至"1 号泵自动,2 号泵备用"位置,电源指示灯 HL 亮,喷淋泵处于准备工作状态。

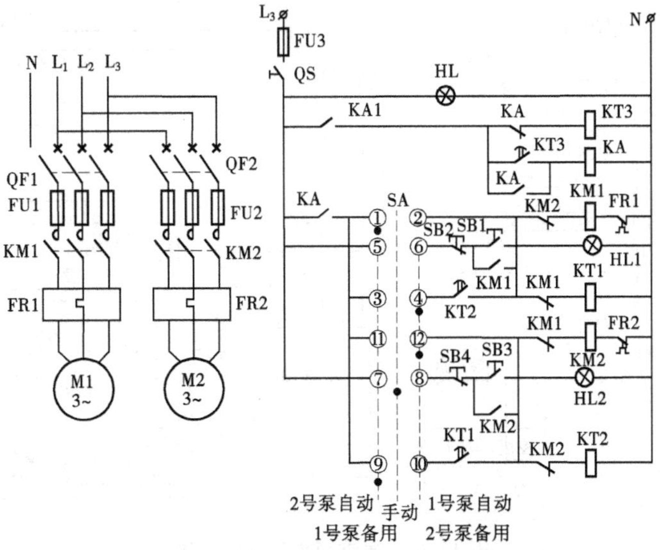

图 11-13　全压启动喷淋泵控制电路(压力开关控制)

(2)火灾状态:当发生火灾时,温度升高使喷头喷水,管网中水压下降,压力开关动作,使继电器 KA1 触点闭合,时间断电器 KT3 线圈通电,使中间继电器 KA 线圈通电,使接触器 KM1 线圈通电,1 号喷淋泵电机 M1 启动加压,信号灯 HLl 亮,显示 1 号泵电机运行,同时使 KT3 失电释放。当压力升高后,压力开关复位,KAl 触点复位,KA 失电、KM1 失电、1 号泵电机停止。

(3)故障时备用泵自动投入:当发生火灾时,如果 1 号泵电机不动作,时间继电器 KT1 线圈通电,延时后其触头使接触器 KM2 线圈通电,备用 2 号泵电机 M2 启动加压。

(4)手动控制:当自动环节故障时,将 SA 至“手动”位置,按 SB1 ~SB4 便可启动 1 号(2 号)喷淋泵电机。

(三)气体灭火系统

气体灭火剂的种类很多,一般设置在大型计算机房、自备发电机房、贵重设备室、珍藏室、中小型油库等场所。

1.气体灭火系统的组成

有管网气体灭火系统是由火灾探测器、气体释放灯、储气瓶、启动瓶、选择阀、止回阀构成的。气体灭火系统组成图见图 11-14。

1)感烟、感温探测器

安装在各保护区内,通过导线和分检箱与总控室的控制柜连接,及时把火警信号送入控制柜,再由控制柜分别控制钢瓶室外的组合分配系统和单元独立系统。

2)钢瓶 A、B

两者均用无缝钢管滚制而成。当火灾发生时,靠电磁瓶头阀产生的电磁力(也可手动)驱动释放瓶内充压氮气,启动灭火剂储瓶组(1211 储瓶组)的气动瓶头阀,将灭火剂 1211 释放到灾区,达到灭火的目的。

3)选择阀 A、B

选择阀是用不锈钢、铜等金属材料制成的,由阀体活塞、弹簧及密封圈等组成,用于控制

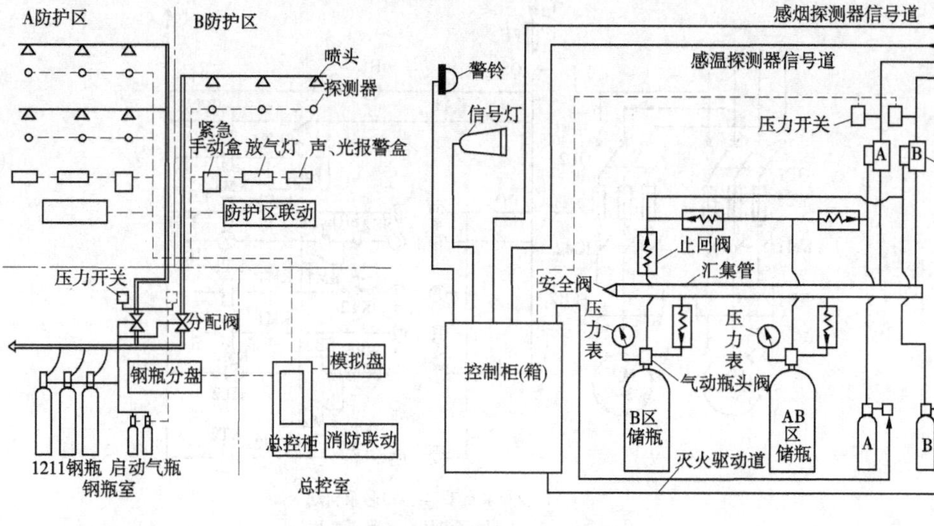

图 11-14　气体灭火系统组成图

灭火剂的流动去向,可用气体和电磁阀两种方式启动,还应有备用手动开关,以便在自动选择阀失灵时,用手动开关释放 1211 灭火剂。

4)其他器件

(1)止回阀安装于汇集管上,用以控制灭火剂流动方向。

(2)安全阀安装在管路的汇集管上,当管路中的压力在 7.35~6.37 MPa 时,安全阀自动打开,起到系统的保护作用。

(3)压力开关的作用是:当释放灭火剂时,向控制柜发出回馈信号。

2.气体灭火系统的工作情况

当某分区发生火灾,感烟(温)探测器均报警,则控制柜上两种探测器报警房号灯亮,由电铃发出变调"警报"单音,并向灭火现场发出声、光警报。同时,电子钟停走记下着火时间。灭火指令须经过延时电路延时 20~30 s 发出,以保证值班人员有时间确认是否发生火灾。

将转换开关 K 至"自动"位上,假如接到 B 区发出火警信号后,值班人员确认火情并组织人员撤离。经 20~30 s 后,执行电路自动启动小钢瓶 B 的电磁瓶头阀,释放充压氮气,将 B 选择阀和止回阀打开,使 B 区储瓶和 A 区储瓶同时释放 1211 区剂至汇集管,并通过 B 选择阀将 1211 灭火剂释放到 B 火灾区域。1211 药剂沿管路由喷嘴喷射到 B 火灾区域,途经压力开关,使压力开关触点闭合,即把回馈信号送至控制柜,指示气体已经喷出实现了自动灭火。

将控制柜上的转换开关至"手动"位,则控制柜只发出灭火报警,当手动操作后,经 20~30 s,才使小钢瓶释放出高压氮气,打开储气钢瓶,向灾区喷灭火剂。

在接到火情 20~30 s 内,如无火情或火势小,可用手提式灭火器扑灭时,应立即按现场手动"停止"按钮,以停止喷灭火剂。如值班人员发现火情,而控制柜并没发出灭火指令,则应立即按"手动"启动按钮,使控制柜对火灾区发火警,人员可撤离,经 20~30 s 后施放灭火剂灭火。

值得注意的是,消防中心有人值班时均应将转换开关至"手动"位,值班人离开时转换开关至“自动”位，其目的是防止因环境干扰、报警控制元件损坏产生的误报而造成误喷。

四、防排烟系统

（一）排烟系统

建筑的排烟方式有自然排烟和机械排烟两种，这里主要讲解机械排烟系统的控制方式。图 11-15 所示多叶式排烟口（多叶送风口）的外形、控制原理及其安装示意图。

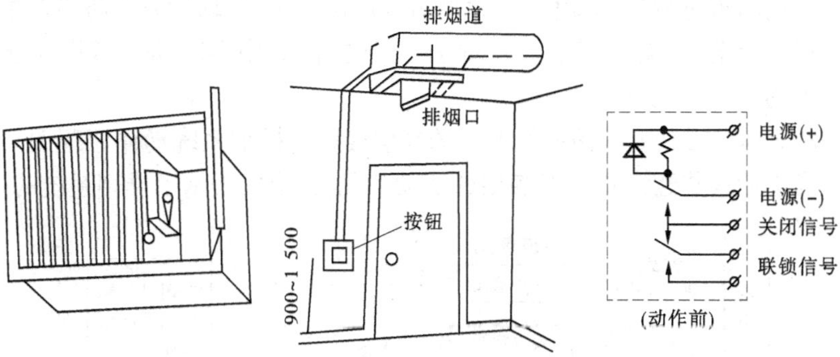

图 11-15　多叶式排烟口外形、控制原理及安装

排烟口的控制原理为：

自动开启：火灾时，自动开启装置接收到感烟（温）探测器通过控制盘或远距离操纵系统输入的电气信号（DC24 V）后，电磁铁线圈通电，动铁芯吸合，卷绕在滚筒上的钢丝绳释放，于是叶片被打开，同时微动开关动作，切断电磁铁电源，并将阀门开启动作显示线接点接通，将信号返回控制盘，使排烟风机连动等。

远距离手动开启：当火灾发生时，也可由人工按下手动开启按钮，阀门开启。

手动复位：按下 BSD 操作装置上的蓝色复位按钮，将摇柄插入卷绕滚筒的插入口，按顺时针方向摇动摇柄，钢丝绳即被拉回卷绕在滚筒上，直至排烟口关闭。

（二）防烟系统

建筑的防烟有正压送风防烟和密封防烟两种方式，由于密封防烟使用较少，这里仅介绍正压送风防烟系统。

正压送风防烟就是对建筑物的某些部位送入足够量的新鲜空气，使其维持高于建筑物其他部位一定的压力，从而使其他部位因着火所产生的火灾烟气或因扩散所侵入的火灾烟气被堵截于加压部位之外。

设置正压送风防烟系统的目的，是在建筑物发生火灾时，提供不受烟气干扰的疏散路线和避难场所。因此，加压部位在关闭门时，必须与着火楼层保持一定的压力差（该部位空气压力值为相对正压）；同时，在打开加压部位的门时，在门洞断面处能有足够大的气流速度，以有效地阻止烟气的入侵，保证人员安全疏散与避难。

当防烟楼梯间及其前室、消防电梯前室或合用前室各部位有可开启外窗时，若采用自然排烟方式，可造成楼梯间与前室或合用前室在采用自然排烟方式与采用正压送风防烟方式排列组合上的多样化，而这两种排烟方式不能共用。

正压送风系统由正压送风机、送风道、正压送风口及自动控制等组成。它是依靠正压送风机提供给建筑物内被保护部位新鲜空气，使该部位的室内压力高于火灾压力，形成压力差,从而防止烟气侵入被保护部位。

(三)防排烟设备的监控

发生火灾时以及在火势发展过程中,正确地控制和监视防排烟设备的动作顺序,使建筑物内防排烟达到理想的效果,以保证人员的安全疏散和消防人员的顺利扑救,防排烟设备的控制和监视具有重要意义。

对于建筑物内的小型防排烟设备,因平时没有监视人员,所以不可能集中控制,一般当发生火灾时在火场附近进行局部操作;对大型防排烟设备,一般均设有消防控制中心来对其进行控制和监视。所谓"消防控制中心",就是一般的"防灾中心",常将其设在建筑的疏散层或疏散层邻近的上一层或下一层。

图 11-16 表示具有紧急疏散楼梯及前室的高层楼房的排烟系统动作原理图。图中左侧纵轴表示火灾发生后火势逐渐扩大至各层的活动状况,并依次表示了排烟系统的操作方式。

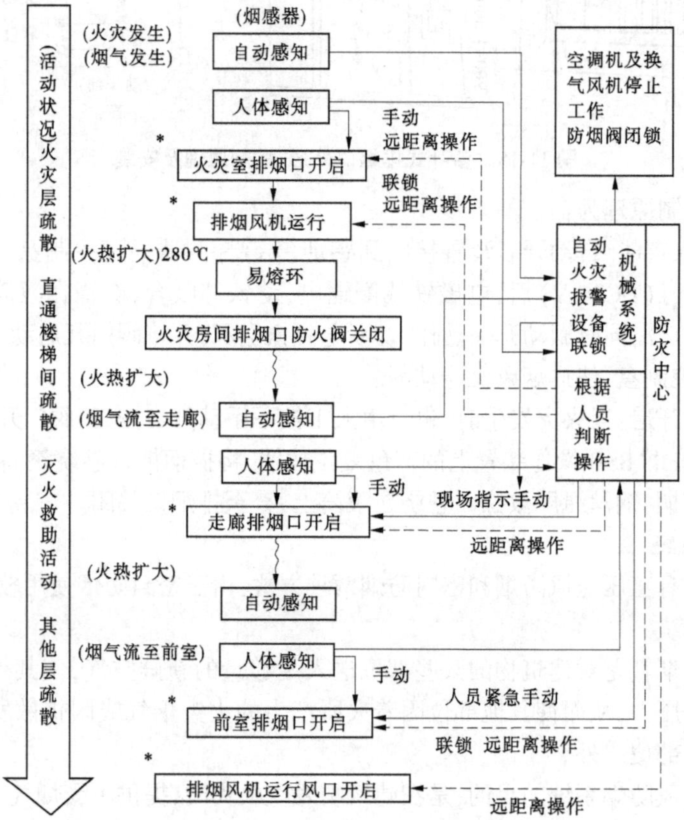

注:1.记号 * 表示防灾中心动作;2.虚线表示辅助手段。

图 11-16 排烟系统动作原理图

火灾发生时由烟感器感知,并在防灾中心显示所在分区。以手动操作为原则将排烟口开启,排烟风机与排烟口的操作联锁启动,人员开始疏散。火势扩大后,排烟风道中的阀门在温度达到 280 ℃时关闭,停止排烟(防止烟温过高引起火灾)。这时,火灾层的人员全部疏散完毕。

如果当建筑物不能由防火门或防火卷帘构成分区时,火势扩大,烟气扩散到走廊中来。

对此，和火灾房间一样，由烟感器感知，防灾中心仍能随时掌握情况。这时打开走廊的排烟口（房间和走廊的排烟设备一般分别设置，即使火灾房间的排烟设备停止工作后，走廊的排烟设备也能运行）。若火势继续扩大，温度达到 280 ℃时，防烟阀关闭，烟气流入作为重要疏散通道的楼梯间前室。这里的烟感器动作使防灾中心掌握烟气的流入状态。从而，在防灾中心，依靠远距离操作或者防灾人员到现场紧急手动开启排烟口。排烟口开启的同时，进风口也随时开启。

防排烟系统不同于一般的通风空调系统，该系统在平时处于一种几乎不用的状况。但是，为了使防排烟设备经常处于良好的工作状况，要求平时应加强对建筑物内防火设备和控制仪表的维修管理工作，还必须对有关工作人员进行必要的训练，以便在失火时能及时组织疏散和扑救工作。

（四）正压送风机控制

排烟机、正压送风机一般由三相异步电动机控制。正压送风机的电气控制如图 11-17 所示。

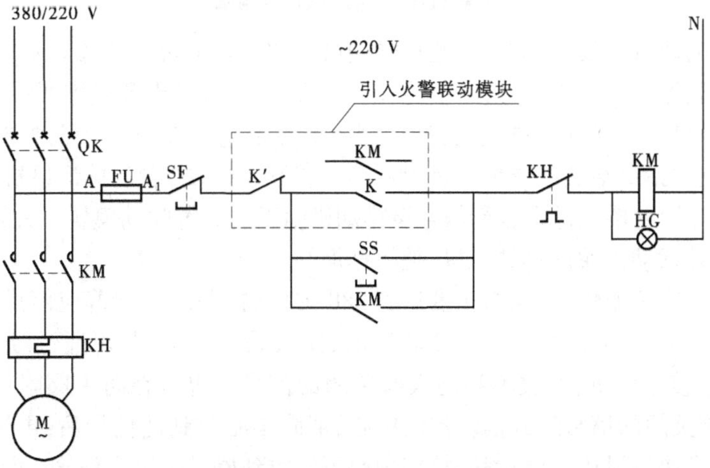

图 11-17　正压风机控制

正压风机按防火分区的火警信号，当发生火灾时，K 闭合，接触器 KM 线圈通电，直接开启相应分区楼梯间或消防电梯前室的正压风机，对各层前室都送风，使前室中的风压为正压，周围的烟雾进不了前室，以保证垂直疏散通道的安全。除火警信号联动外，还可以通过联动模块在消防中心直接点动控制；另外设置就地启停控制按钮，以供调试及维修用，这些控制组合在一起，不分自控和手控，以免误放手控位置而使火警失控。火警撤销，则由火警联动模块送出 K 停机信号，使正压风机停。

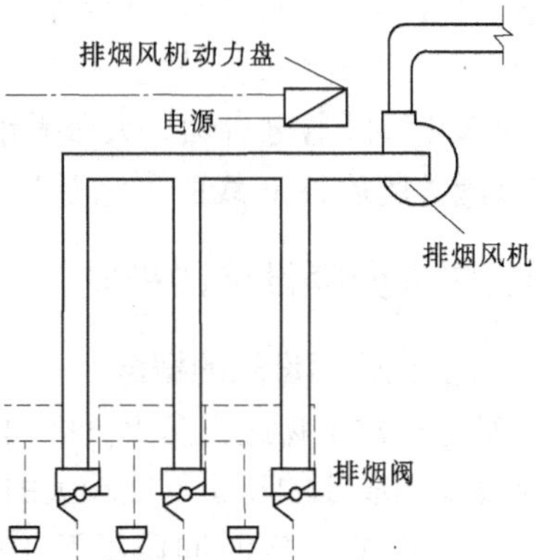

图 11-18　排烟系统示意图

（五）排烟风机控制

排烟系统的组成如图 11-18 所示。

排烟风机的控制如图 11-19 所示。

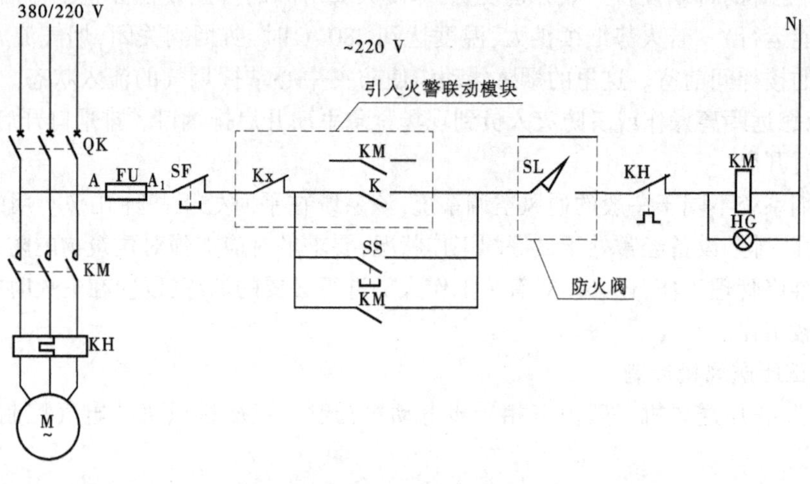

图 11-19　排烟风机控制图

排烟风机的风管上设排烟阀,这些排烟阀可以伸入几个防火分区。火警时,与排烟阀相对应的火灾探测器探得火灾信号,由消防控制中心确认后,送出开启排烟阀信号至相应排烟阀的火警联动模块,由它开启排烟阀,排烟阀的电源是直流 24 V。消防控制中心收到排烟阀动作信号,就发指令给装在排烟风机附近的火警联动模块,启动排烟风机,由排烟风机的接触器 KM 常开辅助接点送出运行信号至排烟机附近的火警联动模块。火警撤销由消防控制中心通过火警联动模块停排烟风机、关闭排烟阀。

排烟风机吸收高温烟雾,当烟温度达到 280 ℃时,按照防火规范应停排烟风机,所以在风机进口处设置防火阀,当烟温达到 280 ℃时,防火阀自动关闭,可通过触点开关(串入风机启停回路)直接停风机,但收不到防火阀关闭的信号。也可在防火阀附近设置火警联动模块,将防火阀关闭的信号送到消防控制中心,消防中心收到此信号后,再送出指令至排烟风机火警联动模块停风机,这样消防控制中心不但收到停排烟风机信号,而且也能收到防火阀的动作信号。

就地控制启停与火警控制启停合在一起,排烟阀直接由火警联动模块控制,每个火警联动模块控制一个排烟阀。发生火警时,消防控制中心收到排烟阀动作信号,即发出指令 Kx 闭合,使 KM 线圈通电自锁。火警撤销时,另送出 Kx 闭合指令停风机。当烟温达到 280 ℃时,防火阀关闭后,KM 线圈失电断开,使风机停止。

五、防火分隔设施的控制

(一)防火分隔设施的概念

要对各种建筑物进行防火分区,必须通过防火分隔设施来实现。用耐火极限较高的防火分隔设施把成片的建筑物或较大的建筑空间分隔、划分成若干较小防火空间,一旦某一分区内发生火灾,在一定时间内不至于向外蔓延扩大,以此控制火势,为扑救火灾创造良好条件。

常用的防火分隔设施有防火门、防火窗、防火卷帘、防火水幕带、防火阀和排烟防火阀等。

(二)防火门

防火门是指在一定时间内,连同框架能满足耐火稳定性、完整性和隔热性要求的门。它是设置在防火分区间、疏散楼梯间、垂直竖井等部位,具有一定耐火性的活动防火分隔设施。防火门除具有普通门的作用外,更重要的是,还具有阻止火势蔓延和烟气扩散的特殊功能,它能在一定时间内阻止或延缓火灾蔓延,确保人员安全疏散。

防火门按其所用的材料可分为钢质防火门、木质防火门和复合材料防火门,按耐火极限可分为甲级防火门、乙级防火门和丙级防火门。

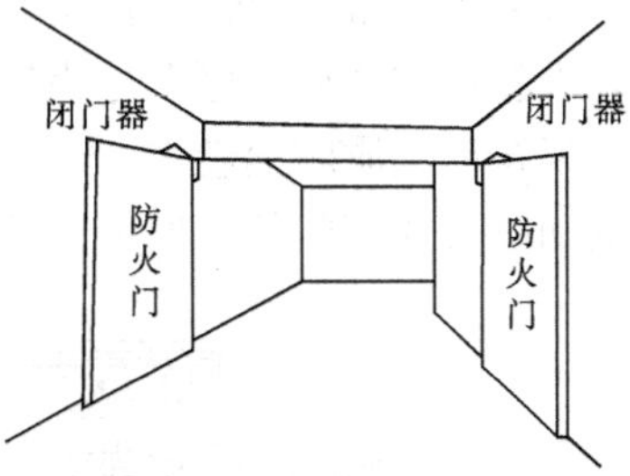

图 11-20　防火门外形图

1.防火门的构造与原理

防火门的外形如图 11-20 所示,由门框、门扇、防火锁、手动及自动环节组成。

防火门锁按门的固定方式可以分为两种:一种是防火门被永久磁铁吸住处于开启状态,当发生火灾时通过自动控制或手动关闭防火门。自动控制是由感烟探测器或联动控制盘发来指令信号,使 DC24 V、0.6 A 电磁线圈的吸力克服永久磁铁的吸着力,从而靠弹簧将门关闭;手动操作是:人力克服磁铁吸力,门即关闭。另一种是防火门被电磁锁的固定销扣住呈开启状态,发生火灾时,由感烟探测器或联动控制盘发出指令信号使电磁锁动作,或用手拉防火门使固定销掉下,门关闭。

2.电动防火门的控制要求

(1)重点保护建筑中的电动防火门应在现场自动关闭,不宜在消防控制室集中控制。

(2)防火门两侧应设专用的感烟探测器组成控制电路。

(3)防火门宜选用平时不耗电的释放器,且宜暗设。

(4)防火门关闭后,应有关闭信号反馈到区控盘或消防中心控制室。

3.防火门的耐火极限和适用范围

(1)甲级防火门。耐火极限不低于 1.2 h 的门为甲级防火门。甲级防火门主要安装于防火分区间的防火墙上。建筑物内附设的一些特殊房间的门也为甲级防火门,如燃油燃气锅炉房、可燃油民用电力变压器室、中间储油间等。

(2)乙级防火门。耐火极限不低于 0.9 h 的门为乙级防火门。防烟楼梯间和通向前室的门、高层建筑封闭楼梯间的门以及消防电梯前室或合用前室的门均应采用乙级防火门。

(3)丙级防火门。耐火极限不低于 0.8 h 的门为丙级防火门。建筑物中管道井、电缆井等竖向井道的检查门和高层民用建筑中垃圾道前室的门均应采用丙级防火门。

(三)防火卷帘

1.防火卷帘的作用

防火卷帘是指在一定时间内,连同框架能满足耐火稳定性和耐火完整性要求的卷帘。防火卷帘是一种活动的防火分隔设施,平时卷起放在门窗上口的转轴箱中,起火时将其放开展开,用以阻止火势从门窗洞口蔓延。

防火卷帘设置部位一般有消防电梯前室、自动扶梯周围、中庭与每层走道、过厅、房间相通的开口部位、代替防火墙需设置防火分隔设施的部位等。防火卷帘设置在建筑物中防火分区通道口处,可形成门帘或防火分隔。

当发生火灾时,可根据消防控制室、探测器的指令或就地手动操作使卷帘下降至一定点,水幕同步供水(复合型卷帘可不设水幕),接受降落信号先一步下放,经延时后再二步落地,以达到人员紧急疏散、灾区隔烟、隔火、控制火灾蔓延的目的。卷帘电动机的规格一般为三相 380 V、0.55~2 kW,视门体大小而定。控制电路为 DC24 V。

2.电动防火卷帘门组成

防火卷帘由帘板、滚筒、托架、导轨及控制机构组成。帘板可阻挡烟火和热气流。

防火卷帘按帘板的厚度分为轻型卷帘和重型卷帘,按帘板构造可分为普通型钢质防火卷帘和复合型钢质防火卷帘。

电动防火卷帘门的外形及安装示意如图 11-21 所示。

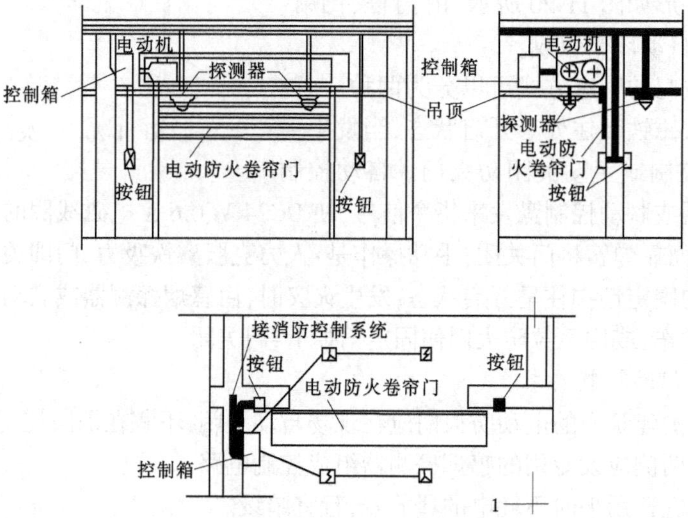

图 11-21 电动防火卷帘门安装示意图

3.防火卷帘门的控制

防火卷帘门的控制程序如图 11-22 所示。

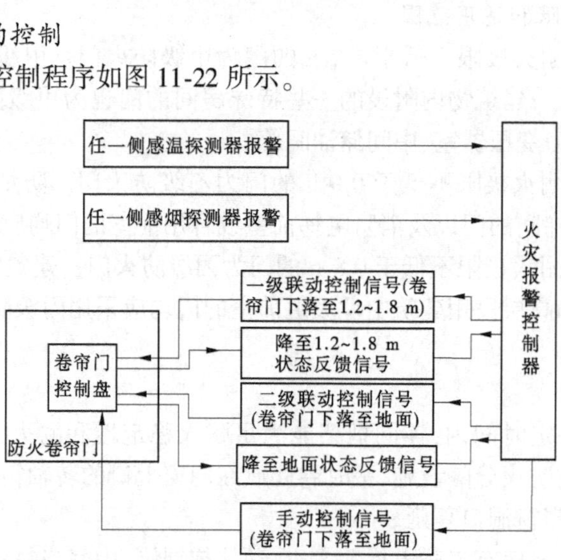

图 11-22 防火卷帘门控制程序

防火卷帘门的控制箱的电气原理如图 11-23 所示。

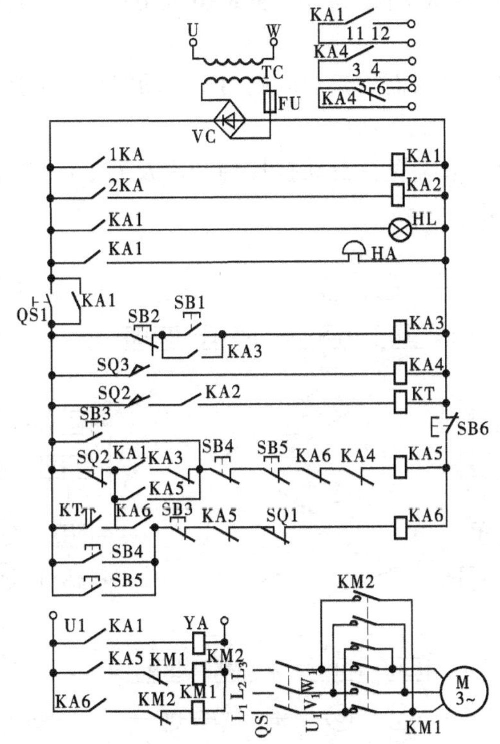

图 11-23　防火卷帘门电气控制图

正常时卷帘卷起，且用电锁锁住，当发生火灾时，卷帘门分两步下放：

第一步下放：当火灾初期产生烟雾时，来自消防中心联动信号（感烟探测器报警所致）使触点 1KA（在消防中心控制器上的继电器因感烟报警而动作）闭合，中间继电器 KA1 线圈通电动作：①使信号灯 HL 亮，发出光报警信号；②电警笛 HA 响，发出声报警信号；③KA11-12 号触头闭合，给消防中心一个卷帘启动的信号（即 KA11-12 号触头与消防中心信号灯相接）；④将开关 QS1 的常开触头短接，全部电路通以直流电；⑤电磁铁 YA 线圈通电，打开锁头，为卷帘门下降作准备；⑥中间继电器 KA5 线圈通电，将接触器 KM2 线圈接通，KM2 触头动作，门电机反转卷帘下降，当卷帘下降距地 1.2～1.8 m 定点时，位置开关 SQ2 受碰撞动作，使 KA5 线圈失电，KM2 线圈失电，门电机停，卷帘停止下放（现场中常称中停），这样既可隔断火灾初期的烟，也有利于灭火和人员逃生。

第二步下放：当火势增大，温度上升时，消防中心的联动信号接点 2KA（安在消防中心控制器上且与感温探测器联动）闭合，使中间继电器 KA2 线圈通电，其触头动作，使时间继电器 KT 线圈通电。经延时（30 s）后其触点闭合，使 KA5 线圈通电，KM2 又重新通电，门电机反转，卷帘继续下放，当卷帘落地时，碰撞位置开关 SQ3 使其触点动作，中间继电器 KA4 线圈通电，其常闭触点断开，使 KA5 失电释放，又使 KM2 线圈失电，门电机停止。同时 KA43-4 号、KA45-6 号触头将卷帘门完全关闭信号（或称落地信号）反馈给消防中心。

卷帘上升控制：当火扑灭后，按下消防中心的卷帘卷起按钮 SB4 或现场就地卷起按钮

SB5,均可使中间继电器 KA6 线圈通电,使接触器 KMl 线圈通电,门电机正转,卷帘上升,当上升到顶端时,碰撞位置开关 SQ1 使之动作,使 KA6 失电释放,KMl 失电,门电机停止,上升结束。

开关 QS1 用于手动开、关门,而按钮 SB6 则用于手动停止卷帘升和降。

4.防火卷帘门联动设计实例

防火卷帘门在商场中一般设置在自动扶梯的四周及商场的防火墙处,用于防火隔断。卷帘门联动示例见图 11-24。

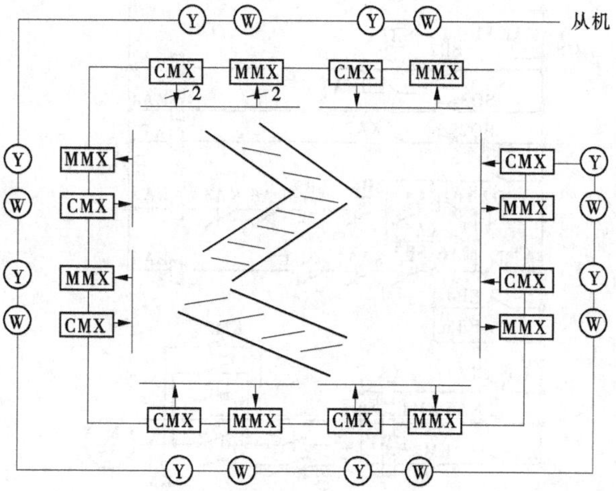

图 11-24　卷帘门联动示例

(四)防火阀

防火阀是指在一定时间内能满足耐火稳定性和耐火完整性要求,用于通风、空调管道内阻火的活动式封闭装置。火灾资料统计表明,在有通风、空气调节系统的建筑物内发生火灾时,穿越楼板、墙体的垂直与水平风道是火势蔓延的主要途径。

防火阀安装在通风、空调系统的送、回风管上,平时处于开启状态,火灾时当管道内气体温度达到 70 ℃时关闭,在一定时间内能满足耐火稳定性和耐火完整性要求,起隔烟阻火作用。

防火阀可手动关闭,也可与火灾自动报警系统联动自动关闭,但均须人工手动复位。不管是自动关闭还是手动关闭,均应能在消防控制室接到防火阀动作的反馈信号。

(五)防火窗

防火窗是指在一定时间内,连同框架能满足耐火稳定性和耐火完整性要求的窗。防火窗一般安装在防火墙或防火门上。

防火窗按安装方法可分为固定窗扇防火窗和活动窗扇防火窗,按耐火极限可分为甲、乙、丙三级。耐火极限不低于 1.2 h 的窗为甲级防火窗,耐火极限不低于 0.9 h 的窗为乙级防火窗,耐火极限不低于 0.6 h 的窗为丙级防火窗。

防火窗的主要作用:一是隔离和阻止火势蔓延,此种窗多为固定窗;二是采光,此种窗有活动窗扇,正常情况下采光通风,火灾时起防火分隔作用。有活动窗扇的防火窗应具有手动和自动关闭功能。

六、消防广播系统

（一）消防广播系统的组成

消防广播系统一般由音源（如录放机卡座、CD机等）、播音话筒、功率放大器、音箱（分壁挂和吸顶两种）、多线制广播分配盘、广播模块等组成。常见的消防广播系统分为多线制和总线制两种。

1.多线制消防广播系统

多线制消防广播系统的组成如图11-25所示。

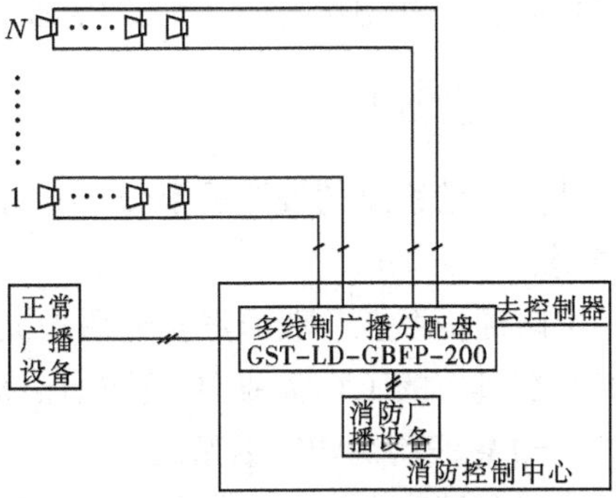

图11-25　多线制消防广播系统组成图

对外输出的广播线路按广播分区来设计，每一广播分区有两根独立的广播线路与现场放音设备连接，各广播分区的切换控制由消防控制中心专用的多线制消防广播分配盘来完成。多线制消防广播系统中心的核心设备为多线制广播分配盘，通过此切换盘，可完成手动对各广播分区进行正常或消防广播的切换。但是因为多线制消防广播系统的N个防火（或广播）分区，需敷设2N条广播线路，所以导致施工难度大、工程造价高，在实际应用中已很少使用了。

2.总线制消防广播系统

总线制消防广播系统的组成如图11-26所示。

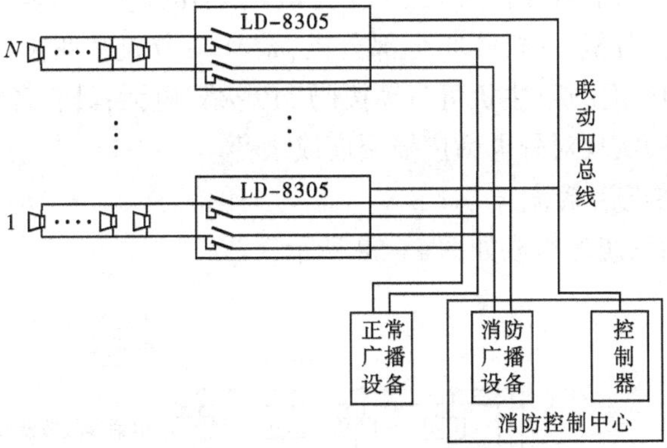

图11-26　总线制消防火灾广播系统组成图

总线制广播系统主要由总线制广播主机、功率放大器、广播模块、扬声器组成。该系统使用和设计灵活，与正常广播配合协调，同时成本相对较低，所以应用相当广泛。

（二）消防广播系统的控制

1.控制火灾广播的顺序

（1）2层及2层以上的楼层发生火灾，可先接通火灾层及其相邻的上、下两层。

（2）首层发生火灾，可先接通首层、2层及地下各层。

（3）地下室发生火灾，可先接通地下各层及首层，当首层与2层有跳空的共享空间时，也应包括2层。

2.火灾消防广播与背景音乐的切换方式

声源切换方式时背景音乐及消防火灾广播需要分开设置功放,每个功放分别输出背景音乐声源和消防广播声源,两路声源同时输入到每层的消防广播模块中,再由消防广播模块将经过其切换后声音信号输出到每层的所有音箱上,这样一来,消防广播和背景音乐可以共用一套音箱,而音箱广播的内容则是通过消防广播模块统一控制的。此方法切换方便灵活,同时可以充分利用所有的音箱,避免浪费。

七、消防通信

消防通信系统的设置是十分必要的,它对能否及时报警、消防指挥系统是否畅通起关键的作用。

消防通信系统一般由消防电话主机、消防电话插座、消防电话分机、消防电话编码模块组成。在具体的工程实践中,消防通信系统常有多线制和总线制两种形式。

(一)多线制消防电话系统

多线制消防电话系统的组成如图11-27所示。

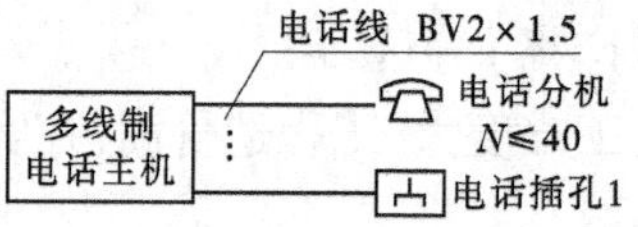

图11-27 多线制消防电话系统组成图

电话总机一般有8门、16门、24门、32门、40门等几种。一般具有以下功能:主机呼叫某分机、主机呼叫部分分机、主机呼叫全部分机(群呼);分机呼叫主机功能;可外接1路市话外线,市话外线可呼叫主机,主机可自动拨码119火警电话;具有音频输出口,可将通话内容送入其他广播设备,实现对外电话广播调度或录音。

(二)总线制消防电话系统

总线制消防电话系统的组成如图11-28所示。

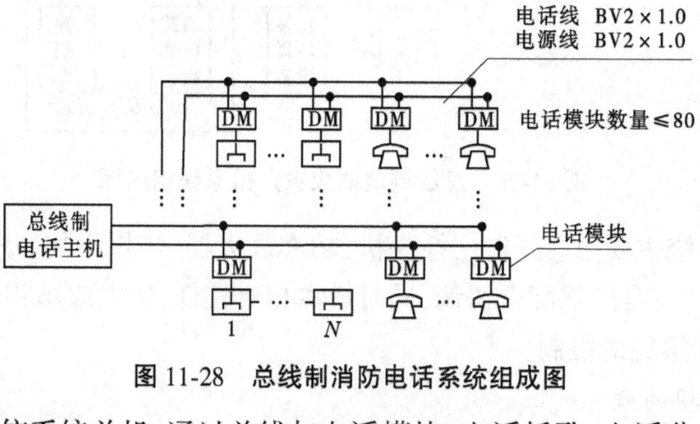

图11-28 总线制消防电话系统组成图

总线式火警通信系统总机,通过总线与电话模块、电话插孔、电话分机一起构成火灾报警通信系统,一般具有分机呼叫主机、自动录音等功能。

八、应急照明

应急照明是在突然停电或发生火灾而断电时，在重要的房间或建筑的主要通道，继续维持一定程度的照明，保证人员迅速疏散，及时对事故处理的保证。高层建筑、大型建筑及人员密集的场所（如商场、体育场等），必须设置应急照明和疏散指示照明。

（一）应急照明的设置部位

为了便于在夜间或在烟气很大的情况下紧急疏散，应在建筑物内的下列部位设置火灾应急照明：

（1）封闭楼梯间、防烟楼梯间及其前室，消防电梯及其前室。

（2）配电室、消防控制室、自动发电机房、消防水泵房、防烟排烟机房、供消防用电的蓄电池室、电话总机房、监控（BMS）中央控制室，以及在发生火灾时仍需坚持工作的其他房间。

（3）观众厅，每层面积超过 1 500 m^2 的展览厅、营业厅，建筑面积超过 200 m^2 的演播室，人员密集且建筑面积超过 300 m^2 的地下室及汽车库。

（4）公共建筑内的疏散走道和长度超过 20 m 的内走道。

（二）应急照明的供电要求

应急照明一般采用能够快速启动的照明灯具，且要求采用双电源供电，除正常电源外，还要设置备用电源。常见的应急照明的供电方式有以下几种：

（1）由电网独立电源供电。其要求由外部引来两路独立电源供电，确保一路故障时，另一路仍能继续工作。这种方式供电的容量与时间余量极大，转换时间易满足要求。但是在重大灾害时，其供电可靠性可能遭到破坏，失去应急照明供电的作用。因此，对于规模较大的高层建筑和一些特别重要的建筑仅采用此种方式作应急照明电源是不够的。

（2）由柴油发电机组供电。其特点是供电容量和供电时间基本不受限制，但由于机组投入运行需要较长时间，经常处于后备状态的机组，停电时自启动时间需 15 s，因此只能作为疏散照明和备用照明，而不能用于安全照明及某些对转换时间要求较高场所的备用照明。这种电源在高层建筑中常常为满足消防用电要求才设置的，专门为应急照明设置是不经济的。

（3）采用蓄电池电源。当采用灯内自带蓄电池即自带电源型应急灯时，其优点是供电可靠性高、转换迅速、增减方便、线路故障无影响、电池损坏影响面小；缺点是投资较大、持续照明时间受容量大小的限制、运行管理及维护要求高，这种方式适用于应急照明灯数不多、装设较分散、规模不大的建筑物。当采用集中或分区集中设置的蓄电池组供电方式时，其优点是供电可靠性高，转换迅速，与自带蓄电池方式相比投资较少，管理及维护较方便；缺点是需要专门房间，电池故障影响面大，且线路要考虑防火问题，这种方式适用于应急照明种类较多、灯具较集中、规模较大的建筑物。

应急照明灯数不多、规模小的建筑物选用自带蓄电池的供电方式，规模较大的高层建筑和一些特殊重要的建筑采用电网独立电源供电，配以发电机组或蓄电池组，或者采用由发电机组与自带蓄电池相结合的供电方式。

（三）应急照明的控制方式

常见的应急照明的控制方式有以下几种形式：

（1）应急照明灯具就地加开关，平时可就地控制。它适用于应急照明灯具全部采用自带蓄电池的灯具，电源取自非消防电源，一旦发生火灾，消防控制中心切除非消防电源，灯具由蓄电池自动供电，这样就能达到疏散照明的目的，其缺点是增加造价。

（2）应急照明灯具就地不设开关，这可分为如下两种情况：

①配电箱分层安装，灯具不论白天黑夜 24 h 都亮着，火灾发生时，由于灯始终是亮的不影响人员疏散，也不必由消防控制中心控制，其缺点是：浪费电能、灯具使用寿命缩短。②配电箱安装在消防控制中心，灯具亮、灭由消防控制中心控制，缺点是：现场无法控制，使用不方便，而且对于高层建筑，供电导线长，电压降太大，为满足灯具电压降的要求，势必要加大导线截面，从而增加造价和施工困难。

③应急照明灯就地设置开关，但增加一根控制线，此适用于有消防电源（双电源），且应急灯具采用普通灯具的情况。平时灯具由现场直接控制，发生火灾时，现场即使把灯关掉，消防控制中心给中间继电器 KA 供电，触点 KA 闭合，带动 KM 使开关短接，灯具也就由灭而亮。如果灯具原来是开的，也不会因为触点 KA 的闭合而受影响。此种方案是最佳方案，既方便又能达到节能效果，还能满足规范要求。

九、疏散指示

疏散指示应按防火规范要求，采用白底绿字或绿底白字，并用箭头或图形指示疏散方向，以达到醒目的目的，使光的距离传播较远。常见的疏散指示照明器包括疏散指示灯和出入口指示灯。

疏散指示的一般设置部位有：

（1）消火栓处。

（2）防、排烟控制箱，手动报警器，手动灭火装置处。

（3）电梯入口处。

（4）疏散楼梯的休息平台处、疏散走道、居住建筑内长度超过 20 m 的内走道，公共出口处。

疏散指示的供电要求同应急照明，但其控制方式一般采用消防控制室直接信号控制。

十、消防电梯

电梯是高层建筑纵向交通的工具，而消防电梯则是在发生火灾时供消防人员扑救火灾和营救人员用的。火灾时，由于电源供电已无保障，因此无特殊情况不用客梯组织疏散。消防电梯控制一定要保证安全可靠。

消防控制中心在火灾确认后，应能控制电梯全部停于首层，并接收其反馈信号。电梯的控制有两种方式：一是将所有电梯控制的副盘显示设在消防控制中心，消防值班人员随时可直接操作；另一种是通过消防控制模块实现，火灾时，消防值班人员通过控制装置，向电梯机房发出火灾信号和强制电梯全部停于首层的指令。其中，模块控制方式又分为图 11-29 所示的总线制或多线制两种。

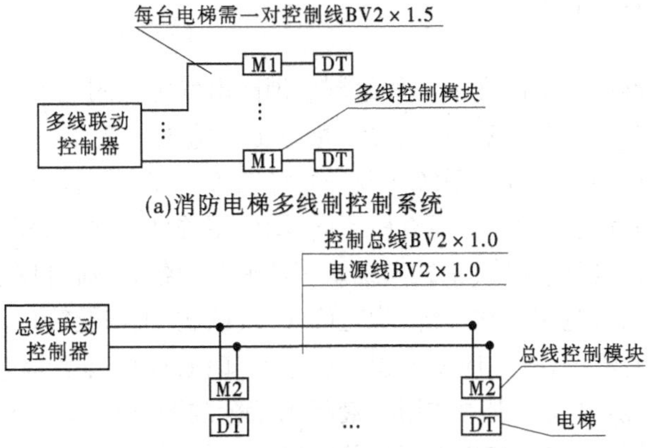

(a)消防电梯多线制控制系统

(b)消防电梯总线制控制系统

图 11-29　消防电梯控制系统示意图

第二节　火灾自动报警及消防联动控制系统施工图识读

一、系统常用图例

系统常用图例如表 11-1 所示。

表 11-1　系统常用图例

图例	名称	图例	名称
	编码感烟探测器		楼层显示器
	普通感烟探测器		广播扬声器
	编码感温探测器		水流指示器
	普通感温探测		压力开关
	编码手动报警按钮		防火阀
	普通手动报警按钮		防火卷帘
	编码消火栓按钮		防火、排烟阀
	普通消火栓按钮		排烟机、送风机
	短路隔离器		消防泵、喷淋泵
	声光报警器		湿式报警阀

二、系统施工图识读

依据最新国家标准电气消防图形符号绘制的消防电气工程图是消防电气工程技术人员进行沟通、交流的共同语言，是表达设计思想，指导工程施工的重要技术文件。建筑电气消防施工图一般由设计说明、平面图、系统图及安装详图等组成。工程上的电气消防施工图按工程规模的大小、难易程度等的差异而有所不同，图中用符号和线条表示出消防电路的路径和消防器件的位置。在设计、安装、调试和维修管理消防设备时，通过识图，可以了解各电器元件之间的相互关系以及电路工作原理，为正确安装、调试、维修及管理提供可靠的保证。

要做到会看图和看懂图，首先应掌握识图的基本知识，即应当了解电气消防图的构成、特点等，同时应掌握消防电气工程中常用的最新国家标准图形符号，了解这些符号的意义。其次，还应掌握识图的基本方法和步骤等相关知识。

（一）消防电气施工图的特点

（1）建筑消防电气工程图大多是采用统一的图形符号并加注文字符号绘制而成的。

（2）建筑消防电气线路都必须构成闭合回路。

（3）线路中的各种设备、元件都是通过导线连接成为一个整体的。

（4）在进行建筑消防电气工程图识读时应阅读相应的土建工程图及其他安装工程图，以了解相互间的配合关系。

（5）建筑消防电气工程图对于设备的安装方法、质量要求以及使用维修方面的技术要求等往往不能完全反映出来，所以在阅读图纸时有关安装方法、技术要求等问题，要参照相关图集和规范。

（二）消防电气施工图的组成

1.图纸目录与设计说明

图纸目录与设计说明包括图纸内容、数量、工程概况、设计依据以及图中未能表达清楚的各有关事项。如图纸数量、设计依据、系统功能、线路敷设方式、防雷接地、设备安装高度及安装方式、工程主要技术数据、施工注意事项等。

2.主要材料设备表

主要材料设备表指图纸中应包括工程中所使用的各种设备和材料的名称、型号、规格、数量等，它是编制购置设备、材料计划的重要依据之一。

3.系统图

消防电气系统图反映了系统的基本组成、主要电气消防设备、元件之间的连接方式以及它们的分布、型号、数量等。

4.平面布置图

平面布置图是电气消防施工图中的重要图纸之一，用来表示电气消防设备的编号、名称、型号及安装位置、线路的起始点、敷设部位、敷设方式及所用导线型号、规格、根数、管径大小等。通过阅读系统图，了解系统基本组成之后，就可以依据平面图编制工程预算和施工方案，然后组织施工。

5.安装接线图

安装接线图包括电气消防设备的布置与接线，应与控制原理图对照阅读，进行系统的配线和调校。

6.安装大样图(详图)

安装大样图是详细表示电气消防设备安装方法的图纸,对安装部件的各部位注有具体图形和详细尺寸,是进行安装施工和编制工程材料计划时的重要参考。

(三)消防电气施工图的阅读方法

1.熟悉电气消防图例符号,弄清图例、符号所代表的内容

电气消防符号主要包括文字符号、图形符号、项目代号和回路标号等。在绘制电气消防图时,所有电气消防设备和电气元件都应使用国家统一标准符号,当没有国际标准符号时,可采用国家标准或行业标准符号。要想看懂电气消防图,就应了解各种电气消防符号的含义、标准原则和使用方法,充分掌握由图形符号和文字符号所提供的信息,才能正确地识图。

电气消防文字符号在电气图中一般标注在电气设备、装置和元器件图形符号上或者其近旁,以表明设备、装置和元器件的名称、功能、状态和特征。

2.针对一套电气施工图,一般应先按以下顺序阅读,然后对某部分内容进行重点识读

1)看标题栏及图纸目录

了解工程名称、项目内容、设计日期及图纸内容、数量等。

2)看设计说明

了解工程概况、设计依据等,了解图纸中未能表达清楚的各有关事项。

3)看设备材料表

了解工程中所使用的设备、材料的型号、规格和数量。

4)看系统图

了解系统基本组成,主要电气设备、元件之间的连接关系以及它们的规格、型号、参数等,掌握该系统的组成概况。

5)看平面布置图

了解电气消防设备的名称、型号、数量及线路的起始点、敷设部位、敷设方式和导线根数等。平面图的阅读可按照以下顺序进行:消防控制室总干线—各层消防接线端子箱—分支线—电气消防设备。

3.抓住电气施工图要点进行识读

在识图时,应抓住要点进行识读,如:明确各控制系统位置,譬如自动喷淋系统的电气控制柜、设备、器件的平面安装位置;通风空调系统中排烟口、排烟风机等设备的位置。

总之,在阅读电气消防施工图时,一般顺序是先阅读设计说明,认识图例符号,再从系统图入手查找火灾自动报警系统的各层设备,并与平面图对应,找出设备名称、数量,再看管线布置,研究工作原理,弄懂该电气消防施工图所表达的意思。

4.结合土建施工图进行阅读

电气消防施工与土建施工结合得非常紧密,施工中常常涉及各工种之间的配合问题。电气消防施工平面图只反映了电气消防设备的平面布置情况,结合土建施工图的阅读还可以了解电气消防设备的立体布设情况。因此,在阅读电气消防施工图时要了解:①建筑物类别和防火等级;②土建图纸:防火分区的划分、防火卷帘樘数及位置、电动防火门、电梯;③强电施工图中的配电箱(非消防用电的配电箱);④通风与空调专业给出的防排烟机、防火阀;⑤给排水专业给出消火栓位置、水流指示器、压力开关及相关阀体。

5.熟悉施工顺序,便于阅读电气消防施工平面图

(1)根据电气消防施工图确定设备安装位置、导线敷设方式、敷设路径及导线穿墙或楼板的位置。

(2)结合土建施工进行各种预埋件、线管、接线盒、保护管的预埋。

(3)装设绝缘支持物、线夹等,敷设导线。

(4)安装探测器、控制模块、手报、讯响器及消防设备。

(5)进行系统调试。

(6)工程验收。

小 结

在本章节中,主要介绍了火灾自动报警及消防联动控制系统的组成与工作原理,介绍了火灾探测器、手动火灾报警按钮、声光讯响器、控制模块等前端设备和位于消防控制室的火灾报警控制器。讲述了系统中常见的消火栓、自动喷水和有管网气体等常见灭火系统和防火分隔、消防广播等常见消防减灾系统的组成与工作原理。

第十二章　建筑智能化工程

【学习目标】 通过学习本章内容,熟悉并掌握入侵报警系统、闭路电视监控系统、访客对讲系统、门禁系统、巡更系统、综合布线系统的组成、工作原理、常用设备及术语、符号。

第一节　几种典型的建筑智能化子系统

常见的建筑智能化子系统主要包括安防子系统(入侵报警系统、访客对讲系统、闭路电视监控系统、巡更系统、门禁系统)和综合布线子系统等。

一、入侵报警系统

入侵报警系统是指利用传感器技术和电子信息技术探测,试图非法进入设防区域的行为、处理报警信息、发出报警信息的电子系统或网络。

入侵报警系统由报警探测器、报警系统控制主机、报警输出执行设备、传输缆线组成。

工作原理:报警探测器利用红外或微波等技术自动检测到发生在布防检测区域内的入侵行为,将相应信号传输至报警监控中心的报警主机,主机根据预先设定的报警程序,对警情进行分类,启动相应的报警响应设备,如110联网报警、声光报警器报警、监控系统跟踪录像、报警区域灯光控制等。

(一)术语规范

(1)探测器:对入侵或企图入侵行为进行探测做出响应并产生报警状态的装置。

(2)被动红外探测器:被动的接收人体红外辐射的探测器(见图12-1)。

由于人体表面温度与周围环境温度存在差别,因而人体的红外辐射强度和环境的红外辐射强度也存在着差异。在人体穿越警戒区域时,被动红外探测器被动地接收到人体的红外辐射信号,从而触发报警。

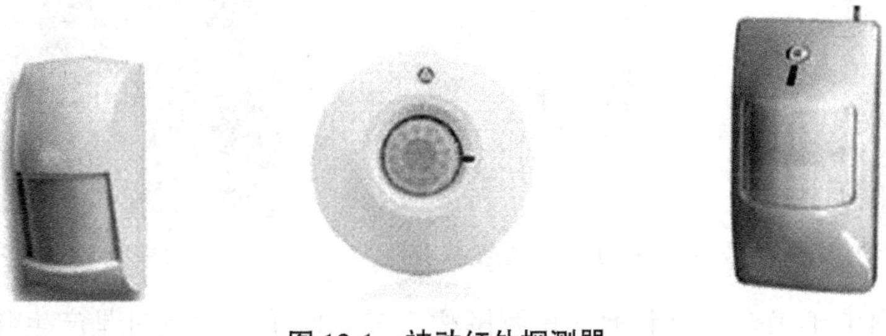

图12-1　被动红外探测器

(3)主动红外探测器:采用主动发射红外线方式,以达到安保报警功能的探测器(见图12-2)。

主动红外探测器由红外发射机、红外接收机组成。红外发射机发射红外光束,红外接收机接收红外光束,红外发射与接收机形成红外光束屏障。由于红外光在人眼看不见的光谱范围,有人经过这条无形的封锁线,必然全部或部分遮挡红外光束。接收端输出的电信号的强度会因此产生变化,从而启动报警控制器发出报警信号。

(4)红外幕帘探测器:采用双向计数工作方式的被动式红外探测器(见图 12-3)。

红外幕帘探测器一般是采用双向脉冲记数的工作方式,即 A 方向到 B 方向报警,B 方向到 A 方向不报警。具有入侵方向识别能力,用户从内到外进入警戒区,不会触发报警,在一定时间内返回不会引发报警,只有非法入侵者从外界侵入才会触发报警,极大地方便了用户在设防的警戒区域内活动,同时又不触发报警系统。

(5)玻璃破碎探测器:能对高频的玻璃破碎声音(10~15 kHz)进行有效检测,而对 10 kHz 以下的声音信号(如说话、走路声)有较强的抑制作用的探测器(见图 12-4)。

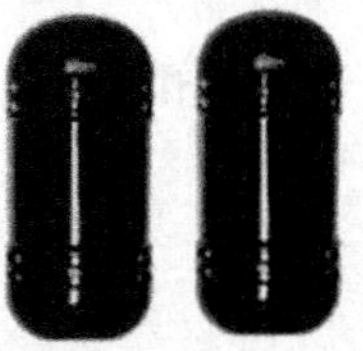

图 12-2　主动红外探测器

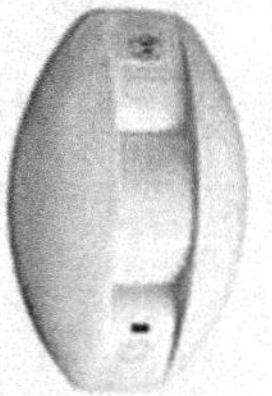

图 12-3　红外幕帘探测器

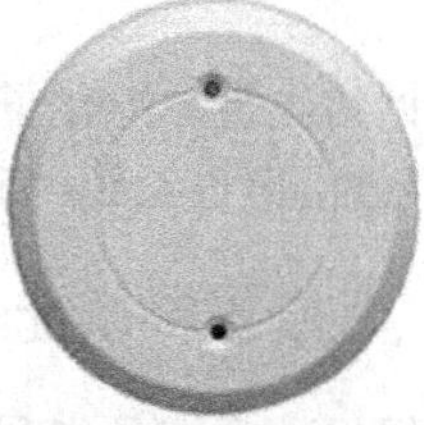

图 12-4　玻璃破碎探测器

(6)震动探测器:以侦测物体振动来报警的探测器(见图 12-5)。

(7)微波探测器:一种将微波收、发设备合置的探测器(见图 12-6)。微波探测器分为雷达式和墙式两种。

(8)双鉴/三鉴探测器:采用两种或三种技术结合在一起的探测器,只有在所有应用的探测技术均探测到入侵时,才报警。

(9)电子围栏:由高压电子脉冲主机和前端探测围栏组成的周界防范设备(见图 12-7)。

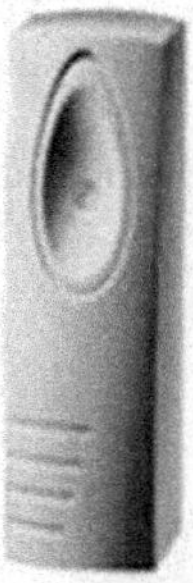

图 12-5　震动探测器

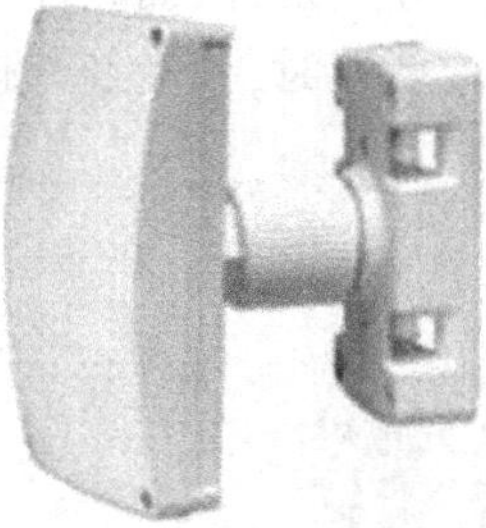

图 12-6　微波探测器

图 12-7　电子围栏

电子围栏由电子围栏主机和前端探测围栏组成。电子围栏主机是产生和接收高压脉冲信号,并在前端探测围栏处于触网、短路、断路状态时能产生报警信号,并把入侵信号发送到安全报警中心;前端探测围栏由杆及金属导线等构件组成的有形周界。

电子围栏是一种主动入侵防越围栏,对入侵企图作出反击,击退入侵者,延迟入侵时间,并且不威胁人的性命,并把入侵信号发送到安全部门监控设备上,以保证管理人员能及时了解报警区域的情况,快速地作出处理。

(10)电子栅栏:一种有收发红外射线设备的主动式探测器(见图 12-8)。

(11)门/窗磁:主要利用磁簧开关、霍尔开关等磁性探测器件作为探测体。在磁场范围内,门/窗磁开关保持吸合状态,当离开磁场时则断开,从而触发报警输出(见图 12-9)。

(12)紧急按钮:一种开关型的报警按钮,当按下紧急按钮,报警回路断开,从而触发报警(见图 12-10)。

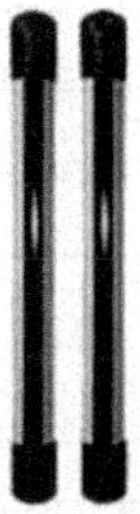

图 12-8　电子栅栏

图 12-9　门磁

图 12-10　紧急按钮

(13)NO、NC、COM 端子:NO 常开端子,常开端子闭合报警;NC 常闭端子,常闭端子断开报警;COM 公共接线端子,一般接报警主机 COM 端子或电源负极端子上。

(14)防区:利用探测器对防护对象实施防护,并在控制设备上能明确显示报警部位的区域。

(15)布/撤防:报警主机对相应防区开启或是关闭。

(16)24 h 防区:不受不撤防影响,无论是否布防,触发 24 h 防区系统均将报警,一般用于紧急按钮。

(17)延时防区、即时防区:布防后,触发报警探测器,需要延时一段时间后才报警的称为延时防区,反之为即时防区。

(18)旁路:在进行布防时,使某个或某些防区不加入布防,失去警戒功能。

(19)周界:防护某区域的边界。入侵报警系统中常用点型或线型探测器来搭建,常见的有门磁、主动红外探测器等。

(20)监视:实体周界防护系统或/和电子周界防护系统所组成的周界警戒线与防护区边界之间的区域。

(21)禁区:不允许未授权人员出入的防护区域或部位。

(22)盲区:在警戒范围内,安全防范手段未能覆盖的区域。

(23)漏报警:入侵行为已经发生,而系统未能作出报警响应或指示。

(24)误报警:由于意外触动手动装置、自动装置对未涉及的报警状态作出响应、部件的错误动作或损坏、操作人员失误等而发出的报警信号。

(二)图标符号

入侵报警系统图标符号如表 12-1 所示。

二、访客对讲系统

定义:提供访客与住户之间双向可视通话,远程开锁,并可以与住宅小区物业管理中心或小区警卫有线或无线通信,从而起到防盗、防灾、防煤气泄漏等安全保护作用,为屋主的生命财产安全提供最大程度的保障。

表 12-1　入侵报警系统图标符号

序号	符号	名称	符号来源
1		被动红外探测器	GA/T 74—2000
2		微波入侵探测器	GA/T 74—2000
3		被动红外/微波双技术探测器	GA/T 74—2000
4		玻璃破碎探测器	GA/T 74—2000
5		压敏探测器	GA/T 74—2000
6	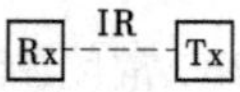	主动红外探测器	GA/T 74—2000
7		门磁	GA/T 74—2000
8		紧急按钮	GA/T 74—2000
9		紧急脚挑开关	GA/T 74—2000
10		编址模块	GA/T 74—2000
11	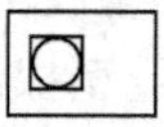	周界报警控制器	GA/T 74—2000

组成:室内分机、层间分配器、联网器、室外主机、管理中心机。

工作原理:访客需在室外机键盘上按欲访住户的对讲分机号码。被访住户通过对讲设备与来访者进行可视通话,通过来访者的声音或图像确认来访者的身份,并控制大楼入口门上的电控门锁打开。住宅小区物业管理部门通过管理中心机,可以对小区内各住宅楼安全对讲系统的工作情况进行监视。如有住宅楼入口门被非法打开、室内分机报警,管理中心机会发出报警信号、显示出报警的内容及地点。

(一)术语规范

(1)室内分机:安装于住户室内的对讲设备,住户可通过室内分机接听室外主机呼叫,并为来访者打开单元门锁。住户遇有紧急事件或需要帮助时,可通过室内分机呼叫管理中心,与管理中心通话。

(2)层间分配器:位于室外主机和室内分机之间,当室内分机线路有短路故障时,隔离室外主机和室内分机,使整个系统不受影响。

(3)联网器:小区可视对讲系统的联网设备,实现各单元和管理中心、小区门口的联网。

(4)室外主机:置于单元门口的可视对讲设备,具有呼叫住户、呼叫管理中心、密码开门、刷卡开门、巡更等功能。

(5)管理中心机:可视对讲系统的中心管理设备,可以安装在管理中心或值班室内。具有接收住户呼叫、与住户对讲、报警提示、开单元门、呼叫住户、监视单元门口、记录数据等功能。

(二)图标符号

访客对讲系统图标符号见表 12-2。

表 12-2　访客对讲系统图标符号

序号	符号	名称	符号来源
1	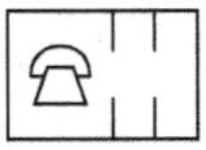	非可视对讲分机	GA/T 74—2000
2	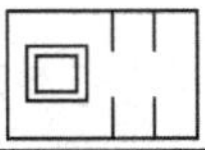	可视对讲分机	GA/T 74—2000
3	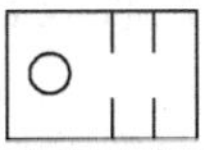	访客对讲主机	GA/T 74—2000

三、闭路电视监控系统

定义:通过遥控摄像机及其辅助设备直接观看被监视场所的一切情况,同时,闭路电视监控系统还可以与防盗报警系统等其他安全技术防范体系联动运行,为被监控区域提供更有效的防范。

组成:摄像机、传输线路、硬盘录像机、矩阵主机、显示器。

工作原理:前端摄像机把被监控场景通过传输线路,传递给视频切换和存储设备,最终传递给末端的显示设备上。通过视频切换存储设备,实现对视频信号的监视切换、摄像机的控制。

(一)术语规范

(1)矩阵主机:主要负责对前端视频源与控制线的切换控制(见图 12-11)。

图 12-11　矩阵主机

(2)硬盘录像机:用来进行图像存储处理的计算机系统,具有对图像/语音进行长时间录像、录音、远程监视和控制的功能(见图 12-12)。

图 12-12　硬盘录像机

(3)高速云台摄像机:带有承载摄像机进行水平和垂直两个方向变速或匀速转动的装

置，把摄像机装云台上能使摄像机从多个角度进行摄像（见图 12-13）。

（4）枪式摄像机：光线不充足地区及夜间无法安装照明设备的地区，可选用枪式摄像机（见图 12-14）。

图 12-13　高速云台摄像机

图 12-14　枪式摄像机

（5）半球摄像机：半球式摄像机由于体积小巧，外型美观，比较适合办公场所以及装修档次高的场所使用（见图 12-15）。

（6）监视器：监视器是闭路监控系统组成部分，是监控系统的显示部分，有了监视器的显示我们才能观看前端送过来的图像（见图 12-16）。

图 12-15　半球摄像机

图 12-16　监视器

（二）图标符号

闭路电视监控系统图标符号见表 12-3。

四、门禁系统

定义：又称出入管理控制系统，是一种管理人员进出的数字化管理系统。常见的门禁系统有密码门禁系统、非接触 IC 卡门禁系统、指纹虹膜掌型生物识别门禁系统等。

组成：门禁控制器、读卡器、电控锁、出门按钮、门磁。

工作原理：读卡头用来读取刷卡人员的智能卡信息，再转换成电信号送到门禁控制器中，控制器根据接收到的卡号，通过软件判断该持卡人是否得到过授权在目前的时间段可以进入大门，根据判断的结果完成开锁、保持闭锁等工作。

（一）术语规范

（1）电磁锁：电磁锁断电后是开门的，符合消防要求，适用于单向的木门、玻璃门、防火门、对开的电动门。

（2）阳极锁：断电开门型锁，符合消防要求，适用于双向的木门、玻璃门、防火门，而且它本身带有门磁检测器,可随时检测门的安全状态。

表 12-3　闭路电视监控系统图标符号

序号	符号	名称	符号来源
1	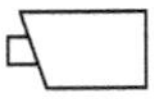	摄像机	GA/T 5465.2—1996 5116
2	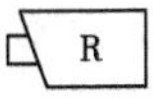	半球摄像机	GA/T 5465.2—1996 5116
3	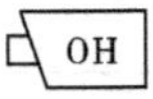	有室外防护罩摄像机	GA/T 5465.2—1996 5116
4	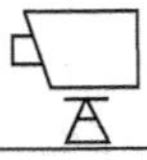	带云台摄像机	GA/T 5465.2—1996 5116
5	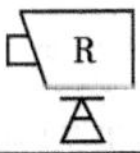	带云台球型摄像机	GA/T 5465.2—1996 5116
6		有室外防护罩带云台摄像机	GA/T 5465.2—1996 5116
7		彩色带云台摄像机	GA/T 5465.2—1996 5117
8	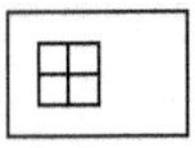	图像分割器	GA/T 74—2000
9	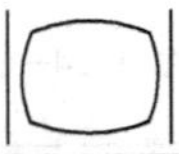	监视器	GA/T 5465.2—1996 5051
10	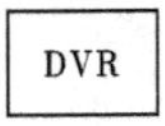	数字硬盘录像机	—
11	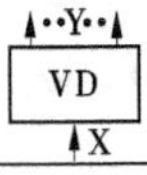	视频分频器	GA/T 74—2000
12	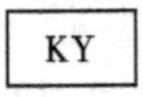	键盘	GB/T 4728.2—1998
13		解码器	GY/T 5059—1997

(3)阴极锁:通电开门型锁,适用于单向木门。安装阴极锁一定要配备 UPS 电源。因为停电时阴锁是锁门的。

(4)出门按钮:按一下打开门的设备,适用于对出门无限制的情况。

(5)门磁:用于检测门的安全/开关状态等。

(6)单向/双向:进门刷卡,出门按出门开关,进、出门都需要刷卡。

(7)单门/双门:被控门为单个/被空门为两个。

(8)开门延时:电插锁开门多少秒后自动合上。

(9)关门延时:门到位多久后,锁头下来,锁住门。

(二)图标符号

门禁系统图标符号见表12-4。

表12-4 门禁系统图标符号

序号	符号	名称	符号来源
1	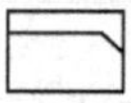	读卡器	GA/T 74—2000
2	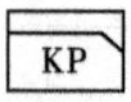	键盘读卡器	GA/T 74—2000
3		指纹识别器	GA/T 74—2000
4		人像识别器	GA/T 74—2000
5		眼纹识别器	GA/T 74—2000
6		电控锁	GA/T 74—2000
7		磁力锁	—
8		电控锁按钮	GA/T 74—2000

五、综合布线子系统

(一)术语规范

(1)布线:能够支持与信息电子设备相连的各种缆线、跳线、接插软线和连接器件组成的系统。

(2)工作区:需要设置终端设备的独立区域,由面板、设备缆线及适配器等组成。

(3)配线子系统:配线子系统由信息插座、配线电缆或光纤、配线设备、设备缆线、跳线组成。

(4)干线子系统:干线子系统由配线设备、干线电缆或光缆、设备缆线、跳线等组成。

(5)建筑群子系统:建筑群子系统由配线设备、建筑物之间的干线电缆或光缆、设备缆线、跳线等组成。

(6)设备间:安装各种设备的房间,对综合布线系统工程而言,主要是安装配线设备。

(7)信道:连接两个应用设备端到端的传输通道。信道包括信息点、水平缆线、FD处的设备缆线、FD处的设备缆线和各类跳线,工作区设备缆线。

(8)配线架:放置对电缆、光缆元件进行端接与连接的部件的装置。

(二)图标符号

综合布线系统图标符号见表 12-5。

表 12-5　综合布线系统图标符号

序号	符号	名称	符号来源
1	CD 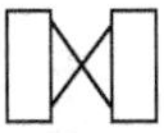	建筑群配线架	GB 50311—2007
2	BD 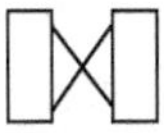	建筑物配线架	GB 50311—2007
3	FD 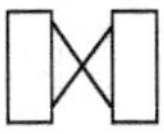	楼层配线架	GB 50311—2007
4	ODF 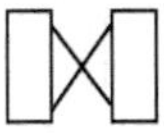	光纤配线架	GB 50311—2007
5	MDF 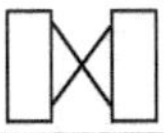	总配线架	GB 50311—2007
6	TO 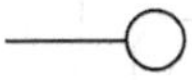	信息口	GB 50311—2007

第二节　建筑智能化系统施工图识读

一、闭路电视监控系统图

图 12-17 是某建筑闭路电视监控系统图，此系统分为 4 个部分。由前端监控摄像头、传输缆线、中端控制记录设备、末端显示设备构成。摄像机分为 5 种：彩色摄像机、彩色带云台摄像机、球形带云台摄像机、彩色转黑白摄像机、彩色转黑白带云台摄像机。传输电缆采用 SYV75-3-2 同轴电缆传递视频信号、RVVP-2×0.5 电缆传递云台控制信号及报警信号。

(一)图像部分

以图 12-17 所示摄像机为例，从上到下编号共 9 个摄像机，前 3 个摄像机视频信号传递给最右边硬盘录像机传给矩阵。4~6 号摄像机视频信号传递给最右边视频分配器，经过视频分配器把信号分配成两部分，其中一部分给矩阵，另一部分给硬盘录像机。7~9 号摄像机视频信号传递给最左边视频分配器，经过视频分配器把信号分配成两部分，其中一部分给矩阵，另一部分给硬盘录像机。这样所有摄像机视频信号全进入矩阵。

(二)控制部分

所有带云台及解码器的摄像机，均连接到矩阵 RS485 控制端接口，由矩阵进行控制。

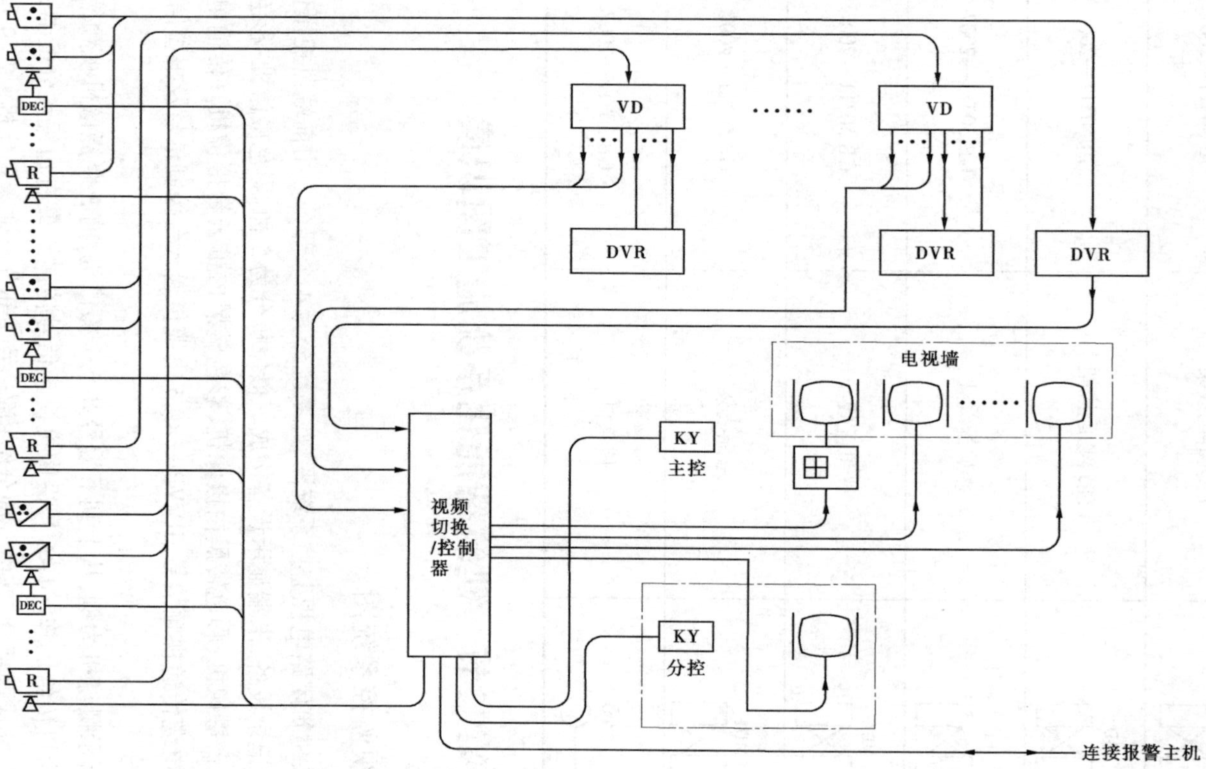

图 12-17　闭路电视监控系统图

(三)显示部分

在主控部分,以图 12-17 所示电视墙监视器为例,从左到右编号共 3 个监视器。其中第一个监视器由于前端接入一个多画面分割器,故在监视器上显示多画面分割图像。后两个监视器由于直接由矩阵传递视频信号,故监视器显示某一路图像。

在分控部分,监视器由于直接由矩阵传递视频信号,故监视器显示某一路图像。

二、入侵报警系统图

入侵报警系统图如图 12-18 所示。

(一)供电方式

本系统采用集中供电方式,配电箱设在监控中心,适用于周界长度较短的工程。配电箱接 UPS 电源为报警设备在断电时提供电源,配电箱通过交直流转换,把强电转换为直流供探测器使用。

(二)系统构成

周界围墙上按防区安装主动红外入侵探测器、声光报警器,并与探照灯和电视监控系统联动。

(三)布线形式

系统采用总线制传输方式,探测器通过地址模块接入周界报警总线,在安全防范控制室由报警主机接收报警信号,并有声光提示。当总线长度超过信号传输距离时,需加中继器延长放大信号。

(四)系统布置

周界入侵报警系统可与其他安全防范子系统共用控制室。前端主动红外探测器传递的信号接控制室报警主机,报警主机输出可以外接闭路电视监控系统。这样可以实现入侵报警系统与闭路电视监控系统联动。

三、某办公楼 1 层弱电平面图

图 12-19 为某办公楼 1 层弱电平面图,本层共设 2 台枪式摄像机,2 台半球摄像机。其中枪式摄像机放在左侧档案馆和大厅。半球摄像机放在右侧走廊和电梯口。

摄像机采用 SYWV75-5 同轴电缆传递视频信号,走廊敷设金属线槽,缆线出线槽穿 PVC 管顶板内暗敷设,最终缆线汇集于 1 层监控室。

本层共设 2 个双鉴探测器,分别放置于档案馆和右侧走廊。缆线出竖井后敷设于线槽内,出线槽穿 PVC 管于墙体内暗敷设引至探测器,最终缆线汇集于 1 层监控室。

本层共设 21 个双孔信息面板,每个信息面板引一根超五类网线。缆线出线槽穿 PVC 管顶板内暗敷设,最终缆线汇集于信息中心。

小　结

本章主要介绍了建筑智能化系统的组成部分,包括安防系统、综合布线系统。通过本章的学习,要求学生掌握楼宇智能系统的功能、组成、工作原理、常用设备,掌握系统常见图形图例,能正确识读施工图纸。

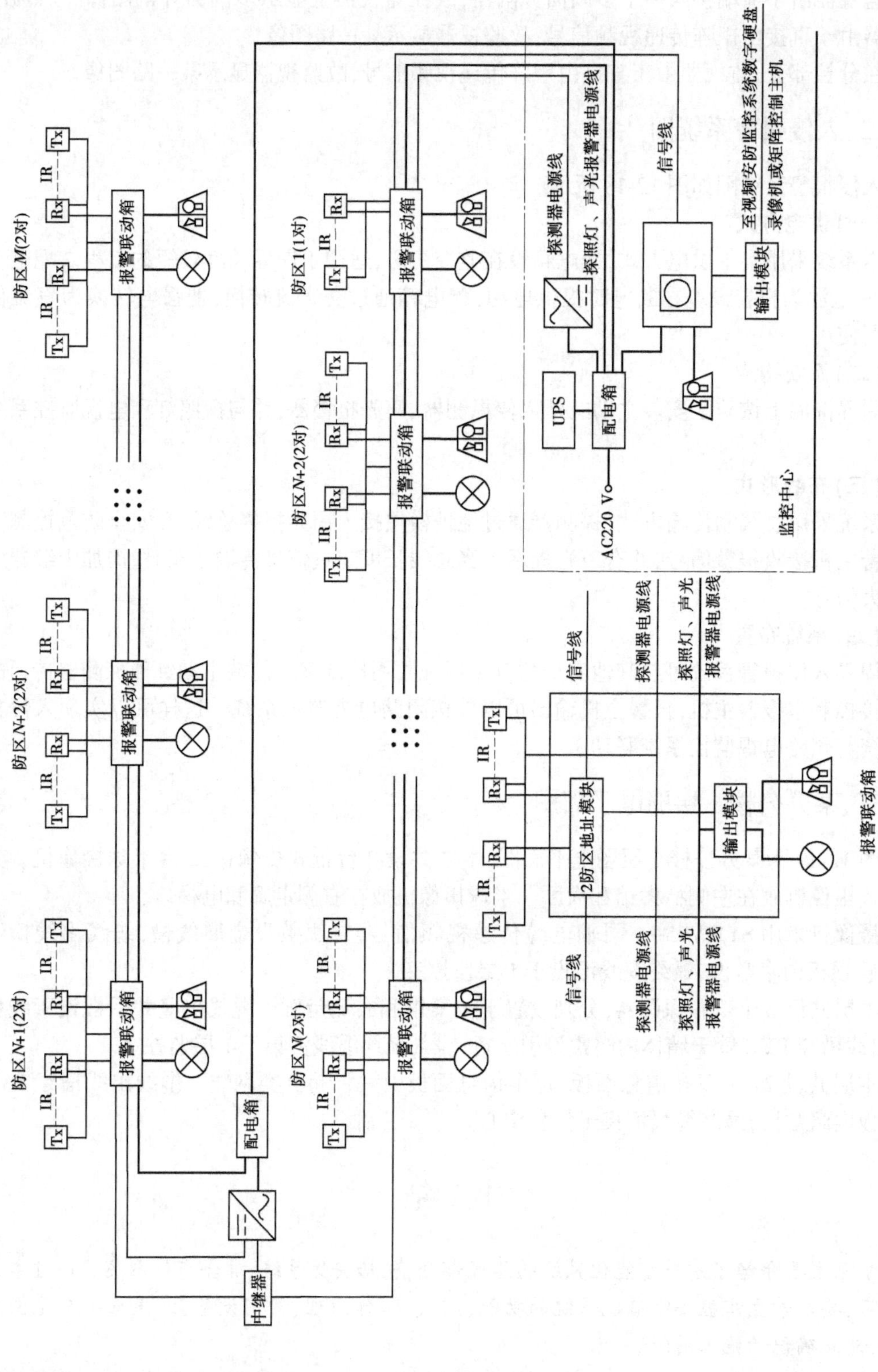

图 12-18　入侵报警系统图

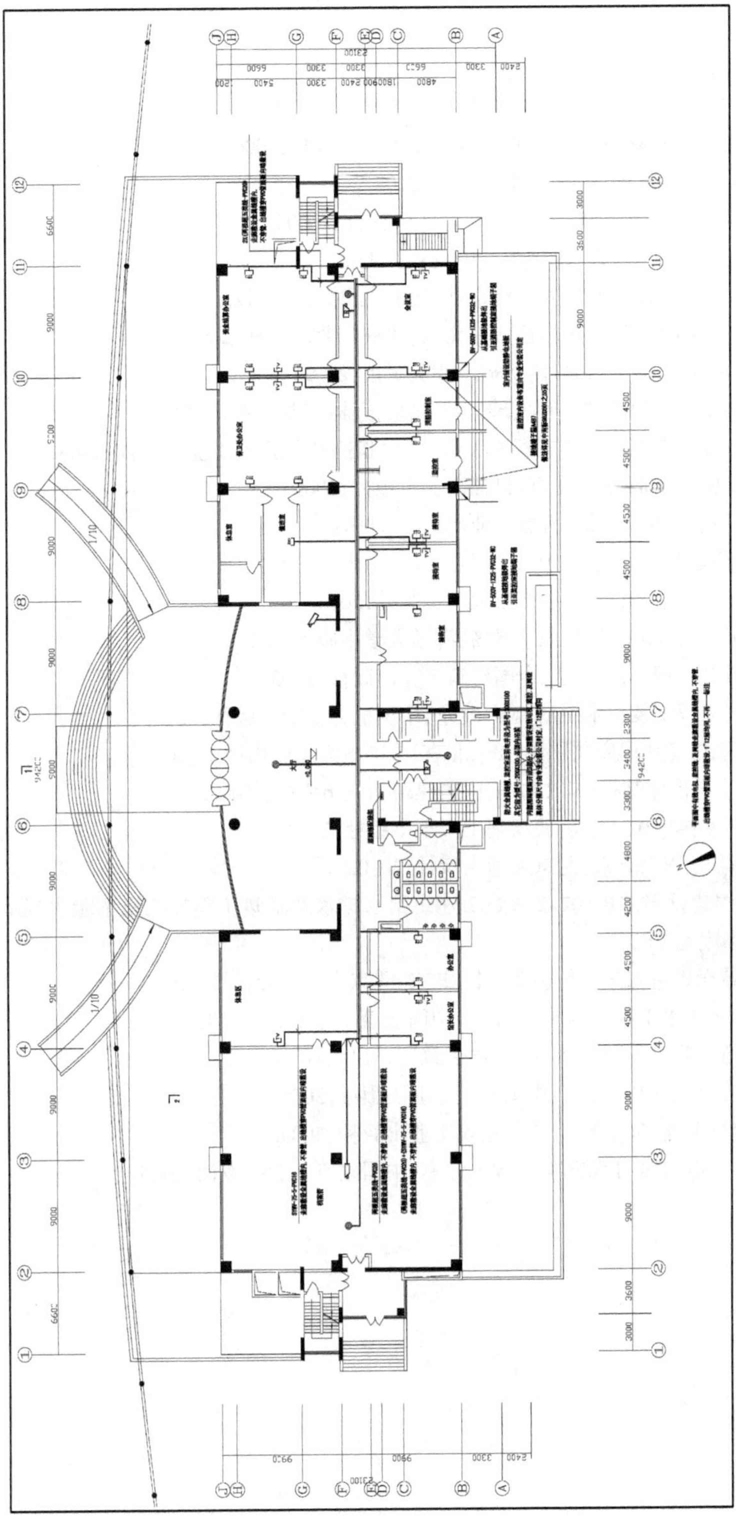

图 12-19　某办公楼 1 层弱电平面图

参考文献

[1] 刘健.智能建筑弱电系统[M].重庆:重庆大学出版社,2005.
[2] 白桦.流体力学泵与风机[M].北京:中国建筑工业出版社,2005.
[3] 王东萍.建筑设备工程[M].哈尔滨:哈尔滨工业大学出版社,2006.
[4] 夏锦红.建筑力学[M].郑州:郑州大学出版社,2007.
[5] 刘志宏.建筑工程基础(下)[M].南京:东南大学出版社,2005.
[6] 周遐.安防系统工程[M].北京:机械工业出版社,2009.
[7] 王建玉.智能建筑安防系统施工[M].北京:中国电力出版社,2012.
[8] 陈龙.智能建筑安全防范系统及应用[M].北京:北京工业出版社,2009.
[9] 董春利.建筑智能化系统[M].北京:机械工业出版社,2009.
[10] 李仲男.安全防范技术原理与工程实践[M].北京:兵器工业出版社,2007.
[11] 黄剑敌.暖、卫、通风空调施工工艺标准手册[M].北京:中国建筑工业出版社,2003.
[12] 白丽红.建筑识图与构造[M].北京:机械工业出版社,2009.
[13] 邢双军.房屋建筑学[M].北京:机械工业出版社,2007.
[14] 李生平,陈伟清.建筑工程测量[M].武汉:武汉理工大学出版社,2009.
[15] 张敬伟.建筑工程测量[M].北京:北京大学出版社,2013.
[16] 王伟主,郭清燕.工程测量技术[M].青岛:海洋大学出版社,2012.
[17] 周孝清.建筑设备工程[M].北京:中国建筑工业出版社,2003.
[18] 任义.实用电气工程安装技术手册[M].北京:中国电力工业出版社,2006.
[19] 王晋生,叶志琼.电工作业安装图集[M].北京:中国电力工业出版社,2005.
[20] 吴承霞. 混凝土与砌体结构[M].北京:中国建筑工业出版社,2012..
[21] 侯治国. 混凝土结构[M].武汉:武汉理工大学出版社,2012.
[22] 徐锡权. 建筑结构[M].北京:北京大学出版社,2010.
[23]中华人民共和国建设部,GB 50242—2002 建筑给水排水及采暖工程施工质量验收规范[S].北京:中国建筑工业出版社,2002.
[24]靳慧征,等.建筑设备基础知识与识图[M].北京:北京大学出版社,2010.
[25]王增长.建筑给水排水工程[M].5 版.北京:中国建筑工业出版社,2005.
[26]刘庆山,等.管道安装工程[M].北京:中国建筑工业出版社,2006.
[27]吴耀伟.暖通施工技术[M].北京:中国建筑工业出版社,2005.
[28]王林根.建筑电气工程[M].北京:中国建筑工业出版社,2003.
[29]郑发泰.建筑供配电与照明系统施工[M].北京:中国建筑工业出版社,2005.